用数据说话 WPS表格数据处理与分析一本通

博蓄诚品　编著

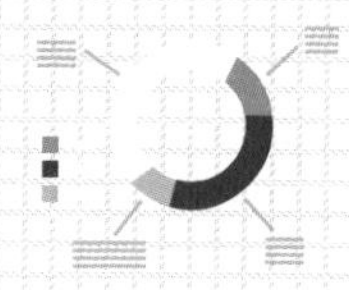

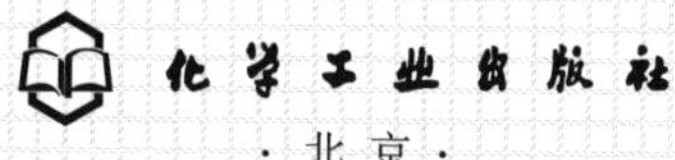

·北京·

内容简介

本书对WPS数据的产生、处理、分析等内容进行了全面阐述，包括WPS表格的特色功能与应用技巧、报表的格式化设置、数据源的规范整理、常用的数据处理与分析方法、数据透视表的应用、公式与函数实际应用技巧、可视化图表的应用、数据表的打印技巧，以及WPS Office各组件之间的信息联动等。

全书采用循序渐进的方式，化繁为简，降低了阅读难度，让学习变得更轻松。丰富的案例，更贴近实际工作。本书适合职场新人，以及想提高效率的行政文秘、人力资源、销售、财会等岗位的人员阅读；同时也适合高校老师和学生使用，还可作为相关培训机构的教材及参考书。

图书在版编目（CIP）数据

用数据说话：WPS表格数据处理与分析一本通/博蓄诚品编著. —北京：化学工业出版社，2024.3

ISBN 978-7-122-44865-1

Ⅰ.①用… Ⅱ.①博… Ⅲ.①表处理软件 Ⅳ.①TP391.13

中国国家版本馆CIP数据核字（2024）第025305号

责任编辑：耍利娜　　文字编辑：张钰卿　王　硕
责任校对：李雨函　　装帧设计：王晓宇

出版发行：化学工业出版社
（北京市东城区青年湖南街13号　邮政编码100011）
印　　装：天津裕同印刷有限公司
710mm×1000mm　1/16　印张18　字数364千字
2024年5月北京第1版第1次印刷

购书咨询：010-64518888　　售后服务：010-64518899
网　　址：http://www.cip.com.cn
凡购买本书，如有缺损质量问题，本社销售中心负责调换。

定　　价：89.00元

前 言

PREFACE

WPS表格是WPS办公软件的重要组成部分，它体积小、功能强大、兼容性好、模板丰富，使用它能够很好地应对各种数据处理、统计、分析等情形。由于WPS表格具有出色的应用体验，现已受到更多用户的喜爱，被广泛应用于和数据打交道的各个行业。

1.本书主要介绍了哪些内容

本书结构安排主次分明，知识讲解循序渐进。对WPS表格实用技巧的学习，不仅能为报表的制作提供诸多灵感，还能为解决工作中各种复杂问题提供依据。全书共10章，从WPS表格在多种领域中的应用开始着墨，逐渐将知识范围覆盖到WPS表格特色功能的应用、表格样式的快速设置、数据源的清洗、数据的处理、数据的分析、数据的可视化转换、报表的打印和输出等方面。

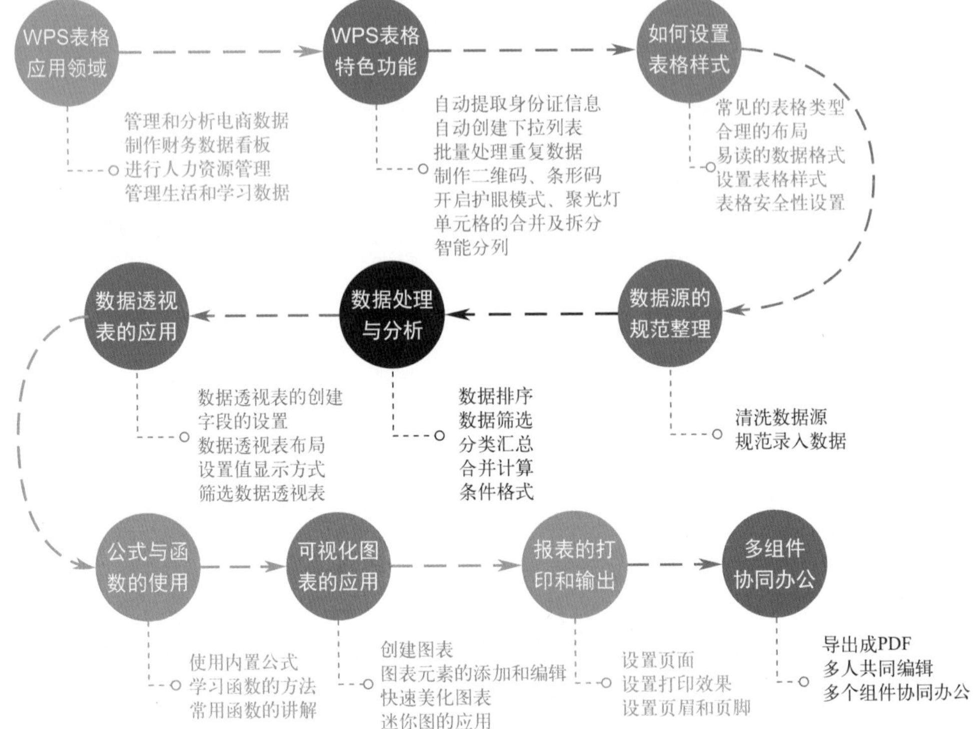

2.为什么要选择这本书

本书遵从WPS表格的操作特点，用通俗易懂的语言讲解各个操作技巧，降低了理解难度，新手学习会毫无压力；本书内容实用，所选案例贴合实际工作，职场“懒人”能随学随用，不读“无用书”；本书版式轻松，处处用图说话，图中标注清楚详细，真正做到“一图抵万言”，让阅读变得更轻松；本书每章均设置了实战演练环节，一步一图详细讲解，方便读者同步练习，进一步巩固学习成果。

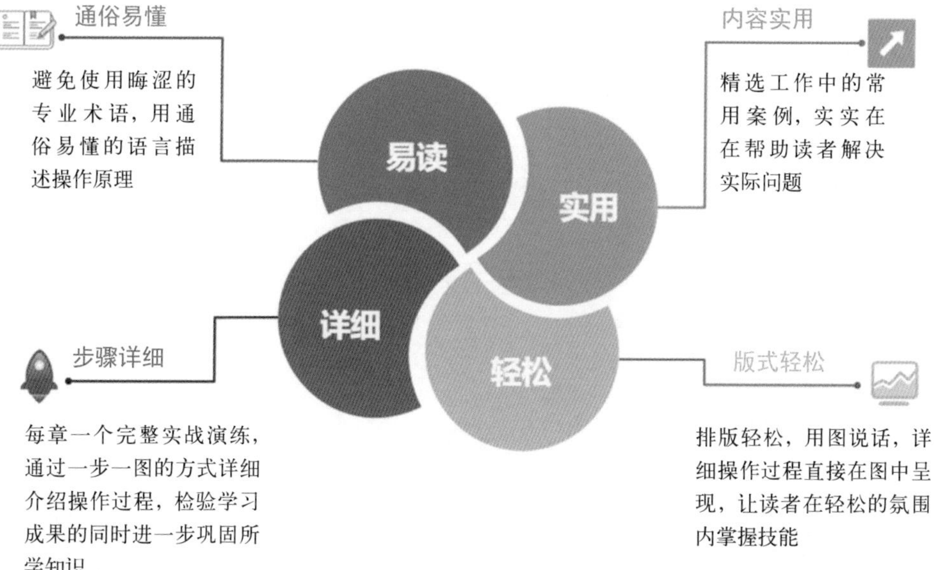

3.本书有什么配套资源

码上看视频+数据源文件+办公模板+在线交流

- 码上看视频：直接用手机扫描书中二维码就能观看同步教学视频，视频清晰流畅，学习体验感更佳。
- 数据源文件：提供书中用到的全部源文件，边学边练，操作技巧掌握得更快更牢固。
- 办公模板：常用表格、文档、演示文稿模板，稍加改动就能用，提高工作效率，超省心。
- 在线交流：加入QQ群（693652086），解决学习问题,共享学习经验。

4. 本书适合哪些人阅读

本书在编写过程中力求严谨细致，但由于时间与精力有限，疏漏之处在所难免，望广大读者批评指正。

编著者

目 录
CONTENTS

第1章
数据分析高手养成记

第2章
用对工具，“懒人”也有高效率

第3章 让数据表拥有高颜值 038

第5章 数据量化处理与分析技能

第6章 用智能的数据透视表玩转商业数据

第7章 公式与函数实际应用技巧

第10章 组件联合轻松实现自动化办公

附录

第1章

数据分析高手养成记

想要成为数据分析高手，需要有一款称手的工具，目前主流的国产办公应用软件屈指可数，WPS Office（简称WPS）可以说是其中的佼佼者。WPS将工作中常用的文字、表格、演示等软件集为一体，为用户的使用提供了很大的便利。在学习具体操作之前，将先展示WPS Office在数据分析方面的应用表现。

1.1 用WPS表格管理商务数据

WPS表格提供了非常实用的数据分析工具，利用这些分析工具可以轻松解决数据管理中的许多问题。

1.1.1 电商销售数据分析表展示

电商销售中重点之一是分析数据，将数据分析透彻，才能让店铺发展得更快。但是一个店铺所涉及的数据绝对不会是单一的。传统的零售数据主要包括进销存数据、顾客数据及消费数据等。而电商的数据往往更为复杂，数据来源渠道也更多样化，需要的基础数据一般包括营销数据、流量数据、会员数据、交易及服务数据、行业数据等。在WPS表格中，不仅可以对电商数据进行记录和整理，更重要的是利用函数、图表、数据透视表等工具可轻松查对数据并进行对比、排序、筛选，进而查看销售排名及分析销售趋势等。

图1-1集中呈现了一份以销售数量、销售收入、销售成本，以及各种费用和利率为基础数据的电商销售数据分析表。

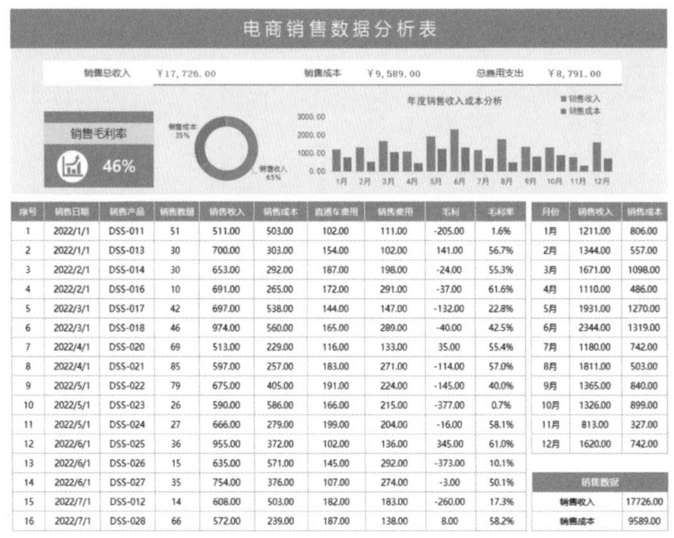

电商销售数据分析表

销售总收入 ￥17,726.00　销售成本 ￥9,589.00　总费用支出 ￥8,791.00

序号	销售日期	销售产品	销售数量	销售收入	销售成本	直通车费用	销售费用	毛利	毛利率
1	2022/1/1	DSS-011	51	511.00	503.00	102.00	111.00	-205.00	1.6%
2	2022/1/1	DSS-013	30	700.00	303.00	154.00	102.00	141.00	56.7%
3	2022/2/1	DSS-014	30	653.00	292.00	187.00	198.00	-24.00	55.3%
4	2022/2/1	DSS-016	10	691.00	265.00	172.00	291.00	-37.00	61.6%
5	2022/3/1	DSS-017	42	697.00	538.00	144.00	147.00	-132.00	22.8%
6	2022/3/1	DSS-018	46	974.00	560.00	165.00	289.00	-40.00	42.5%
7	2022/4/1	DSS-020	69	513.00	229.00	116.00	133.00	35.00	55.4%
8	2022/4/1	DSS-021	85	597.00	257.00	183.00	271.00	-114.00	57.0%
9	2022/5/1	DSS-022	79	675.00	405.00	191.00	224.00	-145.00	40.0%
10	2022/5/1	DSS-023	26	590.00	586.00	166.00	215.00	-377.00	0.7%
11	2022/5/1	DSS-024	27	666.00	279.00	199.00	204.00	-16.00	58.1%
12	2022/6/1	DSS-025	36	955.00	372.00	102.00	136.00	345.00	61.0%
13	2022/6/1	DSS-026	15	635.00	571.00	145.00	292.00	-373.00	10.1%
14	2022/6/1	DSS-027	35	754.00	376.00	107.00	274.00	-3.00	50.1%
15	2022/7/1	DSS-012	14	608.00	503.00	182.00	183.00	-260.00	17.3%
16	2022/7/1	DSS-028	66	572.00	239.00	187.00	138.00	8.00	58.2%

月份	销售收入	销售成本
1月	1211.00	806.00
2月	1344.00	557.00
3月	1671.00	1098.00
4月	1110.00	486.00
5月	1931.00	1270.00
6月	2344.00	1319.00
7月	1180.00	742.00
8月	1811.00	503.00
9月	1365.00	840.00
10月	1326.00	899.00
11月	813.00	327.00
12月	1620.00	742.00

销售数据	
销售收入	17726.00
销售成本	9589.00

图1-1

WPS 制作思路：

这份电商销售数据分析表分为两大区域，即原始数据的统计分析，以及图表展示。其中数据统计分析主要使用公式计算毛利、毛利率、各月销售收入及销售成本等数据，如图1-2所示。

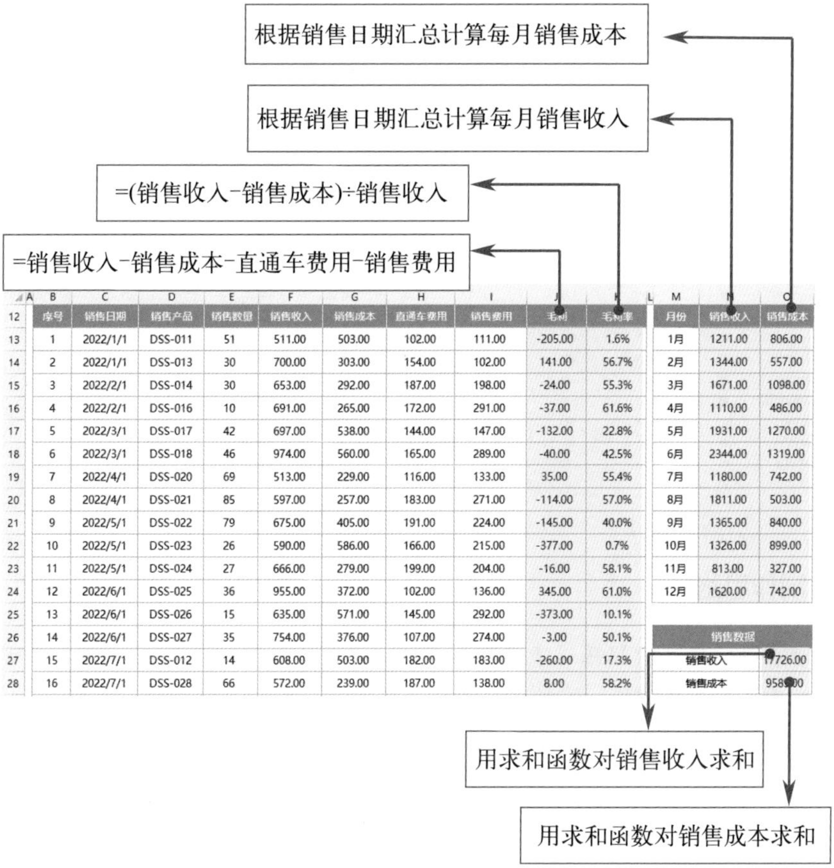

根据销售日期汇总计算每月销售成本

根据销售日期汇总计算每月销售收入

=(销售收入-销售成本)÷销售收入

=销售收入-销售成本-直通车费用-销售费用

	A	B	C	D	E	F	G	H	I	J	K
12		序号	销售日期	销售产品	销售数量	销售收入	销售成本	直通车费用	销售费用	毛利	毛利率
13		1	2022/1/1	DSS-011	51	511.00	503.00	102.00	111.00	-205.00	1.6%
14		2	2022/1/1	DSS-013	30	700.00	303.00	154.00	102.00	141.00	56.7%
15		3	2022/2/1	DSS-014	30	653.00	292.00	187.00	198.00	-24.00	55.3%
16		4	2022/2/1	DSS-016	10	691.00	265.00	172.00	291.00	-37.00	61.6%
17		5	2022/3/1	DSS-017	42	697.00	538.00	144.00	147.00	-132.00	22.8%
18		6	2022/3/1	DSS-018	46	974.00	560.00	165.00	289.00	-40.00	42.5%
19		7	2022/4/1	DSS-020	69	513.00	229.00	116.00	133.00	35.00	55.4%
20		8	2022/4/1	DSS-021	85	597.00	257.00	183.00	271.00	-114.00	57.0%
21		9	2022/5/1	DSS-022	79	675.00	405.00	191.00	224.00	-145.00	40.0%
22		10	2022/5/1	DSS-023	26	590.00	586.00	166.00	215.00	-377.00	0.7%
23		11	2022/5/1	DSS-024	27	666.00	279.00	199.00	204.00	-16.00	58.1%
24		12	2022/6/1	DSS-025	36	955.00	372.00	102.00	136.00	345.00	61.0%
25		13	2022/6/1	DSS-026	15	635.00	571.00	145.00	292.00	-373.00	10.1%
26		14	2022/6/1	DSS-027	35	754.00	376.00	107.00	274.00	-3.00	50.1%
27		15	2022/7/1	DSS-012	14	608.00	503.00	182.00	183.00	-260.00	17.3%
28		16	2022/7/1	DSS-028	66	572.00	239.00	187.00	138.00	8.00	58.2%

L	M	N	O
	月份	销售收入	销售成本
	1月	1211.00	806.00
	2月	1344.00	557.00
	3月	1671.00	1098.00
	4月	1110.00	486.00
	5月	1931.00	1270.00
	6月	2344.00	1319.00
	7月	1180.00	742.00
	8月	1811.00	503.00
	9月	1365.00	840.00
	10月	1326.00	899.00
	11月	813.00	327.00
	12月	1620.00	742.00

销售数据	
销售收入	[illegible]7726.00
销售成本	958[illegible]00

用求和函数对销售收入求和

用求和函数对销售成本求和

图1-2

本例中使用了两种图表，分别为“圆环图”和“柱形图”，并对图表进行了简单的设置，如图1-3所示。

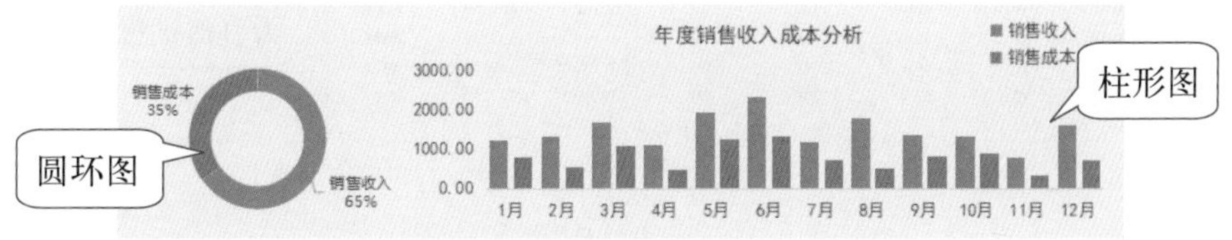

图1-3

1.1.2 直播间交易数据跟踪表展示

直播间交易数据通常包括观看人数、成交件数、成交转化率、成交金额等基本数据。每一个指标有着对应的优化方向，例如将今日交易数据与过去的交易额进行对比、用最近7天的数据做趋势分析，可得到近期数据的整体表现，如图1-4所示。

直播数据统计表

	今日观看人数	今日转化率	今日成交额
	5274	11.89%	5,913.00

累计直播场次	累计观看人数	累计成交件数	累计成交金额
15	87054	10621	84,609.00

日期	直播产品数	观看人数	成交件数	成交人数	成交转化率	成交金额	主播
2022/10/1	41	6469	523	499	7.71%	5,171.00	樱樱木
2022/10/2	34	6702	869	305	4.55%	6,650.00	帝蒂卡
2022/10/3	50	7205	794	335	4.65%	6,376.00	蔓妮卡
2022/10/4	30	4062	769	398	9.80%	7,251.00	樱樱木
2022/10/5	33	7030	506	338	4.81%	4,748.00	帝蒂卡
2022/10/6	49	6246	656	704	11.27%	5,144.00	蔓妮卡
2022/10/7	32	4429	532	388	8.76%	5,475.00	樱樱木
2022/10/8	38	6639	757	685	10.32%	5,790.00	帝蒂卡
2022/10/9	47	4975	866	482	9.69%	4,220.00	蔓妮卡
2022/10/10	50	6945	773	800	11.52%	6,156.00	樱樱木
2022/10/11	34	5472	874	384	7.02%	5,099.00	帝蒂卡
2022/10/12	48	5259	530	368	7.00%	4,776.00	蔓妮卡
2022/10/13	30	4538	823	744	16.39%	5,151.00	樱樱木
2022/10/14	31	5809	647	653	11.24%	6,689.00	帝蒂卡
2022/10/15	49	5274	702	627	11.89%	5,913.00	蔓妮卡

最近7天数据			
日期	观看人数	转化率	成交金额
10/9	4975	9.69%	4,220.00
10/10	6945	11.52%	6,156.00
10/11	5472	7.02%	5,099.00
10/12	5259	7.00%	4,776.00
10/13	4538	16.39%	5,151.00
10/14	5809	11.24%	6,689.00
10/15	5274	11.89%	5,913.00

图1-4

WPS 制作思路：

这份直播间交易数据跟踪表主要跟踪最近7天的直播销售数据，只要在WPS表格中输入每天的直播数据，右侧的“最近7天数据”表格内会自动对最近7天的数据进行统计，如图1-5所示。

	B	C	D	E	F	G	H	I
11	日期	直播产品数	观看人数	成交件数	成交人数	成交转化率	成交金额	主播
12	2022/10/1	41	6469	523	499	7.71%	5,171.00	樱樱木
13	2022/10/2	34	6702	869	305	4.55%	6,650.00	帝蒂卡
14	2022/10/3	50	7205	794	335	4.65%	6,376.00	蔓妮卡
15	2022/10/4	30	4062	769	398	9.80%	7,251.00	樱樱木
16	2022/10/5	33	7030	506	338	4.81%	4,748.00	帝蒂卡
17	2022/10/6	49	6246	656	704	11.27%	5,144.00	蔓妮卡
18	2022/10/7	32	4429	532	388	8.76%	5,475.00	樱樱木
19	2022/10/8	38	6639	757	685	10.32%	5,790.00	帝蒂卡
20	2022/10/9	47	4975	866	482	9.69%	4,220.00	蔓妮卡
21	2022/10/10	50	6945	773	800	11.52%	6,156.00	樱樱木
22	2022/10/11	34	5472	874	384	7.02%	5,099.00	帝蒂卡
23	2022/10/12	48	5259	530	368	7.00%	4,776.00	蔓妮卡
24	2022/10/13	30	4538	823	744	16.39%	5,151.00	樱樱木
25	2022/10/14	31	5809	647	653	11.24%	6,689.00	帝蒂卡
26	2022/10/15	49	5274	702	627	11.89%	5,913.00	蔓妮卡
27								
28								
29								

K	L	M	N
最近7天数据			
日期	观看人数	转化率	成交金额
10/9	4975	9.69%	4,220.00
10/10	6945	11.52%	6,156.00
10/11	5472	7.02%	5,099.00
10/12	5259	7.00%	4,776.00
10/13	4538	16.39%	5,151.00
10/14	5809	11.24%	6,689.00
10/15	5274	11.89%	5,913.00

自动统计最近7天直播销售数据

图1-5

最近7天数据用公式提取非常快捷，提取日期可以用TODAY函数，如图1-6所示（单元格格式设置为“日期”）。观看人数、转化率及成交金额则可以用SUMIF函数统计，此处公式的具体用法请查看第7章第7.3.1节内容。

本例中用于展示最近7天数据的趋势线其实是折线迷你图，迷你图的优点是使用简单，多个迷你图可以创建组合进行批量设置。折线迷你图突出高点也很方便，如图1-7所示。

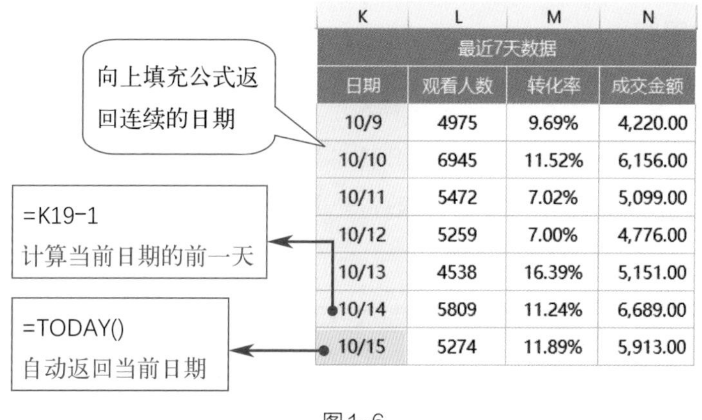

K	L	M	N
最近7天数据			
日期	观看人数	转化率	成交金额
10/9	4975	9.69%	4,220.00
10/10	6945	11.52%	6,156.00
10/11	5472	7.02%	5,099.00
10/12	5259	7.00%	4,776.00
10/13	4538	16.39%	5,151.00
10/14	5809	11.24%	6,689.00
10/15	5274	11.89%	5,913.00

图1-6

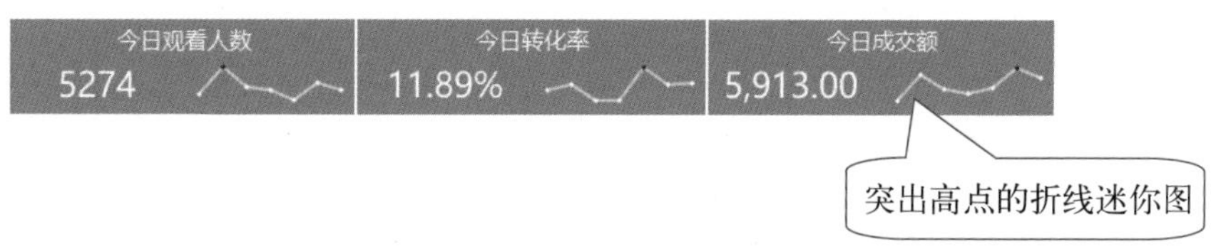

图1-7

1.1.3 商品出入库实时库存盘点表展示

商品销售的过程中对库存的判断至关重要，判断库存的目的主要是查清实际库存量、确定产品库位，以便及时发现物料管理中存在的问题，确保库存充足，如图1-8所示。

出入库实时库存盘点表

仓库名称：鼓楼仓库　　统计日期：2022/12/30　　库存不足：2

产品编码	产品名称	规格型号	存放位置	当前库存数量	日出库量	可用天数	安全库存	库存提醒
D5112	产品3	规格3	1-3#	170	12	14	100	库存充足

序号	产品编码	产品名称	规格型号	存放位置	当前库存数量	日出库量	可用天数	安全库存	库存提醒	备注
1	D5110	产品1	规格1	1-1#	200	20	10	100	库存充足	
2	D5111	产品2	规格2	1-2#	95	5	19	100	库存紧张	
3	D5112	产品3	规格3	1-3#	170	12	14	100	库存充足	
4	D5113	产品4	规格4	1-4#	50	100	1	100	库存严重不足	
5	D5114	产品5	规格5	1-5#	200	56	4	150	库存充足	
6	D5115	产品6	规格6	1-6#	220	20	11	150	库存充足	
7	D5116	产品7	规格7	1-7#	320	45	7	150	库存充足	
8	D5117	产品8	规格8	1-8#	170	55	3	150	库存充足	
9	D5118	产品9	规格9	1-9#	220	45	5	150	库存充足	
10	D5119	产品10	规格10	1-10#	50	30	2	300	库存严重不足	
11	D5120	产品11	规格11	1-11#	100	20	5	150	库存紧张	

图1-8

制作思路：

用WPS表格制作库存表主要的优势在于可以将重要的信息突出显示，例如用数据条直观体现库存的可用天数，用醒目的字体颜色提示库存不足等。这些效果是基于WPS表格的“条件格式”功能实现的，如图1-9所示。

产品编码	产品名称	规格型号	存放位置	当前库存数量	日出库量	可用天数	安全库存	库存提醒
D5112	产品3	规格3	1-3#	170	12	14	100	库存充足

序号	产品编码	产品名称	规格型号	存放位置	当前库存数量	日出库量	可用天数	安全库存	库存提醒	备注
1	D5110	产品1	规格1	1-1#	200	20	10	100	库存充足	
2	D5111	产品2	规格2	1-2#	95	5	19	100	库存紧张	
3	D5112	产品3	规格3	1-3#	170	12	14	100	库存充足	
4	D5113	产品4	规格4	1-4#	50	100	1	100	库存严重不足	
5	D5114	产品5	规格5	1-5#	200	56	4	150	库存充足	
6	D5115	产品6	规格6	1			11	150	库存充足	
7	D5116	产品7	规格7	1			7	150	库存充足	
8	D5117	产品8	规格8	1			3	150	库存充足	
9	D5118	产品9	规格9	1			5	150	库存充足	
10	D5119	产品10	规格10	1-10#	50	30	2	300	库存严重不足	
11	D5120	产品11	规格11	1-11#	100	20	5	150	库存紧张	

用数据条直观展示库存可用天数

将指定内容以醒目的颜色突出显示

图1-9

1.2 用WPS表格生成财务数据看板

将财务数据制作成可视化的数据看板，除了使账证更加规范、美观，更重要的是通过数据看板能够更直接地了解企业整体的财务状况，让企业经营状况、收入、成本、利润等一目了然。

1.2.1 财务运营数据报告效果展示

本案例根据某公司上半年6个月的销售数据，从不同角度生成了可视化的数据看板，如图1-10所示。

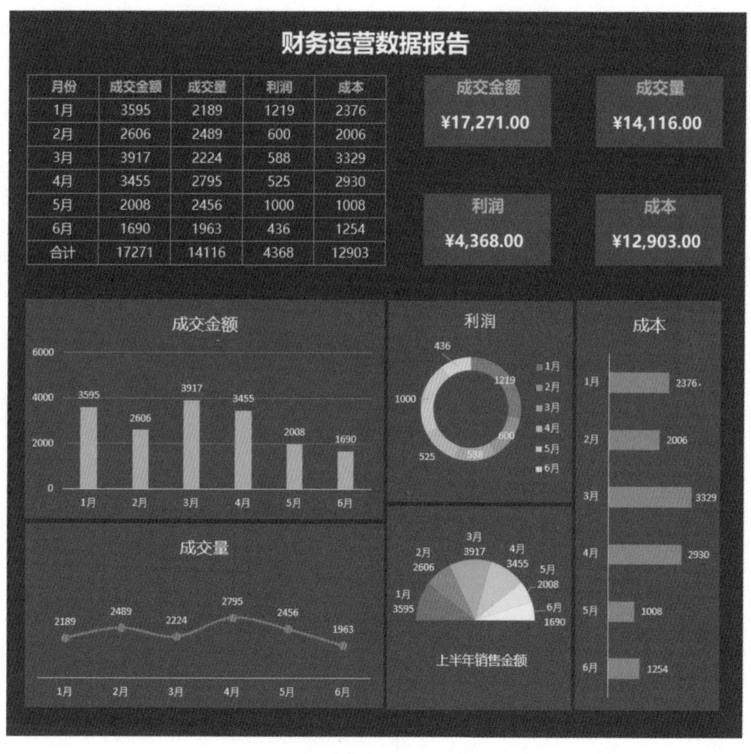

图1-10

制作思路：

财务数据看板其实是根据财务数据统计结果，从不同角度生成数据分析图表，然后对图表进行适当美化，最后组合为一个整体看板，如图1-11、图1-12所示。

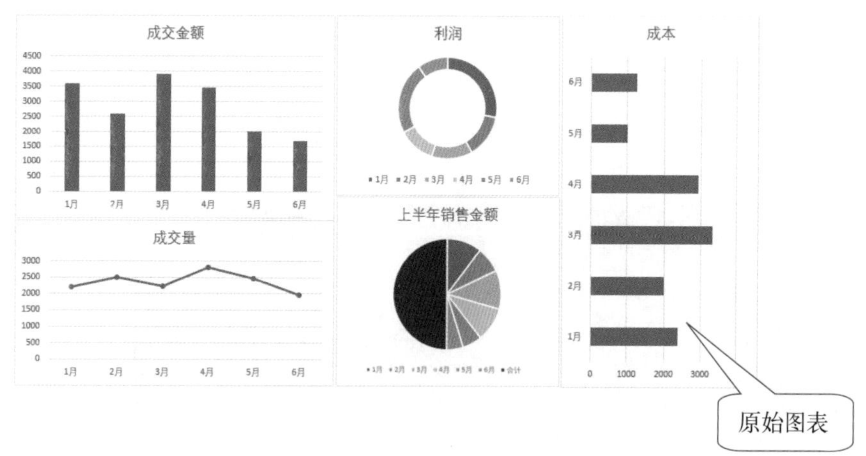

图1-11

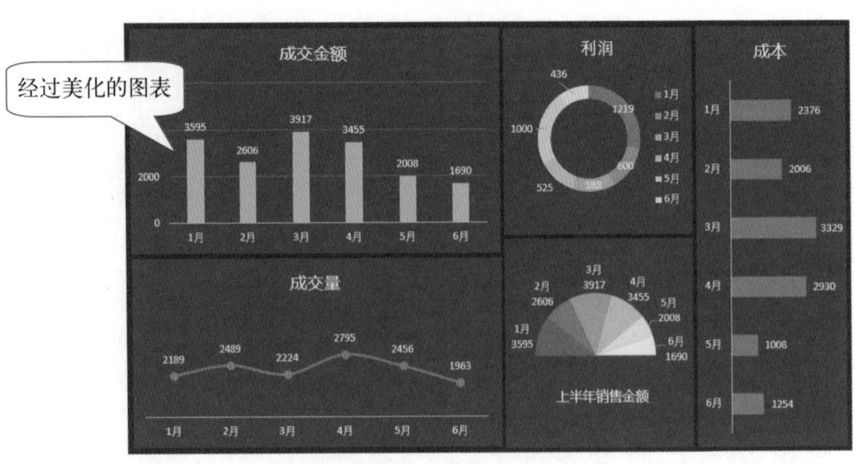

图1-12

报表的整体美化可以从字体格式、单元格样式等方面着手，美化报表的原则是内容易读、样式简洁，如图1-13所示。

财务运营数据报告

月份	成交金额	成交量	利润	成本
1月	3595	2189	1219	2376
2月	2606	2489	600	2006
3月	3917	2224	588	3329
4月	3455	2795	525	2930
5月	2008	2456	1000	1008
6月	1690	1963	436	1254
合计	17271	14116	4368	12903

图1-13

1.2.2 全年财务收支看板效果展示

在WPS中进行数据分析时，数据展示的问题通常都是用图表来处理，财务数据分析也不例外，需要注意的是针对要分析的目标数据选择合适的图表，如图1-14所示。

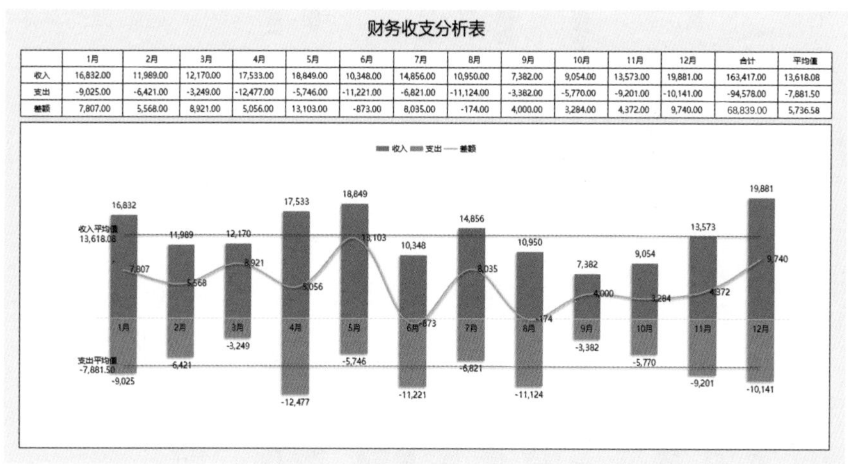
财务收支分析表

	1月	2月	3月	4月	5月	6月	7月	8月	9月	10月	11月	12月	合计	平均值
收入	16,832.00	11,989.00	12,170.00	17,533.00	18,849.00	10,348.00	14,856.00	10,950.00	7,382.00	9,054.00	13,573.00	19,881.00	163,417.00	13,618.08
支出	-9,025.00	-6,421.00	-3,249.00	-12,477.00	-5,746.00	-11,221.00	-6,821.00	-11,124.00	-3,382.00	-5,770.00	-9,201.00	-10,141.00	-94,578.00	-7,881.50
差额	7,807.00	5,568.00	8,921.00	5,056.00	13,103.00	-873.00	8,035.00	-174.00	4,000.00	3,284.00	4,372.00	9,740.00	68,839.00	5,736.58

图1-14

制作思路：

本案例主要分析全年12个月收入、支出及差额情况。用柱形+折线的组合图表可以很好地呈现数据的对比效果。图表中的柱形系列可以直观对比每个月的收入和支出情况，折线系列则显示了全年收入与支出差额的整体趋势，如图1-15所示。

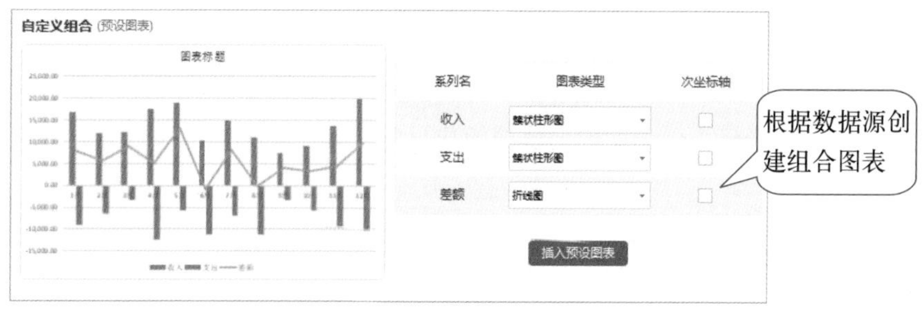

图1-15

随后，通过对图表中各类元素的设置让折线变得平滑，让每月的收入和支出柱形垂直对齐并适当加宽（如图1-16所示），以及添加收入平均值和支出平均值线等（如图1-17所示）。最后修改图表系列的颜色进行美化并添加数据标签即可。

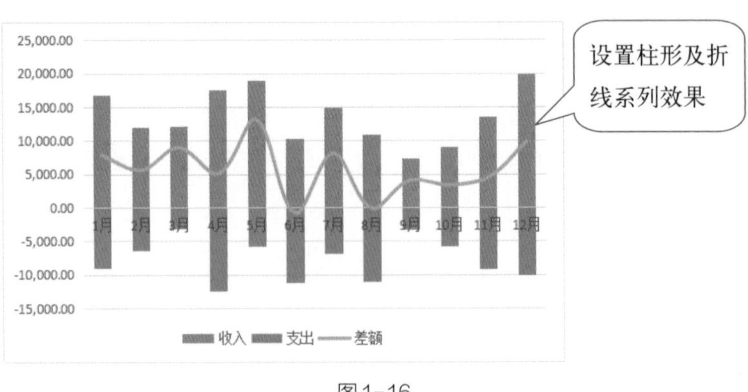

图1-16

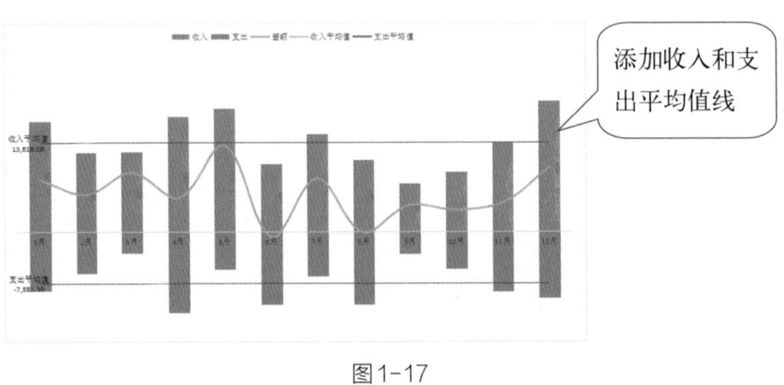

图1-17

1.3 用WPS表格进行人力资源管理

人力资源管理人员（HR）需要经常面对人事数据的存储、统计、汇总与分析等工作，用WPS表格可以帮助他们快速解决日常工作中遇到的人事数据处理与分析难题。

1.3.1 人力资源考勤管理表展示

考勤表是公司员工每天上班的凭证，也是员工领工资的凭证。考勤表中记录了员工上班的天数，以及具体的上下班信息，包括迟到、早退、旷工、病假、事假的情况，如图1-18所示。

考勤表

今日日期：2022年10月17日星期一　日期：2022 年 12 月　制表人：***　审核人：***　查询考勤：/ 休息天数

日期		1	2	3	4	5	6	7	8	9	10	11	12	13	14	15	16	17	18	19	20	21	22	23	24	25	26	27	28	29	30	31	本月出勤率：			96%		
星期		四	五	六	日	一	二	三	四	五	六	日	一	二	三	四	五	六	日	一	二	三	四	五	六	日	一	二	三	四	五	六	出勤天数	休息天数	迟到次数	旷工天数	请假天数	加班工时
																																	134	16	6	2	3	3
车间主任	刘明伟	√	√	√	√	/	√	☆	√	√	√	√	√	√	☆	√	√	√	√	√	√	√	O	√	√	☆	√	√	√	☆	√	√	29	1	4		1	2
技术员	张鑫	√	√	√	/	√	√	√	√	/	√	√	√	√	√	√	×	√	√	√	/	×	√	☆	√	√	O	√	√	√	√	√	25	3	1	2	1	1
技术员	赵凯乐	√	√	√	√	√	√	√	/	√	√	√	√	√	√	√	√	√	√	√	√	√	/	√	√	√	√	√	√	√	√	√	29	2				
人事专员	孙成文	√	/	/	√	√	√	√	√	√	/	/	√	√	√	√	√	√	/	√	√	√	√	√	/	√	√	√	√	√	√	/	24	7				
后勤主管	朱玉	√	√	√	/	√	√	√	√	√	√	/	√	O	√	√	√	/	√	√	√	☆	√	√	√	√	√	√	√	√	√	√	27	3	1		1	

备注："上班-√" "休息-/" "迟到-☆" "旷工-×" "请假-O"

图1-18

WPS 制作思路：

制作员工考勤表的第一步是输入所需的要素，例如标题、日期、姓名等。表格中的日期及出勤天数等可以用公式自动提取，如图1-19所示。

考勤表

今日日期：2022年10月17日星期一　日期：2022 年 12 月　制表人：***　审核人：***　查询考勤：/ 休息天数

日期		1	2	3	4	5	6	7	8	9	10	11	12	13	14	15	16	17	18	19	20	21	22	23	24	25	26	27	28	29	30	31	本月出勤率：			96%		
星期		四	五	六	日	一	二	三	四	五	六	日	一	二	三	四	五	六	日	一	二	三	四	五	六	日	一	二	三	四	五	六	出勤天数	休息天数	迟到次数	旷工天数	请假天数	加班工时
																																	134	16	6	2	3	3
车间主任	刘明伟	√	√	√	√	/	√	☆	√	√	√	√	√	√	☆	√	√	√	√	√	√	√	O	√	√	☆	√	√	√	☆	√	√	29	1	4		1	2
技术员	张鑫	√	√	√	/	√	√	√	√	/	√	√	√	√	√	√	×	√	√	√	/	×	√	☆	√	√	O	√	√	√	√	√	25	3	1	2	1	1
技术员	赵凯乐	√	√	√	√	√	√	√	/	√	√	√	√	√	√	√	√	√	√	√	√	√	/	√	√	√	√	√	√	√	√	√	29	2				
人事专员	孙成文	√	/	/	√	√	√	√	√	√	/	/	√	√	√	√	√	√	/	√	√	√	√	√	/	√	√	√	√	√	√	/	24	7				
后勤主管	朱玉	√	√	√	/	√	√	√	√	√	√	/	√	O	√	√	√	/	√	√	√	☆	√	√	√	√	√	√	√	√	√	√	27	3	1		1	

备注："上班-√" "休息-/" "迟到-☆" "旷工-×" "请假-O"

图中被红色框线选中的区域均由公式自动提取

图1-19

考勤表中的各种符号并不需要一个一个手动输入，只需提前为指定的区域设置好下拉列表，从列表中快速选择一个要录入的符号即可，如图1-20所示。

图1-20

1.3.2 人力资源档案管理表展示

科学合理的人力资源档案管理能够更好地提升人力资源管理的整体效率,从而促进组织的发展。利用WPS表格不仅可以整理和保存各项员工信息，还可以建立查询表，快速查询出指定员工的信息，如图1-21所示。

人力资源档案管理表

单位名称：德胜书坊　　管理员：姓名1　　今天日期：2022.10.21

姓名	性别	员工编号	部门	职务	家庭住址	联系电话	紧急联系人	紧急联系电话	银行账户	开户行	备注
姓名1	男	A001	财务部	财务主管	南街小区***号	131****1575	联系人1	xxx	12364898	**支行	
姓名2	女	A002	人事部	人事主管	西街小区***号	131****1576	联系人2	xxx	12364899	**支行	
姓名3	女	A003	技术部	技术总监	城东小区***号	131****1577	联系人3	xxx	12364900	**支行	
姓名4	女	A004	采购部	采购主管	城北小区***号	131****1578	联系人4	xxx	12364901	**支行	
姓名5	女	A005	人事部	普通职员	南街小区***号	131****1579	联系人5	xxx	12364902	**支行	
姓名6	男	A006	技术部	技术总监	西街小区***号	131****1580	联系人6	xxx	12364903	**支行	
姓名7	女	A007	设计部	设计师	城东小区***号	131****1581	联系人7	xxx	12364904	**支行	
姓名8	男	A008	设计部	设计师	城北小区***号	131****1582	联系人8	xxx	12364905	**支行	
姓名9	男	A009	客服部	普通职员	南街小区***号	131****1583	联系人9	xxx	12364906	**支行	
姓名10	男	A010	客服部	普通职员	西街小区***号	131****1584	联系人10	xxx	12364907	**支行	
姓名11	女	A011	仓库	发货员	城东小区***号	131****1585	联系人11	xxx	12364908	**支行	
姓名12	男	A012	仓库	普通职员	城北小区***号	131****1586	联系人12	xxx	12364909	**支行	
姓名13	女	A013	销售部	普通职员	南街小区***号	131****1587	联系人13	xxx	12364910	**支行	
姓名14	男	A014	销售部	普通职员	西街小区***号	131****1588	联系人14	xxx	12364911	**支行	
姓名15	女	A015	技术部	普通职员	城东小区***号	131****1589	联系人15	xxx	12364912	**支行	
姓名16	男	A016	销售部	销售经理	城北小区***号	131****1590	联系人16	xxx	12364913	**支行	
姓名17	女	A017	客服部	普通职员	南街小区***号	131****1591	联系人17	xxx	12364914	**支行	
姓名18	男	A018	仓库	普通职员	西街小区***号	131****1592	联系人18	xxx	12364915	**支行	

查询表

姓名	姓名2
职务	人事主管
家庭住址	西街小区***号
联系电话	131****1576
紧急联系人	联系人2
紧急联系电话	xxx
银行账户	12364899
开户行	**支行

图1-21

WPS 制作思路：

人力资源档案管理表的制作涉及很多WPS表格的基础知识，包括数据的规范录入、表头的设置原则、行高和列宽的调整、表格及字体格式的设置等。而查询表的制作只需一个VLOOKUP函数就可以搞定，如图1-22所示。

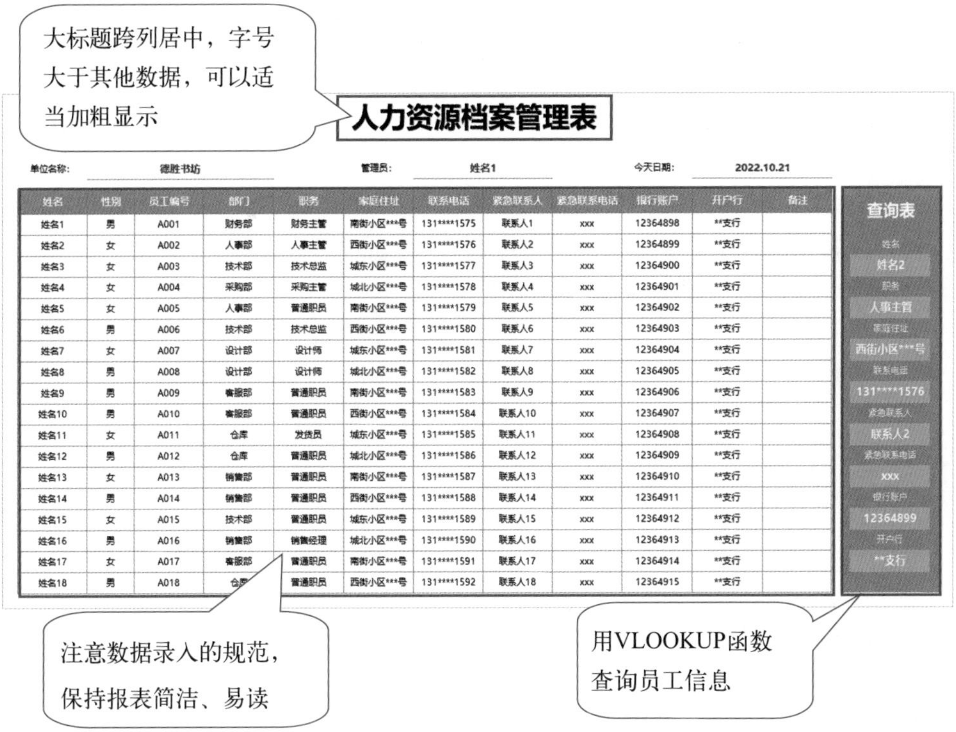

大标题跨列居中，字号大于其他数据，可以适当加粗显示

人力资源档案管理表

单位名称：德胜书坊　　管理员：姓名1　　今天日期：2022.10.21

姓名	性别	员工编号	部门	职务	家庭住址	联系电话	紧急联系人	紧急联系电话	银行账户	开户行	备注
姓名1	男	A001	财务部	财务主管	南街小区***号	131****1575	联系人1	xxx	12364898	**支行	
姓名2	女	A002	人事部	人事主管	西街小区***号	131****1576	联系人2	xxx	12364899	**支行	
姓名3	女	A003	技术部	技术总监	城东小区***号	131****1577	联系人3	xxx	12364900	**支行	
姓名4	女	A004	采购部	采购主管	城北小区***号	131****1578	联系人4	xxx	12364901	**支行	
姓名5	女	A005	人事部	普通职员	南街小区***号	131****1579	联系人5	xxx	12364902	**支行	
姓名6	男	A006	技术部	技术总监	西街小区***号	131****1580	联系人6	xxx	12364903	**支行	
姓名7	女	A007	设计部	设计师	城东小区***号	131****1581	联系人7	xxx	12364904	**支行	
姓名8	男	A008	设计部	设计师	城北小区***号	131****1582	联系人8	xxx	12364905	**支行	
姓名9	男	A009	客服部	普通职员	南街小区***号	131****1583	联系人9	xxx	12364906	**支行	
姓名10	男	A010	客服部	普通职员	西街小区***号	131****1584	联系人10	xxx	12364907	**支行	
姓名11	女	A011	仓库	发货员	城东小区***号	131****1585	联系人11	xxx	12364908	**支行	
姓名12	男	A012	仓库	普通职员	城北小区***号	131****1586	联系人12	xxx	12364909	**支行	
姓名13	女	A013	销售部	普通职员	南街小区***号	131****1587	联系人13	xxx	12364910	**支行	
姓名14	男	A014	销售部	普通职员	西街小区***号	131****1588	联系人14	xxx	12364911	**支行	
姓名15	女	A015	技术部	普通职员	城东小区***号	131****1589	联系人15	xxx	12364912	**支行	
姓名16	男	A016	销售部	销售经理	城北小区***号	131****1590	联系人16	xxx	12364913	**支行	
姓名17	女	A017	客服部	普通职员	南街小区***号	131****1591	联系人17	xxx	12364914	**支行	
姓名18	男	A018	仓[illegible]	普通职员	西街小区***号	131****1592	联系人18	xxx	12364915	**支行	

查询表

姓名	姓名2
职务	人事主管
家庭住址	西街小区***号
联系电话	131****1576
紧急联系人	联系人2
紧急联系电话	xxx
银行账户	12364899
开户行	**支行

注意数据录入的规范，保持报表简洁、易读

用VLOOKUP函数查询员工信息

图1-22

1.4 用WPS表格记录生活和学习

WPS表格除了能够在工作领域发挥强大的作用外，在日常生活和学习中也有着广泛的应用，例如用WPS表格记录家庭开支数据、制作课程表、制作行程表、安排学习计划，甚至是制作减肥计划表等。

1.4.1 家庭收支记账表展示

无记账，不理财！记账是摸清收入和支出的最直接方式。家庭记账的好处有很多，用WPS表格记录家庭日常收支，可以清楚地了解到每月到底挣了多少钱、花了多少钱、钱都花在了什么地方、哪些钱是维持正常生活必须花的，通过一段时间的家庭记账就可以掌握其规律，使日常生活条理化，保持勤俭节约。图1-23所示为家庭收支记账表。

收支统计

▸ 收入与支出统计表

收入总额	支出总额	预算总额
51000.00	18553.00	19622.00

▸ 收入总情况列表

收入类别	收入金额	占比
老公工资	19000.00	37.25%
老公奖金	8000.00	15.69%
我的工资	12000.00	23.53%
我的奖金	2000.00	3.92%
其他收入	10000.00	19.61%
总计	51000.00	100.00%

▸ 支出总情况列表

支出类别	预算金额	实际支出
衣	1700.00	1232.00
食	1460.00	1140.00
住	5094.00	5754.00
行	1848.00	1659.00
其他	3935.00	4163.00
人情	5585.00	4605.00
总计	19622.00	18553.00

家庭收支记账表　　2022年12月

日常支出项目		12月总计			
		预算	已用去	百分比	余额
衣	美容理发	500.00	382.00	76.40%	118.00
衣	服饰鞋帽	1200.00	850.00	70.83%	350.00
食	食物	860.00	730.00	84.88%	130.00
食	外出就餐	600.00	410.00	68.33%	190.00
住	还贷	3000.00	3000.00	100.00%	0.00
住	电话	148.00	201.00	135.81%	-53.00
住	上网	142.00	189.00	133.10%	-47.00
住	水费	304.00	157.00	51.64%	147.00
住	电费	370.00	443.00	119.73%	-73.00
住	煤气	278.00	432.00	155.40%	-154.00
住	物业	321.00	465.00	144.86%	-144.00
住	有线电视	129.00	450.00	348.84%	-321.00
住	日常用品	402.00	417.00	103.73%	-15.00
行	公交车	217.00	178.00	82.03%	39.00
行	地铁	343.00	150.00	43.73%	193.00
行	汽油费	299.00	171.00	57.19%	128.00
行	停车费	453.00	392.00	86.53%	61.00
行	维修保养	214.00	169.00	78.97%	45.00
行	违章罚款	162.00	155.00	95.68%	7.00
行	其他交通费	160.00	444.00	277.50%	-284.00
其他	电器添置	1235.00	1607.00	130.12%	-372.00
其他	维修养护	200.00	180.00	90.00%	20.00
其他	医疗保健	500.00	120.00	24.00%	380.00
其他	旅游娱乐	2000.00	2256.00	112.80%	-256.00
人情	爸爸妈妈	3018.00	1746.00	57.85%	1272.00
人情	公公婆婆	2067.00	2559.00	123.80%	-492.00
人情	其他人情	500.00	300.00	60.00%	200.00

图1-23

WPS 制作思路：

家庭开支记账表（家庭收支记账表的一部分）的制作并没有统一的标准，用户可以根据需要记录每一笔支出的预算、用途、金额等，然后用简单的公式进行一些必要的统计，如图1-24所示。

日常支出		12月总计			
		预算	已用去	百分比	余额
衣	美容理发	500.00	382.00	76.40%	118.00
衣	服饰鞋帽	1200.00	850.00	70.83%	350.00
食	食物	860.00	730.00	84.88%	130.00
食	外出就餐	600.00	410.00	68.33%	190.00
住	还贷	3000.00	3000.00	100.00%	0.00
住	电话	148.00	201.00	135.81%	-53.00
住	上网	142.00	189.00	133.10%	-47.00
住	水费	304.00	157.00	51.64%	147.00
住	电费	370.00	443.00	119.73%	-73.00
住	煤气	278.00	432.00	155.40%	-154.00
住	物业	321.00	465.00	144.86%	-144.00
住	有线电视	129.00	450.00	348.84%	-321.00
住	日常用品	402.00	417.00	103.73%	-15.00
行	公交车	217.00	178.00	82.03%	39.00
	地铁	343.00	150.00	43.73%	193.00
	汽油费	299.00	171.00	57.19%	128.00
	停车费	453.00	392.00	86.53%	61.00
行	维修保养	214.00	169.00	78.97%	45.00
行	违章罚款	162.00	155.00	95.68%	7.00
行	其他交通费	160.00	444.00	277.50%	-284.00

记录支出的具体项目和金额

用公式计算消费占比和所剩余额

图1-24

对支出及收入情况进行汇总，可以全面反映家庭在一定时期内的经济情况，这些统计通常用公式来完成，如图1-25所示。

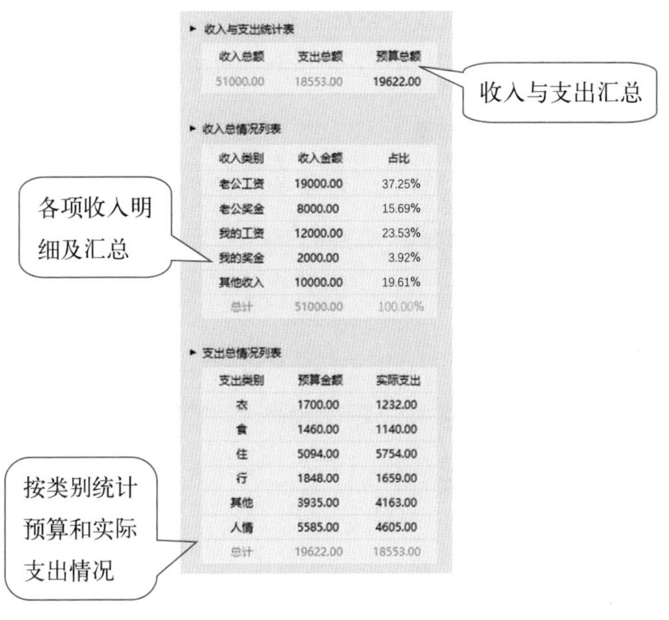
▸ 收入与支出统计表

收入总额	支出总额	预算总额
51000.00	18553.00	19622.00

▸ 收入总情况列表

收入类别	收入金额	占比
老公工资	19000.00	37.25%
老公奖金	8000.00	15.69%
我的工资	12000.00	23.53%
我的奖金	2000.00	3.92%
其他收入	10000.00	19.61%
总计	51000.00	100.00%

▸ 支出总情况列表

支出类别	预算金额	实际支出
衣	1700.00	1232.00
食	1460.00	1140.00
住	5094.00	5754.00
行	1848.00	1659.00
其他	3935.00	4163.00
人情	5585.00	4605.00
总计	19622.00	18553.00

图1-25

1.4.2 每日学习计划表展示

假期中为了保证学习和作息的规律，很多人会制作学习计划表。利用WPS表格除了可以安排每日的具体学习计划，还可以把整个假期内要做的事按照轻重缓急依次罗列出来并跟踪完成情况，用图表进行直观的展示，如图1-26所示。

暑假学习计划安排表

执行人：孙美玉

总完成情况：良好

时间	安排
7:00	起床吃早餐
8:00	朗读、背单词
9:00	写作业
10:00	看电视
11:00	吃午饭
12:00	午休
13:00	练字
14:00	预习新知识
15:00	帮妈妈做家务
16:00	锻炼、玩乐
17:00	吃晚饭
18:00	看课外书
19:00	弹琴、画画
20:00	写日记
21:00	回忆、冥想
22:00	准备睡觉

	重要	57%
1	项目1	✔
2	项目2	✔
3	项目3	✔
4	项目4	✔
5	项目5	✖
6	项目6	✖
7	项目7	✖

	一般	43%
1	项目1	✔
2	项目2	✖
3	项目3	✔
4	项目4	✔
5	项目5	✖
6		
7		

	日常	71%
1	项目1	✔
2	项目2	✖
3	项目3	✖
4	项目4	✔
5	项目5	✔
6	项目6	✔
7	项目7	✔

	紧急	29%
1	项目1	✔
2	项目2	✖
3	项目3	✖
4	项目4	✔
5		
6		
7		

图1-26

制作思路：

这个学习计划表分为三大板块，分别是每日学习计划安排表、根据重要程度分类罗列的待办事项表以及完成情况图表，如图1-27所示。

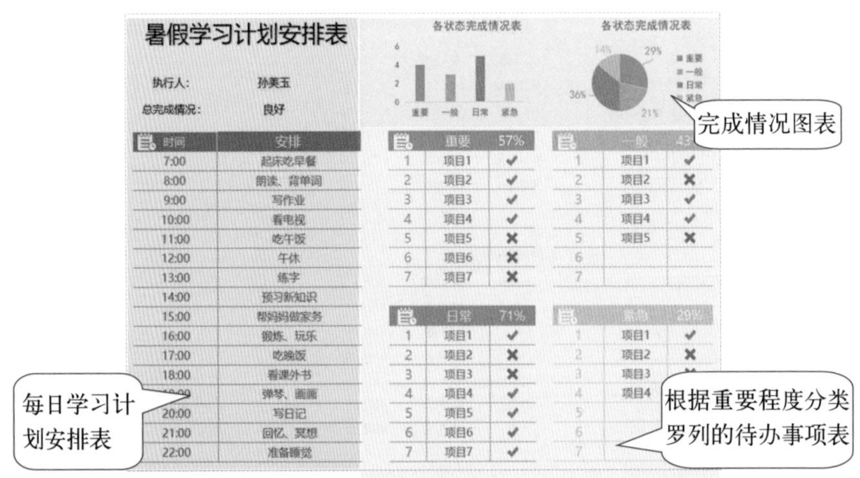

图1-27

待办事项完成后在单元格中输入“✔”，待办事项未完成则在单元格中输入“✖”，这两个图标是通过为区域设置条件格式自动生成的，当向单元格中输入数字1时自动显示为“✔”，当输入0时自动显示为“✖”，如图1-28所示。该技巧的具体应用方法请查看第5章第5.4.2节内容。

	重要	57%
1	项目1	✔
2	项目2	✔
3	项目3	✔
4	项目4	✔
5	项目5	
6	项目6	1
7	项目7	0

	重要	57%
1	项目1	✔
2	项目2	✔
3	项目3	✔
4	项目4	✔
5	项目5	✖
6	项目6	
7	项目7	

图1-28

制作本案例中的图表，需要先统计各类待办事项的完成数量，再将统计结果作为辅助的数据源依次创建柱形图和饼图，最后对图表进行适当美化即可，如图1-29所示。

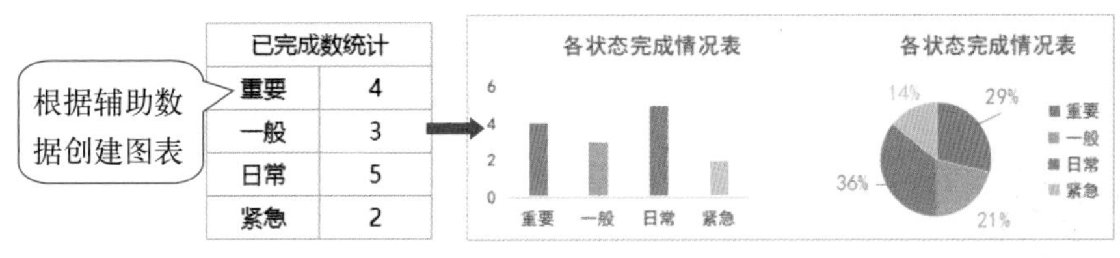

已完成数统计	
重要	4
一般	3
日常	5
紧急	2

图1-29

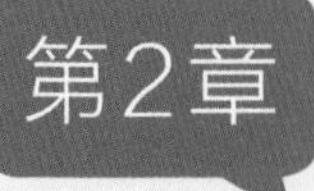

第2章

用对工具，“懒人”也有高效率

面对工作中繁杂的数据，正确地使用工具能够极大地提高工作效率。WPS表格作为日常办公中经常用到的数据处理与分析软件，包含了很多智能化的数据处理功能，这些功能操作起来非常简单，却能够实现意想不到的效果。本章将对这些功能的使用方法进行详细介绍。

扫码看视频

2.1 省时又省力的WPS表格特色功能

在工作中处理和分析数据时，工作效率的高低取决于用户对软件的熟悉程度，以及在工作中是否对重复性的操作使用了批量处理。WPS表格中融合了很多特色功能，让数据处理和分析更加省时省力。

2.1.1 自动提取身份证号码信息

身份证号码中包含了很多个人信息，例如出生日期、性别、年龄等。使用WPS表格可以根据身份证号码自动提取相应的信息，如图2-1所示。

	A	B	C	D	E
1	序号	身份证号码	出生日期	性别	年龄
2	1	37****197408049131	1974/8/4	男	48
3	2	21****198009049616	1980/9/4	男	42
4	3	22****198905256651	1989/5/25	男	33
5	4	14****198406238573	1984/6/23	男	38
6	5	35****199308134677	1993/8/13	男	29
7	6	32****198611030293	1986/11/3	男	35
8	7	33****197505091714	1975/5/9	男	47
9	8	37****199210170711	1992/10/17	男	30
10	9	32****199006296393	1990/6/29	男	32
11	10	22****198811246055	1988/11/24	男	33
12	11	33****199411035360	1994/11/3	女	27
13	12	37****199409239062	1994/9/23	女	28
14	13	13****199206263402	1992/6/26	女	30
15	14	37****198209087688	1982/9/8	女	40

自动提取身份证号码信息

图2-1

WPS表格将工作中常用的公式写进了软件程序中。例如提取身份证号码信息、计算个人所得税等，用户只需执行相应命令即可自动提取相应信息。

下面以提取身份证号码中的出生日期为例介绍具体操作方法。

选择要提取出生日期的单元格，此处为C2单元格。按Shift+F3组合键，打开"插入函数"对话框，在"常用公式"选项卡中选择"提取身份证生日"选项，随后在"身份证号码"文本框中引用包含身份证号码的单元格，此处引用B2单元格，单击"确定"按钮即可，如图2-2所示。

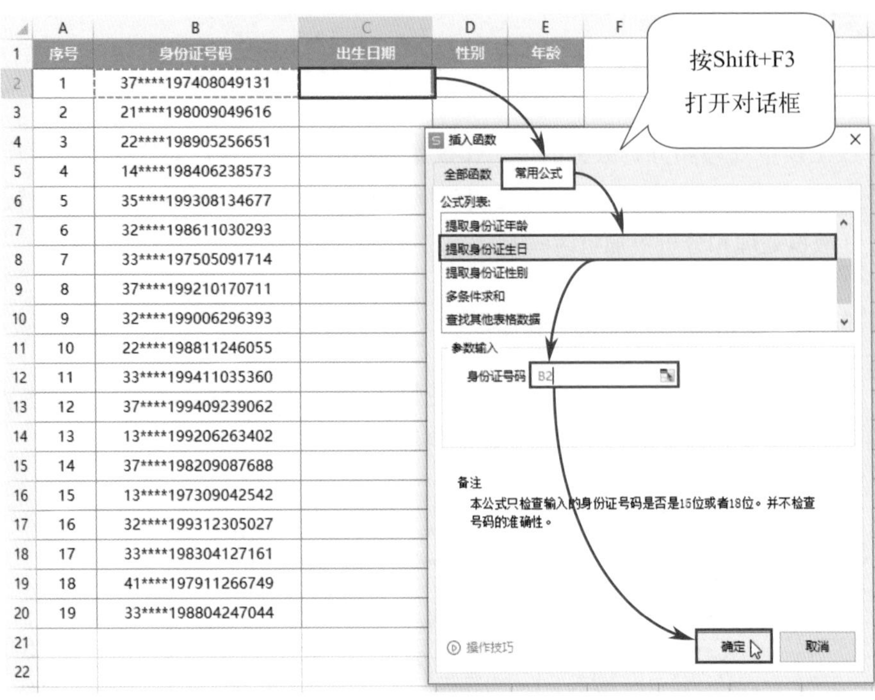

图2-2

提取第一个出生日期后，将该单元格向下填充即可提取出其他身份证号码中的出生日期，如图2-3所示。

	A	B	C	D	E
1	序号	身份证号码	出生日期	性别	年龄
2	1	37****197408049131	1974/8/4		
3	2	21****198009049616	1980/9/4		
4	3	22****198905256651	1989/5/25		
5	4	14****198406238573	1984/6/23		
6	5	35****199308134677	1993/8/13		
7	6	32****198611030293	1986/11/3		
8	7	33****197505091714	1975/5/9		
9	8	37****199210170711	1992/10/17		
10	9	32****199006296393	1990/6/29		
11	10	22****198811246055	1988/11/24		
12	11	33****199411035360	1994/11/3		
13	12	37****199409239062	1994/9/23		
14	13	13****199206263402	1992/6/26		
15	14	37****198209087688	1982/9/8		
16	15	13****197309042542	1973/9/4		
17	16	32****199312305027	1993/12/30		
18	17	33****198304127161	1983/4/12		
19	18	41****197911266749	1979/11/26		
20	19	33****198804247044	1988/4/24		

图2-3

提取性别和年龄的方法与提取出生日期的基本相同，只要在“插入函数”对话框中选择相应的选项即可，如图2-4所示。

图2-4

2.1.2 自动创建下拉列表

在制作报表时经常会遇到部分信息具有相同属性的情况，例如在制作教师人事信息表时，任教学科、职务、职称、薪级、学历等信息均包含重复的属性，在制作此类报表时，可以创建下拉列表，以便更加快捷地获取信息，如图2-5所示。

	A	B	C	D	E	F	G
1	序号	姓名	任教学科	现任职务	职称	薪级	最高学历
2	1	张子英	语文	教师	中教三级	13	硕士
3	2	刘敏仪	数学	书记	中教二级	12	研究生
4	3	乔晓娟	英语	校长	中教一级	11	本科
5	4	周成元	音乐	副校长	中教高级	10	大专
	5	李思怡	体育	德育主任	中教特级	9	中专
		玉波		校办主任	中教三级	8	高中
		思华		教务主任	中教二级	7	本科
9	8	宋群芳		教研主任	中教一级	6	大专
10	9	贾春明		后勤主任	中教高级	5	中专
11	10	周萱萱		财务主任	中教特级	6	研究生

图2-5

WPS表格提供了创建下拉列表的独立按钮，该按钮在“数据”选项卡中，调用起来十分便捷。操作方法如下。

选中需要创建下拉列表的单元格区域，打开“数据”选项卡，单击“下拉列表”按钮。在弹出的“插入下拉列表”对话框中添加具体内容，最后单击“确定”按钮即可完成下拉列表的创建，如图2-6所示。

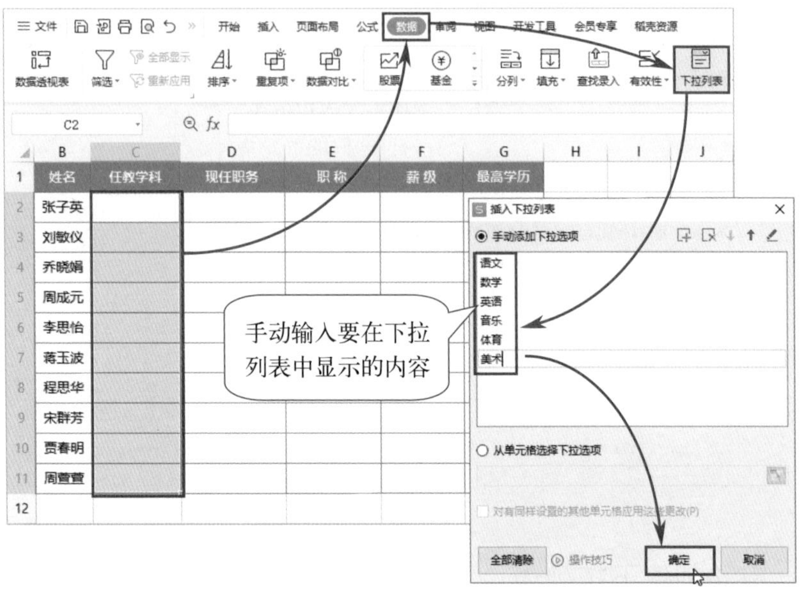

图2-6

操作提示

输入下拉选项时可以通过对话框右上角的5个按钮执行添加、删除、移动以及编辑选项的操作，如图2-7所示。

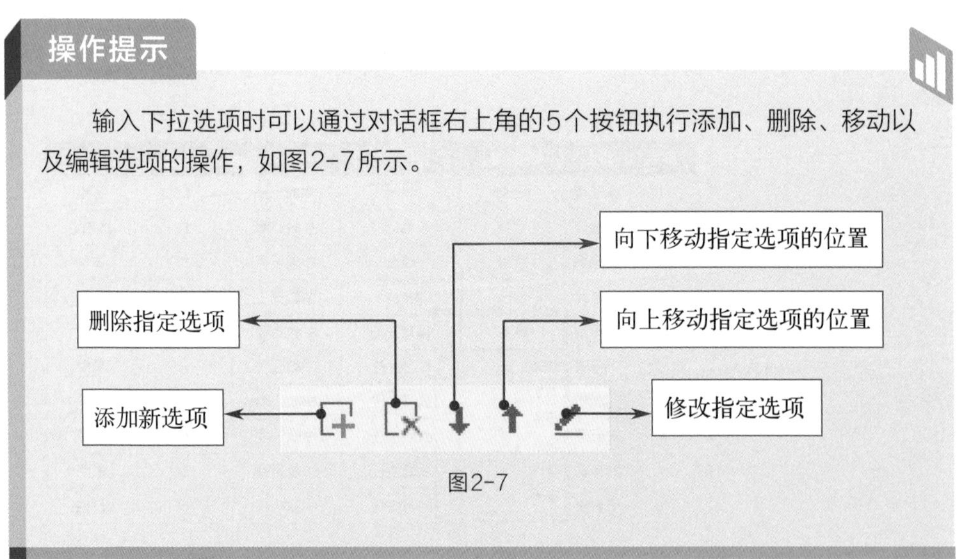

图2-7

2.1.3 自动转换人民币大写格式

财务人员在处理各种数据时经常需要将小写的金额转换为人民币大写格式，如图2-8所示。

C10　615000

	A	B	C	D
1	序号	报销项目	报销金额	
2	1	市内交通费	¥100,000.00	
3	2	车辆使用费	¥100,000.00	
4	3	通讯费用	¥100,000.00	
5	4	会务费用	¥100,000.00	
6	5	接待费用	¥50,000.00	
7	6	差旅费用	¥25,000.00	
8	7	办公费用	¥75,000.00	
9	8	物业费用	¥65,000.00	
10	合计金额（大写）		陆拾壹万伍仟元整	

以人民币大写形式显示的金额

图2-8

在WPS表格中可以通过为数字设置特殊格式的方法将小写金额快速转换为人民币大写格式，操作方法如下。

选中包含小写金额的单元格，按Ctrl+1组合键，打开“单元格格式”对话框，在“数字”选项卡中选择“特殊”选项，随后选择类型为“人民币大写”，最后单击“确定”按钮即可完成转换，如图2-9所示。

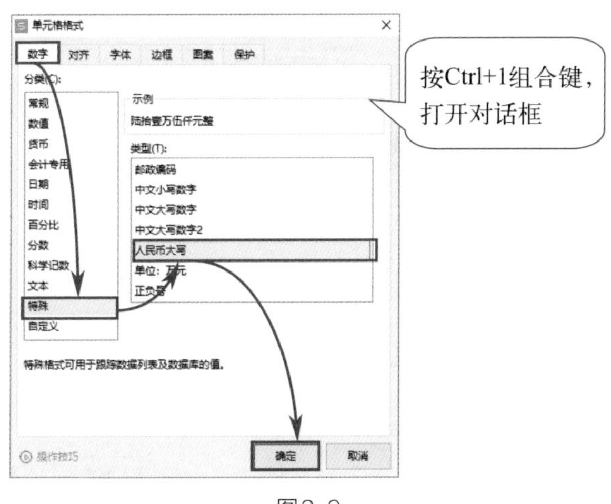

图2-9

2.1.4 批量处理重复数据

整理表格数据时经常会遇到很多重复值，如果手动查询或删除这些重复值会耗费大量时间。其实，针对重复值，WPS表格自有一套应对方法。使用“重复项”功能以设置高亮重复值、拒绝录入重复值，如图2-10、图2-11所示，以及删除重复值等。

	A	B	C
1	序号	费用类型	每日费用
2	1	机票费	¥1,280.00
3	2	注册费	¥750.00
4	3	交通费	¥18.00
5	4	会议费	¥500.00
6	5	注册费	¥750.00
7	6	用餐费	¥50.00
8	7	住宿费	¥260.00

突出重复内容

图2-10

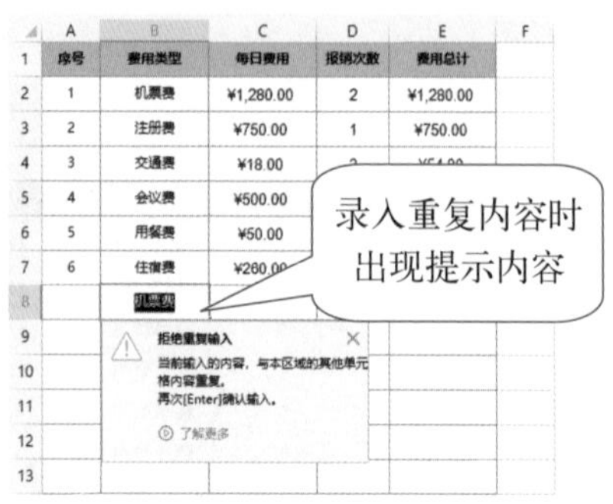

图2-11

（1）突出重复数据

选中包含重复值的单元格区域，打开“数据”选项卡，单击“重复项”下拉按钮，在展开的列表中包含了处理重复值的不同选项，此处选择“设置高亮重复项”选项，系统随即弹出“高亮显示重复值”对话框，直接单击“确定”按钮，如图2-12所示。所选区域中的重复值随即被填充颜色。

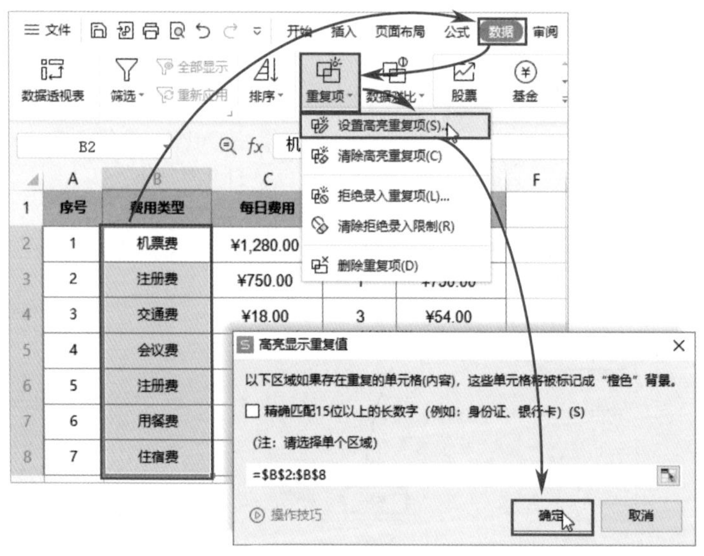

图2-12

（2）删除重复数据

选择包含重复值的表格区域，打开“数据”选项卡，单击“重复项”下拉按钮，在下拉列表中选择“删除重复项”选项，系统随即弹出“删除重复项”对话框，此处勾选除了序号之外的所有列，单击“删除重复项”按钮，如图2-13所示。这样即可删除表格中的重复值。

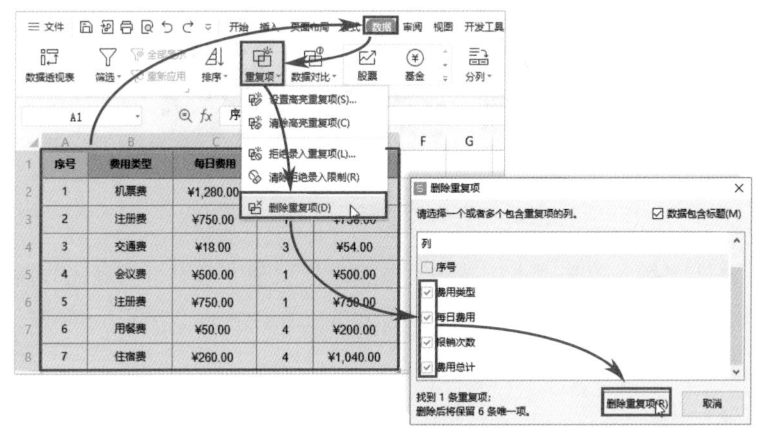

图2-13

（3）拒绝录入重复数据

选中要拒绝录入重复数据的列，打开“数据”选项卡，单击“重复项”下拉按钮，从下拉列表中选择“拒绝录入重复项”选项。随后系统弹出“拒绝重复输入”对话框，直接单击“确定”按钮关闭对话框即可完成设置，如图2-14所示。

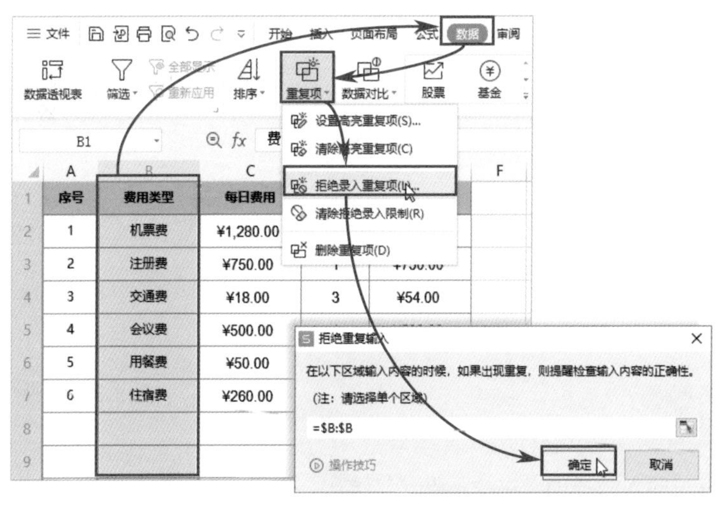

图2-14

2.1.5 快速生成二维码

现实生活中随处可见各种各样的二维码。生成二维码的方法有很多，在这里将介绍如何用WPS表格快速生成各种二维码，例如联系人信息二维码、网页二维码、文本二维码等，如图2-15所示。

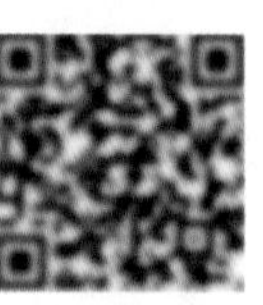

联系人信息　　网页　　文本

图2-15

打开“插入”选项卡，单击“二维码”按钮，可打开“插入二维码”对话框。在“输入内容”文本框中输入网址或文本内容，单击“确定”按钮，即可生成相应二维码，如图2-16所示。

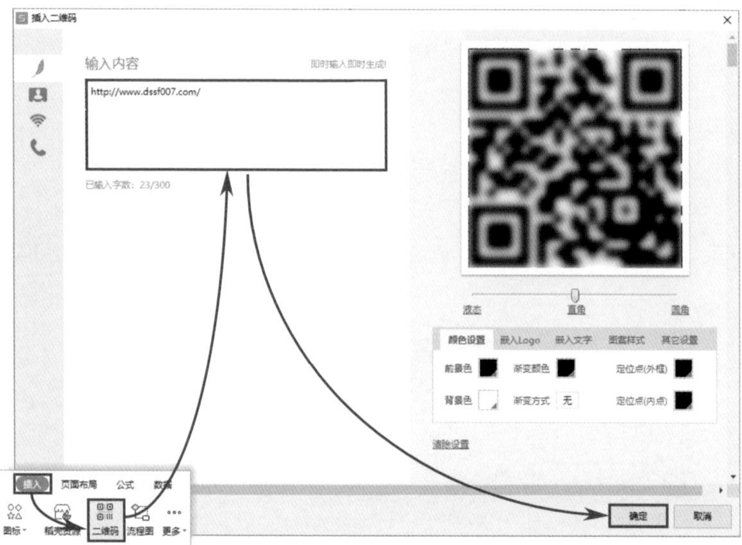

图2-16

操作提示

若在“插入”选项卡中找不到“二维码”按钮，可以单击“更多”按钮，在下拉列表中会看到“二维码”选项，如图2-17所示。

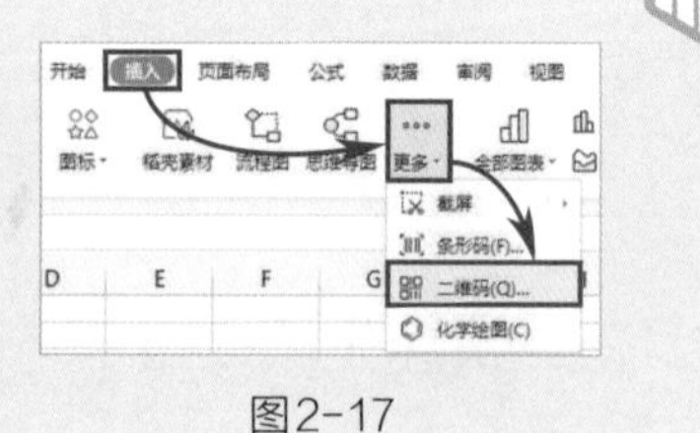

图2-17

“插入二维码”对话框右侧提供了各种美化工具。利用这些工具能够设置二维码的颜色，如图2-18所示；向二维码中嵌入LOGO或嵌入文字，如图2-19所示；设置图案的样式等，如图2-20所示。

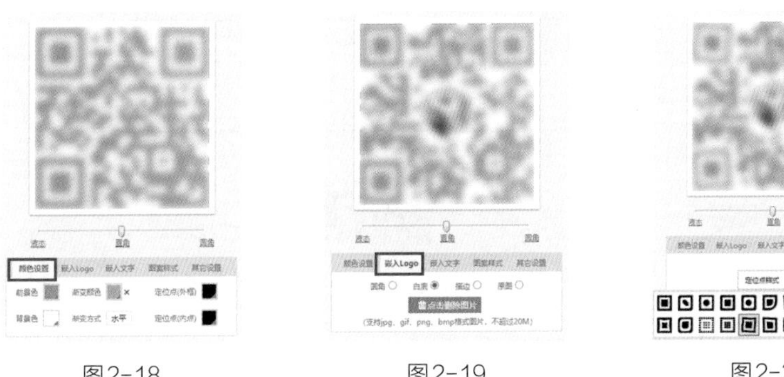

图2-18　　图2-19　　图2-20

除了生成网页或文本二维码，WPS表格还可以生成联系人信息、Wi-Fi信息以及电话号码信息二维码。用户只需单击“插入二维码”对话框左上角的四个小图标即可切换到相应页面，如图2-21所示。

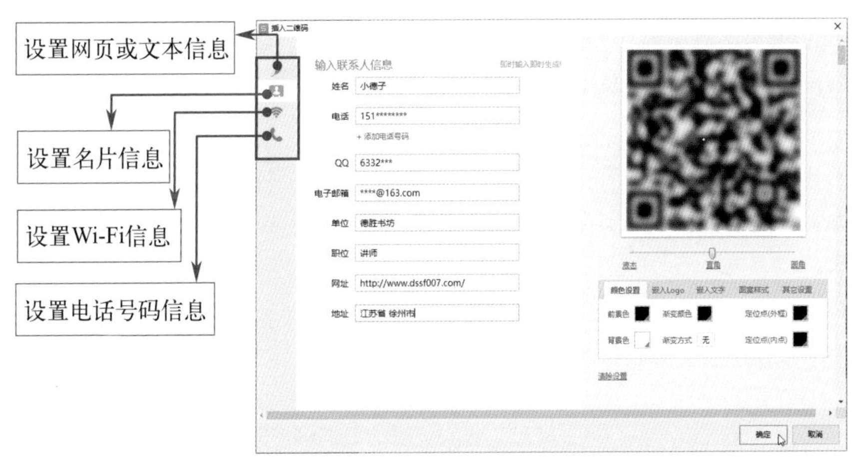

图2-21

2.1.6　快速生成条形码

图2-22

WPS表格支持条形码的创建，用户只需输入数字或字母编码即可快速生成对应的条形码图形，如图2-22所示。操作方法如下。

在“插入”选项卡中单击“更多”下拉按钮，从下拉列表中选择“条形码”选项。打开“插入条形码”对话框，根据应用领域选择好编码的形式，并输入具体的编码，单击“插入”按钮，即可快速生成条形码，如图2-23所示。

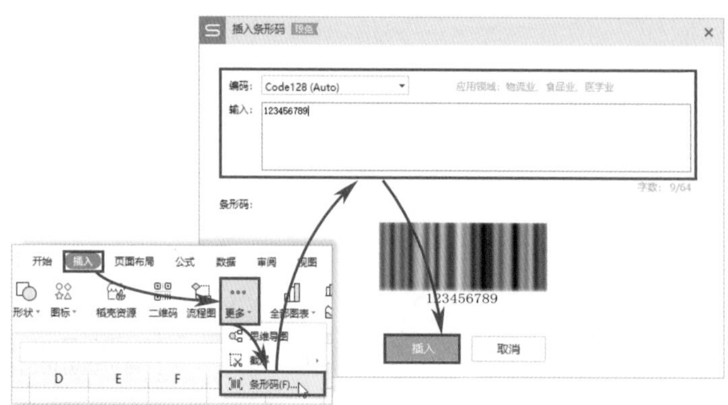

图2-23

2.2 数据处理时的一键操作

用WPS表格办公时如果能熟练应用一些快捷操作，将为办公人员进行数据处理提供很大的便利，从而提高工作效率。

2.2.1 一键开启护眼模式

办公人员长时间注视计算机屏幕会造成眼睛疲劳，WPS贴心地为用户提供了护眼模式。

在软件窗口最底部的功能区中单击“👁”按钮可一键开启护眼模式，在该模式下工作表会变为浅绿色，帮助缓解眼疲劳，如图2-24所示。

序号	产品编码	产品名称	规格型号	存放位置	当前库存数量	日出库量	可用天数	安全库存	库存提醒	备注
1	D5110	产品1	规格1	1-1#	200	20	10	100	库存充足	
2	D5111	产品2	规格2	1-2#	95	5	19	100	库存紧张	
3	D5112	产品3	规格3	1-3#	170	12	14	100	库存充足	
4	D5113	产品4	规格4	1-4#	50	100	1	100	库存严重不足	
5	D5114	产品5	规格5	1-5#	200	56	4	150	库存充足	
6	D5115	产品6	规格6	1-6#	220	20	11	150	库存充足	
7	D5116	产品7	规格7	1-7#	320	45	7	150	库存充足	
8	D5117	产品8	规格8	1-8#	170	55	3	150	库存充足	
9	D5118	产品9	规格9	1-9#	220	45	5	150	库存充足	
10	D5119	产品10	规格10	1-10#	50	30	2	300	库存严重不足	
11	D5120	产品11	规格11	1-11#			5	150	库存紧张	

图2-24

2.2.2 一键开启行列聚光灯

表格中内容很多时，查看数据很容易看错行列。此时开启阅读模式能够将所选单元格整行整列突出显示，形成聚光灯效果，为数据的读取提供便利。操作方法如下。

在功能区中单击"田▾"按钮，可一键启动阅读模式，如图2-25所示。

	B	C	D	E	F	G	H	I	J	K
2	序号	外加工单位	订单日期	订单编号	工单号	款号	产品码	订单数量	单价	加工费总额
3	1	戴珊妮女鞋加工厂	2018/12/24	QT511572-004	Z11-085	0964952700	YY85	2350	¥14.11	¥26,535.90
4	2	四海贸易有限公司	2018/12/31	QT511689-004	Z12-033	0944651702	YY85	25	¥2.18	¥43.56
5	3	四海贸易有限公司	2018/12/31	QT511909-001	Z01-018	0944651701	YY85	100	¥2.71	¥217.09
6	4	四海贸易有限公司	2018/12/31	QT511962-008	Z01-033	0964651704	YY85	425	¥7.08	¥283.13
7	5	四海贸易有限公司	2019/1/2	QT511689-005	Z12-034	0944651704	YY85	25	¥20.19	¥403.87
8	6	霸王鞋业	2019/1/2	QT511873-001	C01-232	0168958L	LC31	75	¥24.65	¥1,479.02
9	7	四海贸易有限公司	2019/1/2	QT511909-002	Z01-019	0944651704	YY85	100	¥5.45	¥436.03
10	8	东广皮革厂	2019/1/4	QT511497-016	C12-232	1-141	LC62	10	¥5.09	¥40.70
11	9	自由户外用品有限公司	2019/1/4	QT511588-005	Z12-029	0964690600	YY85	1425	¥1.27	¥8,564.81
12	10	四海贸易有限公司	2019/1/4	QT511962-004	Z01-029	0944651704	YY85	425	¥19.19	¥767.42
13	11	自由户外用品有限公司	2019/1/5	QT511587-004	Z12-028	0964690200	YY85	1750	¥4.98	¥5,708.25
14	12	四海贸易有限公司	2019/1/5	QT511962-002	Z01-027	0944651702	YY85	425	¥14.81	¥592.28
15	13	自由户外用品有限公司	2019/1/6	QT511586-005	Z12-027	964690850			¥15.33	¥28,199.09
16	14	四海贸易有限公司	2019/1/6	QT511962-001	Z01-026	0944651701			¥4.63	¥185.35
17	15	郑州裕发贸易公司	2019/1/7	QT511674-001	C01-176	161TC			¥5.40	¥752.87
18	16	四海贸易有限公司	2019/1/7	QT511962-006	Z01-031	0964651702			¥12.68	¥507.05
19	17	东广皮革厂	2019/1/8	QT8511980-026	M003-077	11449707SL			¥21.02	¥840.73
20	18	自由户外用品有限公司	2019/1/8	QT511589-005	Z12-030	0964960600			¥2.38	¥2,860.08
21	19	霸王鞋业	2019/1/8	QT511875-001	C01-236	0171878L		75	¥10.02	¥601.27

图2-25

阅读模式下，行列默认以浅黄色突出显示，用户也可以根据需要修改颜色。单击"田▾"按钮右侧的小三角按钮，在展开的颜色列表中即可更改颜色，如图2-26所示。

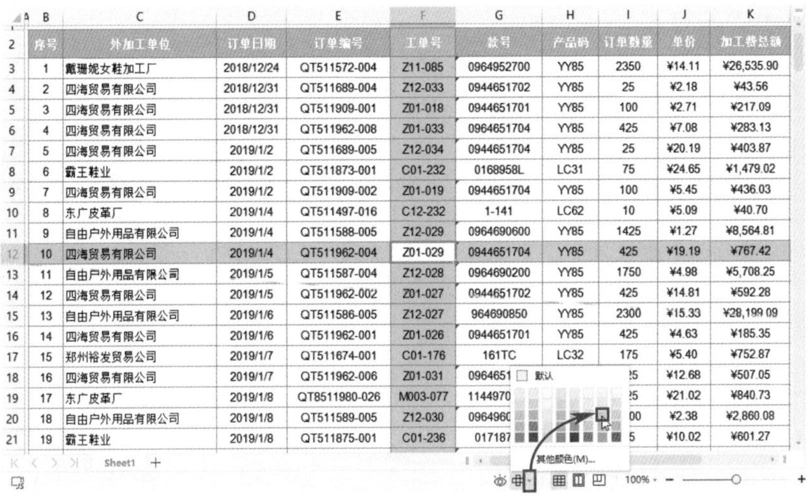

	B	C	D	E	F	G	H	I	J	K
2	序号	外加工单位	订单日期	订单编号	工单号	款号	产品码	订单数量	单价	加工费总额
3	1	戴珊妮女鞋加工厂	2018/12/24	QT511572-004	Z11-085	0964952700	YY85	2350	¥14.11	¥26,535.90
4	2	四海贸易有限公司	2018/12/31	QT511689-004	Z12-033	0944651702	YY85	25	¥2.18	¥43.56
5	3	四海贸易有限公司	2018/12/31	QT511909-001	Z01-018	0944651701	YY85	100	¥2.71	¥217.09
6	4	四海贸易有限公司	2018/12/31	QT511962-008	Z01-033	0964651704	YY85	425	¥7.08	¥283.13
7	5	四海贸易有限公司	2019/1/2	QT511689-005	Z12-034	0944651704	YY85	25	¥20.19	¥403.87
8	6	霸王鞋业	2019/1/2	QT511873-001	C01-232	0168958L	LC31	75	¥24.65	¥1,479.02
9	7	四海贸易有限公司	2019/1/2	QT511909-002	Z01-019	0944651704	YY85	100	¥5.45	¥436.03
10	8	东广皮革厂	2019/1/4	QT511497-016	C12-232	1-141	LC62	10	¥5.09	¥40.70
11	9	自由户外用品有限公司	2019/1/4	QT511588-005	Z12-029	0964690600	YY85	1425	¥1.27	¥8,564.81
12	10	四海贸易有限公司	2019/1/4	QT511962-004	Z01-029	0944651704	YY85	425	¥19.19	¥767.42
13	11	自由户外用品有限公司	2019/1/5	QT511587-004	Z12-028	0964690200	YY85	1750	¥4.98	¥5,708.25
14	12	四海贸易有限公司	2019/1/5	QT511962-002	Z01-027	0944651702	YY85	425	¥14.81	¥592.28
15	13	自由户外用品有限公司	2019/1/6	QT511586-005	Z12-027	964690850	YY85	2300	¥15.33	¥28,199.09
16	14	四海贸易有限公司	2019/1/6	QT511962-001	Z01-026	0944651701	YY85	425	¥4.63	¥185.35
17	15	郑州裕发贸易公司	2019/1/7	QT511674-001	C01-176	161TC	LC32	175	¥5.40	¥752.87
18	16	四海贸易有限公司	2019/1/7	QT511962-006	Z01-031	0964651		25	¥12.68	¥507.05
19	17	东广皮革厂	2019/1/8	QT8511980-026	M003-077	1144970		25	¥21.02	¥840.73
20	18	自由户外用品有限公司	2019/1/8	QT511589-005	Z12-030	0964960		00	¥2.38	¥2,860.08
21	19	霸王鞋业	2019/1/8	QT511875-001	C01-236	017187		5	¥10.02	¥601.27

默认

其他颜色(M)...

图2-26

2.2.3 一键录入当前日期

在WPS表格中，不用函数也不用手动敲键盘也能快速录入当前日期，并且能够选择日期的格式。操作方法如下。

打开“开始”选项卡，单击“表格工具”下拉按钮，在下拉列表中选择“录入当前日期”选项，其级联列表中会显示当前日期的几种常见格式，单击需要使用的格式即可将该格式的当前日期录入到单元格中，如图2-27所示。

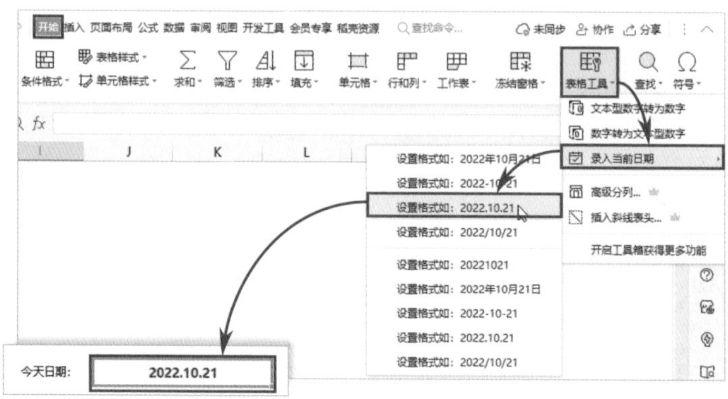

图2-27

2.2.4 一键合并相同单元格

当需要合并包含相同内容的单元格时，不用重复对每种相同的数据执行合并操作，如图2-28所示。WPS表格可以一键合并所有包含相同内容的单元格，如图2-29所示。操作方法如下。

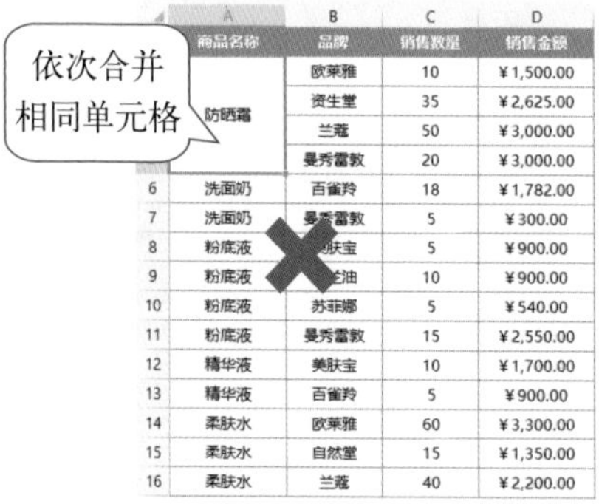

商品名称	品牌	销售数量	销售金额
防晒霜	欧莱雅	10	¥1,500.00
	资生堂	35	¥2,625.00
	兰蔻	50	¥3,000.00
	曼秀雷敦	20	¥3,000.00
洗面奶	百雀羚	18	¥1,782.00
洗面奶	曼秀雷敦	5	¥300.00
粉底液	美肤宝	5	¥900.00
粉底液	美兰油	10	¥900.00
粉底液	苏菲娜	5	¥540.00
粉底液	曼秀雷敦	15	¥2,550.00
精华液	美肤宝	10	¥1,700.00
精华液	百雀羚	5	¥900.00
柔肤水	欧莱雅	60	¥3,300.00
柔肤水	自然堂	15	¥1,350.00
柔肤水	兰蔻	40	¥2,200.00

图2-28

商品名称	品牌	销售数量	销售金额
防晒霜	欧莱雅	10	¥1,500.00
	资生堂	35	¥2,625.00
	兰蔻	50	¥3,000.00
	曼秀雷敦	20	¥3,000.00
洗面奶	百雀羚	18	¥1,782.00
	曼秀雷敦	5	¥300.00
粉底液	美肤宝	5	¥900.00
	美兰油	10	¥900.00
	苏菲娜	5	¥540.00
	曼秀雷敦	15	¥2,550.00
精华液	美肤宝	10	¥1,700.00
	百雀羚	5	¥900.00
柔肤水	欧莱雅	60	¥3,300.00
	自然堂	15	¥1,350.00
	兰蔻	40	¥2,200.00

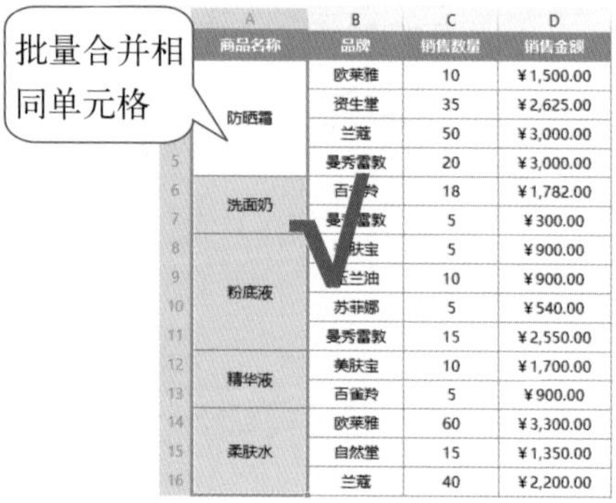

图2-29

选择需要合并相同数据的单元格区域，打开“开始”选项卡，单击“合并居中”下拉按钮，从下拉列表中选择“合并相同单元格”选项，即可批量合并包含相同内容的单元格，如图2-30所示。

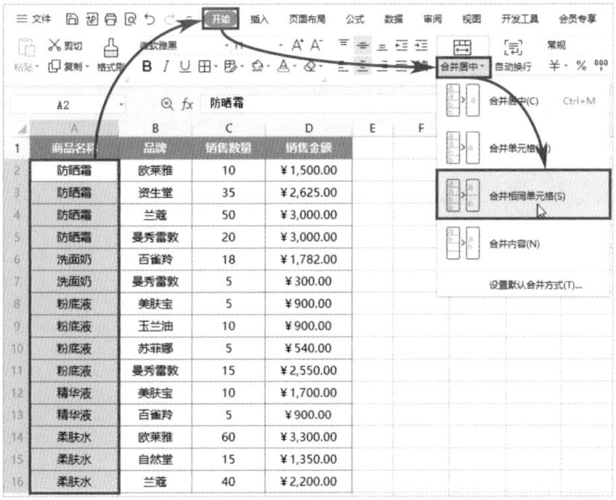

图2-30

2.2.5　一键拆分合并单元格

合并单元格会对数据分析造成很大影响，若要还原表格的初始状态，还需要将所有合并单元格拆分开。如果直接取消合并单元格，则会出现很多空单元格，这样便会出现数据残缺不全的情况，如图2-31所示。

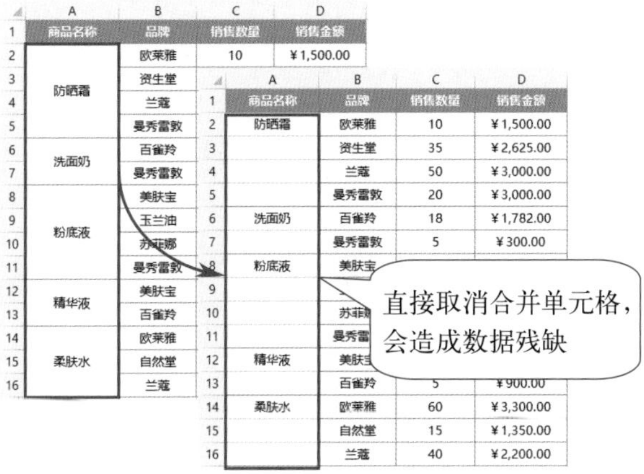

图2-31

要想避免上述情况，让拆分后的单元格自动填充内容，可以使用“拆分并填充内容”功能来操作，方法如下。

选择需要拆分的单元格区域，打开“开始”选项卡，单击“合并居中”下拉按钮，从下拉列表中选择“拆分并填充内容”选项，所选区域中的合并单元格随即被拆分并自动填充内容，如图2-32所示。

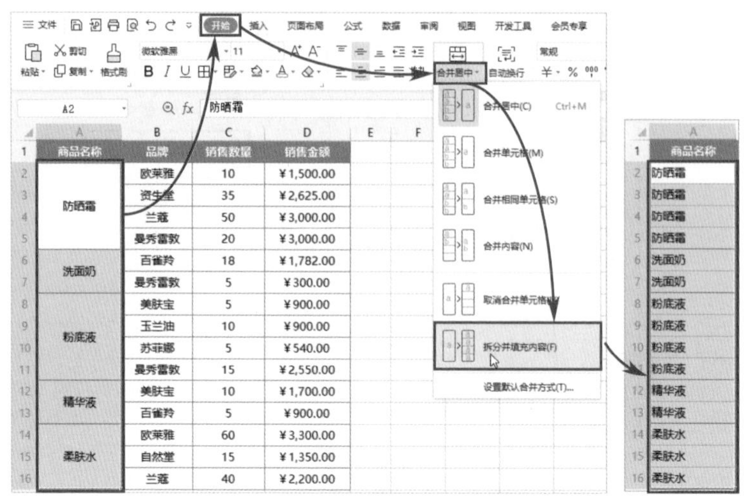

图2-32

2.2.6 一键智能分列

由于混合型数据十分不利于数据的分析，不同属性的数据应该分列进行存储。若已经在表格中录入了混合的数据，还需要对这些数据进行处理，让其根据属性分列显示。操作方法如下。

选择文本和数字混合的数据，打开“数据”选项卡，单击“分列”下拉按钮，从下拉列表中选择“智能分列”选项，在弹出的对话框中单击“完成”按钮，混合数据中的文本和数字随即被分列显示，如图2-33所示。

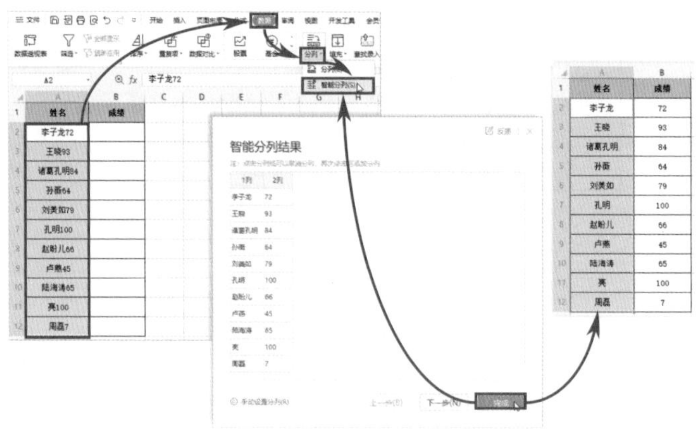

图2-33

2.2.7 一键朗读表格内容

WPS表格提供了内容朗读功能，选中数据后执行“朗读”命令即可将这些内容朗读出来，操作方法如下。

打开“审阅”选项卡可找到“朗读”命令按钮，单击其下拉按钮，在打开的下拉列表中可以选择是全文朗读，还是只朗读选中的内容。另外，选择“显示工具栏”选项，会弹出“朗读”工具栏，通过该工具栏可调节语速、语调以及音量的大小，如图2-34所示。

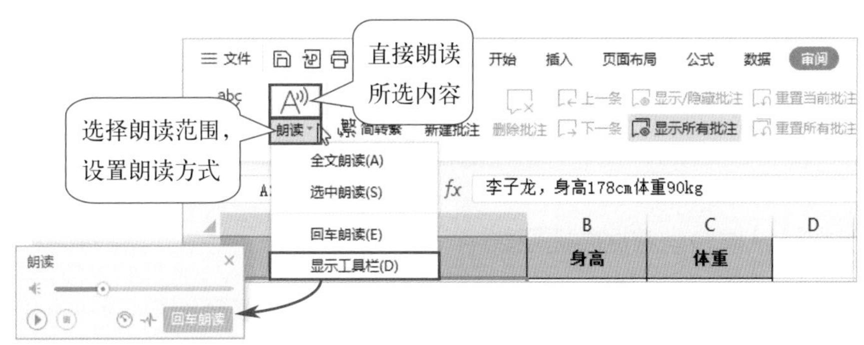

图2-34

2.2.8 一键将图片嵌入单元格

插入到表格中的图片，默认浮于表格上，如图2-35所示。当删除或隐藏图片所在单元格时，图片却不会被删除，如图2-36所示。

图2-35

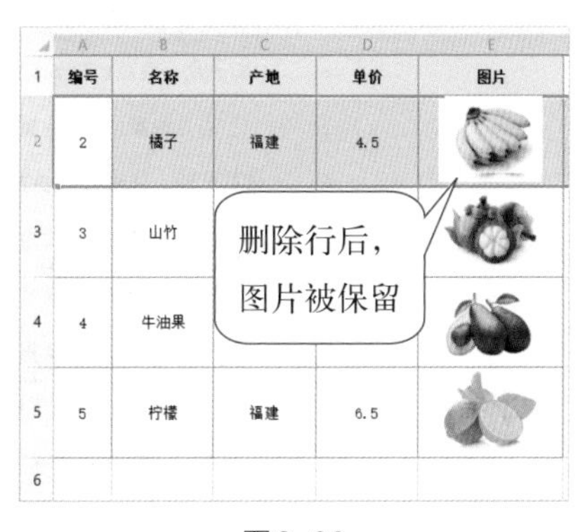

图2-36

WPS表格中的图片其实是可以嵌入到单元格中的，如此一来图片便会随着单元格一起被删除、隐藏、移动位置以及自动改变大小等。操作方法如下。

选中图片，然后右击图片，在弹出的菜单中选择“切换为嵌入单元格图片”选项，即可将图片嵌入单元格中，如图2-37所示。

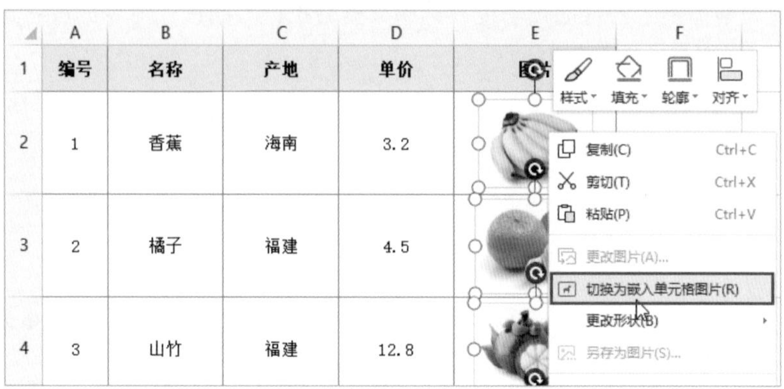

图2-37

【实战演练】从混合型数据中提取数字

文本和数字混合的数据无法进行正常的数据分析，如果要将混合数据中的数字单独提取出来应该如何操作呢？

首先对这个案例进行分析：本案例需要从包含姓名、身高以及体重的混合信息中提取身高和体重的数字。值得注意的是，所有混合信息的顺序并不相同，有的是身高在前，有的是体重在前，这便增大了数据提取的难度。下面将使用“智能分列”功能进行提取，案例原始内容如图2-38所示。

	A	B	C
1	混合信息	身高	体重
2	李子龙，身高178cm体重90kg		
3	王晓，身高165cm体重50kg		
4	诸葛孔明，体重70kg身高170cm		
5	孙薇，身高154cm体重60kg		
6	刘美如，体重55kg身高162cm		
7	孔明，身高180cm体重82kg		
8	赵盼儿，身高168cm体重63kg		
9	卢燕，体重54kg身高159cm		
10	陆海涛，身高172cm体重69kg		
11	亮，体重61kg身高175cm		
12	周磊，身高182cm体重74kg		

图2-38

Step01：分别在“身高”和“体重”列的左侧创建“辅助列1”和“辅助列2”，如图2-39所示。

	A	B	C	D	E
1	混合信息	辅助列1	身高	辅助列2	体重
2	李子龙，身高178cm体重90kg				
3	王晓，身高165cm体重50kg				
4	诸葛孔明，体重70kg身高170cm				
5	孙薇，身高154cm体重60kg				
6	刘美如，体重55kg身高162cm				
7	孔明，身高180cm体重82kg				
8	赵盼儿，身高168cm体重63kg				
9	卢燕，体重54kg身高159cm				
10	陆海涛，身高172cm体重69kg				
11	亮，体重61kg身高175cm				
12	周磊，身高182cm体重74kg				

创建辅助列

图2-39

Step02：选中包含混合信息的单元格区域，打开“数据”选项卡，单击“分列”下拉按钮，从展开的列表中选择“智能分列”选项，如图2-40所示。

Step03：在弹出的对话框中单击“手动设置分列”按钮，如图2-41所示。

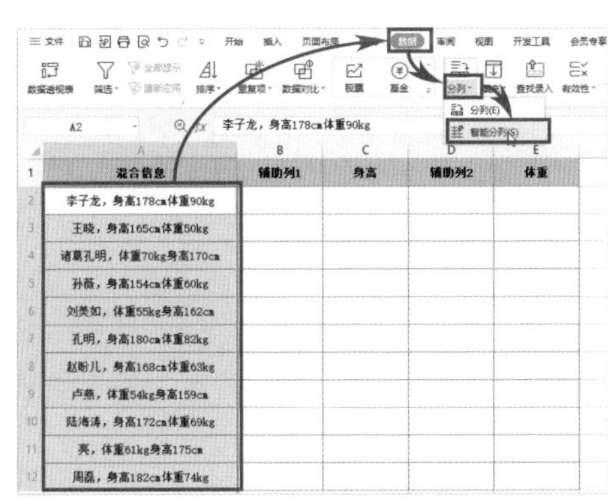

图2-40

图2-41

Step04：在对话框中打开“按关键字”选项卡，在“按以下关键字分列”文本框中输入“高”，单击“下一步”按钮，如图2-42所示。

Step05：在“分列结果显示在”文本框中引用B2单元格，在对话框中单击左侧列，随后选中“忽略此列（跳过）”单选按钮，最后单击“完成”按钮，如图2-43所示。

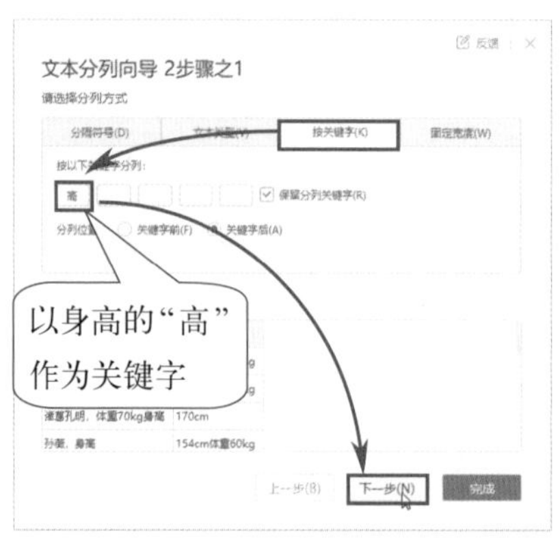

图2-42

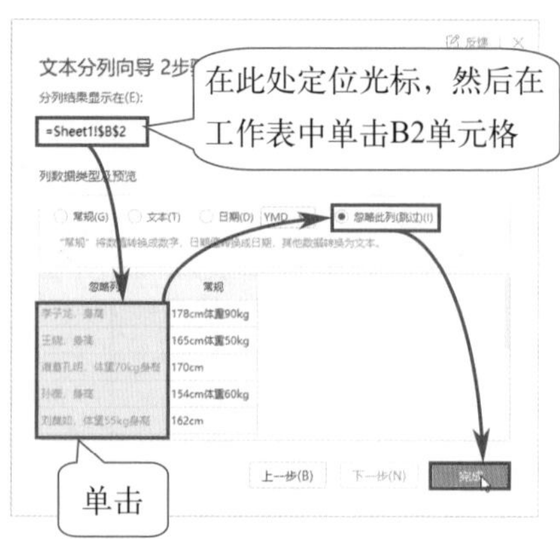

图2-43

Step06：此时工作表中的“辅助列1”内已经自动提取出了部分数据。在C2单元格中输入第一个身高数字，之后按Enter键完成输入，如图2-44所示。

Step07：按Ctrl+E组合键，即可自动提取出所有身高数字，如图2-45所示。

	A	B	C
1	混合信息	辅助列1	身高
2	李子龙，身高178cm体重90kg	178cm体重90kg	178
3	王晓，身高165cm体重50kg	165cm体重50kg	
4	诸葛孔明，体重70kg身高170cm	170cm	
5	孙薇，身高154cm体重60kg	154cm体重60kg	
6	刘美如，体重55kg身高162cm	162cm	
7	孔明，身高180cm体重82kg	180cm体重82kg	
8	赵盼儿，身高168cm体重63kg	168cm体重63kg	
9	卢燕，体重54kg身高159cm	159cm	
10	陆海涛，身高172cm体重69kg	172cm体重69kg	
11	亮，体重61kg身高175cm	175cm	
12	周磊，身高182cm体重74kg	182cm体重74kg	

图2-44

	A	B	C
1	混合信息	辅助列1	身高
2	李子龙，身高178cm体重90kg	178cm体重90kg	178
3	王晓，身高165cm体重50kg	165cm体重50kg	165
4	诸葛孔明，体重70kg身高170		170
5	孙薇，身高154cm体重60kg	kg	154
6	刘美如，体重55kg身高162cm	162cm	162
7	孔明，身高180cm体重82kg	180cm体重82kg	180
8	赵盼儿，身高168cm体重63kg	168cm体重63kg	168
9	卢燕，体重54kg身高159cm	159cm	159
10	陆海涛，身高172cm体重69kg	172cm体重69kg	172
11	亮，体重61kg身高175cm	175cm	175
12	周磊，身高182cm体重74kg	182cm体重74kg	182

图2-45

Step08：随后参照Step02和Step03再次执行“智能分列”命令，在“按关键字”选项卡下“按以下关键字分列”文本框中输入“重”，单击“下一步”按钮，如图2-46所示。

Step09：在“分列结果显示在”文本框中引用D2单元格，在对话框中单击左侧列，选中“忽略此列（跳过）”单选按钮，单击“完成”按钮，如图2-47所示。

Step10：此时“辅助列2”中也被提取出了部分数据，在“体重”列中选择E4单元格（对应的辅助列2中，体重与身高未被拆分），输入体重数值，之后按Enter键完成输入，如图2-48所示。

Step11：按Ctrl+E组合键，所有体重数字随即被自动提取了出来，如图2-49所示。

Step12：将辅助列1和辅助列2删除即可，如图2-50所示。

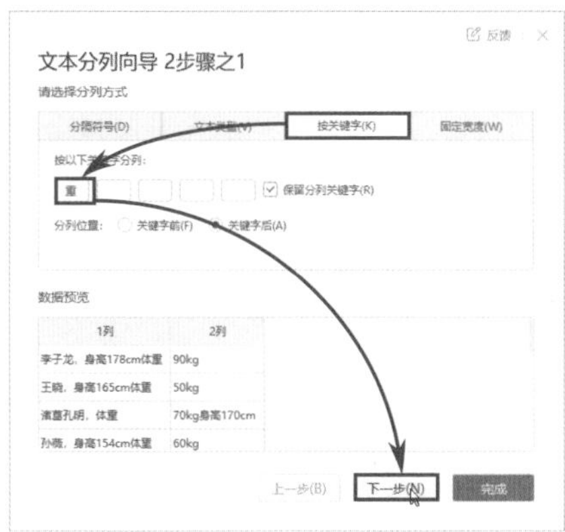

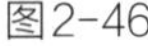

图2-46

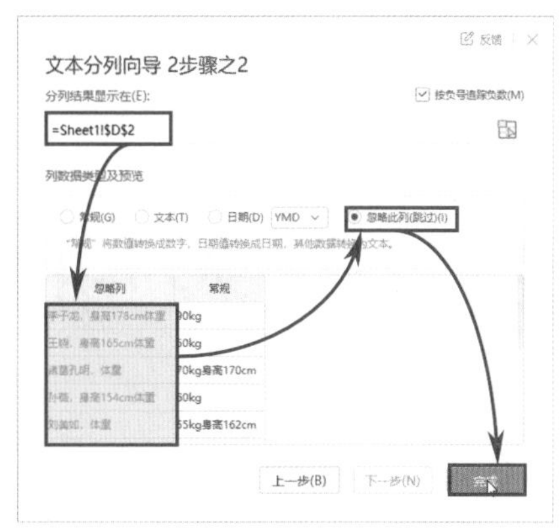

图2-47

B	C	D	E
辅助列1	身高	辅助列2	体重
178cm体重90kg	178	90kg	
165cm体重50kg	165	50kg	
170cm	170	70kg身高170cm	70
154		60kg	
		55kg身高162cm	
180		82kg	
168cm		63kg	
159cm	159	54kg身高159cm	
172cm体重69kg	172	69kg	
175cm	175	61kg身高175cm	
182cm体重74kg	182	74kg	

身高和体重未被拆分

图2-48

B	C	D	E
辅助列1	身高	辅助列2	体重
178cm体重90kg	178	90kg	90
165cm体重50kg	165	50kg	50
170cm	170	70kg身高170cm	70
154cm体重60kg	154	60kg	60
162cm	162	55kg身高162cm	55
180cm体重82kg	180	82kg	82
168cm体重63kg	168	63kg	63
159cm	159	54kg身高159cm	54
172cm体重69kg	172	69kg	69
175cm	175	61kg身高175cm	61
182cm体重74kg	182	74kg	74

Ctrl+E

图2-49

	A	B	C	D
1	混合信息	身高	体重	
2	李子龙，身高178cm体重90kg	178	90	
3	王晓，身高165cm体重50kg	165	50	
4	诸葛孔明，体重70kg身高170cm	170	70	
5	孙薇，身高154cm体重60kg	154	60	
6	刘美如，体重55kg身高162cm	162	55	
7	孔明，身高180cm体重82kg	180	82	
8	赵盼儿，身高168cm体重63kg	168	63	
9	卢燕，体重54kg身高159cm	159	54	
10	陆海涛，身高172cm体重69kg	172	69	
11	亮，体重61kg身高175cm	175	61	
12	周磊，身高182cm体重74kg	182	74	

图2-50

让数据表拥有高颜值

数据表的主要作用是数据存储、数据处理及数据分析。设置WPS表格外观时，除了让表格看起来美观，更重要的是要保证数据的易读性，以及便于数据分析。本章将对数据表的外观及格式设置进行详细介绍。

扫码看视频

3.1 常见的表格类型

日常工作中常见的表格类型包括极简型、简约型、彩色型、个性型等。哪种类型的表格更漂亮，看起来更专业呢？

3.1.1 简约型表格

简约型表格一般采用不同粗细、不同线型的线条来分割标题区域、字段区域和底部说明区域，如图3-1、图3-2所示。

平板电脑销售数据统计

日期	分店	销售员	商品名称	型号	销售数量	销售单价	销售金额
2022-12-05	开发区店	赵军辉	平板电脑	S1-01	9	¥2,100.00	¥18,900.00
2022-12-06	新区店	刘寒梅	平板电脑	S1-02	9	¥2,100.00	¥18,900.00
2022-12-07	新区店	陆志明	平板电脑	S1-03	22	¥2,500.00	¥55,000.00
2022-12-08	市区1店	孔春娇	平板电脑	S1-04	6	¥3,580.00	¥21,480.00
2022-12-09	新区店	陆志明	平板电脑	S1-05	3	¥3,800.00	¥11,400.00
2022-12-10	市区1店	金逸多	平板电脑	S1-06	6	¥3,580.00	¥21,480.00
2022-12-11	开发区店	赵军辉	平板电脑	S1-07	3	¥3,800.00	¥11,400.00
2022-12-12	新区店	陆志明	平板电脑	S1-08	6	¥3,580.00	¥21,480.00
2022-12-13	开发区店	郑培元	平板电脑	S1-09	11	¥2,880.00	¥31,680.00
2022-12-14	新区店	陆志明	平板电脑	S1-10	11	¥2,880.00	¥31,680.00
2022-12-15	开发区店	郑培元	平板电脑	S1-11	3	¥3,800.00	¥11,400.00
合计					89		¥254,800.00

图3-1

平板电脑销售数据统计

日期	分店	销售员	商品名称	型号	销售数量	销售单价	销售金额
2022-12-05	开发区店	赵军辉	平板电脑	S1-01	9	¥2,100.00	¥18,900.00
2022-12-06	新区店	刘寒梅	平板电脑	S1-02	9	¥2,100.00	¥18,900.00
2022-12-07	新区店	陆志明	平板电脑	S1-03	22	¥2,500.00	¥55,000.00
2022-12-08	市区1店	孔春娇	平板电脑	S1-04	6	¥3,580.00	¥21,480.00
2022-12-09	新区店	陆志明	平板电脑	S1-05	3	¥3,800.00	¥11,400.00
2022-12-10	市区1店	金逸多	平板电脑	S1-06	6	¥3,580.00	¥21,480.00
2022-12-11	开发区店	赵军辉	平板电脑	S1-07	3	¥3,800.00	¥11,400.00
2022-12-12	新区店	陆志明	平板电脑	S1-08	6	¥3,580.00	¥21,480.00
2022-12-13	开发区店	郑培元	平板电脑	S1-09	11	¥2,880.00	¥31,680.00
2022-12-14	新区店	陆志明	平板电脑	S1-10	11	¥2,880.00	¥31,680.00
2022-12-15	开发区店	郑培元	平板电脑	S1-11	3	¥3,800.00	¥11,400.00
合计					89		¥254,800.00

图3-2

为了方便阅读，有时候也可以为简约型的表格隔行添加底纹或使用纵向分隔线，如图3-3所示。

平板电脑销售数据统计

日期	分店	销售员	商品名称	型号	销售数量	销售单价	销售金额
2022-12-05	开发区店	赵军辉	平板电脑	S1-01	9	¥2,100.00	¥18,900.00
2022-12-06	新区店	刘寒梅	平板电脑	S1-02	9	¥2,100.00	¥18,900.00
2022-12-07	新区店	陆志明	平板电脑	S1-03	22	¥2,500.00	¥55,000.00
2022-12-08	市区1店	孔春娇	平板电脑	S1-04	6	¥3,580.00	¥21,480.00
2022-12-09	新区店	陆志明	平板电脑	S1-05	3	¥3,800.00	¥11,400.00
2022-12-10	市区1店	金逸多	平板电脑	S1-06	6	¥3,580.00	¥21,480.00
2022-12-11	开发区店	赵军辉	平板电脑	S1-07	3	¥3,800.00	¥11,400.00
2022-12-12	新区店	陆志明	平板电脑	S1-08	6	¥3,580.00	¥21,480.00
2022-12-13	开发区店	郑培元	平板电脑	S1-09	11	¥2,880.00	¥31,680.00
2022-12-14	新区店	陆志明	平板电脑	S1-10	11	¥2,880.00	¥31,680.00
2022-12-15	开发区店	郑培元	平板电脑	S1-11	3	¥3,800.00	¥11,400.00
合计					89		¥254,800.00

图3-3

3.1.2 彩色型表格

彩色型表格给人的视觉冲击更强，一般分为全表彩色底纹填充，如图3-4所示，以及单色不同饱和度分层次填充，如图3-5所示。彩色型的表格应用在非正式报告中往往有不错的效果。

平板电脑销售数据统计

日期	分店	销售员	商品名称	型号	销售数量	销售单价	销售金额
2022-12-05	开发区店	赵军辉	平板电脑	S1-01	9	¥2,100.00	¥18,900.00
2022-12-06	新区店	刘寒梅	平板电脑	S1-02	9	¥2,100.00	¥18,900.00
2022-12-07	新区店	陆志明	平板电脑	S1-03	22	¥2,500.00	¥55,000.00
2022-12-08	市区1店	孔春娇	平板电脑	S1-04	6	¥3,580.00	¥21,480.00
2022-12-09	新区店	陆志明	平板电脑	S1-05	3	¥3,800.00	¥11,400.00
2022-12-10	市区1店	金逸多	平板电脑	S1-06	6	¥3,580.00	¥21,480.00
2022-12-11	开发区店	赵军辉	平板电脑	S1-07	3	¥3,800.00	¥11,400.00
2022-12-12	新区店	陆志明	平板电脑	S1-08	6	¥3,580.00	¥21,480.00
2022-12-13	开发区店	郑培元	平板电脑	S1-09	11	¥2,880.00	¥31,680.00
2022-12-14	新区店	陆志明	平板电脑	S1-10	11	¥2,880.00	¥31,680.00
2022-12-15	开发区店	郑培元	平板电脑	S1-11	3	¥3,800.00	¥11,400.00
合计					89		¥254,800.00

图3-4

平板电脑销售数据统计							
日期	分店	销售员	商品名称	型号	销售数量	销售单价	销售金额
2022-12-05	开发区店	赵军辉	平板电脑	S1-01	9	¥2,100.00	¥18,900.00
2022-12-06	新区店	刘寒梅	平板电脑	S1-02	9	¥2,100.00	¥18,900.00
2022-12-07	新区店	陆志明	平板电脑	S1-03	22	¥2,500.00	¥55,000.00
2022-12-08	市区1店	孔春娇	平板电脑	S1-04	6	¥3,580.00	¥21,480.00
2022-12-09	新区店	陆志明	平板电脑	S1-05	3	¥3,800.00	¥11,400.00
2022-12-10	市区1店	金逸多	平板电脑	S1-06	6	¥3,580.00	¥21,480.00
2022-12-11	开发区店	赵军辉	平板电脑	S1-07	3	¥3,800.00	¥11,400.00
2022-12-12	新区店	陆志明	平板电脑	S1-08	6	¥3,580.00	¥21,480.00
2022-12-13	开发区店	郑培元	平板电脑	S1-09	11	¥2,880.00	¥31,680.00
2022-12-14	新区店	陆志明	平板电脑	S1-10	11	¥2,880.00	¥31,680.00
2022-12-15	开发区店	郑培元	平板电脑	S1-11	3	¥3,800.00	¥11,400.00
合计					89		¥254,800.00

图3-5

3.1.3 个性型表格

个性型表格打破了一般的制表规则，在边框、颜色、格式的设置上自由发挥，表格整体看起来很别具一格，如图3-6所示。

周工作计划表

Department ________　　Weekly schedule

周一	周二	周三	周四
*****	*****	*****	*****
*****	*****	*****	*****
*****	*****	*****	*****
*****	*****	*****	
*****	*****		

周五	周六	周日	备注
*****	*****	*****	
*****	*****		
*****			
*****			
*****			

图3-6

3.2 合理的表格布局

工作中使用的数据表，不一定要多漂亮，但是一定要布局合理，方便浏览及做数据分析。

3.2.1 不从A1单元格开始

很多人在制作表格时习惯从工作表左上角的A1单元格开始录入内容，这样的表格如果单纯用来做数据分析，是没有任何问题的。但如果表格是用来向客户或老板展示的，便需保证其美观度。从A1单元格开始录入内容，表格的上方和左侧边框线将无法显示，这会给人一种报表不完整的错觉，如图3-7所示。

	A	B	C	D	E	F
1	日期	摘要	费用类型	支出金额	支出部门	
2	2022/7/1	A产品展销费用	销售费用	¥500.00	财务部	
3	2022/7/2	技术产品费用	管理费用	¥750.00	技术部	
4	2022/7/3	招待甲方领导	招待费	¥450.00	设计部	
5	2022/7/4	去南京出差	差旅费	¥900.00	客服部	
6	2022/7/5	零食水果	办公费	¥950.00	人事部	
7	2022/8/1	去北京出差	差旅费	¥350.00	技术部	
8	2022/8/2	购买打印机	办公费	¥650.00	设计部	
9	2022/8/3	高温费用	工资福利	¥500.00	客服部	
10	2022/8/4	维修饮水机	维修费用	¥750.00	人事部	
11	2022/8/5	滞纳金	其他费用	¥450.00	投资部	
12	2022/8/6	去苏州出差	差旅费	¥850.00	客服部	
13	2022/8/7	购买新电脑	办公费	¥700.00	人事部	
14						

从A1开始输入内容，表格顶端和左侧边框线无法显示

图3-7

若想让表格边框线完整显示，则需要从第2行第2列开始录入内容，如图3-8所示。

	A	B	C	D	E	F	G
1							
2		日期	摘要	费用类型	支出金额	支出部门	
3		2022/7/1	A产品展销费用	销售费用	¥500.00	财务部	
4		2022/7/2	技术产品费用	管理费用	¥750.00	技术部	
5		2022/7/3	招待甲方领导	招待费	¥450.00	设计部	
6		2022/7/4	去南京出差	差旅费	¥900.00	客服部	
7		2022/7/5	零食水果	办公费	¥950.00	人事部	
8		2022/8/1	去北京出差	差旅费	¥350.00	技术部	
9		2022/8/2	购买打印机	办公费	¥650.00	设计部	
10		2022/8/3	高温费用	工资福利	¥500.00	客服部	
11		2022/8/4	维修饮水机	维修费用	¥750.00	人事部	
12		2022/8/5	滞纳金	其他费用	¥450.00	投资部	
13		2022/8/6	去苏州出差	差旅费	¥850.00	客服部	
14		2022/8/7	购买新电脑	办公费	¥700.00	人事部	
15							

从B2开始输入内容，表格顶端和左侧边框线正常显示

图3-8

如果内容已经录入完成，可以通过插入行和列的方式将第1行和第1列空出来。具体操作方法如下。

选中A列，在所选列上右击，从弹出的菜单中选择“在左侧插入列”选项，如图3-9所示。这样即可在表格左侧插入一个空白列。

插入空行的方法与插入空列的基本相同，先选中第1行，随后右击选中的行，在弹出的菜单中选择“在上方插入行”选项，如图3-10所示。这样即可在表格上方插入一个空行。

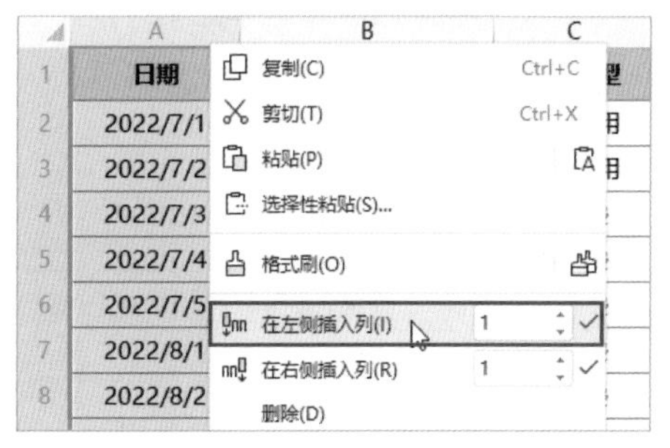

图3-9

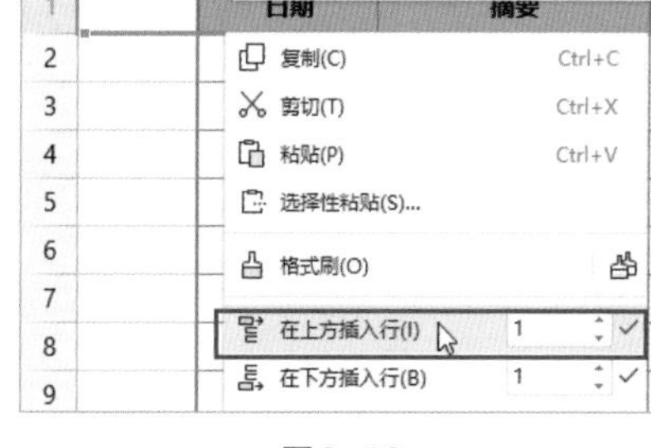

图3-10

操作提示

选择整列时，需要将光标移动到列标位置，光标变成向下的黑色箭头时单击鼠标左键即可，如图3-11所示。选择整行也是同理，将光标放在行号位置，光标变成向右的黑色箭头时单击鼠标左键即可，如图3-12所示。

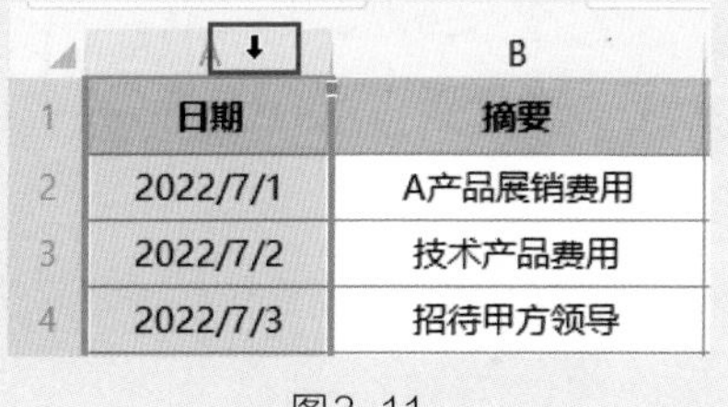

图3-11

	A	B
1	日期	摘要
2	2022/7/1	A产品展销费用
3	2022/7/2	技术产品费用
4	2022/7/3	招待甲方领导

图3-12

3.2.2 快速整理行和列

制作报表时，经常需要对行/列执行各种操作，例如插入或删除行/列、隐藏行/列、移动行/列、调整行高和列宽等。

行/列的很多操作都可以通过右键菜单来执行。对指定的行或列执行操作前需要先将这些行或列选中，然后右击所选的行或列。右键菜单会根据所选内容的不同显示出不同的操作选项。对行执行操作时，会显示“在上方插入行”“在下方插入行”“行高”等选项，如图3-13所示。对列执行操作时，则会显示“在左侧插入列”“在右侧插入列”“列宽”等选项，如图3-14所示。通过这些选项即可执行相应的操作。

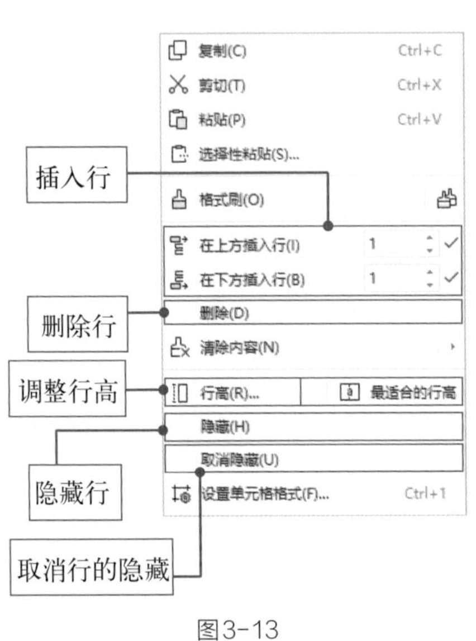

图3-13

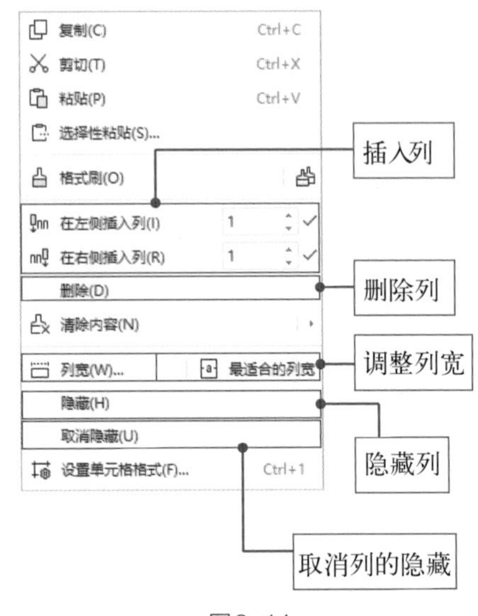

图3-14

操作提示

右键菜单中插入行列的选项右侧，均有一个数值框，以插入行为例，默认的数字“1”表示插入1行，如图3-15所示。如果要一次插入多行或多列，只要在数值框中设置好相应的数字即可。

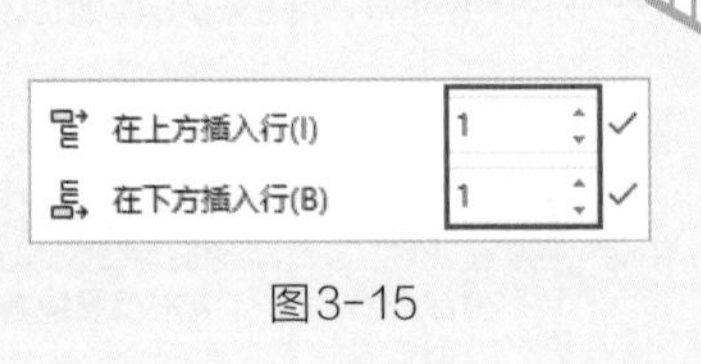

图3-15

3.2.3 设置合适的行高和列宽

使用数据表时经常会遇到单元格中的内容显示为一串“#”，或内容不能完整显示的情况，如图3-16所示。这其实是单元格的宽度不够造成的。所以，为数据表设置合适的行高和列宽至关重要。

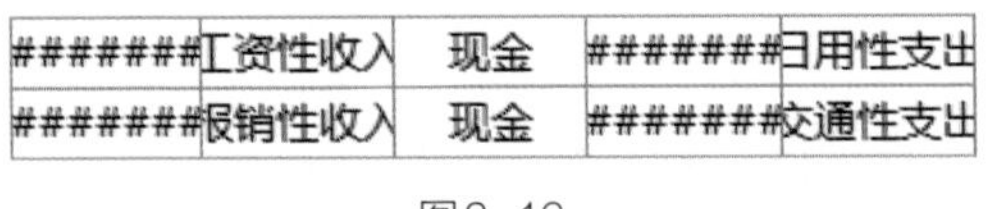

#######	工资性收入	现金	#######	日用性支出
#######	报销性收入	现金	#######	交通性支出

图3-16

（1）快速调整行高和列宽

选中数据表的所有列，将光标移动到任意两个被选中的列的列标相邻处，光标变成双向箭头时双击鼠标，选中的所有列随即根据内容的长度自动调整列宽，此时便是最合适的列宽，如图3-17所示。

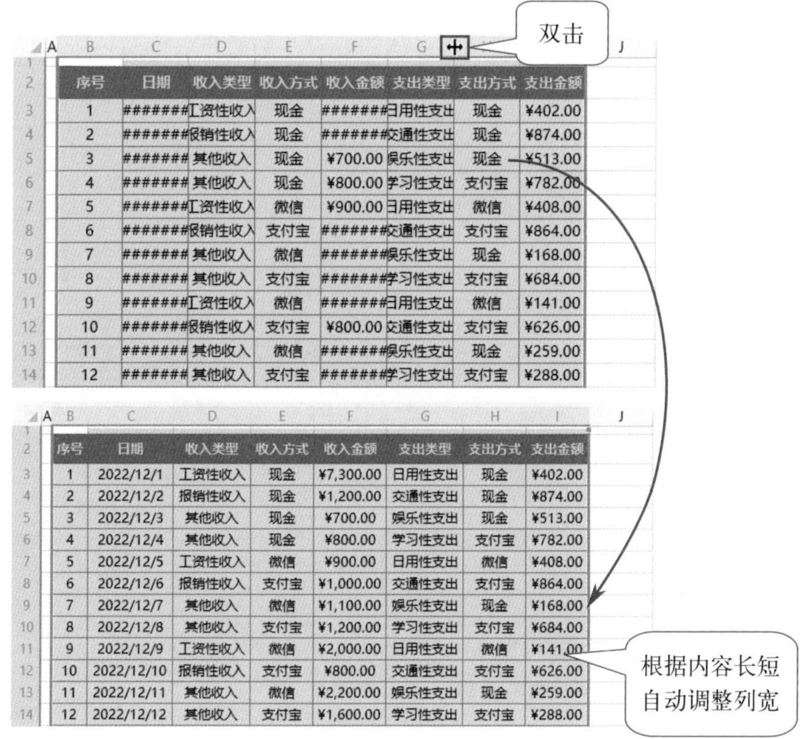

图3-17

在两列的列标相邻处定位光标后，若是按住鼠标左键进行拖动，则可将选中的所有列调整为相同宽度，如图3-18所示。向左拖动鼠标为缩小宽度，向右拖动鼠标为增加宽度。

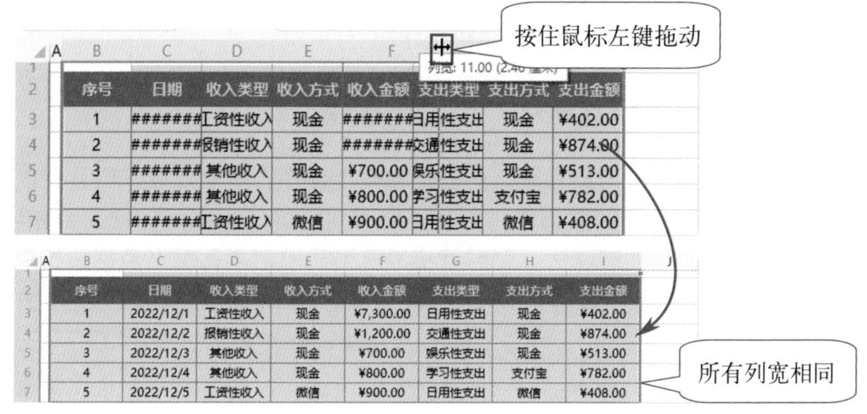

图3-18

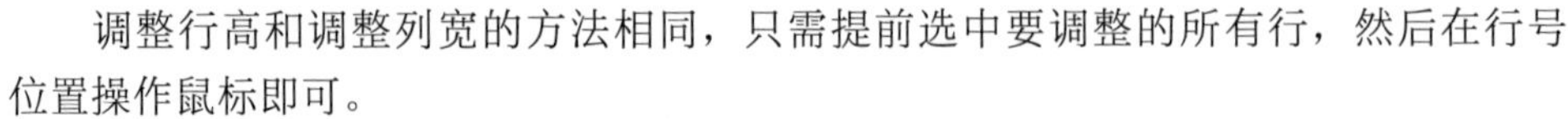

调整行高和调整列宽的方法相同，只需提前选中要调整的所有行，然后在行号位置操作鼠标即可。

（2）精确调整行高和列宽

有些特殊的表格会对行高和列宽有具体的要求，例如要求行高必须为18磅，此时便需要按照要求精确调整行高，方法如下。

选择要调整高度的行，随后右击选中的行，在右键菜单中选择“行高”选项，如图3-19所示。系统随即打开“行高”对话框，在数值框中输入“18”，单击“确定”按钮即可，如图3-20所示。

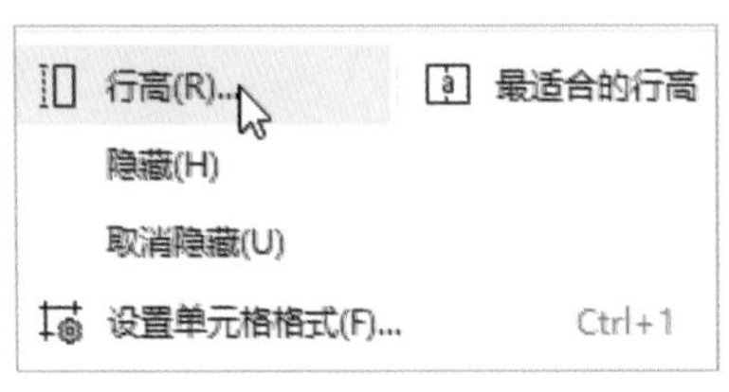

图3-19

图3-20

行高的默认单位是“磅”，单击数值框右侧的下拉按钮，可以在下拉列表中修改其单位，如图3-21所示。

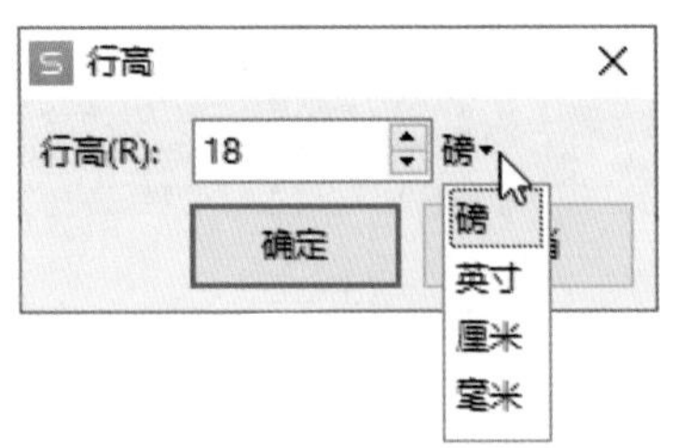

图3-21

精确调整列宽的方法和调整行高的基本相同，只需提前选中要调整宽度的列，然后右击所选列，接着执行上述右键菜单操作即可。

3.2.4 大标题不用合并居中，用跨列居中

当数据表需要有一个大标题时，很多人会使用合并居中来处理，但是有很多操作无法在包含合并单元格的数据表中完成。此时便需要先取消大标题的合并居中，反复操作很浪费时间。在制作大标题时若使用跨列居中则能避免很多麻烦。跨列居中只会将内容跨越多列居中显示，单元格并不会被合并，操作方法如下。

选择要作为大标题的单元格区域，打开“开始”选项卡，单击“合并居中”下拉按钮，在下拉列表中选择“跨列居中”选项，所选择的单元格区域即可被设置为跨列居中，如图3-22所示。

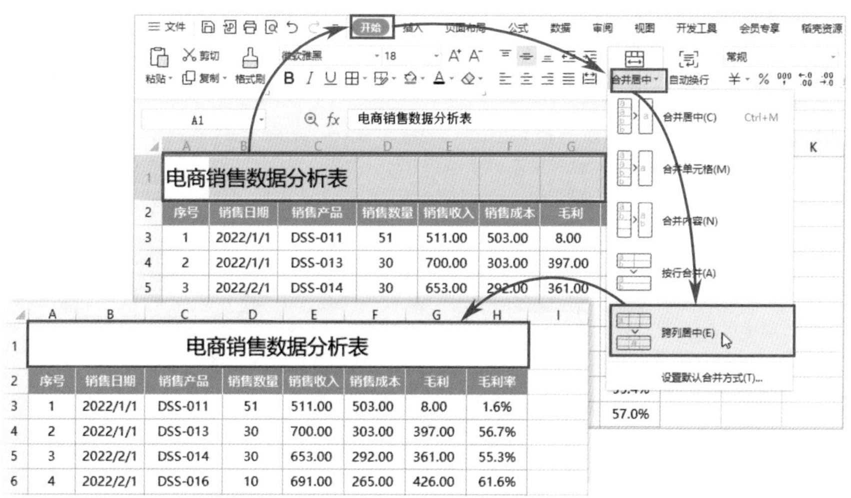

图3-22

3.2.5 向下查看数据时让标题行始终显示

若表格中的数据很多，查看下方的内容时便看不到标题了，这样不利于判断数据的属性，如图3-23所示。

	A	B	C	D	E	F	G	H	I
1	发货时间	发货单号	销售人员	付款方式	产品名称	订货数量	单价	总金额	客户住址
2	2022/11/1	M02111022	吴潇潇	定金支付	儿童书桌	4	¥1,500.00	¥6,000.00	狮山原著
3	2022/11/1	M02111030	张芳芳	货到付款	儿童书桌	4	¥980.00	¥3,920.0	
4	2022/11/2	M02111016	陈真	定金支付	2门鞋柜	2	¥850.00	¥1,700.(	
5	2022/11/4	M02111008	薛凡	货到付款	2门鞋柜	4	¥599.00	¥2,396.0	
6	2022/11/9	M02111009	陈真	货到付款	组合书柜	3	¥3,200.00	¥9,600.00	江湾雅苑
7	2022/11/9	M02111010	薛凡	定金支付	中式餐桌	3	¥5,300.00	¥15,900.00	仁恒世纪
8	2022/11/10	M02111002	刘丽洋	定金支付	中式餐桌	1	¥2,600.00	¥2,600.00	泉山39度
9	2022/11/10	M02111005	吴潇潇	现场支付	儿童椅	2	¥120.00	¥240.00	中航樾园
10	2022/11/10	M02111024	陈真	现场支付	2门鞋柜	4	¥800.00	¥3,200.00	吴郡半岛

顶端标题

	A	B	C	D	E	F	G	H	I
13	2022/11/13	M02111014	陈真	现场支付	儿童书桌	3	¥2,200.00	¥6,600.00	阿卡迪亚2区
14	2022/11/13	M02111029	薛凡	现场支付	儿童椅	3	¥200.00	¥600.00	中粮祥云
15	2022/11/13	M02111031	薛凡	现场支付	电脑桌	4	¥1,400.00	¥5,60	
16	2022/11/14	M02111011	薛凡	现场支付	置物架	3	¥800.00	¥2,40	
17	2022/11/14	M02111023	张芳芳	现场支付	电脑桌	3	¥2,000.00	¥6,00	
18	2022/11/15	M02111007	赵子乐	货到付款	电脑桌	3	¥760.00	¥2,280.00	中航樾园
19	2022/11/15	M02111013	赵子乐	现场支付	儿童椅	1	¥500.00	¥500.00	金兰尚院
20	2022/11/19	M02111027	薛凡	现场支付	置物架	3	¥2,900.00	¥8,700.00	狮山原著
21	2022/11/20	M02111003	吴潇潇	货到付款	置物架	1	¥400.00	¥400.00	中航樾园

查看下方数据
时标题被隐藏

图3-23

为了方便查看数据属性，可以将标题固定。固定标题需要先观察标题是否在工作表的第一行，若在第一行，可执行“冻结首行”操作，方法如下。

打开“视图”选项卡，单击“冻结窗格”下拉按钮，在下拉列表中选择

“冻结首行”选项。此后工作表的第1行将被冻结，向下查看数据时，首行始终显示，如图3-24所示。

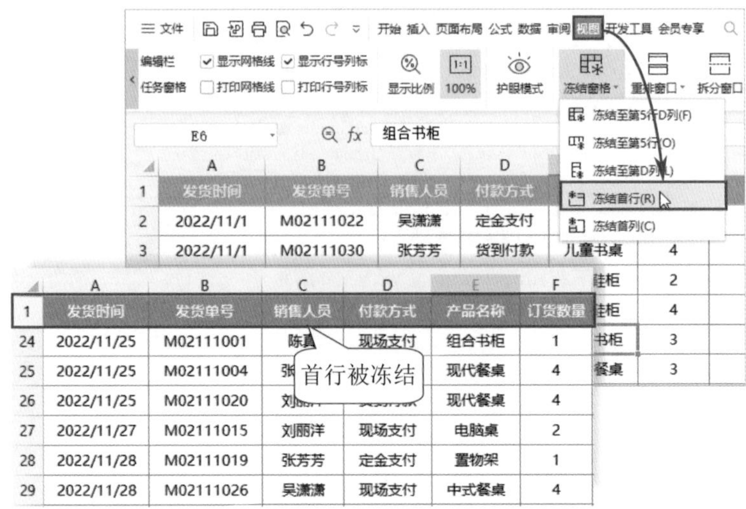

图3-24

若标题不在表格的第一行，则需要执行“冻结至指定行”的操作，方法如下。

选中标题下方一行中的任意一个单元格，本例中标题在第2行，所以此处选中第3行中的任意一个单元格，再次打开“冻结窗格”下拉列表，选择“冻结至第2行”选项即可，如图3-25所示。

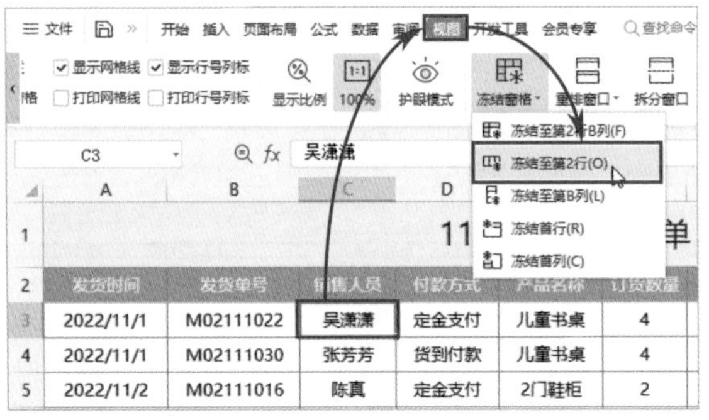

图3-25

操作提示

“冻结窗格”下拉列表中还提供了其他的冻结选项，用户可通过这些选项冻结工作表的首列、冻结所选单元格左侧的列、同时冻结所选单元格上方的行和左侧的列等，如图3-26所示。

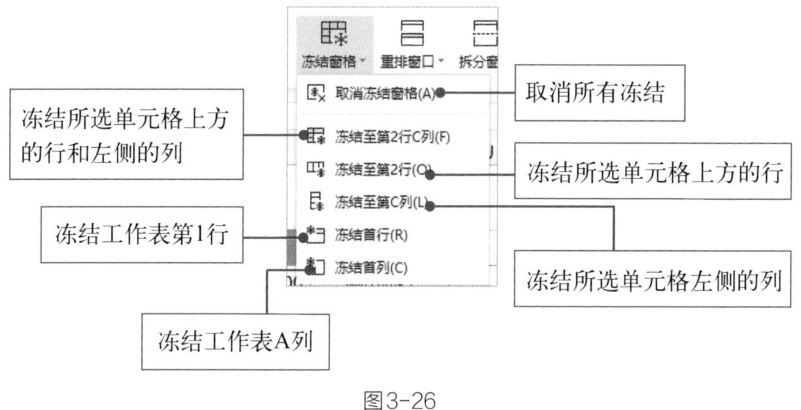

图3-26

3.2.6 在多个窗口中查看同一表格不同位置的数据

在大型数据表中浏览数据时可拆分窗口查看同一表格中不同位置的数据，如图3-27所示。操作方法如下。

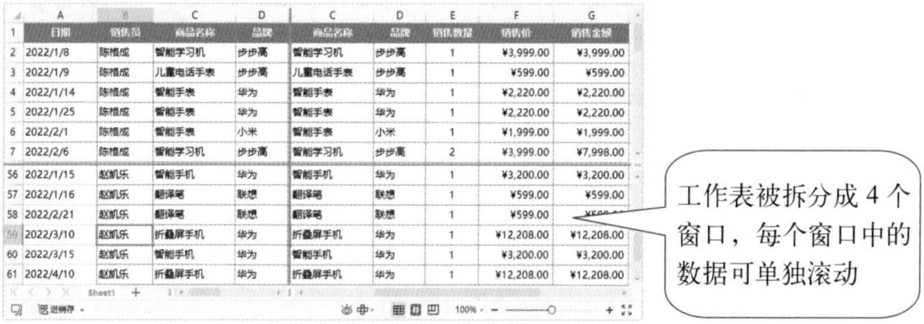

工作表被拆分成4个窗口，每个窗口中的数据可单独滚动

图3-27

在工作表中需要的位置定位单元格，打开“视图”选项卡，单击“拆分窗口”按钮，如图3-28所示。这样即可将当前工作表自所选单元格位置起，拆分成4个窗口。

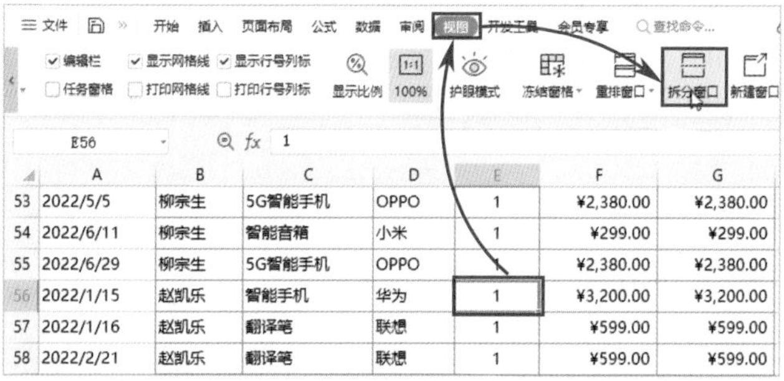

图3-28

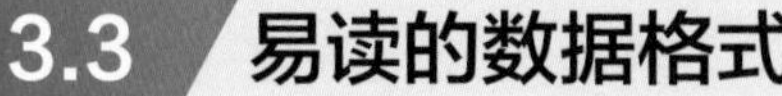

3.3 易读的数据格式

表格中常见的数据类型包括文本型、数值型、日期型和时间型等。除了设置字体、字号之外，设置合适的数据格式也至关重要。

3.3.1 标题适当增加字号，其余内容字号大小相同

为了让表格中的数据更易读，一般会让标题稍大于其余内容，通常大一个字号比较合适，另外可以将标题文本加粗显示，如图3-29所示。

	A	B	C	D	E	F	G
1	序号	日期	客户名称	销售单号	销售金额	业务费用	联系方式
2	1	2022/12/1	德胜书坊有限公司1	DS01011	5000	820	15812345678
3	2	2022/12/2	德胜书坊有限公司2	DS01012	3000	650	15812345679
4	3	2022/12/3	德胜书坊有限公司3	DS01013	2500	520	15812345680
5	4	2022/12/4	德胜书坊有限公司4	DS01014	7000	950	15812345681
6	5	2022/12/5	德胜书坊有限公司5	DS01015	4500	870	15812345682
7	6	2022/12/6	德胜书坊有限公司6	DS01016	3500	450	1581234568
8	7	2022/12/7	德胜书坊有限公司7	DS01017	4000	840	1581234568
9	8	2022/12/8	德胜书坊有限公司8	DS01018	3500	825	1581234
10	9	2022/12/9	德胜书坊有限公司9	DS01019	2800	540	15812345686

字号：12号
效果：加粗

字体：微软雅黑
字号：11号

图3-29

设置字体格式的命令按钮基本集中在“开始”选项卡中。用户可通过这些命令按钮快速设置数据的字体、字号、字体颜色、加粗、倾斜、下划线等，如图3-30所示。

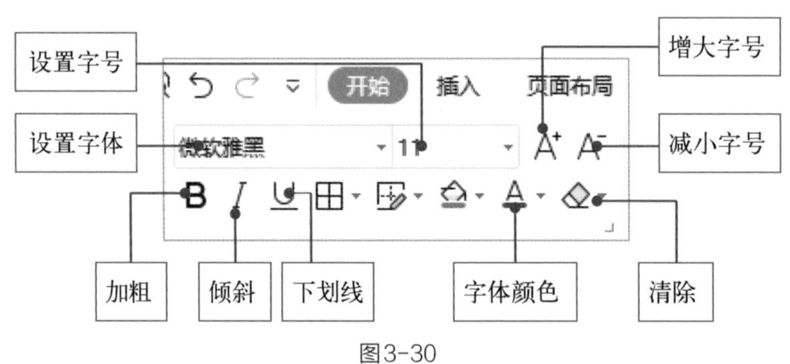

图3-30

3.3.2 将常用字体设置成默认字体

WPS表格默认的字体为“宋体”，有些公司会要求使用指定的某种字体，此时可以修改系统的默认字体，方法如下。

单击“文件”按钮，在展开的列表中选择“选项”选项，如图3-31所示。弹出“选项”对话框，切换至“常规与保存”界面，单击“标准字体”下拉按钮，从下拉列表中选择要设置为默认字体的选项，最后单击“确定”按钮，即可将该字体设置为默认字体，如图3-32所示。

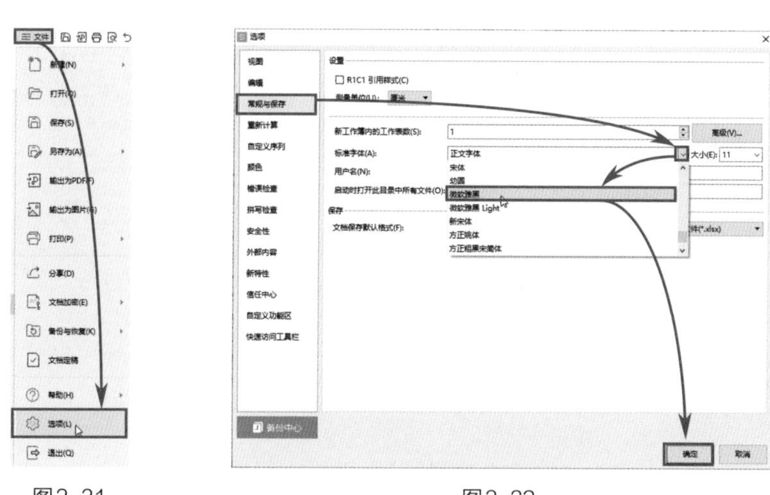

图3-31　　图3-32

3.3.3　根据数据类型和内容多少设置对齐方式

在WPS表格中，不同类型的数据，其默认的对齐方式是不同的。文本型数据自动靠左对齐，数值型数据（包含日期和时间）自动靠右对齐。由于实际工作中遇到的数据很复杂，默认的对齐方式可能并不适用所有报表，用户还是要根据数据的实际情况设置对齐方式。

一般，不管文本型数据还是数值型数据，只要一列中内容的长度基本相同，可以设置为居中对齐，如图3-33所示。

	A	B	C	D	E
1	序号	销售日期	销售员	商品名称	销售数量
2	01	2022/11/1	赵英俊	智能手表	6
3	02	2022/11/2	金逸多	运动手环	3
4	03	2022/11/3	赵英俊	运动手环	8
5	04	2022/11/4	金逸多	智能手机	2
6	05	2022/11/5	赵英俊	智能手机	4
7	06	2022/11/6	刘寒梅	运动手环	5
8	07	2022/11/7	孔春娇	运动手环	8
9	08	2022/11/8	陆志明	平板电脑	6

图3-33

当文本内容长度差别较大时，可使用左对齐，方便阅读，看起来也比居中对齐要美观。金额或具有比较作用的数字一般使用右对齐，这样更容易分辨数值的大小。

无论每列中数据的类型如何，标题都应该居中对齐。通过图3-34和图3-35的对比，可以看出具体的差别。

	A	B	C
1	名称	规格型号	价格
2	主机	DELL 500GB/集成显卡/Windows 7	¥25,827.00
3	显示器	19'LCD	¥6[illegible]2.00
4	显示器	17'LCD	¥[illegible]15.00
5	显示器	19寸宽屏显示器（带LED背光）	¥26,6[illegible]3.00
6	主机	DELL i3-4160/ Intel H81/4GB/500GB	¥853.00
7	主机	文祥E620/i3-2120/intel H61/2	¥3,727.00
8	主机	Acer veriton D430/i3-3220	¥15,758.00
9	冰箱	BCD-172KD3	¥981.00
10	笔记本电脑	ACER TMp446/ i5- 5200U	¥16,582.00
11	打印机	SHEGC-1502-00	¥18,275.00
12	显示器	21.5寸[illegible]黑液晶	¥203.00
13	笔记本电脑	灵越游匣15.6英寸，i7-7700HQ	¥33,432.00
14	主机	Acer veriton D430/i3-3240	¥13,740.00
15	显示器	Acer19寸液晶	¥4,875.00
16	主机	OptiPlex 3050 微塔式机箱	¥34,401.00
	显示器	dell22——E2216H	¥6,395.00
	记本电脑	TravelMateP249_7代	¥47,591.00
	显示器	19寸液晶	¥448.00

显示凌乱

图3-34

	A	B	C
1	名称	规格型号	价格
2	主机	DELL 500GB/集成显卡/Windows 7	¥[illegible]5,827.00
3	显示器	19'LCD	¥602.00
4	显示器	17'LCD	¥5,215.00
5	显示器	19寸宽屏显示器（带LED背光）	¥26,613.00
6	主机	DELL i3-4160/ Intel H81/4GB/500GB	¥853.00
7	主机	文祥E620/i3-2120/intel H61/2	¥3,727.00
8	主机	Acer veriton D430/i3-3220	¥15,758.00
9	冰箱	BCD-172KD3	¥981.00
10	笔记本电脑	ACER TMp446/ i5- 5200U	¥16,582.00
11	打印机	SHEGC-1502-00	¥18,275.00
12	显示器	21.5寸[illegible]黑液晶	¥203.00
13	笔记本电脑	灵越游匣15.6英寸，i7-7700HQ	¥33,432.00
14	主机	Acer veriton D430/i3-3240	¥13,740.00
15	显示器	Acer19寸液晶	¥4,875.00
16	主机	OptiPlex 3050 微塔式机箱	¥34,401.00
17	显示器	dell22——E2216H	¥6,395.00
18	笔记本电脑	TravelMateP249_7代	¥47,591.00
19	显示器	19寸液晶	¥448.00

整齐，便于阅读

图3-35

操作提示

设置对齐方式的命令按钮在“开始”选项卡中，如图3-36所示。

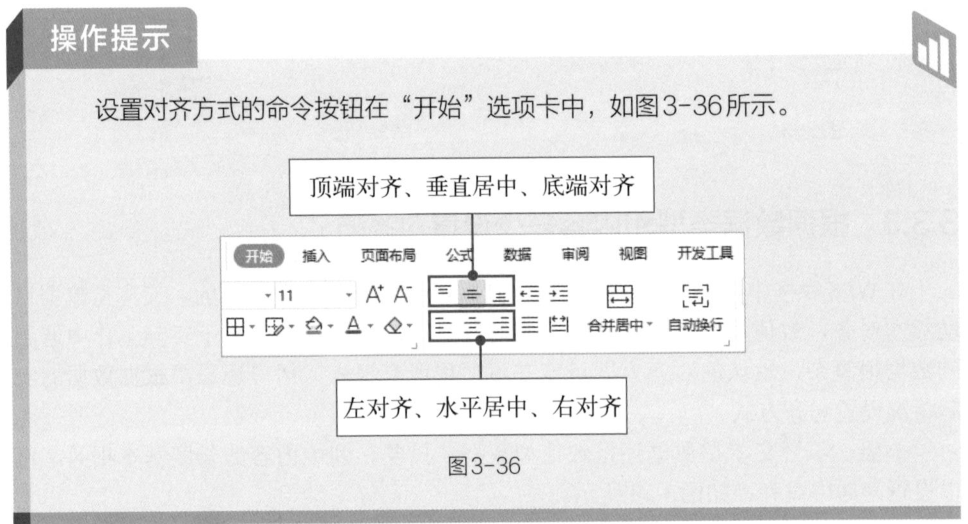

图3-36

姓名之类的数据一列中有的是三个字，有的是两个字，用常规的方式很难做到两端都很整齐，此时可使用“分散对齐”让其两端整齐，如图3-37所示。

序号	销售员
1	马嫒嫒
2	丁云
3	程思远
4	孙维维
5	刘俊
6	小海
7	李建钊
8	姚鸥

序号	销售员
1	马 嫒 嫒
2	丁　云
3	程 思 远
4	孙 维 维
5	刘　俊
6	小　海
7	李 建 钊
8	姚　鸥

图3-37

“分散对齐”的设置方法如下。

选择包含姓名的单元格区域，按Ctrl+1组合键，打开“单元格格式”对话框，切换至“对齐”选项卡，设置“水平对齐”为“分散对齐（缩进）”，接着设置“缩进”值为“1”，单击“确定”按钮即可，如图3-38所示。

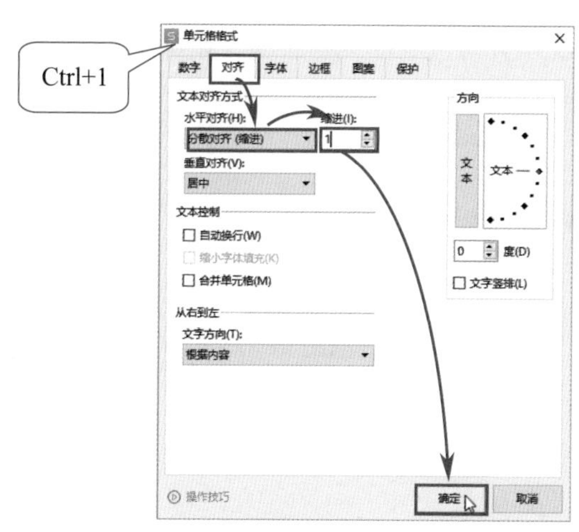

图3-38

3.3.4 金额数值使用千位分隔符

金额类的数值可以使用千位分隔符，一方面看起来更专业，另一方面更便于读取。操作方法如下。

选择包含金额数值的单元格区域，打开“开始”选项卡，单击“千位分隔样式”按钮，所选区域中的数值随即被添加千位分隔符，并且自动增加两位小数，如图3-39所示。

	A	B	C	D	E	F
1	序号	销售日期	商品名称	销售数量	销售价	销售金额
2	01	2022/11/1	智能手表	6	3,380.00	20,280.00
3	02	2022/11/2	运动手环	3	1,580.00	4,740.00
4	03	2022/11/3	运动手环	8	1,580.00	12,640.00
5	04	2022/11/4	智能手机	2	3,200.00	6,400.00
6	05	2022/11/5	智能手机	4	1,680.00	6,720.00
7	06	2022/11/6	运动手环	5	1,580.00	7,900.00
8	07	2022/11/7	运动手环	8	879.00	7,032.00
9	08	2022/11/8	平板电脑	6	3,580.00	21,480.00
10	09	2022/11/9	VR眼镜	4	2,208.00	8,832.00

图3-39

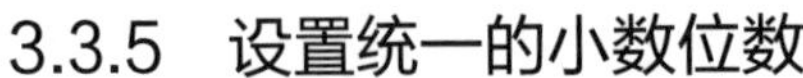

3.3.5 设置统一的小数位数

数值包含很多小数位数时不仅不美观，查看起来也很凌乱，此时可以为数值设置统一的小数位数。一般金额类的数值设置为2位小数，其他类型的数值根据实际情况选择小数位数。具体的设置方法如下。

选择要设置小数位数的单元格区域，按Ctrl+1组合键打开“单元格格式”对话框，切换到“数字”选项卡，选择“数值”分类，设置“小数位数”为“1”，单击“确定”按钮，所选区域中的数值随即全部被设置为1位小数，如图3-40所示。

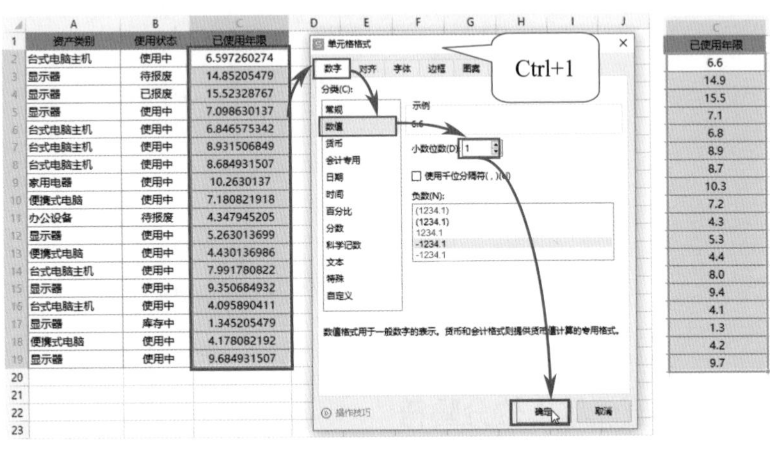

图3-40

3.3.6 金额单位设置为“万元”

金额数值较大时将金额单位转换成“万元”更容易读取。若手动设置金额的单位，这些金额数值将无法被直接计算。此时正确的做法是设置金额数值的格式，让其单位自动转换为万元，如图3-41所示。操作方法如下。

序号	总账代码	会计科目	预算金额
1	1000	广告费	¥100,000.00
2	2200	办公设备	¥30,000.00
3	3000	打印机	¥10,000.00
4	4000	服务器成本	¥20,000.00
5	5000	日用品	¥50,000.00
6	6000	客户端支出	¥25,000.00
7	7000	计算机	¥35,000.00
8	8000	医疗计划	¥65,000.00
9	9000	建筑成本	¥525,000.00
10	10000	市场营销	¥200,000.00
11	45000	员工福利	¥43,000.00
12	12000	赞助费	¥50,000.00

序号	总账代码	会计科目	预算金额
1	1000	广告费	10.0万元
2	2200	办公设备	3.0万元
3	3000	打印机	1.0万元
4	4000	服务器成本	2.0万元
5	5000	日用品	5.0万元
6	6000	客户端支出	2.5万元
7	7000	计算机	3.5万元
8	8000	医疗计划	6.5万元
9			52.5万元
10		销	20.0万元
11		利	4.3万元
12			5.0万元

单位转换成万元

图3-41

选择需要添加单位的数据所在区域，按Ctrl+1组合键，打开“单元格格式”对话框，切换到“数字”选项卡，在“分类”列表中选择“特殊”选项，随后在“类型”列表中选择“单位：万元”选项，此时对话框中会出现万、百万、千万、亿等，此处选择“万元”选项，单击“确定”按钮，如图3-42所示，即可将所选数值单位设置为“万元”。

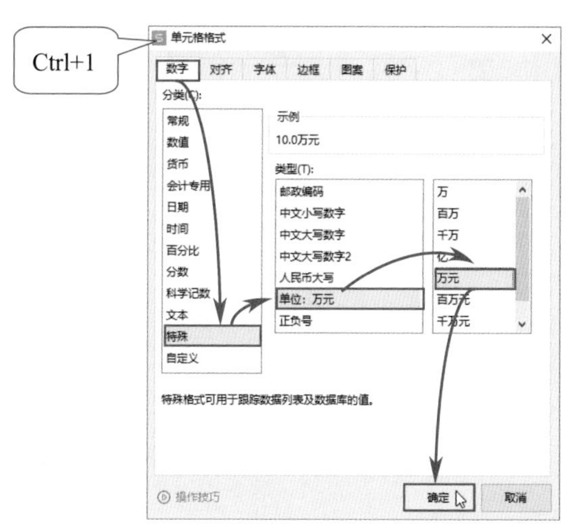

图3-42

3.4 利落的表格样式

边框和底纹能够让表格中的数据更易读，下面将详细介绍如何在WPS表格中用边框和底纹设置出利落的表格样式。

3.4.1 表格边框的设置原则

表格边框的设置应遵循外粗内细、外实内虚、上下有框线、左右无框线的原则。外侧使用粗实线可以确定数据表的范围，内部线条要用较细的线条或虚线，如果都用粗实线会显得表格很沉重。要想让表格看起来更简约、时尚，可以只用横向线条，不用纵向线。

设置边框的方法有很多，若想快速添加边框，可选中要添加边框的单元格区域，打开“开始”选项卡，单击“田-”下拉按钮。展开的列表中包含了所有框线、外侧框线、粗匣框线、下框线、上框线等多种选项，在此处选择某个选项即可在单元格的相应位置添加框线。此处选择“所有框线”，随后再次打开该下拉列表，选择“粗匣框线”。表格的边框效果便设置完成了，如图3-43所示。

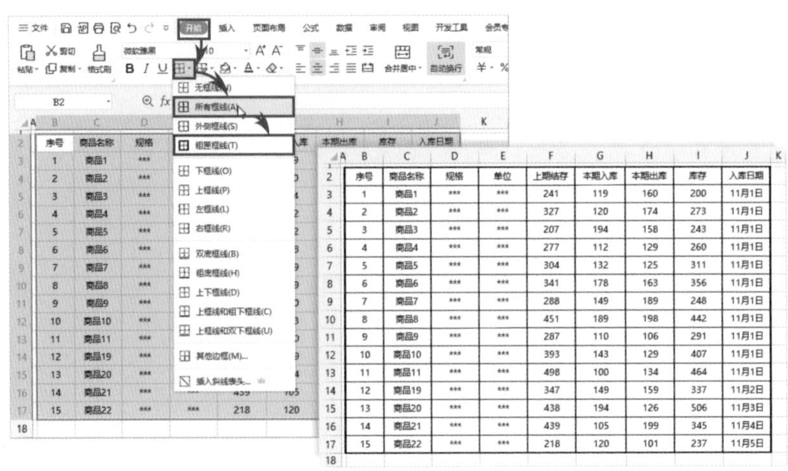

图3-43

若想让边框的效果更丰富，可以在“单元格格式”对话框中进行设置。选择要设置边框的单元格区域，按Ctrl+1组合键打开“单元格格式”对话框，切换至“边框”选项卡，选择好线条的样式、颜色、边框线的使用位置等，单击“确定”按钮即可，如图3-44所示。

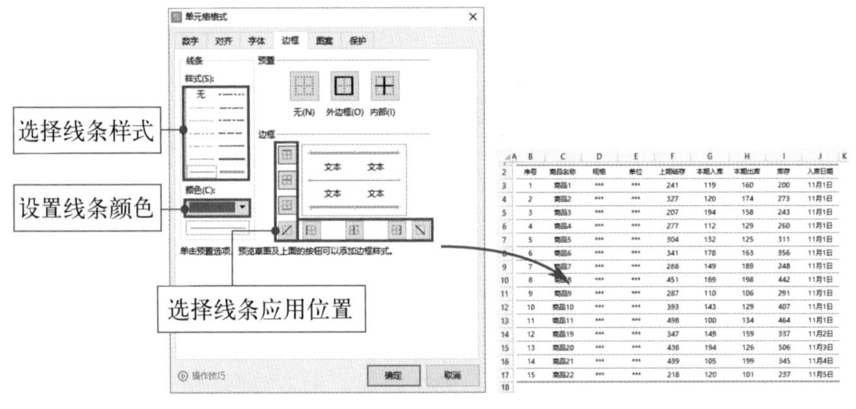

图3-44

3.4.2 用浅色底纹突出重点项目

表格中一般有两种情况会用到底纹：一种情况是为标题添加底纹，起到美化表格的作用；另一种情况是为了突出某些重点内容。

为标题设置底纹时应遵循深色底纹用浅色字体、浅色底纹用深色字体的原则，如图3-45所示，否则会影响内容的读取。

深色底纹
浅色字体

序号	商品名称	规格	单位	上期结存	本期入库	本期出库	库存	入库日期
1	商品1	***	***	241	119	160	200	11月1日
2	商品2	***	***	327	120	174	273	11月1日
3	商品3	***	***	207	194	158	243	11月1日

浅色底纹
深色字体

序号	商品名称	规格	单位	上期结存	本期入库	本期出库	库存	入库日期
1	商品1	***	***	241	119	160	200	11月1日
2	商品2	***	***	327	120	174	273	11月1日
3	商品3	***	***	207	194	158	243	11月1日

图3-45

为了突出重点数据而设置底纹时则需要使用浅色，例如突出库存数值低于260的单元格，如图3-46所示。

序号	商品名称	规格	单位	上期结存	本期入库	本期出库	库存	入库日期
1	商品1	***	***	241	119	160	200	11月1日
2	商品2	***	***	327	120	174	273	11月1日
3	商品3	***	***	207	194	158	243	11月1日
4	商品4	***	***	277	112	129	260	11月1日
5	商品5	***	***	304	132	125	311	11月1日
6	商品6	***	***	341	178	163	356	11月1日
7	商品7	***	***	288	149	189	248	11月1日
8	商品8	***	***	451	189	198	442	11月1日
9	商品9	***	***	287	110	106	291	11月1日

图3-46

为特定的区域设置底纹时可将该区域选中，打开“开始”选项卡，单击“填充颜色”下拉按钮，从展开的颜色列表中可选择一个填充色，如图3-47所示。

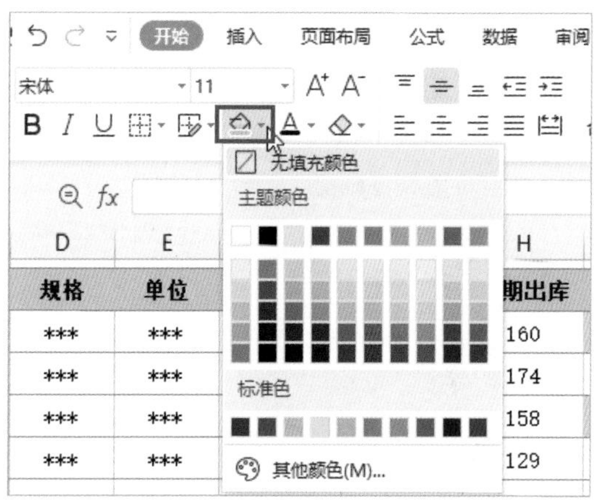

图3-47

操作提示

颜色列表中可供选择的颜色是有限的，若想得到更多颜色选项，可单击颜色列表最下方的“其他颜色”选项，打开“颜色”对话框，在该对话框中包含“标准”“自定义”和“高级”三个选项卡，如图3-48 ~图3-50所示。用户可根据需要选择合适的颜色。

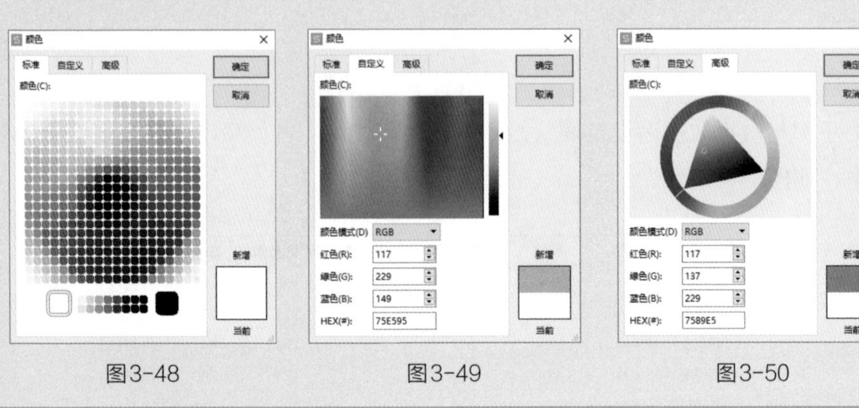

图3-48　　图3-49　　图3-50

为满足指定条件的单元格填充颜色，可使用“条件格式”功能，如图3-51所示。该功能的详细用法请翻阅第4章第4.1.2节的介绍。

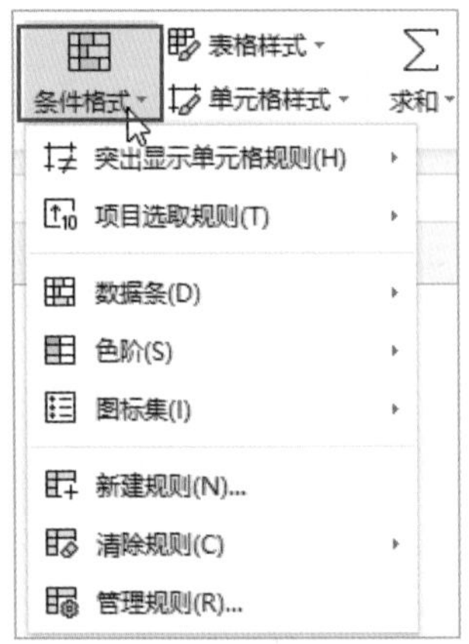

图3-51

3.4.3　专业的表格样式

表格样式的设置并没有统一的标准，只要在便于浏览和数据分析的基础上看起来简洁大方便会显得很专业。如果用户想节省时间，也可使用内置的表格样式快速完成表格的外观设置，如图3-52所示。

	A	B	C	D	E	F	G
1	序号	销售人员	销售日期	商品	型号	销售数量	业绩奖金
2	1	刘丽	2022/10/1	服务器	X346 8840-I02	6	¥200.00
3	2	张迎春	2022/10/1	服务器	万全 R510	10	¥500.00
4	3	雷显明	2022/10/2	笔记本电脑	昭阳	12	¥600.00
5	4	丁丽	2022/10/3	台式电脑	商祺 3200	32	¥1,200.00
6	5	孙美玲	2022/10/3	笔记本电脑	昭阳 S620	9	¥400.00
7	6	阿香	2022/10/3	台式电脑	天骄 E5001X	40	¥2,000.00
8	7	孙恺	2022/10/4	服务器	xSeries 236	3	¥200.00
9	8	刘学武	2022/10/4	服务器	xSeries 236	4	¥300.00
10	9	封学武	2022/10/4	服务器	万全 T350	6	¥600.00
11	10	掰武	2022/10/5	台式电脑	商祺 3200	26	¥800.00
12	11	周广冉	2022/10/5	笔记本电脑	昭阳	4	¥200.00

	A	B	C	D	E	F	G
1	序号	销售人员	销售日期	商品	型号	销售数量	业绩奖金
2	1	刘丽	2022/10/1	服务器	X346 8840-I02	6	¥200.00
3	2	张迎春	2022/10/1	服务器	万全 R510	10	¥500.00
4	3	雷显明	2022/10/2	笔记本电脑	昭阳	12	¥600.00
5	4	丁丽	2022/10/3	台式电脑	商祺 3200	32	¥1,200.00
6	5	孙美玲	2022/10/3	笔记本电脑	昭阳 S620	9	¥400.00
7	6	阿香	2022/10/3	台式电脑	天骄 E5001X	40	¥2,000.00
8	7	孙恺	2022/10/4	服务器	xSeries 236	3	¥200.00
9	8	刘学武	2022/10/4	服务器	xSeries 236	4	¥300.00
10	9	封学武	2022/10/4	服务器	万全 T350	6	¥600.00
11	10	掰武	2022/10/5	台式电脑	商祺 3200	26	¥800.00
12	11	周广冉	2022/10/5	笔记本电脑	昭阳	4	¥200.00

图3-52

套用表格样式的方法很简单。选中数据表中的任意一个单元格，打开“开始”选项卡，单击“表格样式”下拉按钮，在展开的列表中选择一款满意的样式。系统随后弹出“套用表格样式”对话框，此时“表数据的来源”文本框中会自动引用包含数据的单元格区域，选择“转换成表格，并套用表格样式”单选按钮并勾选“表包含标题”和“筛选按钮”选项，单击“确定”按钮，如图3-53所示。数据表随即更改为所选样式，并转成“超级表”。

“超级表”除了具有专业的表格样式，更重要的是能够快速实现排序、筛选、汇总等操作，另外还可以在“超级表”中使用切片器功能。

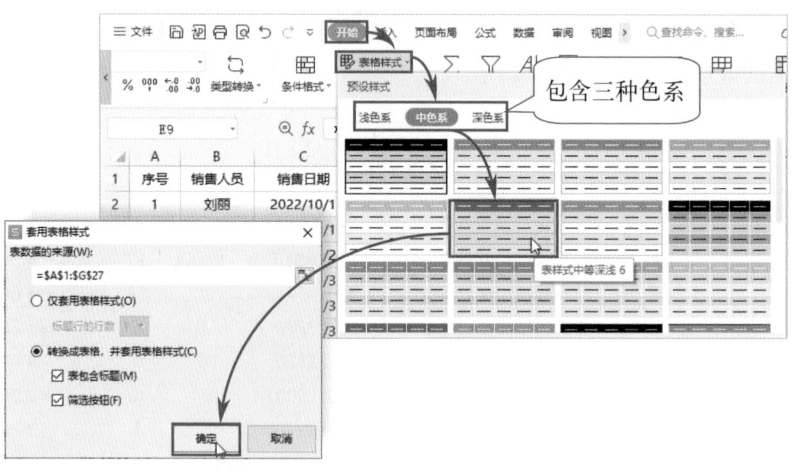

图3-53

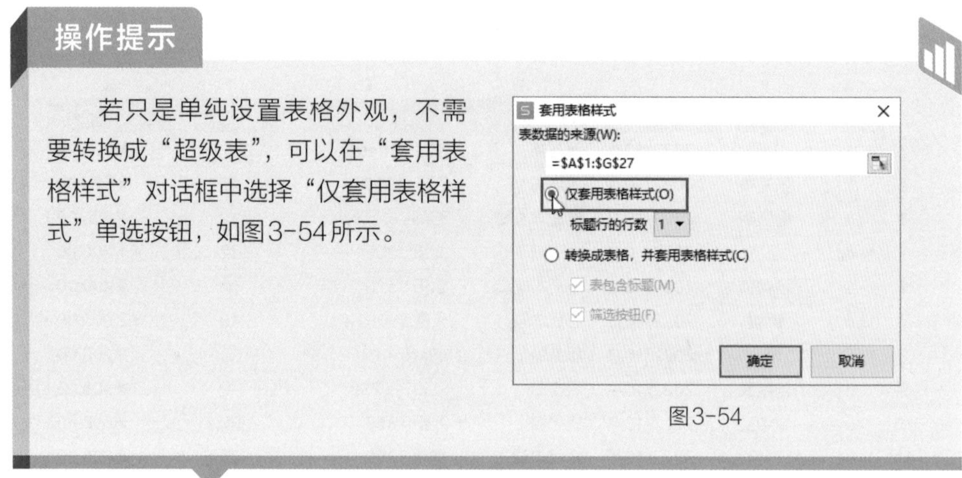

操作提示

若只是单纯设置表格外观，不需要转换成“超级表”，可以在“套用表格样式”对话框中选择“仅套用表格样式”单选按钮，如图3-54所示。

图3-54

3.4.4 创建本公司标准的表格样式

每个公司有自己的制度，有的公司会要求表格使用统一的样式。这时候可以将常用的表格样式保存为样式模板，每次设置表格时直接套用即可。

下面将详细介绍创建样式模板的方法。

Step01：打开“开始”选项卡，单击“表格样式”按钮，在展开的列表中选择“新建表格样式”选项，如图3-55所示。

Step02：弹出“新建表样式”对话框，在“名称”文本框中为该表格样式设置一个名称，随后在“表元素”列表框中选择需要设置效果的元素，单击“格式”按钮，如图3-56所示。

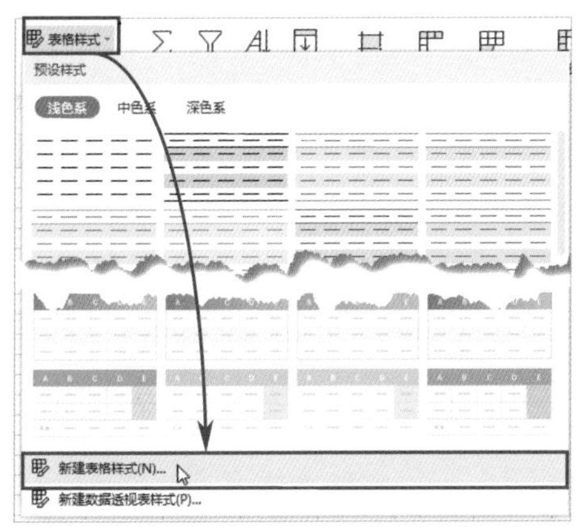

图3-55

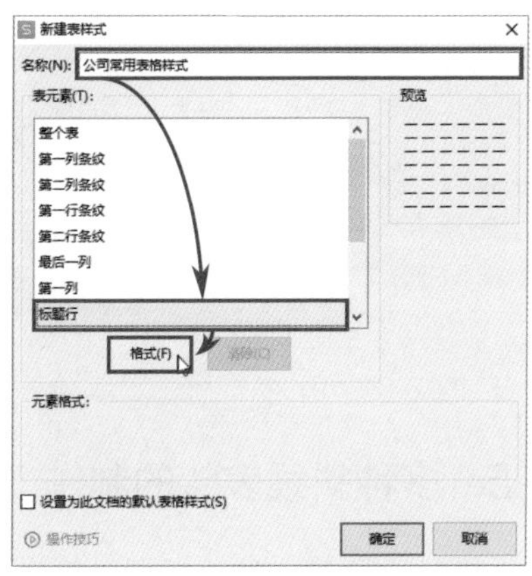

图3-56

Step03：打开“单元格格式”对话框，该对话框中包含“字体”“边框”“图案”三个选项卡，用户可在此设置所选元素的字体样式、边框效果以及填充底纹效果，设置完成后单击“确定”按钮，如图3-57所示。

Step04：返回“新建表样式”对话框，参照前两个步骤继续设置其他元素的效果，设置完成后单击“确定”按钮，关闭对话框，如图3-58所示。

图3-57

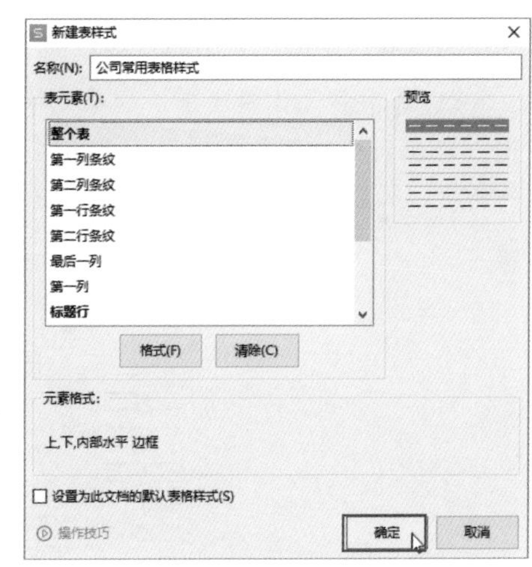

图3-58

Step05：表格样式模板设置完成后再次单击“表格样式”按钮，此时下拉列表中会多出一个“自定义”按钮，单击该按钮，即可查看到新建的表格样式模板，如图3-59所示。单击可使用该样式。

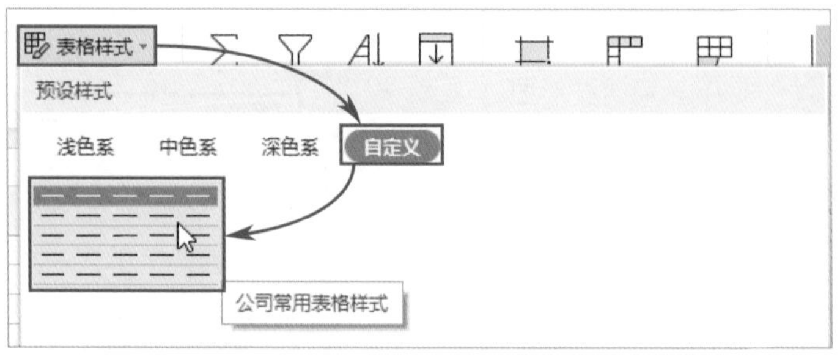

图3-59

3.4.5 多种斜线表头的制作

斜线是边框的一种，根据斜线表头中斜线的数量可选择不同的制作方法。常见的斜线表头包括单斜线表头、多斜线表头等，如图3-60、图3-61所示。

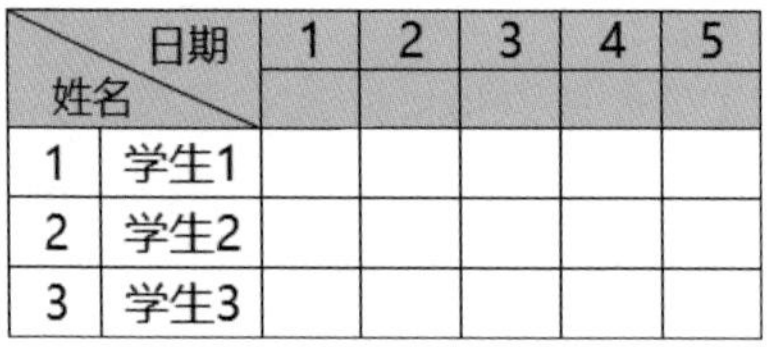

日期 / 姓名		1	2	3	4	5
1	学生1					
2	学生2					
3	学生3					

图3-60

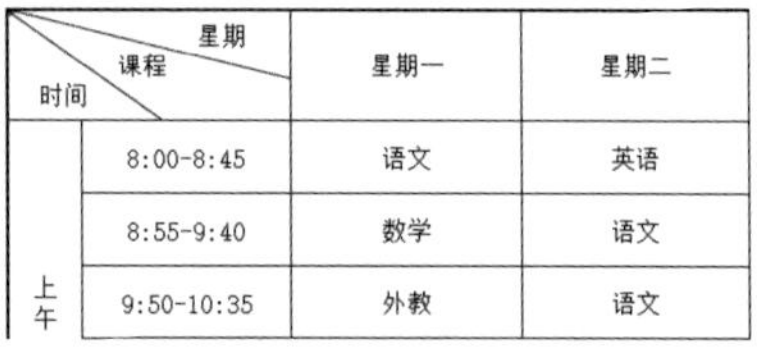

星期 / 课程 / 时间		星期一	星期二
上午	8:00-8:45	语文	英语
	8:55-9:40	数学	语文
	9:50-10:35	外教	语文

图3-61

单斜线表头中的一条斜线可通过向单元格中添加斜线边框插入，操作方法如下。

选中要制作斜线表头的单元格，按Ctrl+1组合键，打开“单元格格式”对话框，切换到“边框”选项卡，单击“◩”或“◪”按钮可向单元格中添加不同方向的斜线，如图3-62所示。

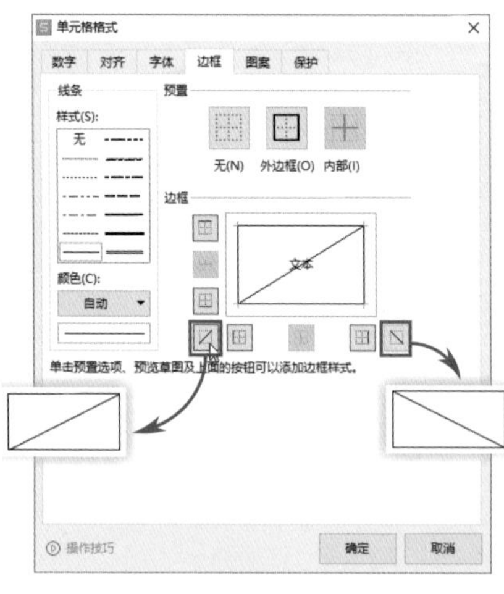

图3-62

多斜线表头可通过插入直线来制作，操作方法如下。

打开“插入”选项卡，单击“形状”下拉按钮，在下拉列表中选择“直线”选项。接着将光标移动到要制作斜线表头的单元格中，按住鼠标左键绘制出一条斜线，如图3-63所示。随后重复前面的步骤继续添加其他斜线。

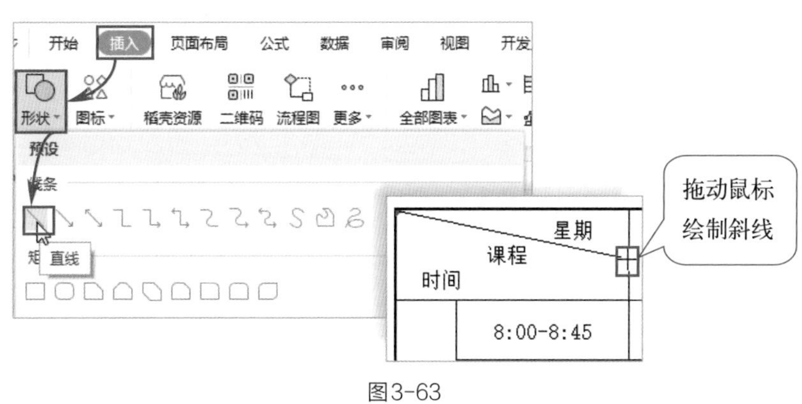

图3-63

WPS表格中绘制的直线默认是浅蓝色的，若想修改其颜色，可按住Ctrl键依次单击直线，将多条直线同时选中。随后切换到“绘图工具”选项卡，单击“轮廓”下拉按钮，在展开的颜色列表中选择合适的颜色即可，如图3-64所示。

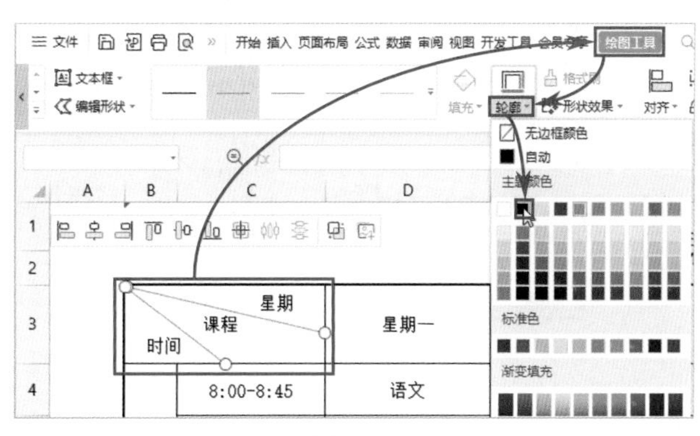

图3-64

3.5 安全的数据环境

人们现在越来越重视数据的安全性。使用WPS表格也一样，用户需要掌握一些表格的保护技巧，例如为工作簿设置密码、设置不允许修改表格中的数据、保护表格中的重要数据不被编辑等。

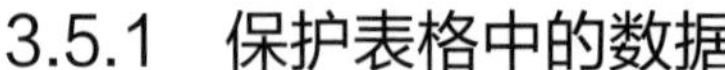

3.5.1 保护表格中的数据

保护工作表中的数据不被编辑，可以通过执行“保护工作表”命令实现。具体操作方法如下。

在需要保护的工作表中打开“审阅”选项卡，单击“保护工作表”按钮，系统随即弹出“保护工作表”对话框。在“密码”文本框中输入密码，单击“确定”按钮，在随后弹出的“确认密码”对话框中再次输入密码，单击“确定”按钮，即可完成对工作表的保护，如图3-65所示。

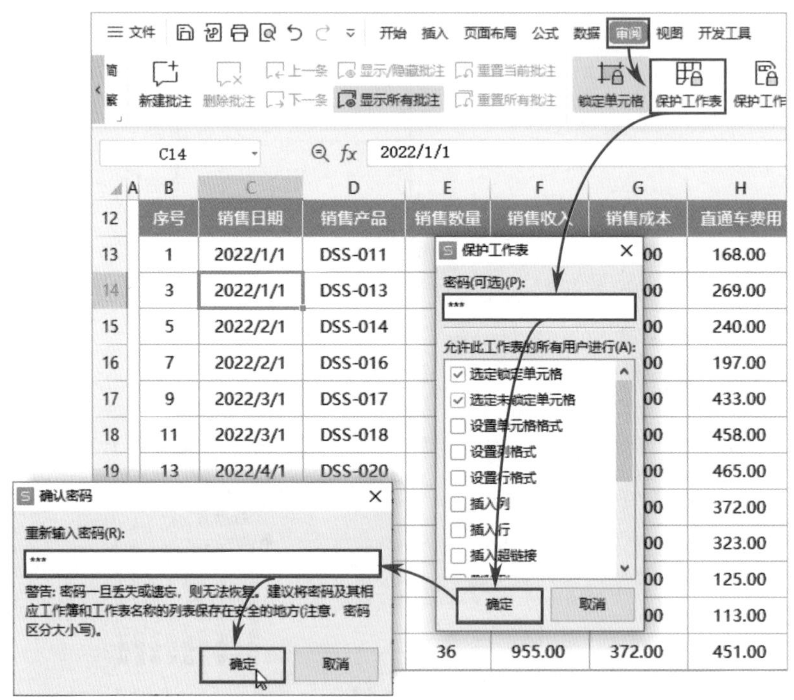

图3-65

试图在被保护的工作表中编辑内容时，表格中会弹出“被保护单元格不支持此功能”的提示内容，如图3-66所示。

被保护单元格不支持此功能

图3-66

操作提示

若要取消工作表保护，可在“审阅”选项卡中单击“撤销工作表保护”按钮，如图3-67所示。在随后弹出的“撤销工作表保护”对话框中输入密码，单击“确定”按钮即可，如图3-68所示。

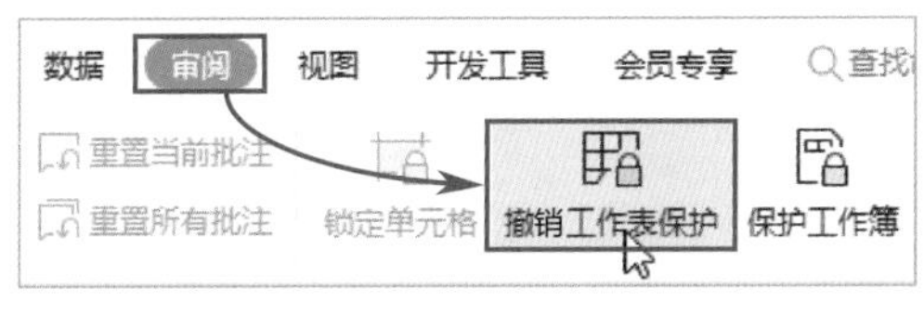

图3-67

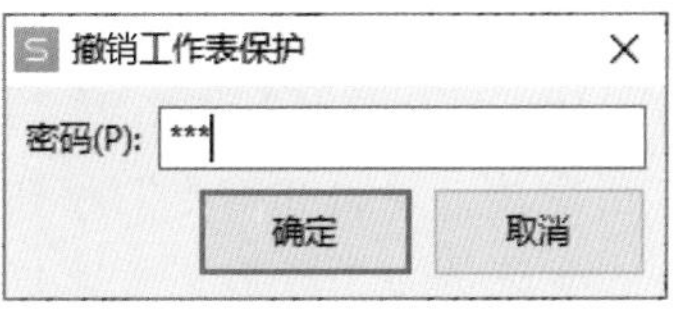

图3-68

3.5.2 表格保护状态下保留排序、筛选权限

在保护工作表的同时，如果想保留一些编辑权限，例如保留排序、筛选功能的使用，可在执行保护工作表操作的过程中为这些项目预留操作权限，操作方法如下。

在“审阅”选项卡中单击“保护工作表”按钮，打开“保护工作表”对话框，设置好密码后，在“允许此工作表的所有用户进行”列表框中勾选“排序”和“使用自动筛选”复选框，如图3-69所示。完成工作表保护操作后，工作表中可以使用排序和筛选功能。

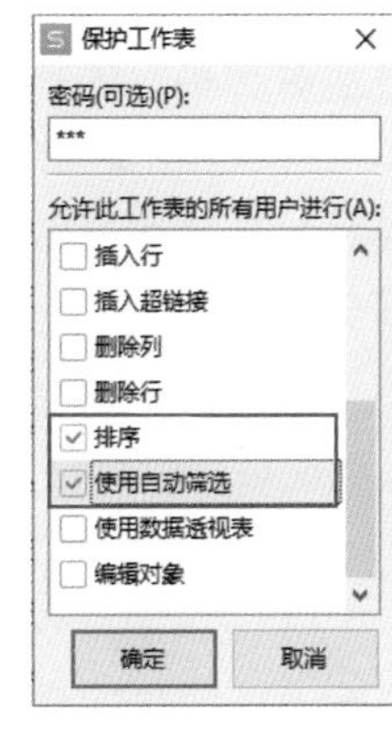

图3-69

3.5.3 只对指定的某个区域进行保护

如果只想对工作表中某个指定的区域进行保护，其他区域可以正常编辑，应该如何操作呢？下面将介绍具体操作方法。

Step01: 在本次操作中对单元格区域的选择是关键。首先将光标移动至工作表左上角，光标变成“✚”形状时，单击鼠标左键，全选整个工作表。随后按住Ctrl键和鼠标左键，拖动鼠标，选择要保护的单元格区域，此时该区域会被取消选中，如图3-70所示。

图3-70

Step02: 按Ctrl+1组合键打开“单元格格式”对话框，切换至“保护”选项卡，取消“锁定”复选框的勾选，单击“确定”按钮，如图3-71所示。该步骤是为了取消不受保护的单元格区域（当前被选中的单元格区域）的锁定状态。

Step03: 打开“审阅”选项卡，单击“保护工作表”按钮，弹出“保护工作表”对话框，设置好密码，随后确认密码，完成操作，如图3-72所示。此时当前工作表中只有未被选中的单元格区域受到保护，其他空白单元格可以正常编辑。

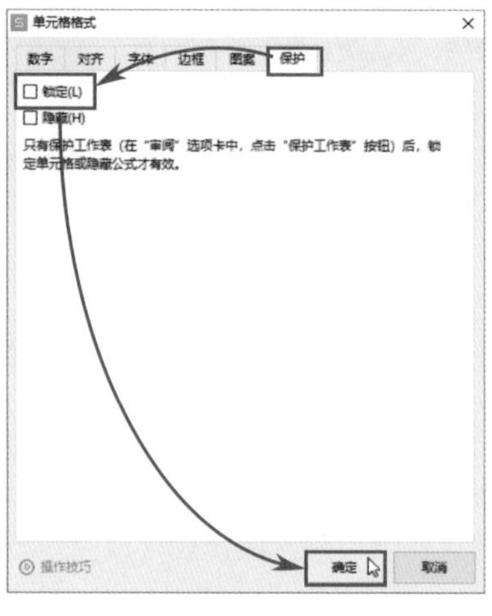

图3-71

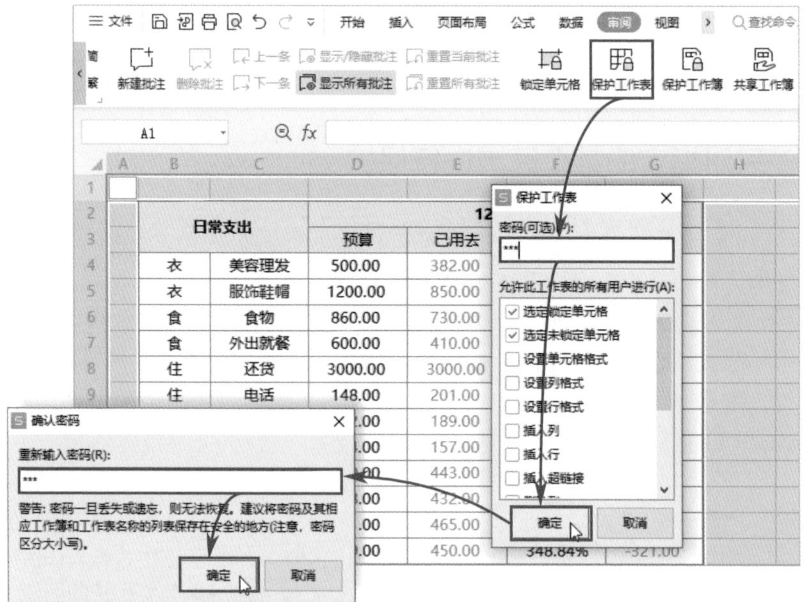

图3-72

3.5.4 为工作簿设置密码

为工作簿设置密码能够有效保护文件，用户需要知道准确的密码才能对工作簿进行相关修改。密码的设置方法如下。

打开“审阅”选项卡，单击“保护工作簿”按钮，如图3-73所示。在随后弹出的对话框中设置密码，并确认输入的密码，单击“确定”按钮，如图3-74所示。这样即可完成工作簿密码的设置。

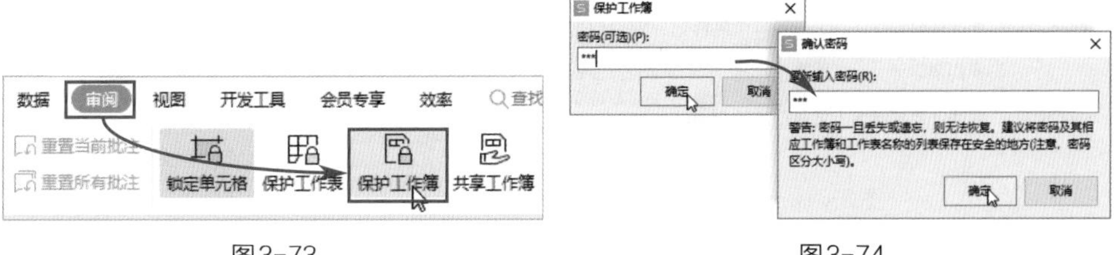

图3-73　　　　图3-74

【实战演练】设置工作计划表外观

本章主要介绍了表格布局、数据格式、表格样式、数据保护等操作，下面将综合利用本章所学知识，对工作表中的基础数据进行美化，完成“工作计划表”外观的设置，如图3-75所示。

	A	B	C	D	E	F	G
1	序号	工作名称	重要程度	开始时间	持续时间	结束时间	是否完成
2	1	活动确定	重要且紧急	2022/5/1	14	2022/5/15	已完成
3	2	财务预算	不紧急且不重要	2022/5/2	14	2022/5/16	已完成
4	3	租赁等事宜	重要但不紧急	2022/5/11	8	2022/5/19	已完成
5	4	合作签约	不紧急且不重要	2022/5/4	21	2022/5/25	未完成
6	5	活动宣传	重要且紧急	2022/5/5	14	2022/5/19	已完成
7	6	门票设计	重要且紧急	2022/5/6	14	2022/5/20	已完成
8	7	活动设计审核	不紧急且不重要	2022/5/6	24	2022/5/30	已完成
9	8	活动最后统筹	紧急但不重要	2022/5/7	14	2022/5/21	未完成
10							

	A	B	C	D	E	F	G
1	序号	工作名称	重要程度	开始时间	持续时间	结束时间	是否完成
2	1	活动确定	重要且紧急	2022/5/1	14	2022/5/15	已完成
3	2	财务预算	不紧急且不重要	2022/5/2	14	2022/5/16	已完成
4	3	租赁等事宜	重要但不紧急	2022/5/3	16	2022/5/19	已完成
5	4	合作签约	不紧急且不重要	2022/5/4	21	2022/5/25	未完成
6	5	活动宣传	重要且紧急	2022/5/5	14	2022/5/19	已完成
7	6	门票设计	重要且紧急	2022/5/6	14	2022/5/20	已完成
8	7	活动设计审核	不紧急且不重要	2022/5/6	24	2022/5/30	已完成
9	8	活动最后统筹	紧急但不重要	2022/5/7	14	2022/5/21	未完成
10							

工作计划表

图3-75

Step01：将光标放在A列的列标右侧，光标变成“✛”形状时，按住鼠标左键，拖动鼠标调整列宽，如图3-76所示。随后参照此方法继续调整其他列的宽度。

Step02：选中1～9行，将光标放在第9行的行号下方，光标变成“✛”形状时按住鼠标左键，向下拖动鼠标批量增加所选行的行高，如图3-77所示。

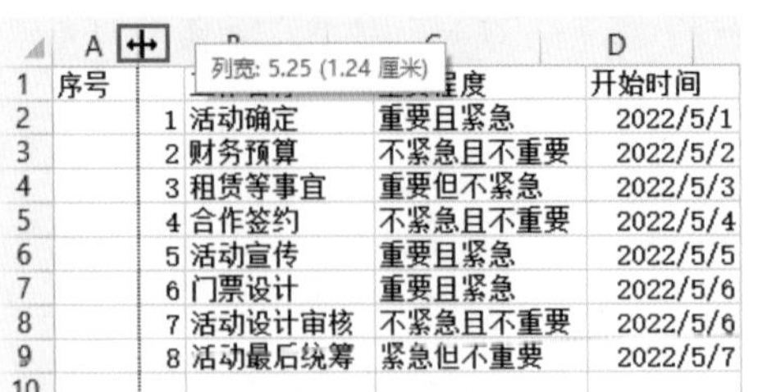

图3-76

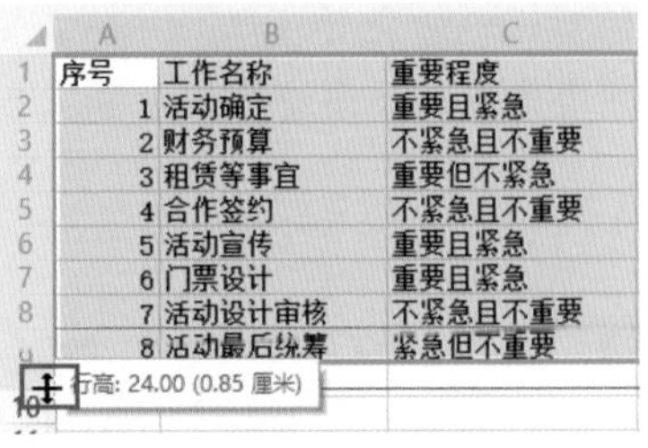

图3-77

Step03: 选中包含数据的单元格区域，打开“开始”选项卡，单击“字体”下拉按钮，在下拉列表中选择“微软雅黑”选项，批量修改字体，如图3-78所示。

Step04: 保持单元格区域的选中状态，在“开始”选项卡中单击“水平居中”按钮，将所选区域中的所有内容设置为水平居中，如图3-79所示。

图3-78

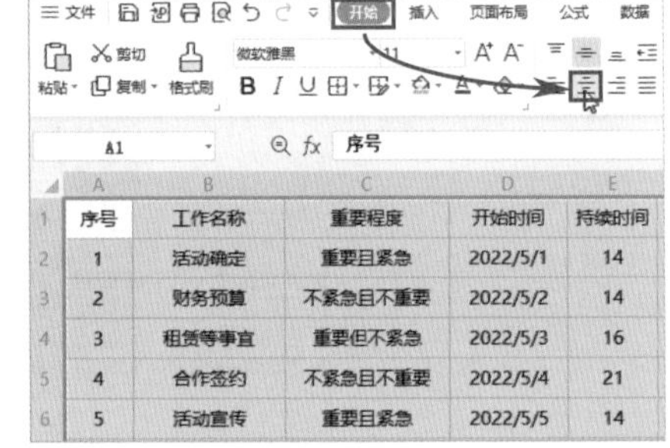

图3-79

Step05: 选中第1行中包含内容的单元格区域，在“开始”选项卡中单击“加粗”按钮，将标题字体设置为加粗显示，如图3-80所示。

Step06: 保持标题单元格区域的选中状态，在“开始”选项卡中单击“填充颜色”下拉按钮，在展开的颜色列表中选择“其他颜色”选项，如图3-81所示。

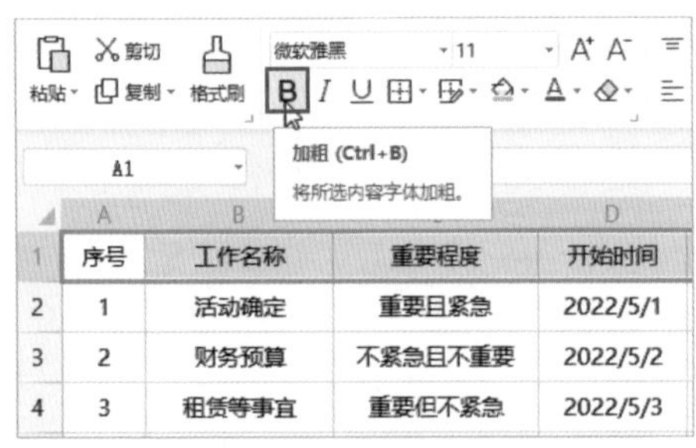

图3-80

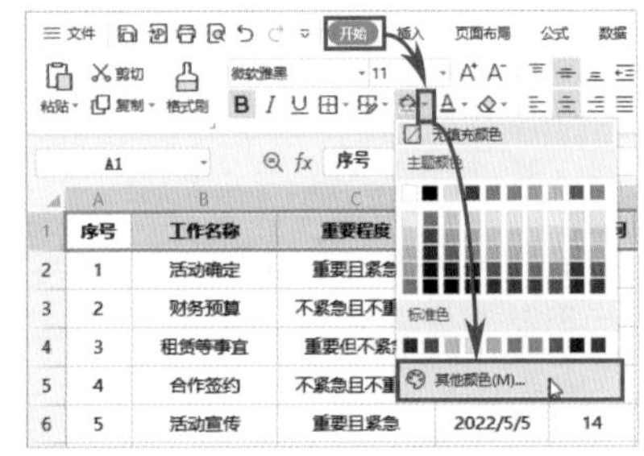

图3-81

Step07 弹出“颜色”对话框，切换至“自定义”选项卡，在“颜色”区域中选择需要使用的基础颜色，随后拖动右侧小三角，调整颜色的饱和度，调整到满意的效果后单击“确定”按钮，如图3-82所示。选中的区域即可填充该颜色。

Step08 参照Step06、Step07继续为第2行和第3行设置填充色，效果如图3-83所示。

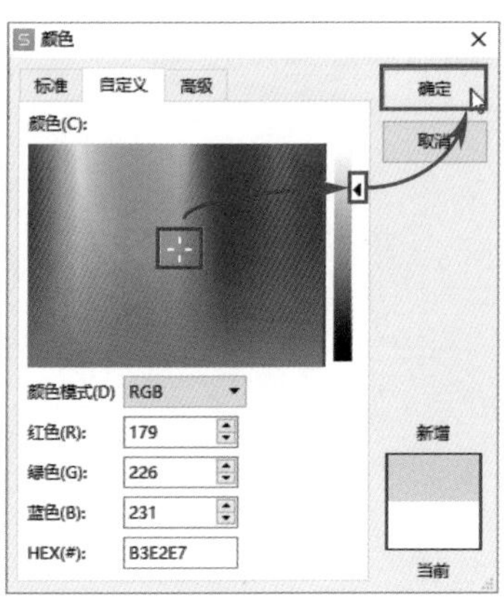

图3-82

	A	B	C	D
1	序号	工作名称	重要程度	开始时间
2	1	活动确定	重要且紧急	2022/5/1
3	2	财务预算	不紧急且不重要	2022/5/2
4	3	租赁等事宜	重要但不紧急	2022/5/3
5	4	合作签约	不紧急且不重要	2022/5/4
6	5	活动宣传	重要且紧急	2022/5/5
7	6	门票设计	重要且紧急	2022/5/6
8	7	活动设计审核	不紧急且不重要	2022/5/6
9	8	活动最后统筹	紧急但不重要	2022/5/7

图3-83

Step09 选中第2行和第3行中包含内容的单元格区域，在“开始”选项卡中单击“格式刷”按钮，如图3-84所示。

Step10 此时光标变成“”形状，按住鼠标左键，拖动鼠标选择第4～9行中包含内容的单元格区域，如图3-85所示。为其套用第2～3行的填充色。

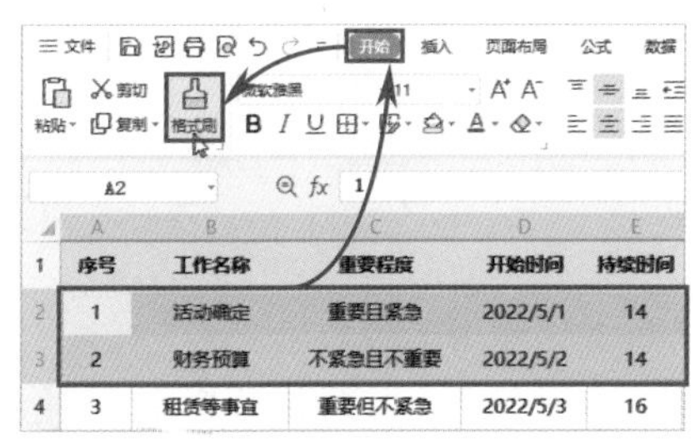

图3-84

图3-85

Step11 选中A2:G8单元格区域，按Ctrl+1组合键，切换至“边框”选项卡，保持默认的线条样式，单击“颜色”下拉按钮，选择“白色，背景1”选项，如图3-86所示。

Step12 在“边框”区域中单击“”和“”按钮，如图3-87所示，为表格添加白色横向框线。

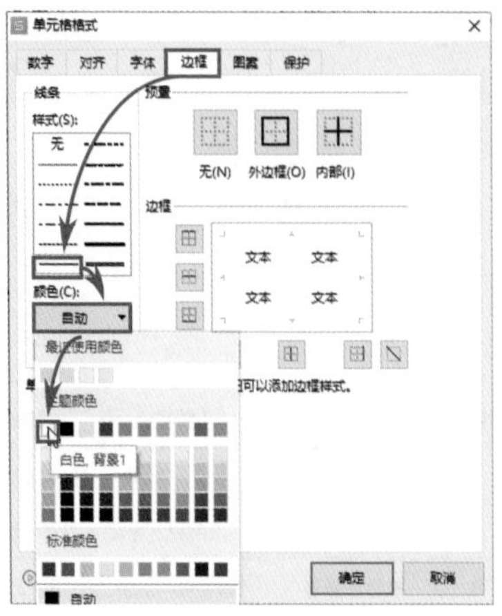

图3-86

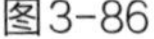

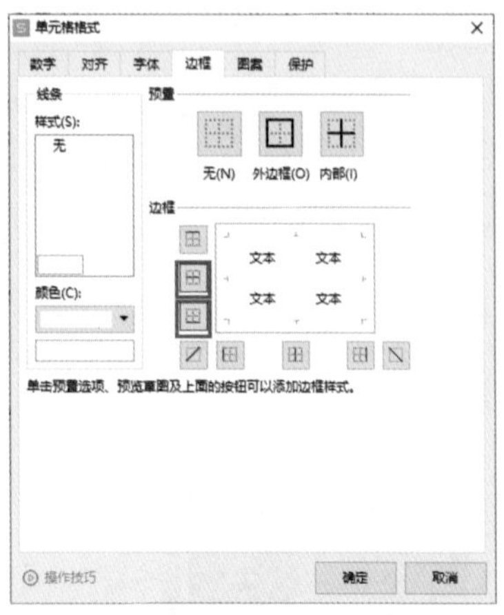

图3-87

Step13: 在线条“样式”组中选择粗实线，随后在“边框”组中单击“田”按钮，为所选区域的顶端设置白色加粗的横向框线，最后单击“确定”按钮，如图3-88所示。

由于此时线条的颜色为白色，样式列表中的线条无法被看到，不便于选择。用户可以先将线条颜色设置为其他颜色，选择好线条样式后，再将颜色修改回白色

图3-88

Step14: 双击工作表标签，标签进入到可编辑状态，如图3-89所示。

Step15: 输入标签名称为“工作计划表”，如图3-90所示，随后按下Enter键确认。至此完成全部操作。

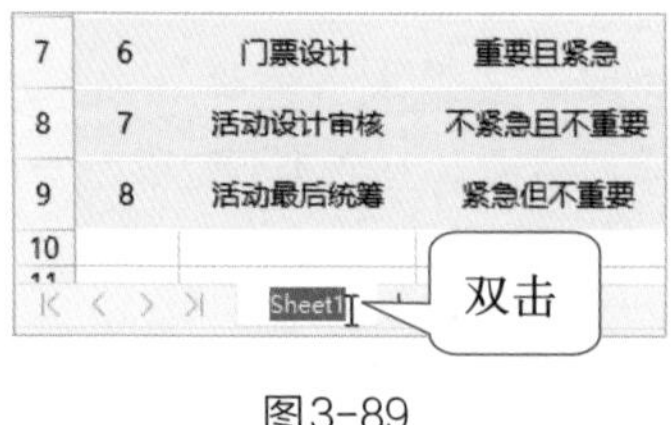

图3-89

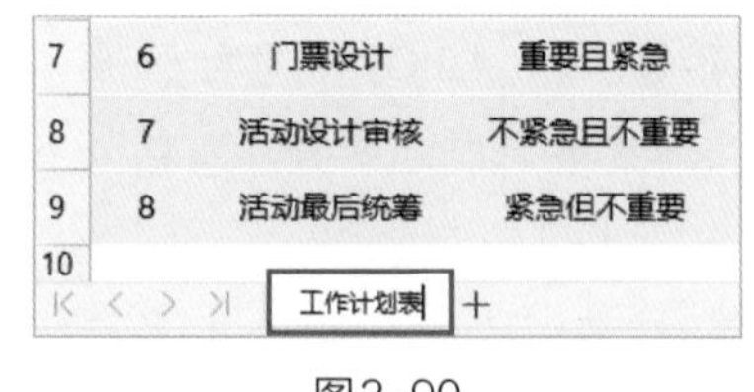

图3-90

第4章

数据源的清洗和规范录入

记录了各种原始数据，用于统计和分析的数据表，称为数据源表。数据源是数据分析的基础。如果数据源表制作得不规范，会让后续的数据分析变得很困难，甚至无法进行。

扫码看视频

4.1 清洗数据源

数据清洗是一个学术名词，是指发现并纠正数据文件中可识别的错误的最后一道程序，包括检查数据一致性、处理无效值和缺失值等。表格中的数据源有问题时，需要及时处理，以免影响后续正常的数据分析。

4.1.1 不同属性数据分列显示

WPS表格作为数据处理工具，比起记录和存储数据，更重要的作用是处理和分析数据。规范的数据源应该是一个单元格记录一个属性。例如记录员工信息时的姓名、性别、年龄、身份证号码、所属部门等属性，不应记录在一个单元格中，而是应该一个属性记录在一个单元格中，如图4-1所示。

员工信息
姓名：张明明、性别：男、年龄：48、身份证号码：37082[illegible]9131、所属部门：财务部
姓名：陈丹青、性别：男、年龄：42、身份证号码：21021[illegible]9616、所属部门：生产部
姓名：赵海、性别：男、年龄：33、身份证号码：2201811[illegible]651、所属部门：[illegible]
姓名：李青云、性别：男、年龄：38、身份证号码：14022[illegible]8573、所属部门：业务部
姓名：程宇、性别：男、年龄：29、身份证号码：3504021[illegible]677、所属部门：生产部
姓名：王晓娟、性别：男、年龄：35、身份证号码：32020[illegible]0293、所属部门：业务部
姓名：周瑜、性别：男、年龄：47、身份证号码：3301031[illegible]714、所属部门：财务部
姓名：赵子龙、性别：男、年龄：29、身份证号码：37108[illegible]0711、所属部门：客服部
姓名：赵云、性别：女、年龄：27、身份证号码：3714281[illegible]062、所属部门：生产部
姓名：孙薇、性别：女、年龄：30、身份证号码：1303241[illegible]402、所属部门：业务部
姓名：陈晓敏、性别：女、年龄：40、身份证号码：37142[illegible]7688、所属部门：财务部
姓名：刘梅梅、性别：女、年龄：49、身份证号码：13062[illegible]2542、所属部门：客服部

姓名	性别	年龄	身份证号码	所属部门
张明明	男	48	370827[illegible]9131	财务部
陈丹青	男	42	210211[illegible]9616	生产部
赵海	男	33	220181[illegible]6651	客服部
李青云	男	38	140223[illegible]8573	业务部
程宇	男	29	350402[illegible]4677	生产部
王晓娟	男	35	320206[illegible]0293	业务部
周瑜	男	47	330103[illegible]1714	财务部
赵子龙	男	29	371082[illegible]0711	客服部
赵云	女	27	371428[illegible]9062	生产部
孙薇	女	30	130324[illegible]3402	业务部
陈晓敏	女	40	371428[illegible]7688	财务部
刘梅梅	女	49	130625[illegible]2542	客服部

图4-1

多种属性的数据在同一个单元格中时应该及时将其分开存储。下面将使用WPS表格的“智能分列”功能进行操作。

选中需要分列显示的单元格区域，打开“数据”选项卡，单击“分列”下拉按钮，在下拉列表中选择“智能分列”选项，如图4-2所示。

图4-2

弹出“智能分列结果”对话框，单击“下一步”按钮，如图4-3所示。在“文本分列向导2步骤之2”对话框中依次选择要删除的内容，并选择“忽略此列（跳过）”单选按钮。在“分列结果显示在”文本框中引用要放置数据的首个单元格，单击“完成”按钮，如图4-4所示。将数据分列后，手动输入标题即可。

图4-3

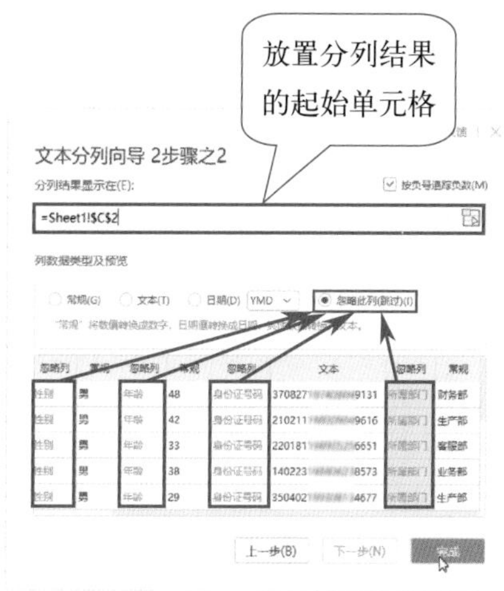

图4-4

操作提示

分列数据时有一组很智能的快捷键Ctrl+E。先在组合数据相邻的单元格内输入一组要提取的内容，随后选第一个要提取的数据下方的单元格，按Ctrl+E组合键，即可从合并数据中提取相同属性的内容，参照此方法可以继续提取其他属性的数据，如图4-5所示。

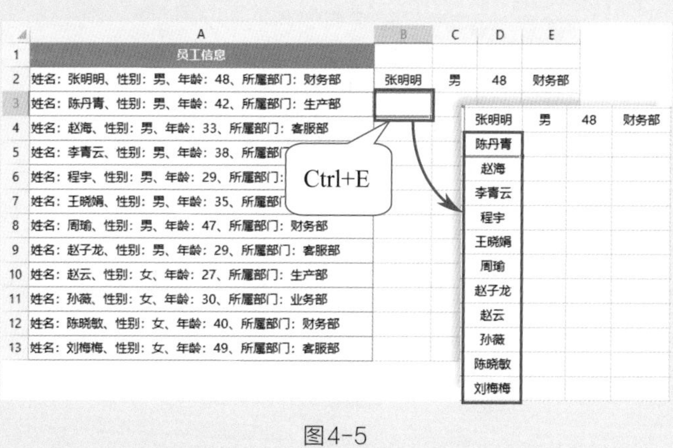

图4-5

4.1.2 用条件格式突出显示重点数据

条件格式使用颜色、图标和条形展示数据的趋势、对比数值的大小，以直观的方式突出重要数据。例如突出显示利润率大于70%的单元格，如图4-6所示。操作方法如下。

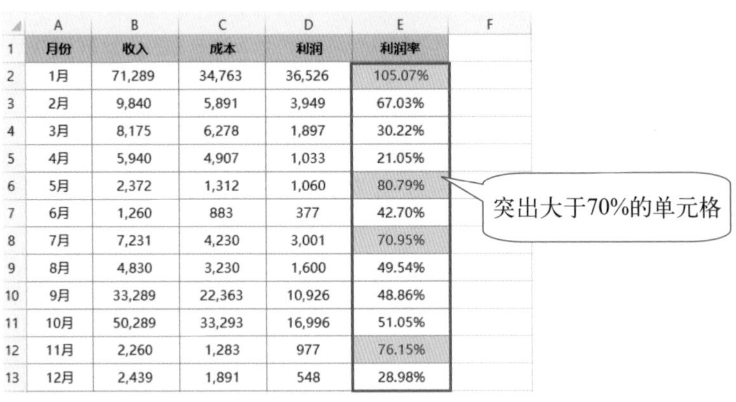

	A	B	C	D	E	F
1	月份	收入	成本	利润	利润率	
2	1月	71,289	34,763	36,526	105.07%	
3	2月	9,840	5,891	3,949	67.03%	
4	3月	8,175	6,278	1,897	30.22%	
5	4月	5,940	4,907	1,033	21.05%	
6	5月	2,372	1,312	1,060	80.79%	
7	6月	1,260	883	377	42.70%	
8	7月	7,231	4,230	3,001	70.95%	
9	8月	4,830	3,230	1,600	49.54%	
10	9月	33,289	22,363	10,926	48.86%	
11	10月	50,289	33,293	16,996	51.05%	
12	11月	2,260	1,283	977	76.15%	
13	12月	2,439	1,891	548	28.98%	

图4-6

选择包含利润率的单元格区域，打开“开始”选项卡，单击“条件格式”按钮，在下拉列表中选择“突出显示单元格规则”选项，在其下级列表中选择“大于”选项。在弹出的“大于”对话框中输入“70%”，单击“确定”按钮，如图4-7所示。这样即可将所选区域中数值大于70%的单元格突出显示。

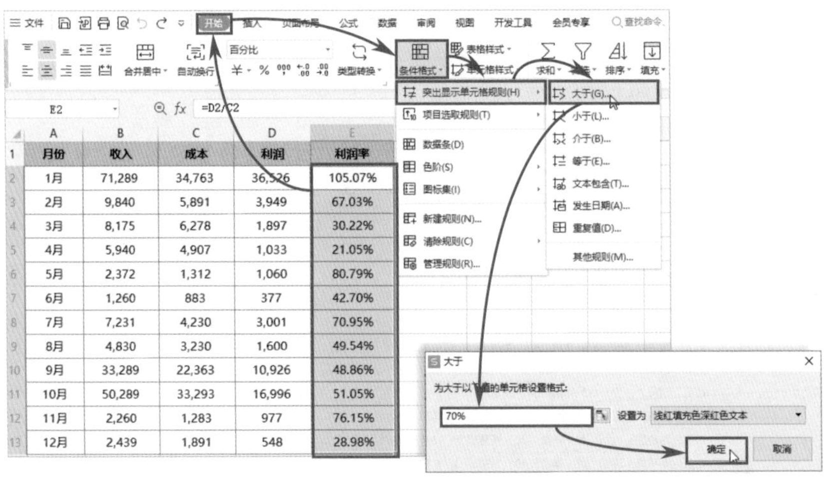

图4-7

4.1.3 数据源中不留空单元格

数据源中不应该有数值的单元格中要保持空白吗？其实并不是这样的。例如在考生成绩统计表中，缺考的科目直接让单元格保持空白，和在单元格中输入数值0，其平均分的统计结果是不同的，如图4-8、图4-9所示。

	A	B	C	D	E	F	G	H	I	J	K	L
1	序号	准考证号	姓名	语文	数学	英语	物理	政治	历史	化学	总分	平均分
2	1	220001	姓名1	65	54	48	50	31	36	35	319	45.57
3	2	220002	姓名2	80	51	75	41	21	29	29	326	46.57
4	3	220003	姓名3	80	90	93	56	42	47	43	451	64.43
5	4	220004	姓名4	7		8	5	8	6	7	41	6.83
6	5	220005	姓名5	20	6	14	15		5	6	66	11.00
7	6	220006	姓名6	67	70	75	52	21	47	37	369	52.71
8	7	220007	姓名7	40		19	13	12	7	8	99	16.50
9	8	220008	姓名8	50	6	21	16	11	8	8	120	17.14
10	9	220009	姓名9	61	62	64	51	12	24	26	300	42.86
11	10	220010	姓名10	21	3	11	9			4	48	9.60
12	11	220011	姓名11	59	57	54	48	15	31	25	289	41.29
13	12	220012	姓名12	65	70	80	54	20	32	27	348	49.71
14	13	220013	姓名13	64	26	47	45	29	39	23	273	39.00
15	14	220014	姓名14	37		24	14	10	8	4	97	16.17
16	15	220015	姓名15	56	34	56	23	10	7	11	197	28.14

图4-8

	A	B	C	D	E	F	G	H	I	J	K	L
1	序号	准考证号	姓名	语文	数学	英语	物理	政治	历史	化学	总分	平均分
2	1	220001	姓名1	65	54	48	50	31	36	35	319	45.57
3	2	220002	姓名2	80	51	75	41	21	29	29	326	46.57
4	3	220003	姓名3	80	90	93	56	42	47	43	451	64.43
5	4	220004	姓名4	7	0	8	5	8	6	7	41	5.86
6	5	220005	姓名5	20	6	14	15	0	5	6	66	9.43
7	6	220006	姓名6	67	70	75	52	21	47	37	369	52.71
8	7	220007	姓名7	40	0	19	13	12	7	8	99	14.14
9	8	220008	姓名8	50	6	21	16	11	8	8	120	17.14
10	9	220009	姓名9	61	62	64	51	12	24	26	300	42.86
11	10	220010	姓名10	21	3	11	9	0	0	4	48	6.86
12	11	220011	姓名11	59	57	54	48	15	31	25	289	41.29
13	12	220012	姓名12	65	70	80	54	20	32	27	348	49.71
14	13	220013	姓名13	64	26	47	45	29	39	23	273	39.00
15	14	220014	姓名14	37	0	24	14	10	8	4	97	13.86
16	15	220015	姓名15	56	34	56	23	10	7	11	197	28.14

图4-9

没有数值的单元格可以用数字0来填充，批量填充相同数据的方法很简单，可以定位所有空白单元格，然后一次性填充，具体操作方法如下。

Step01: 选中数据区域，按Ctrl+G组合键，打开“定位”对话框，选中“空值”单选按钮，单击“定位”按钮，即可选中数据区域中所有空白单元格，如图4-10所示。

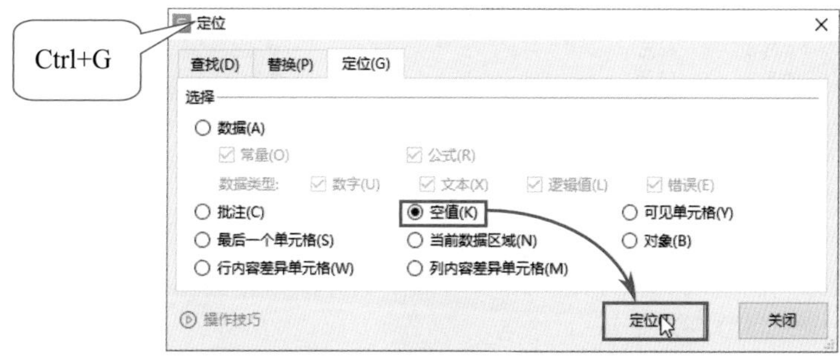

图4-10

Step02: 定位空白单元格后，直接输入“0”，按Ctrl+Enter组合键即可在所有空白单元格中输入数字“0”，如图4-11所示。

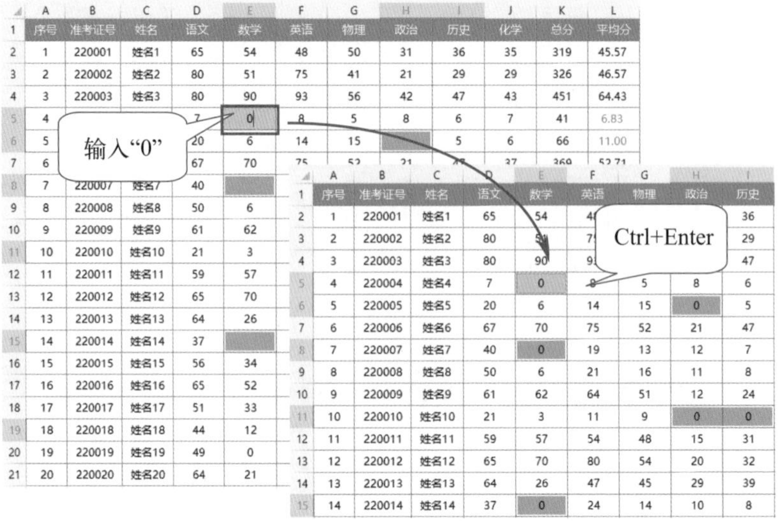

序号	准考证号	姓名	语文	数学	英语	物理	政治	历史
1	220001	姓名1	65	54				36
2	220002	姓名2	80	51				29
3	220003	姓名3	80	90				47
4	220004	姓名4	7	0	8	5	8	6
5	220005	姓名5	20	6	14	15	0	5
6	220006	姓名6	67	70	75	52	21	47
7	220007	姓名7	40	0	19	13	12	7
8	220008	姓名8	50	6	21	16	11	8
9	220009	姓名9	61	62	64	51	12	24
10	220010	姓名10	21	3	11	9	0	0
11	220011	姓名11	59	57	54	48	15	31
12	220012	姓名12	65	70	80	54	20	32
13	220013	姓名13	64	26	47	45	29	39
14	220014	姓名14	37	0	24	14	10	8

图4-11

4.1.4 单位自成一列便于分析

很多人喜欢将单位和值写在一个单元格中，这其实是很不好的习惯。因为数字和文本混合的数据不便于计算和分析，这种混合型数据是文本型的，无法进行常规的排序、筛选、比较大小、应用条件格式等，如图4-12所示。正确的方法应该是值和单位分列记录，如图4-13所示。

商品名称	单价
商品-1	13.5元
商品-2	22元
商品-3	56元
商品-4	25.6元
商品-5	23元
商品-6	65元
商品-7	85元
商品-8	28.9元
商品-9	46.5元
商品-10	55元

图4-12

商品名称	单价	单位
商品-1	13.50	元
商品-2	22.00	元
商品-3	56.00	元
商品-4	25.60	元
商品-5	23.00	元
商品-6	65.00	元
商品-7	85.00	元
商品-8	28.90	元
商品-9	46.50	元
商品-10	55.00	元

图4-13

拆分值和单位有很多种方法，用户可根据实际的数据类型选择合适的操作方法。

（1）使用智能分列功能拆分

选择包含带单位的数据所在的单元格区域，打开“数据”选项卡，单击

"分列"下拉按钮，在下拉列表中选择"智能分列"选项。弹出"智能分列结果"对话框，该功能会根据数据的类型自动分列，直接单击"完成"按钮，如图4-14所示。这样即可将值和单位拆分成两列。

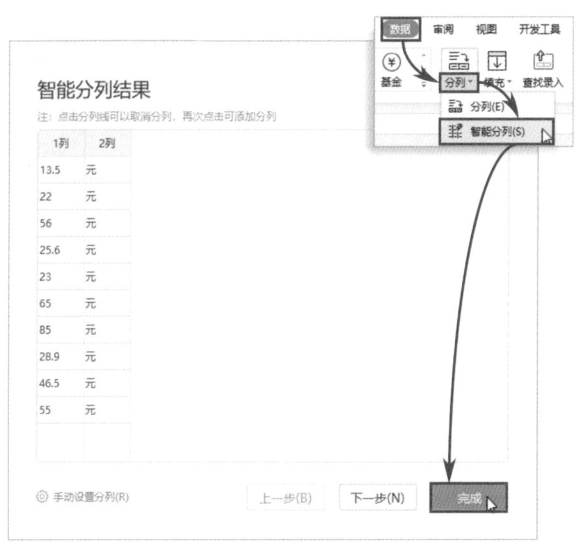

图4-14

（2）使用快捷键拆分

在数据源相邻的单元格中输入第一个要拆分的值，随后选中该值下方的单元格，按Ctrl+E组合键，即可将所有值从混合数据中拆分出来，如图4-15所示。

	A	B	C	D
1	商品名称	单价	单位	
2	商品-1	13.5元		13.5
3	商品-2	22元		
4	商品-3	56元		
5	商品-4	25.6元		
6	商品-5	23元		
7	商品-6	65元		
8	商品-7	85元		
9	商品-8	28.9元		
10	商品-9	46.5元		
11	商品-10	55元		

	A	B	C	D
1	商品名称	单价	单位	
2	商品-1	13.5元		13.5
3	商品-2	22元		22
4	商品-3	56元		56
5	商品-4	25.6元		25.6
6	商品-5	23元		23
7	商品-6	65元		65
8	商品-7	85元		85
9	商品-8	28.9元		28.9
10	商品-9	46.5元		46.5
11	商品-10	55元		55

Ctrl+E

图4-15

复制拆分出的数值，将其以"粘贴为数值"的形式粘贴到原始的混合数据位置，如图4-16所示。最后在"单位"列中输入单位即可。

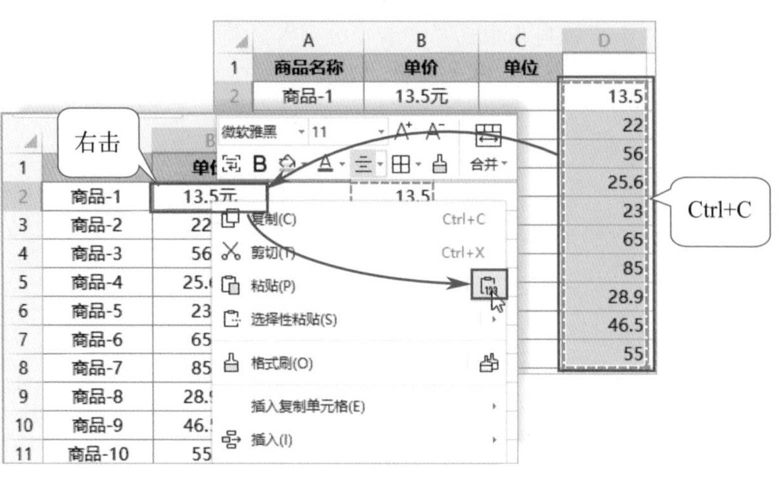

图4-16

（3）使用公式拆分

WPS表格中公式的应用没有唯一的标准答案。根据考虑问题角度的不同，往往可以对一个问题给出多种解答方案。以本案例来说，将单位“元”替换成空白（如图4-17所示）和提取最后一个字符“元”之前的内容（如图4-18所示），这两个角度便可编写出两个完全不同的公式。

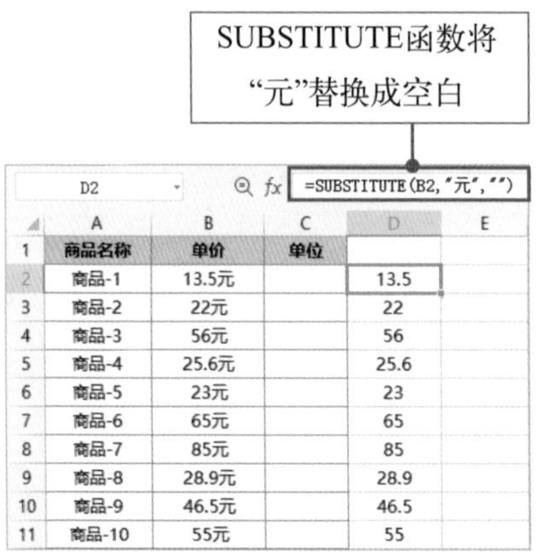

	A	B	C	D	E
1	商品名称	单价	单位		
2	商品-1	13.5元		13.5	
3	商品-2	22元		22	
4	商品-3	56元		56	
5	商品-4	25.6元		25.6	
6	商品-5	23元		23	
7	商品-6	65元		65	
8	商品-7	85元		85	
9	商品-8	28.9元		28.9	
10	商品-9	46.5元		46.5	
11	商品-10	55元		55	

图4-17

LEFT、LEN函数组合，提取最后一个字符之前的数据

D2 =LEFT(B2,LEN(B2)-1)

	A	B	C	D	E
1	商品名称	单价	单位		
2	商品-1	13.5元		13.5	
3	商品-2	22元		22	
4	商品-3	56元		56	
5	商品-4	25.6元		25.6	
6	商品-5	23元		23	
7	商品-6	65元		65	
8	商品-7	85元		85	
9	商品-8	28.9元		28.9	
10	商品-9	46.5元		46.5	
11	商品-10	55元		55	

图4-18

4.1.5 创建组合折叠明细数据

表格中数据太多时，为了方便查看数据可以创建组合，折叠指定行或列。选中要折叠的列，打开“数据”选项卡，单击“创建组”按钮，如图4-19所示。选

中的列随即被创建为一个组，单击该组上方的“-”按钮可折叠该组，单击“+”按钮可展开组，如图4-20所示。

图4-19

图4-20

4.1.6 清除不可见字符

当表格中包含不可见的字符时可能会造成数据统计结果错误。不可见的字符包括空格、回车符、网络排版符号以及一些特殊符号等。这些字符虽然看不见，但却是真实存在的。

当单元格中包含不可见字符时，这个单元格便不再是真正的“空单元格”，而是“假空单元格”，因为不可见字符也会被统计。例如，选择A1:A5单元格区域时，窗口底部状态栏中的“计数”显示的是等于“0”，说明这个区域中的所有单元格均为“真空单元格”，如图4-21所示；选择B1:B5单元格区域时，“计数”则显示为等于“1”，这说明B1:B5单元格区域中包含“假空单元格”，如图4-22所示。

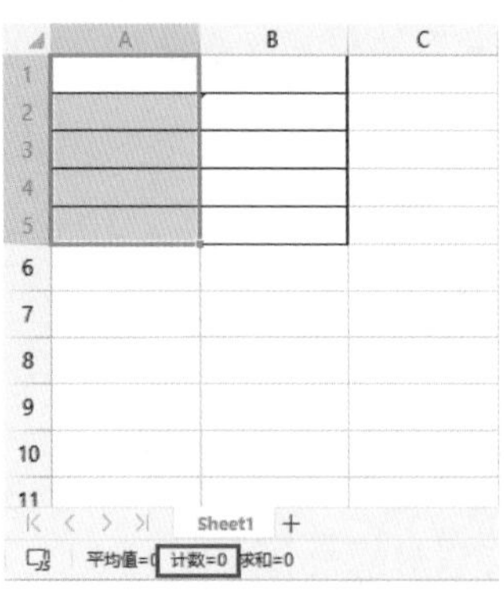

图4-21

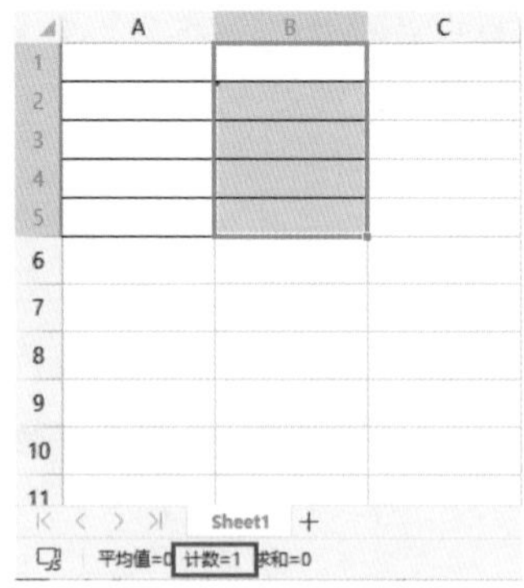

图4-22

在所有不可见字符中，最常见的要数空格。当WPS表格中的某个单元格中包含空格时，该单元格左上角会显示绿色的小三角标志，如图4-23所示。

选中该单元格，其左侧会出现“ ”按钮，单击这个按钮，在下拉列表中可以查看提示内容，通过下拉列表中提供的选项可以自动清除空格，或切换到编辑状态手动删除空格，如图4-24所示。

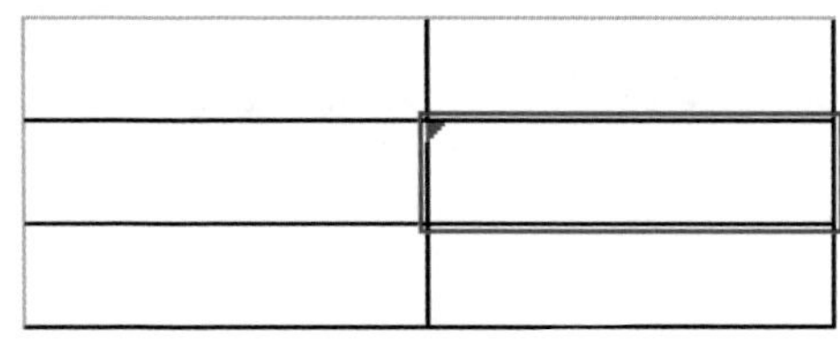
图4-23

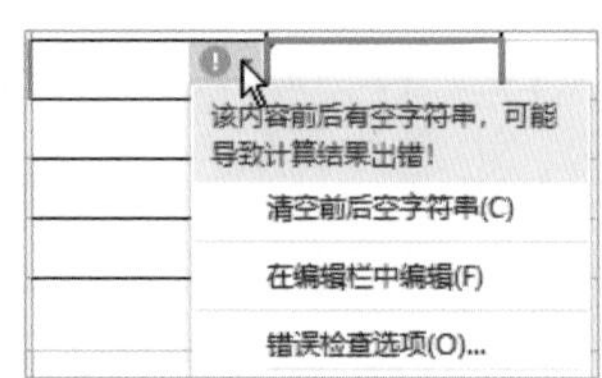

图4-24

若表格中包含的空格很多，可使用替换功能批量删除空格。按Ctrl+H组合键，打开“替换”对话框，在“查找内容”文本框中输入一个空格，单击“全部替换”按钮即可，如图4-25所示。

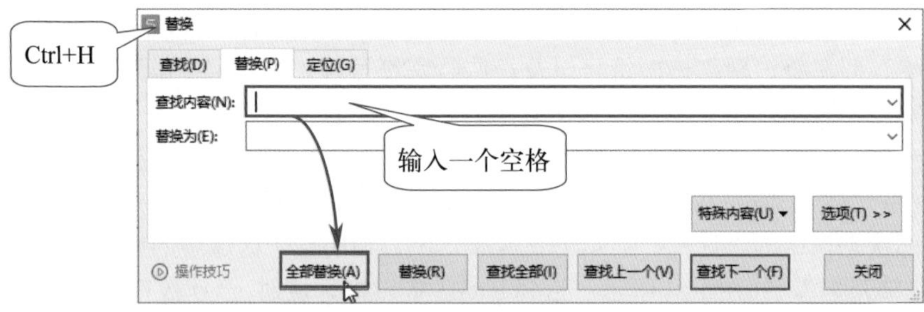

图4-25

4.1.7 整行删除零值和空值

从外部导入的原始数据中有时会存在一些无效的或有问题的数据，如何快速清洗数据源，将这些无效数据找出来并自动删除呢？

（1）删除零值

若想将销售数量为0的记录整行删除，可以使用查找功能先确定所有0值的位置，然后整行删除，如图4-26所示。

	A	B	C	D
1	订单编号	商品类目	商品名称	销售数量
2	XD0001	男装	夹克	1
3	XD0002	女装	毛衣	0
4	XD0003	内衣	袜子	3
5	XD0004	女装	毛衣	0
6	XD0005	箱包	公文包	1
7	XD0006	女装	打底裤	2
8	XD0007	内衣	背心	0
9	XD0008	男装	牛仔裤	2
10	XD0009	男装	风衣	1
11	XD0010	箱包	钱包	1

	A	B	C	D
1	订单编号	商品类目	商品名称	销售数量
2	XD0001	男装	夹克	1
3	XD0003	内衣	袜子	3
4	XD0005	箱包	公文包	1
5	XD0006	女装	打底裤	2
6	XD0008	男装	牛仔裤	2
7	XD0009	男装	风衣	1
8	XD0010	箱包	钱包	1
9				
10				
11				

图4-26

Step01: 选择包含数据的单元格区域，按Ctrl+F组合键，打开“查找”对话框，在“查找内容”文本框中输入“0”，单击“选项”按钮，展开对话框中的所有选项，勾选“单元格匹配”复选框，单击“查找全部”按钮，如图4-27所示。

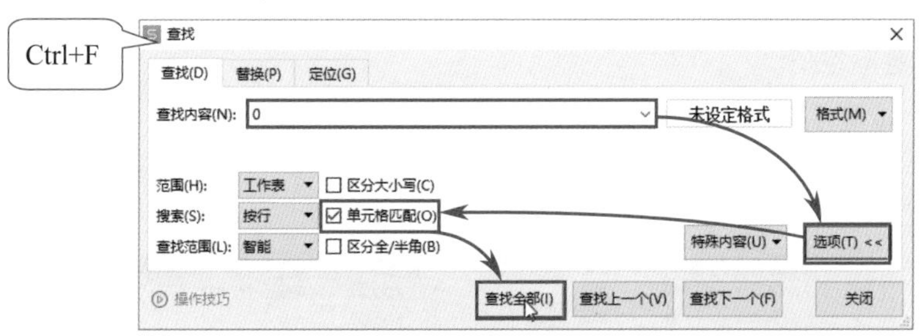

图4-27

Step02: 此时“查找”对话框中会显示出查找到的所有0值，选中其中一个选项，按Ctrl+A组合键，在对话框中将所有查找到的选项选中，如图4-28所示。

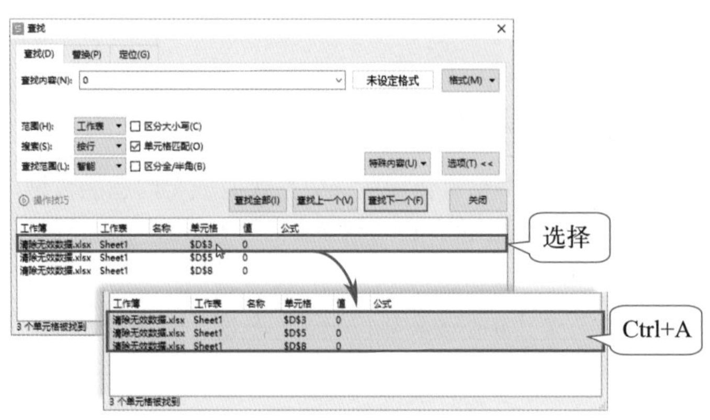

图4-28

Step03: 此时数据表中的所有0值已经全部被选中，右击任意一个包含0值的单元格，在右键菜单中选择“删除”选项，在其下级菜单中选择“整行”选项，如图4-29所示。这样即可将0值所在的行全部删除。

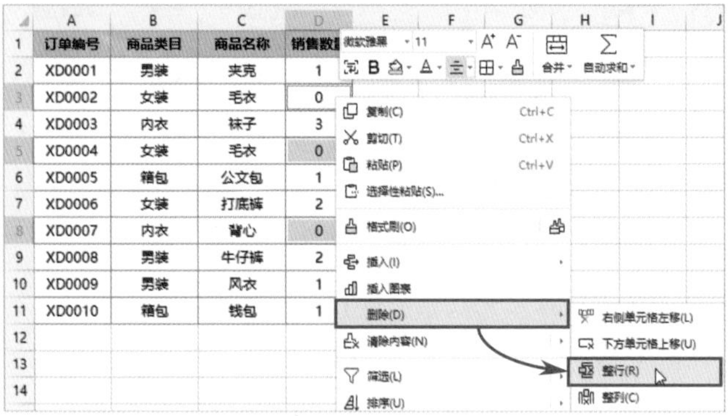

	A	B	C	D
1	订单编号	商品类目	商品名称	销售数
2	XD0001	男装	夹克	1
3	XD0002	女装	毛衣	0
4	XD0003	内衣	袜子	3
5	XD0004	女装	毛衣	0
6	XD0005	箱包	公文包	1
7	XD0006	女装	打底裤	2
8	XD0007	内衣	背心	0
9	XD0008	男装	牛仔裤	2
10	XD0009	男装	风衣	1
11	XD0010	箱包	钱包	1

图4-29

（2）删除空值

有些数据表中包含很多空白单元格，若要将包含空白单元格的行全部删除，如图4-30所示，可使用定位功能先定位空白单元格，随后再执行删除操作。

	A	B	C	D
1	订单编号	商品类目	商品名称	销售数量
2	XD0001	男装	夹克	1
3	XD0002	女装	毛衣	2
4	XD0003	内衣		
5	XD0004	女装	毛衣	
6	XD0005	箱包	公文包	1
7	XD0006	女装	打底裤	2
8	XD0007	内衣	背心	1
9	XD0008			2
10	XD0009	男装	风衣	1
11	XD0010	箱包	钱包	1

	A	B	C	D
1	订单编号	商品类目	商品名称	销售数量
2	XD0001	男装	夹克	1
3	XD0002	女装	毛衣	2
4	XD0005	箱包	公文包	1
5	XD0006	女装	打底裤	2
6	XD0007	内衣	背心	1
7	XD0009	男装	风衣	1
8	XD0010	箱包	钱包	1
9				
10				
11				

图4-30

Step01：选择整个数据表区域，按Ctrl+G组合键，打开“定位”对话框，选择“空值”单选按钮，单击“定位”按钮，如图4-31所示。

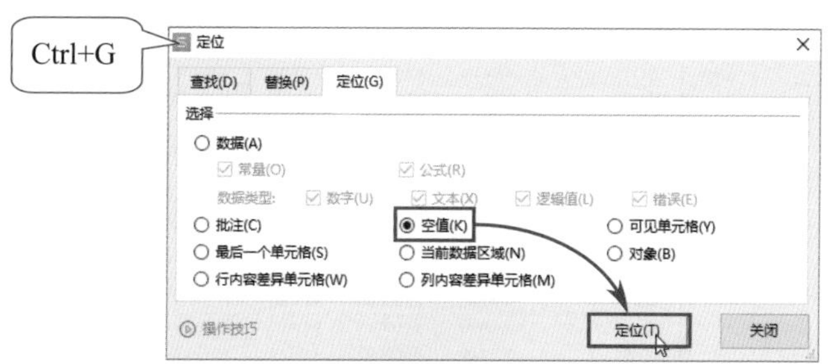

图4-31

Step02：数据表中的所有空白单元格随即被选中，右击任意一个空白单元格，在弹出的菜单中选择“删除”选项，在其下级菜单中选择“整行”选项即可，如图4-32所示。

	A	B	C	D
1	订单编号	商品类目	商品名称	销售数量
2	XD0001	男装	夹克	1
3	XD0002	女装	毛衣	2
4	XD0003	内衣		
5	XD0004	女装	毛衣	
6	XD0005	箱包	公文包	1
7	XD0006	女装	打底裤	2
8	XD0007	内衣	背心	1
9	XD0008			2
10	XD0009	男装	风衣	1
11	XD0010	箱包	钱包	1

图4-32

4.1.8 自动填充拆分后的空单元格

合并单元格并不是对所有表格都适用，如果表格的作用是展示或打印，例如招聘表等，这时候使用合并单元格是没有问题的，因为这类表格不需要进行下一步运算、统计、汇总。而在数据源表中，则要禁止使用合并单元格。规范的数据源表应该是所有单元格填满，有一条记录一条，每一行数据完整、结构整齐。

WPS表格取消合并单元格并自动填充内容很简单，具体操作方法请翻阅第2章第2.2.5节的“一键拆分合并单元格”相关内容。

此处要重点介绍的是，由于错误的操作，取消合并单元格时已经形成的空白单元格应该如何填充，如图4-33所示。

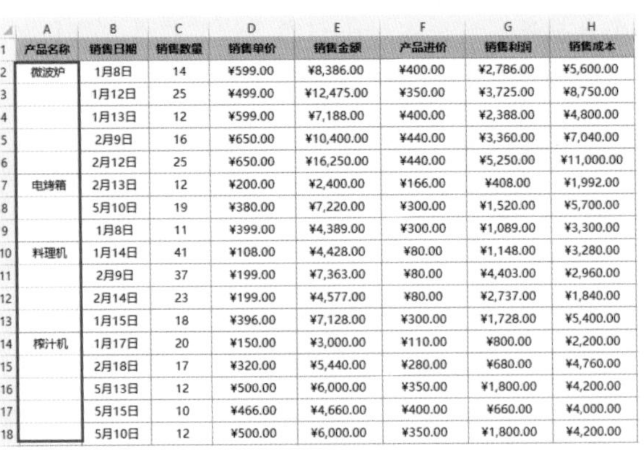

	A	B	C	D	E	F	G	H
1	产品名称	销售日期	销售数量	销售单价	销售金额	产品进价	销售利润	销售成本
2	微波炉	1月8日	14	¥599.00	¥8,386.00	¥400.00	¥2,786.00	¥5,600.00
3		1月12日	25	¥499.00	¥12,475.00	¥350.00	¥3,725.00	¥8,750.00
4		1月13日	12	¥599.00	¥7,188.00	¥400.00	¥2,388.00	¥4,800.00
5		2月9日	16	¥650.00	¥10,400.00	¥440.00	¥3,360.00	¥7,040.00
6		2月12日	25	¥650.00	¥16,250.00	¥440.00	¥5,250.00	¥11,000.00
7	电烤箱	2月13日	12	¥200.00	¥2,400.00	¥166.00	¥408.00	¥1,992.00
8		5月10日	19	¥380.00	¥7,220.00	¥300.00	¥1,520.00	¥5,700.00
9		1月8日	11	¥399.00	¥4,389.00	¥300.00	¥1,089.00	¥3,300.00
10	料理机	1月14日	41	¥108.00	¥4,428.00	¥80.00	¥1,148.00	¥3,280.00
11		2月9日	37	¥199.00	¥7,363.00	¥80.00	¥4,403.00	¥2,960.00
12		2月14日	23	¥199.00	¥4,577.00	¥80.00	¥2,737.00	¥1,840.00
13		1月15日	18	¥396.00	¥7,128.00	¥300.00	¥1,728.00	¥5,400.00
14	榨汁机	1月17日	20	¥150.00	¥3,000.00	¥110.00	¥800.00	¥2,200.00
15		2月18日	17	¥320.00	¥5,440.00	¥280.00	¥680.00	¥4,760.00
16		5月13日	12	¥500.00	¥6,000.00	¥350.00	¥1,800.00	¥4,200.00
17		5月15日	10	¥466.00	¥4,660.00	¥400.00	¥660.00	¥4,000.00
18		5月10日	12	¥500.00	¥6,000.00	¥350.00	¥1,800.00	¥4,200.00

图4-33

Step01: 选中A2:A18单元格区域，按Ctrl+G组合键，打开“定位”对话框，选择“空值”单选按钮，单击“定位”按钮，如图4-34所示，选中所有空白单元格。

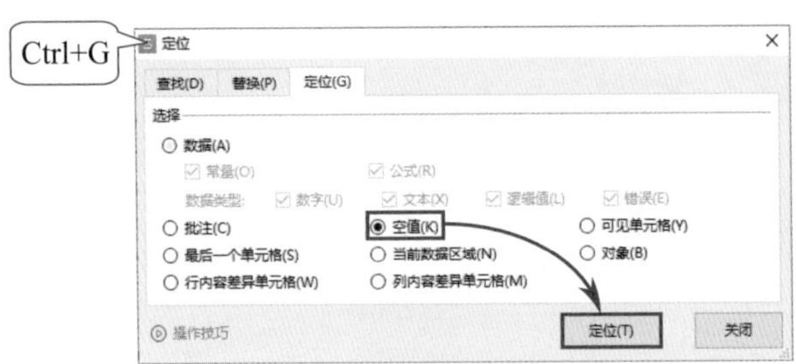

图4-34

Step02: 直接输入等号（=），然后单击A2单元格，随后按Ctrl+Enter组合键，即可完成填充，如图4-35所示。

	A	B	C	D	E
1	产品名称	销售日期	销售数量	销售单价	销售金额
2	微波炉	1月8日	14	¥599.00	¥8,386.00
3	微波炉	1月12日	25	¥499.00	¥12,475.00
4	微波炉	1月13日	12	¥599.00	¥7,188.00
5	微波炉	2月9日	16	¥650.00	¥10,400.00
6	微波炉	2月12日	25	¥650.00	¥16,250.00
7	电烤箱	2月13日	12	¥200.00	¥2,400.00
8	电烤箱	5月10日	19	¥380.00	¥7,220.00
9	电烤箱	1月8日	11	¥399.00	¥4,389.00
10	料理机	1月14日	41	¥108.00	¥4,428.00
11	料理机	2月9日	37	¥199.00	¥7,363.00
12	料理机	2月14日	23	¥199.00	¥4,577.00
13	料理机	1月15日	18	¥396.00	¥7,128.00
14	榨汁机	1月17日	20	¥150.00	¥3,000.00
15	榨汁机	2月18日	17	¥320.00	¥5,440.00
16	榨汁机	5月13日	12	¥500.00	¥6,000.00
17	榨汁机	5月15日	10	¥466.00	¥4,660.00
18	榨汁机	5月10日	12	¥500.00	¥6,000.00

图4-35

4.2 原始数据录入要规范

手动创建数据源时，所有的数据都是一点一点积累而来的，更要从根源处注意数据的规范性。

4.2.1 导入表外数据

设计数据表时经常会用到外部的数据源，用户可通过“导入数据”功能，向WPS表格中导入不同类型文件中的数据。下面以导入TXT文档中的数据为例。

Step01：打开“数据”选项卡，单击“导入数据”下拉按钮，在下拉列表中选择“导入数据”选项，如图4-36所示。

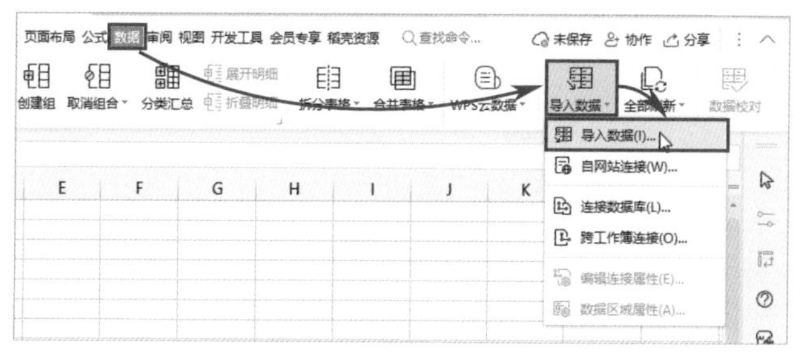

图4-36

Step02：弹出“第一步：选择数据源”对话框，单击“选择数据源”按钮，如图4-37所示。

Step03：打开“打开”对话框，选择要导入其中数据的文件，单击“打开”按钮，如图4-38所示。

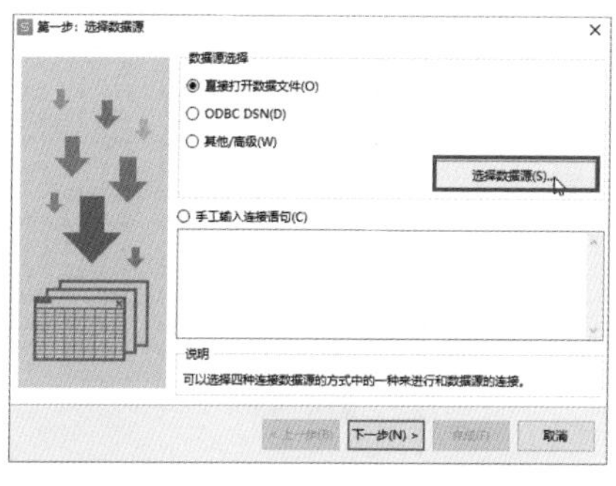

图4-37

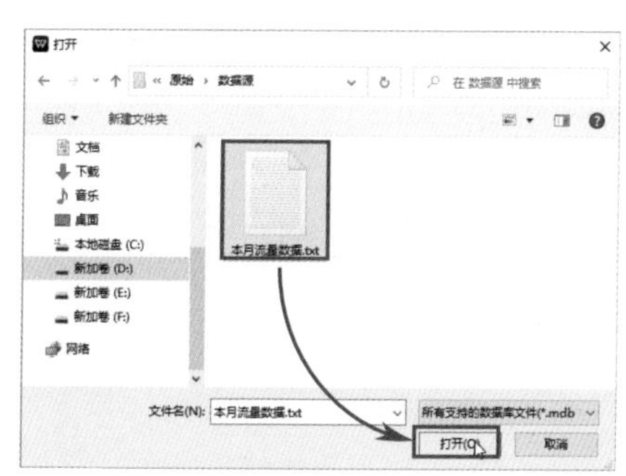

图4-38

Step04：打开“文件转换”对话框，保持所有选项为默认，单击“下一步”按钮。随后在“文本导入向导-3步骤之1”和“文本导入向导-3步骤之2”对话框中同样保持所有选项为默认，直接单击“下一步”按钮，如图4-39所示。

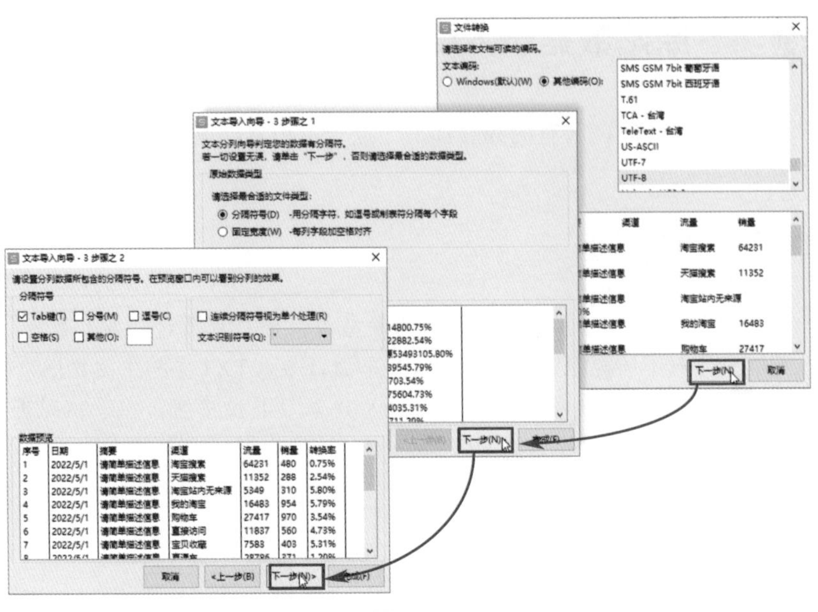

图4-39

Step05: 在“文本导入向导-3 步骤之3”对话框中选择不需要导入的内容，单击“不导入此列（跳过）”单选按钮。在“目标区域”文本框中设置好数据的存储位置，单击“完成”按钮，如图4-40所示。

Step06: TXT文档中的数据随即被导入WPS表格中，如图4-41所示。

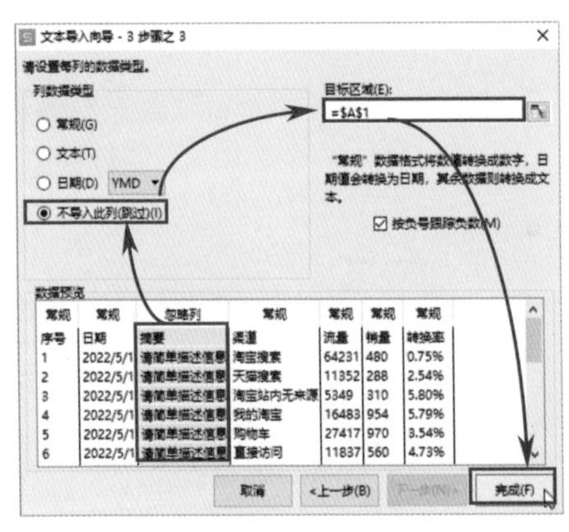

图4-40

	A	B	C	D	E	F
1	序号	日期	渠道	流量	销量	转换率
2	1	2022/5/1	淘宝搜索	64231	480	0.75%
3	2	2022/5/1	天猫搜索	11352	288	2.54%
4	3	2022/5/1	淘宝站内无来源	5349	310	5.80%
5	4	2022/5/1	我的淘宝	16483	954	5.79%
6	5	2022/5/1	购物车	27417	970	3.54%
7	6	2022/5/1	直接访问	11837	560	4.73%
8	7	2022/5/1	宝贝收藏	7583	403	5.31%
9	8	2022/5/1	直通车	28786	371	1.29%
10	9	2022/5/1	淘宝客	1444	174	12.05%
11	10	2022/5/1	其他	3599	450	12.50%
12	11	2022/5/2	淘宝搜索	3684	182	4.94%
13	12	2022/5/2	天猫搜索	3419	186	5.44%
14	13	2022/5/2	淘宝站内无来源	2064	223	10.80%
15	14	2022/5/2	我的淘宝	3200	422	13.19%
16	15	2022/5/2	购物车	2154	369	17.13%
17	16	2022/5/2	直接访问	2057	316	15.36%
18	17	2022/5/2	宝贝收藏	2568	141	5.49%
19	18	2022/5/2	直通车	1918	319	16.63%
20	19	2022/5/2	淘宝客	3268	298	9.12%

图4-41

4.2.2 快速填充有序数据

如果要录入的数据有一定的规律，可以使用快速填充功能提高数据的录入速度。序号和日期是制作表格时十分常见的数据类型。连续的序号和日期便可使用快速填充功能录入，如图4-42所示。

（1）快速填充序列

在单元格中输入第一个序号，将光标放在该单元格右下角，光标变成黑色十字形状时，按住鼠标左键向下拖动，松开鼠标后便可自动填充连续的序号，如图4-43所示。填充日期序列也是同理。

序号	日期
1	2023/1/1
2	2023/1/2
3	2023/1/3
4	2023/1/4
5	2023/1/5
6	2023/1/6
7	2023/1/7
8	2023/1/8
9	2023/1/9
10	2023/1/10

图4-42

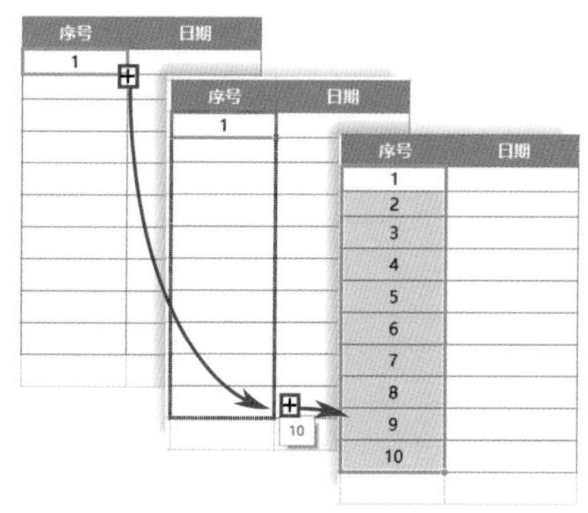

图4-43

（2）填充很长的序列

当要填充的序列很长时，用鼠标拖动，操作起来不太方便。例如填充1～5000的序号，这时可使用“序列”对话框自动完成填充，操作方法如下。

在单元格中输入第一个序号“1”并选中该单元格，打开“开始”选项卡，单击“填充”下拉按钮，在下拉列表中选择“序列”选项，系统随即弹出“序列”对话框。设置序列产生在“列”，在“终止值”文本框中输入“5000”，其他选项保持默认，单击“确定”按钮，如图4-44所示。这样即可在当前列中自动生成1～5000的数字序列。

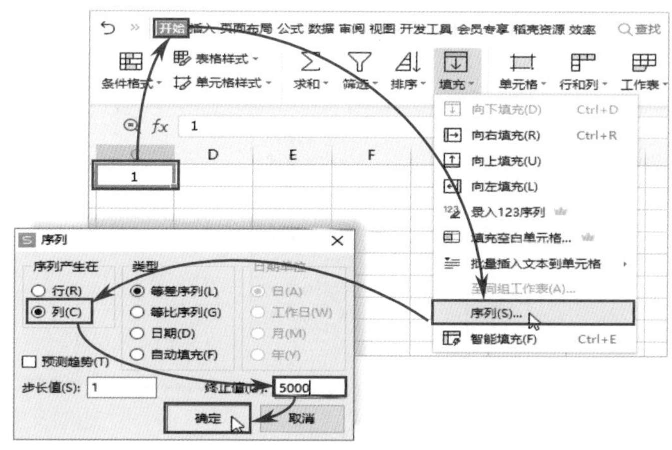

图4-44

（3）自定义序列

WPS默认只能对数值型数据填充序列，一些常用的文本型数据如果想填充序列该如何操作呢？例如将公司的部门按照一定的顺序设置为可填充的序列，具体操作方法如下。

单击“文件”按钮，在下拉列表中选择“选项”选项，打开“选项”对话框，切换到“自定义序列”界面。在“输入序列”文本框中输入自定义的序列，单击“添加”按钮，将其添加到“自定义序列”列表框中，最后单击“确定”按钮，即可完成设置，如图4-45所示。

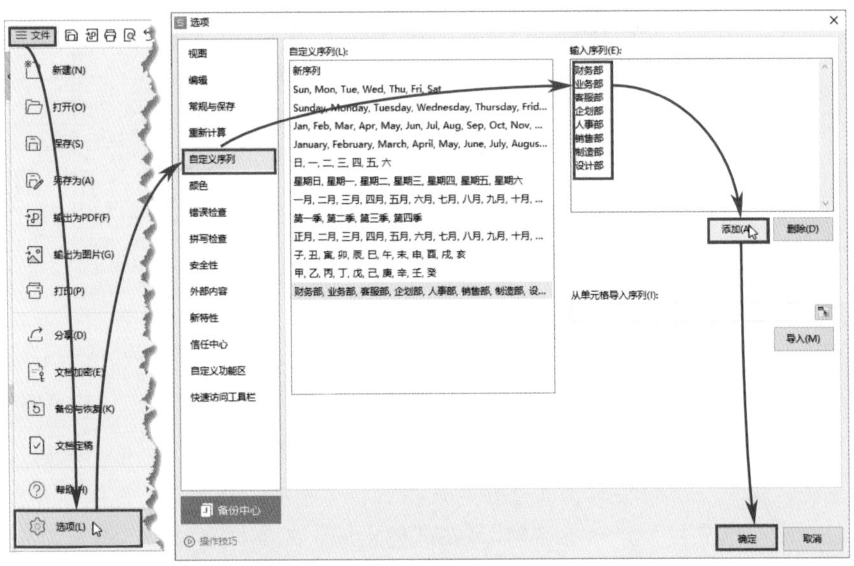

图4-45

随后在单元格中输入自定义序列中的任意一个部门，拖动鼠标向下填充，即可自动录入该自定义序列中的所有部门，如图4-46所示。

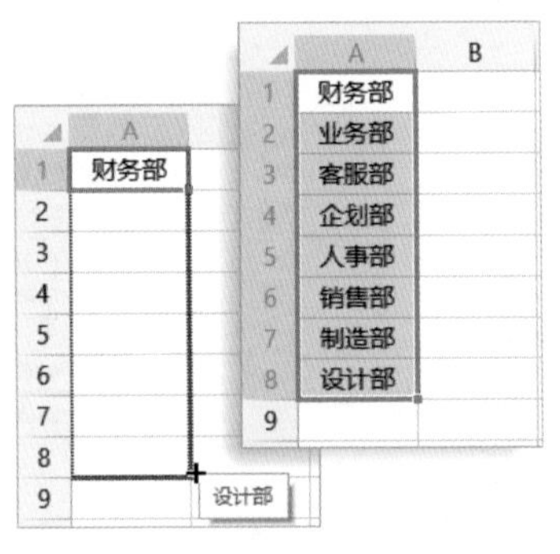

图4-46

4.2.3 将不规范的日期更改为标准日期格式

日期属于数值型数据，标准格式的日期可以转换成数字序列，如图4-47所示。日期的格式标准，是保证此类数据能够正常参与数据分析的前提。

WPS表格能够识别的日期格式包括用“/”符号连接的短日期，以及用汉字连接的长日期，如图4-48所示。

日期	数字序列
2022/12/1	44896
2022/12/2	44897
2022/12/3	44898
2022/12/4	44899
2022/12/5	44900
2022/12/6	44901
2022/12/7	44902

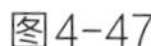

图4-47

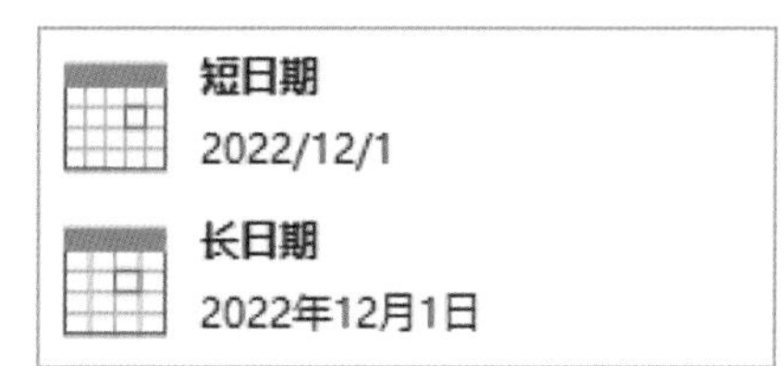

图4-48

当表格中的日期不标准时可以根据实际情况将其转换成标准格式。

（1）处理使用统一符号的非标准日期

使用统一符号的非标准日期，可以用替换功能将日期中的符号替换成“/”，操作方法如下。

选中包含日期的单元格区域，按Ctrl+H组合键，打开“替换”对话框，在“查找内容”文本框中输入要替换的符号，在“替换为”文本框中输入“/”，单击“全部替换”按钮，如图4-49所示，即可将所选区域中的日期更改为标准格式。

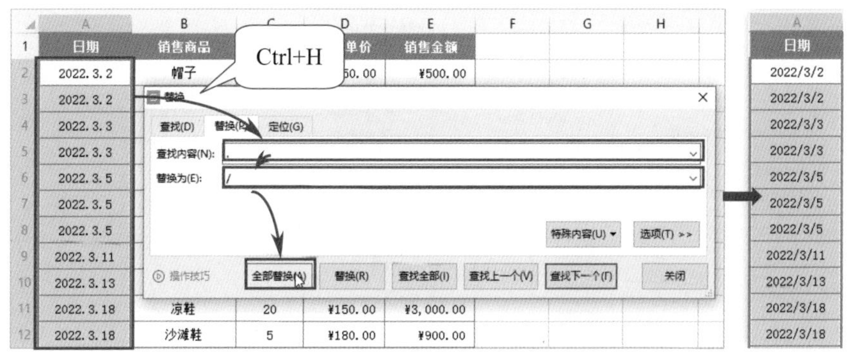

图4-49

（2）处理使用不同符号的非标准日期

如果输入日期时非常随意，使用了各种不同的符号作为日期的连接符，如图

4-50所示。此时可以使用“分列”功能处理这些日期，具体操作方法如下。

日期	销售商品	销售数量	销售单价	销售金额
2022/3.2	帽子	10	¥50.00	¥500.00
2022-3 2	沙滩凉鞋	20	¥80.00	¥1,600.00
2022 3 3	运动服	10	¥90.00	¥900.00
2022/3/3	运动服	5	¥180.00	¥900.00
2022.3.5	阔腿裤	10	¥150.00	¥1,500.00
2022*3/5	休闲鞋	50	¥60.00	¥3,000.00
2022*3*5	休闲凉鞋	40	¥55.00	¥2,200.00
2022\3\11	运动凉鞋	5	¥60.00	¥300.00
2022、3、13	连衣裙	18	¥99.00	¥1,782.00
2022,3,18	凉鞋	20	¥150.00	¥3,000.00

各种不规范的日期格式

图4-50

选中包含日期的单元格区域，打开“数据”选项卡，单击“分列”按钮，如图4-51所示。

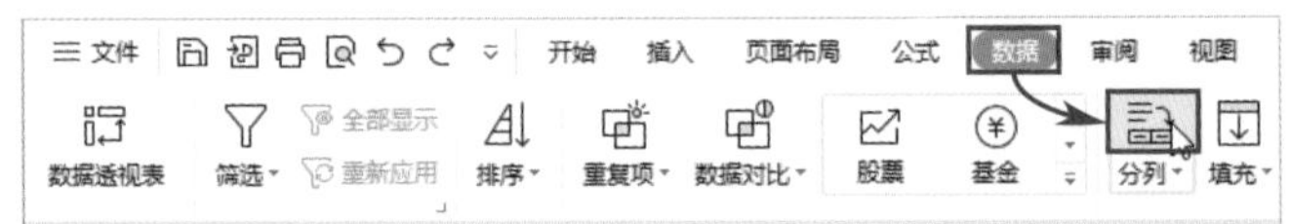

图4-51

系统随即弹出“文本分列向导-3步骤之1”对话框，保持对话框中的选项为默认，直接单击“下一步”按钮；在接下来打开的对话框中再次单击“下一步”按钮；在“文本分列向导-3步骤之3”对话框中选择“日期”单选按钮，单击“完成”，如图4-52所示。

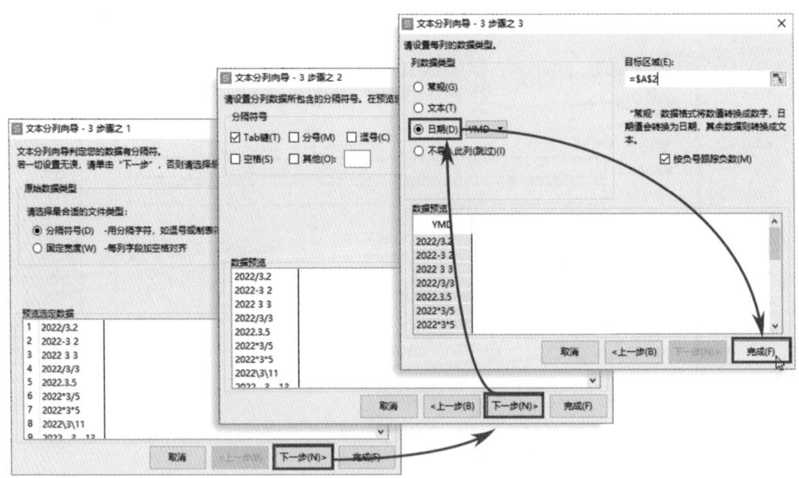

图4-52

所选区域中的日期即可转换为标准日期格式，如图4-53所示。

	A	B	C	D	E	F
1	日期	销售商品	销售数量	销售单价	销售金额	
2	2022/3/2	帽子	10	¥50.00	¥500.00	
3	2022/3/2	沙滩凉鞋	20	¥80.00	¥1,600.00	
4	2022/3/3	运动服	10	¥90.00	¥900.00	
5	2022/3/3	运动服	5	¥180.00	¥900.00	
6	2022/3/5	阔腿裤	10	¥150.00	¥1,500.00	
7	2022/3/5	休闲鞋	50	¥60.00	¥3,000.00	
8	2022/3/5	休闲凉鞋	40	¥55.00	¥2,200.00	
9	2022/3/11	运动凉鞋	5	¥60.00	¥300.00	
10	2022/3/13	连衣裙	18	¥99.00	¥1,782.00	
11	2022/3/18	凉鞋	20	¥150.00	¥3,000.00	

批量转换为标准日期格式

图4-53

4.2.4 输入以“0”开头的编号

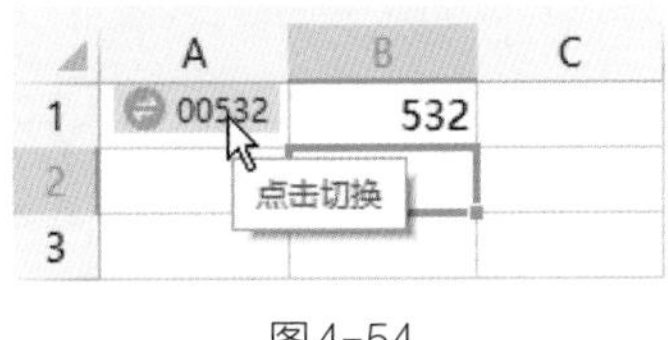

图4-54

在WPS表格中输入“0”开头的数字时，前面的“0”可能会自动消失，用户需要手动将前面的“0”切换回来，如图4-54所示。如果要输入的以“0”开头的数值很多，频繁地切换十分麻烦。此时可以通过设置单元格格式，让数字前面的“0”不再消失，操作方法如下。

选中要输入编号的单元格区域，打开“开始”选项卡，单击“数字格式”下拉按钮，在下拉列表中选择“文本”选项。设置完成后所选区域中便可直接输入以“0”开头的编号，如图4-55所示。

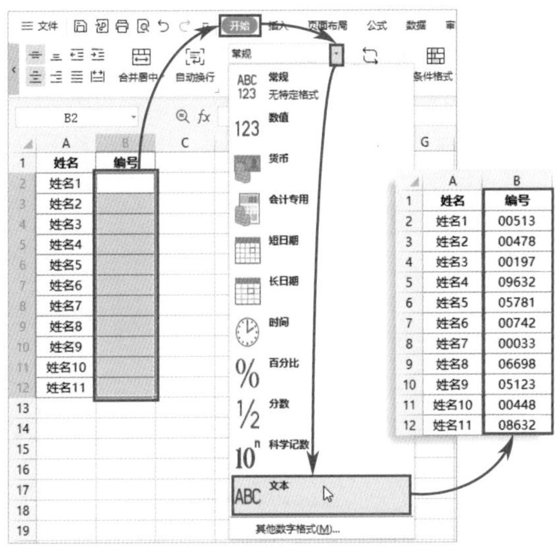

图4-55

【实战演练】合并按月份记录的销售数据

同种类型的数据应该输入在一张工作表中，最好不要分开记录，因为数据源表的数据完整性和连贯性，会影响数据分析的过程和结果。

假设将一年12个月的数据分别记录在12张工作表中，查看数据时需要在12个工作表之间来回切换，十分麻烦。如果将所有数据记录在一张工作表中，只要筛选一下便可以迅速查看相关内容。

如果数据已经分开记录，应该如何将其合并到一个工作表中呢？方法有很多，下面将使用剪贴板合并1月至3月的销售数据，并对数据源进行适当整理。

Step01：打开“1月”工作表，切换到“开始”选项卡，单击“剪贴板”对话框启动器按钮，打开“剪贴板”窗格，如图4-56所示。

图4-56

Step02：选中任意包含数据的单元格，按Ctrl+A组合键，全选数据。在“开始”选项卡中单击“复制”按钮，被复制的内容随即显示在“剪贴板”窗格中，如图4-57所示。

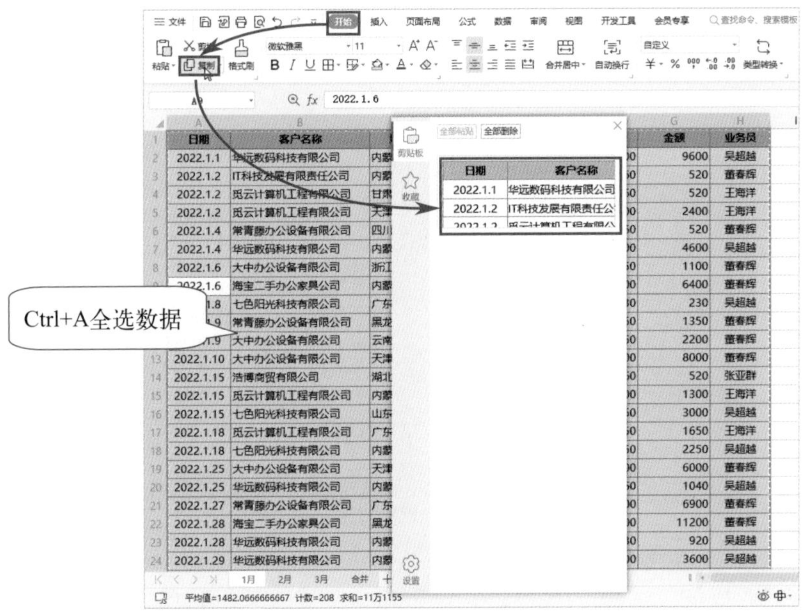

图4-57

Step03: 参照Step02继续复制“2月”和“3月”工作表中的数据，如图4-58所示。

图4-58

Step04: 打开“合并”工作表，选择A1单元格，随后在“剪贴板”窗格中单击“1月”数据，该数据随即被粘贴到当前工作表中，如图4-59所示。随后继续选择A27

单元格，在“剪贴板”窗格中单击“2月”数据；最后参照上述方法，在最下方粘贴“3月”数据。

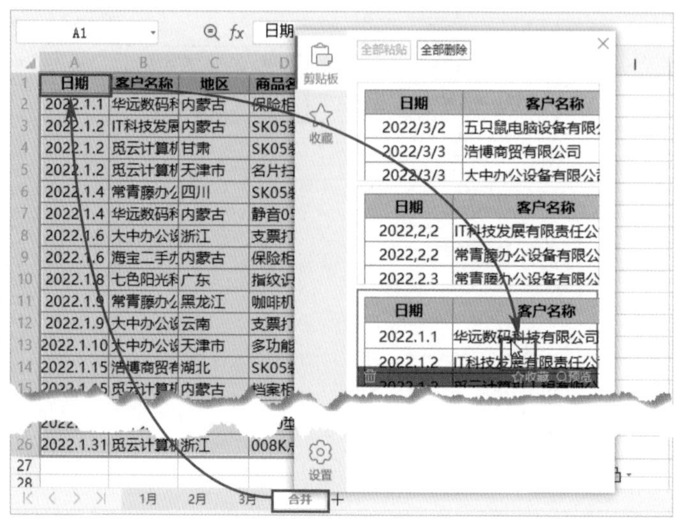

图4-59

Step05：在“合并”工作表中按Ctrl+A选中所有数据。打开“数据”选项卡，单击“重复项”下拉按钮，在下拉列表中选择“删除重复项”选项，如图4-60所示。

Step06：弹出“删除重复项”对话框，取消“数据包含标题”复选框的勾选，单击“删除重复项”按钮，如图4-61所示，删除合并数据中的多余标题行以及重复项。

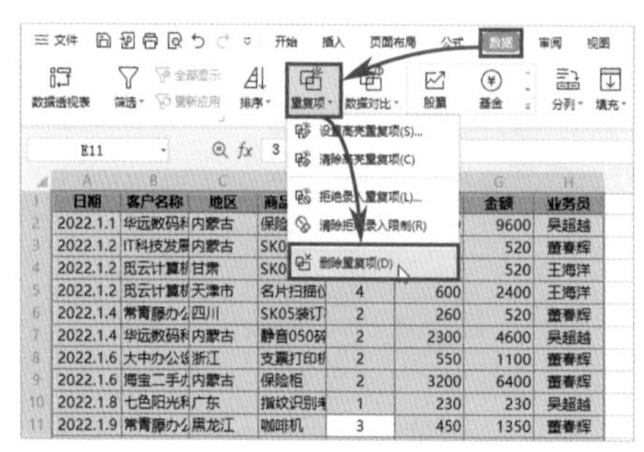

图4-60

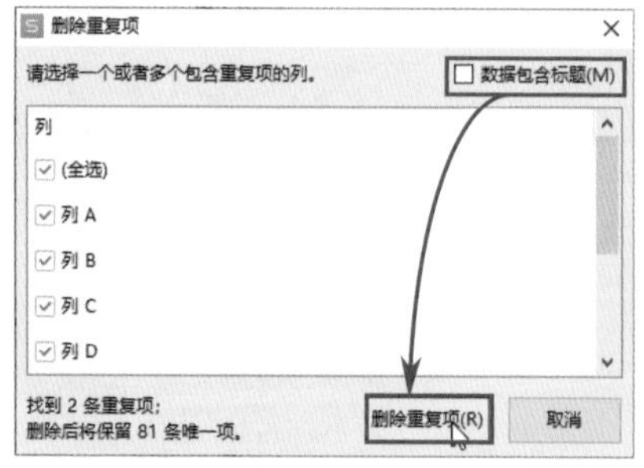

图4-61

Step07：选中“合并”工作表中的所有内容，打开“开始”选项卡，单击边框下拉按钮，在下拉列表中选择“所有框线”选项，如图4-62所示，重新为合并数据设置边框线。

Step08: 选中A列中的所有日期数据，打开“数据”选项卡，单击“分列”按钮，如图4-63所示。

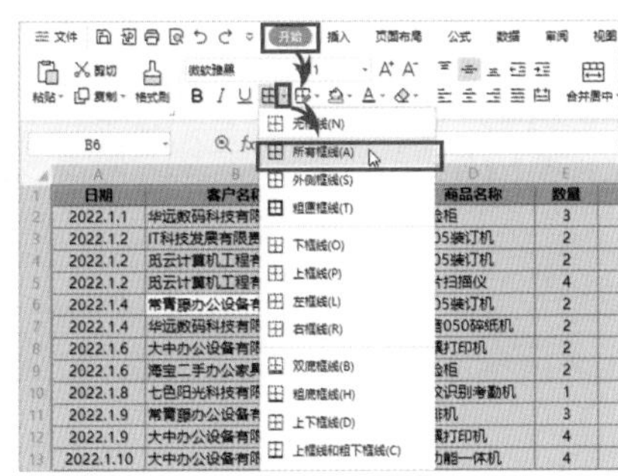

图4-62

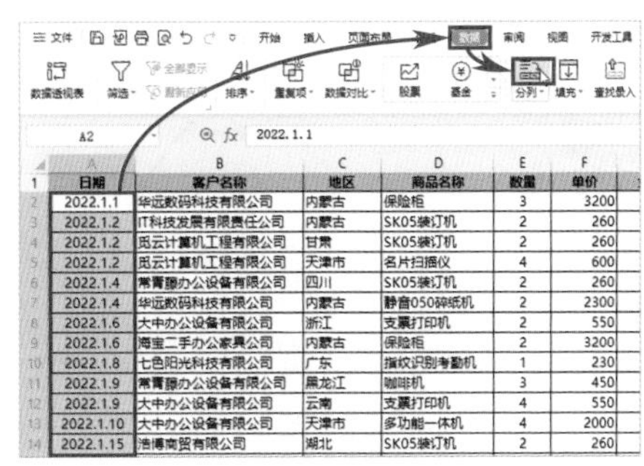

图4-63

Step09: 弹出“文本分列向导-3步骤之1”对话框，保持所有选项为默认，单击“下一步”按钮，如图4-64所示。

Step10: 打开“文本分列向导-3步骤之2”对话框，不做任何设置，再次单击“下一步”按钮，如图4-65所示。

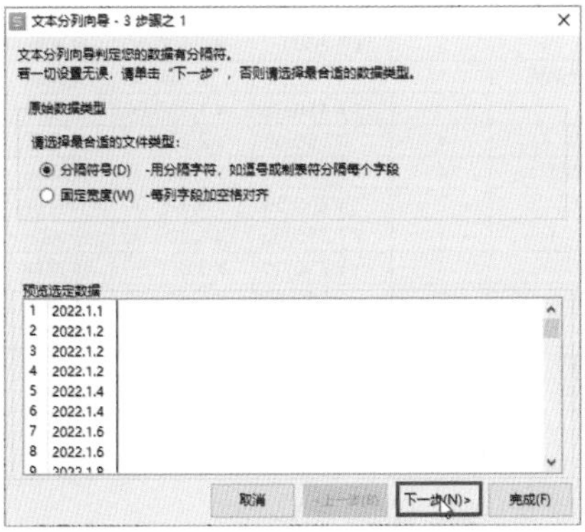

图4-64

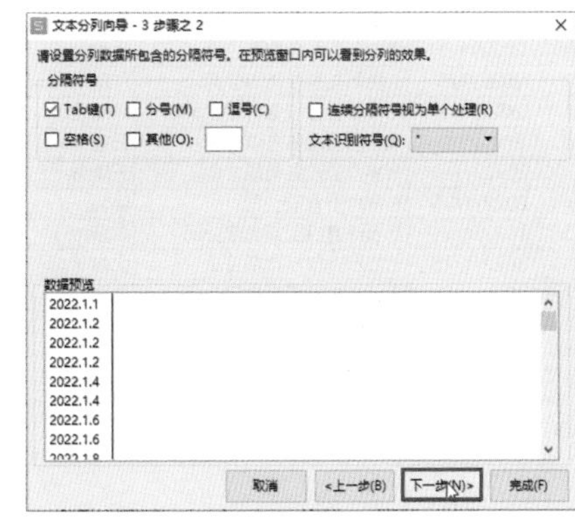

图4-65

Step11: 打开“文本分列向导-3步骤之3”对话框，选择“日期”单选按钮，单击“完成”按钮，如图4-66所示，将所有日期设置为标准格式。

Step12: 选择“单价”和“金额”列中的所有数据，打开“开始”选项卡，单击“数字格式”下拉按钮，在下拉列表中选择“货币”选项，如图4-67所示，将所选区域中的所有数字设置为货币格式。

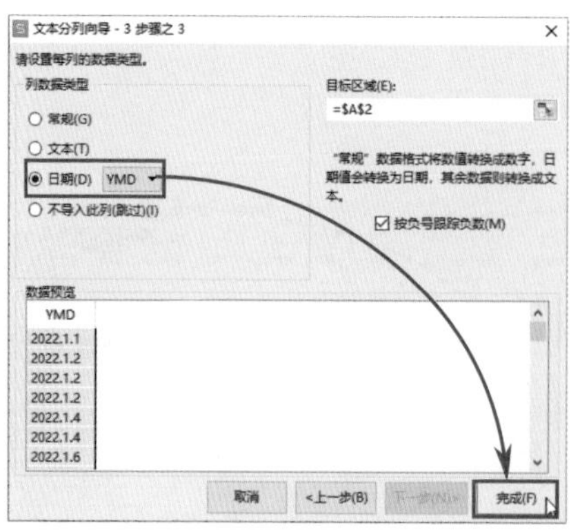

图4-66

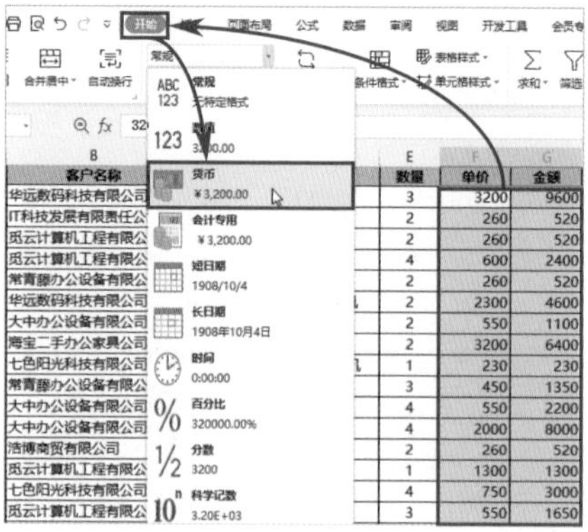

图4-67

Step13: 至此完成1月至3月销售数据的合并，以及简单的数据整理，效果如图4-68所示。

	A	B	C	D	E	F	G	H
1	日期	客户名称	地区	商品名称	数量	单价	金额	业务员
2	2022/1/1	华远数码科技有限公司	内蒙古	保险柜	3	¥3,200.00	¥9,600.00	吴超越
3	2022/1/2	IT科技发展有限责任公司	内蒙古	SK05装订机	2	¥260.00	¥520.00	董春辉
4	2022/1/2	觅云计算机工程有限公司	甘肃	SK05装订机	2	¥260.00	¥520.00	王海洋
5	2022/1/2	觅云计算机工程有限公司	天津市	名片扫描仪	4	¥600.00	¥2,400.00	王海洋
6	2022/1/4	常青藤办公设备有限公司	四川	SK05装订机	2	¥260.00	¥520.00	董春辉
7	2022/1/4	华远数码科技有限公司	内蒙古	静音050碎纸机	2	¥2,300.00	¥4,600.00	吴超越
8	2022/1/6	大中办公设备有限公司	浙江	支票打印机	2	¥550.00	¥1,100.00	董春辉
9	2022/1/6	海宝二手办公家具公司	内蒙古	保险柜	2	¥3,200.00	¥6,400.00	董春辉
10	2022/1/8	七色阳光科技有限公司	广东	指纹识别考勤机	1	¥230.00	¥230.00	吴超越
11	2022/1/9	常青藤办公设备有限公司	黑龙江	咖啡机	3	¥450.00	¥1,350.00	董春辉
12	2022/1/9	大中办公设备有限公司	云南	支票打印机	4	¥550.00	¥2,200.00	董春辉
13	2022/1/10	大中办公设备有限公司	天津市	多功能一体机	4	¥2,000.00	¥8,000.00	董春辉
14	2022/1/15	洁博商贸有限公司	湖北	SK05装订机	2	¥260.00	¥520.00	张亚群
15	2022/1/15	觅云计算机工程有限公司	内蒙古	档案柜	1	¥1,300.00	¥1,300.00	王海洋
16	2022/1/15	七色阳光科技有限公司	山东	008K点钞机	4	¥750.00	¥3,000.00	吴超越
17	2022/1/18	觅云计算机工程有限公司	广东	支票打印机	3	¥550.00	¥1,650.00	王海洋
18	2022/1/18	七色阳光科技有限公司	内蒙古	咖啡机	5	¥450.00	¥2,250.00	吴超越
19	2022/1/25	大中办公设备有限公司	天津市	多功能一体机	3	¥2,000.00	¥6,000.00	董春辉
20	2022/1/25	华远数码科技有限公司	内蒙古	SK05装订机	4	¥260.00	¥1,040.00	吴超越

1月　2月　3月　合并

图4-68

第5章

数据量化处理与分析技能

WPS表格是一款具备强大数据处理和分析功能的电子表格软件，在日常工作中用户可以使用各种数据分析工具对数据进行排序、筛选、分类汇总、合并计算等操作。本章将对WPS表格中常用的数据分析工具的应用进行详细介绍。

扫码看视频

5.1 让数据整齐排列

排序是最基础的也是最常用的数据分析方法之一，当需要让数据按照指定的顺序排列时便会用到排序。

5.1.1 从小到大用升序，从大到小用降序

为数据排序时如果想让数值按照从小到大的顺序排列，要使用“升序”排序，如图5-1所示。反之，若要按照从大到小的顺序排列则要使用“降序”，如图5-2所示。操作方法如下。

	A	B	C	D
1	序号	订单编号	客户名称	订单量
2	14	QT511962-005	四海贸易有限公司	147
3	16	QT511874-002	霸王鞋业	166
4	8	QT511962-001	四海贸易有限公司	185
5	10	QT511962-006	四海贸易有限公司	507
6	15	QT511874-001	霸王鞋业	553
7	6	QT511962		592
8	13	QT511875		601
9	9	QT511674		753
10	4	QT511962-004	四海贸易有限公司	767
11	11	QT8511980-02	东广皮革厂	841
12	18	QT511875-002	霸王鞋业	872
13	2	QT511497-016	东广皮革厂	1500
14	17	QT511497-002	东广皮革厂	2051
15	7	QT511586-005	自由自在户外用品	2819
16	12	QT511589-005	自由自在户外用品	2860
17	3	QT511588-005	自由自在户外用品	4321
18	19	QT511961-004	戴珊妮女鞋加工厂	4986
19	5	QT511587-004	自由自在户外用品	5708
20	1	QT511689-005	四海贸易有限公司	8565

“升序”排序

图5-1

	A	B	C	D
1	序号	订单编号	客户名称	订单量
2	1	QT511689-005	四海贸易有限公司	8565
3	5	QT511587-004	自由自在户外用品	5708
4	19	QT511961-004	戴珊妮女鞋加工厂	4986
5	3	QT511588-005	自由自在户外用品	4321
6	12	QT511589-005	自由自在户外用品	2860
7	7	QT511586		2819
8	17	QT511497		2051
9	2	QT511497		1500
10	18	QT511875-002	霸王鞋业	872
11	11	QT8511980-02	东广皮革厂	841
12	4	QT511962-004	四海贸易有限公司	767
13	9	QT511674-001	郑州裕发贸易公司	753
14	13	QT511875-001	霸王鞋业	601
15	6	QT511962-002	四海贸易有限公司	592
16	15	QT511874-001	霸王鞋业	553
17	10	QT511962-006	四海贸易有限公司	507
18	8	QT511962-001	四海贸易有限公司	185
19	16	QT511874-002	霸王鞋业	166
20	14	QT511962-005	四海贸易有限公司	147

“降序”排序

图5-2

打开“数据”选项卡，单击“排序”下拉按钮，在下拉列表中可以看到“升序”和“降序”选项，用户可在此选择需要执行的操作，如图5-3所示。

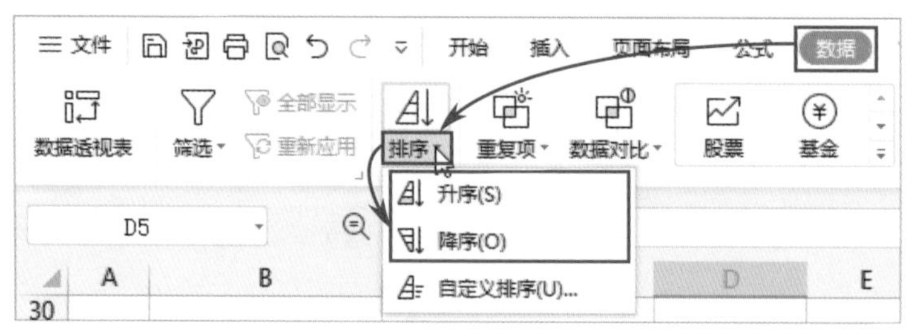

图5-3

操作提示

在对数据排序之前需要先选中该列中包含数据的任意一个单元格，再执行后续操作。

5.1.2 同时对多列数据排序

在某项考试中，分析科目2的成绩对考试总分的影响。对考试总分进行降序排序，遇到总分相同的情况时，科目2的成绩并不一定也按照降序排序，如图5-4所示。

序号	姓名	科目1	科目2	总分
3	刘美英	97	90	187
8	赵大庆	91	81	172
7	丁超	76	91	167
5	吴子熙	58	88	146
9	蒋海燕	69	77	146
10	宋一鸣	60	86	146
2	周世聪	84	43	127
4	孙薇	44	77	121
1	李贤	54	65	119
11	王岚	78	32	110
12	张骞	48	59	107
6	于洋	35	44	79

图5-4

若想在遇到相同总分时，科目2的成绩自动降序排序，可以使用“自定义排序”功能进行操作。

Step01: 先选中成绩表中的任意一个单元格，打开“数据”选项卡，单击“排序”下拉按钮，在下拉列表中选择“自定义排序”选项，如图5-5所示。

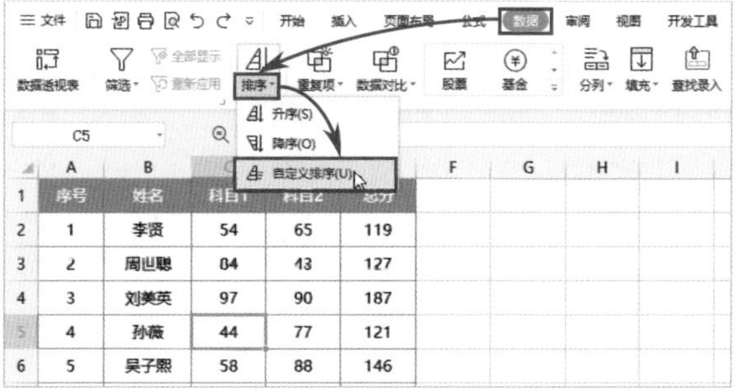

序号	姓名	科目1	科目2	总分
1	李贤	54	65	119
2	周世聪	84	43	127
3	刘美英	97	90	187
4	孙薇	44	77	121
5	吴子熙	58	88	146

图5-5

Step02: 弹出“排序”对话框，设置“主要关键字”为“总分”，“次序”为“降序”。随后单击“添加条件”按钮，添加一个“次要关键字”设置其为“科目2”，

“次序”同样设置为“降序”，设置完成后单击“确定”按钮，如图5-6所示。

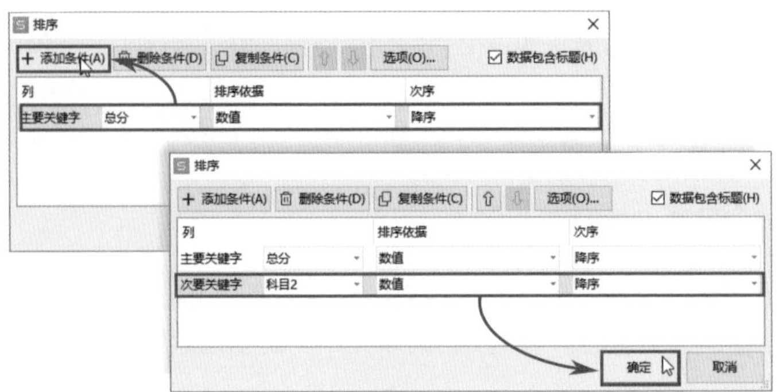

图5-6

Step03: 此时，总分按降序排序，当总分相同时，科目2的分数也按降序排序，如图5-7所示。

	A	B	C	D	E	F
1	序号	姓名	科目1	科目2	总分	
2	3	刘美英	97	90	187	
3	8	赵大庆	91	81	172	
4	7	丁超	76	91	167	
5	5	吴子熙	58	88	146	
6	10	宋一鸣	60	86	146	
7	9	蒋海燕	69	77	146	
8	2	周世聪	84	43	127	
9	4	孙薇	44	77	121	
10	1	李贤	54	65	119	
11	11	王岚	78	32	110	
12	12	张骞	48	59	107	
13	6	于洋	35	44	79	

图5-7

5.1.3 根据颜色也能排序

工作中除了对数据进行常规的升序和降序排序，还经常需要根据指定的要求对数据进行排序，例如按字体的颜色排序，如图5-8所示。

	A	B	C	D	E	F	G	H
1	发货时间	订单号	产品名称	订单数量	单价	金额	销售人员	
2	2022/11/1	M02211022	儿童书桌	4	¥1,500.00	¥6,000.00	吴潇潇	
3	2022/11/1	M02211030	儿童书桌					
4	2022/11/2	M02211016	2门鞋柜					
5	2022/11/4	M02211008	2门鞋柜					
6	2022/11/9	M02211009	组合书柜					
7	2022/11/9	M02211010	中式餐桌					
8	2022/11/10	M02211002	中式餐桌					
9	2022/11/10	M02211005	儿童椅					
10	2022/11/10	M02211024	2门鞋柜					
11	2022/11/10	M02211028	现代餐桌					
12	2022/11/12	M02211017	组合书柜					
13	2022/11/13	M02211014	儿童书桌					
14	2022/11/13	M02211029	儿童椅					
15	2022/11/13	M02211031	电脑桌					
16	2022/11/14	M02211011	置物架					

	A	B	C	D	E	F	G	H
1	发货时间	订单号	产品名称	订单数量	单价	金额	销售人员	
2	2022/11/1	M02211022	儿童书桌	4	¥1,500.00	¥6,000.00	吴潇潇	
3	2022/11/4	M02211008	2门鞋柜	4	¥599.00	¥2,396.00	薛凡	
4	2022/11/10	M02211005	儿童椅	2	¥120.00	¥240.00	吴潇潇	
5	2022/11/13	M02211029	儿童椅	[illegible]	[illegible]	¥600.00	薛凡	
6	[illegible]	M02211007	[illegible]	[illegible]	[illegible]	[illegible]	赵子乐	
7	2022/11/15	M02211013	[illegible]	[illegible]	[illegible]	[illegible]	赵子乐	
8	2022/11/1	M02211030	儿童书桌	4	¥980.00	¥3,920.00	张芳芳	
9	2022/11/9	M02211009	组合书柜	3	¥3,200.00	¥9,600.00	陈真	
10	2022/11/10	M02211002	中式餐桌	1	¥2,600.00	¥2,600.00	刘丽洋	
11	2022/11/10	M02211024	2门鞋柜	4	¥800.00	¥3,200.00	陈真	
12	2022/11/13	M02211014	儿童书桌	3	¥2,200.00	¥6,600.00	陈真	
13	2022/11/13	M02211031	电脑桌	4	¥1,400.00	¥5,600.00	薛凡	
14	2022/11/14	M02211011	置物架	3	¥800.00	¥2,400.00	薛凡	
15	2022/11/2	M02211016	2门鞋柜	2	¥850.00	¥1,700.00	陈真	
16	2022/11/9	M02211010	中式餐桌	3	¥5,300.00	¥15,900.00	薛凡	

按字体颜色排序

图5-8

根据字体颜色进行排序的操作方法如下。

Step01: 选中数据源中的任意一个单元格，打开“数据”选项卡，单击“排序”

下拉按钮，在下拉列表中选择“自定义排序”选项。打开“排序”对话框，设置好“主要关键字”，单击“排序依据”下拉按钮，下拉列表中包含了“数值”“单元格颜色”“字体颜色”以及“条件格式图标”四个选项，分别对应了不同的排序方式。此处选择“字体颜色”选项，如图5-9所示。

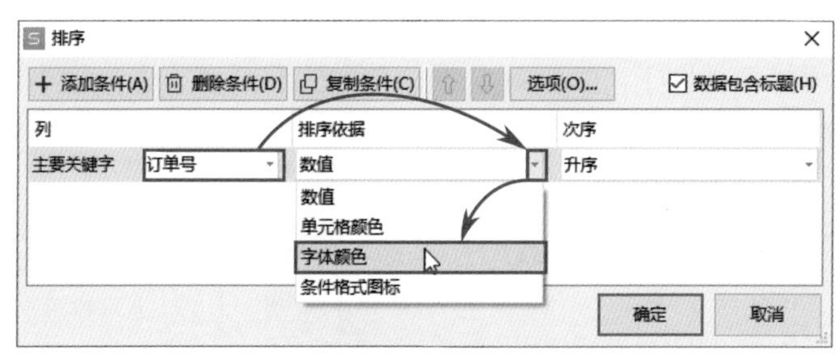

图5-9

Step02: 在“次序”组中单击“自动”下拉按钮，下拉列表中显示了要排序的字段（列）中所包含的所有字体颜色，选择需要在顶端显示的颜色，如图5-10所示。

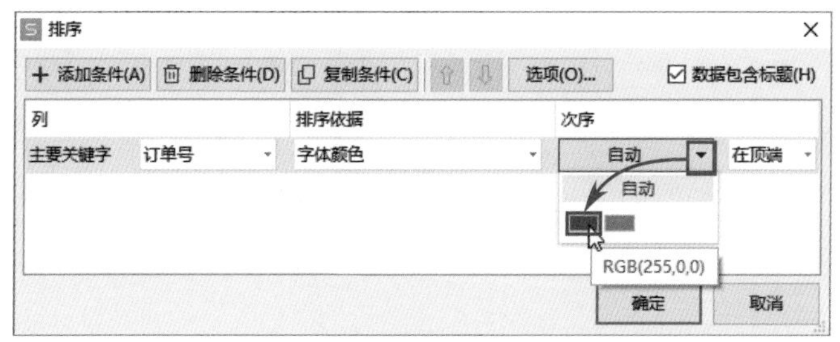

图5-10

Step03: 单击“复制条件”按钮，添加“次要关键字”，设置需要在第二位显示的颜色（若有更多颜色，可以继续复制条件），所有颜色设置完成后单击“确定”按钮即可，如图5-11所示。

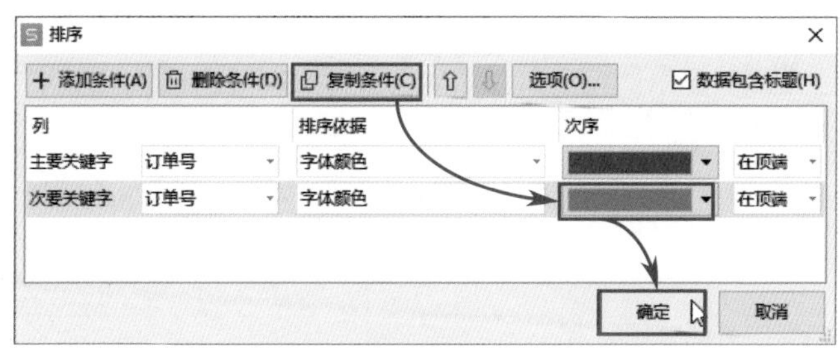

图5-11

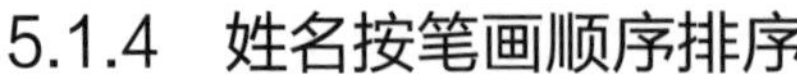

5.1.4 姓名按笔画顺序排序

在WPS表格中，文本字符默认按照拼音的方式排序，在这种排序规则下，文本字符根据拼音首字母的顺序排序，当首字母相同时再比较第二个字母，这样依次类推，如图5-12所示。

在有些情况下也会要求用户按照笔画顺序对文本内容排序，例如按笔画顺序排序姓名。在笔画排序规则下，根据姓名第一个字的笔画多少进行排序，当第一个字的笔画相同时再比较第二个字，如图5-13所示。

	A	B	C	D
1	姓名	目标	完成	完成率
2	丁超	15000	1450	10%
3	蒋海燕	15000	11000	73%
4	李贤	[illegible]	[illegible]	9%
5	刘美英	[illegible]	[illegible]	60%
6	宋一鸣	15000	3000	20%
7	孙薇	15000	4000	27%
8	王岚	15000	10000	67%
9	吴子熙	15000	1500	10%
10	于洋	15000	8000	53%
11	张謇	15000	2000	13%
12	赵大庆	15000	6000	40%
13	周世聪	15000	1200	8%

拼音排序

图5-12

	A	B	C	D
1	姓名	目标	完成	完成率
2	丁超	[illegible]	[illegible]	10%
3	于洋	[illegible]	[illegible]	53%
4	王岚	15000	10000	67%
5	刘美英	15000	9000	60%
6	孙薇	15000	4000	27%
7	李贤	15000	1300	9%
8	吴子熙	15000	1500	10%
9	宋一鸣	15000	3000	20%
10	张謇	15000	2000	13%
11	周世聪	15000	1200	8%
12	赵大庆	15000	6000	40%
13	蒋海燕	15000	11000	73%

笔画排序

图5-13

按拼音或按笔画排序的切换方法如下。

在“数据”选项卡中单击“排序”下拉按钮，在下拉列表中选择“自定义排序”选项，打开“排序”对话框。设置好要排序的字段，单击“选项”按钮，弹出“排序选项”对话框，在该对话框中即可选择文本内容的排序方式，如图5-14所示。

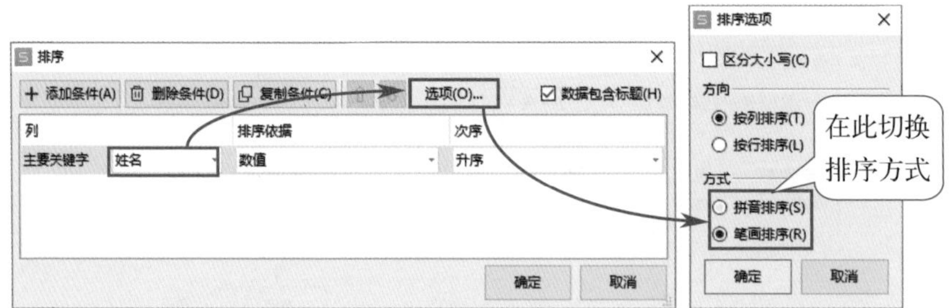

图5-14

操作提示

WPS表格默认按列排序，在“排序选项”对话框中还可以将排序的方向设置为“按行排序”，如图5-15所示。

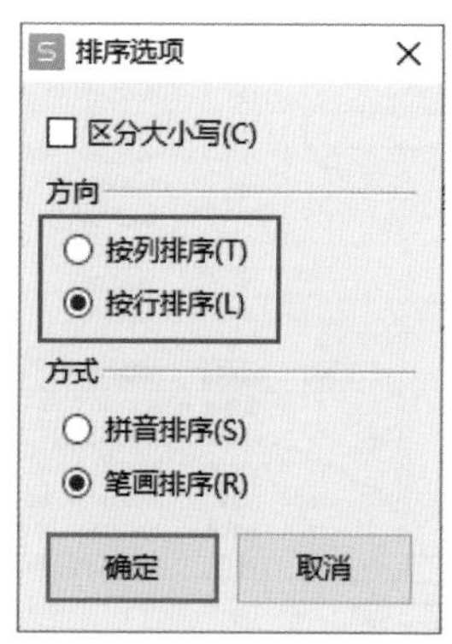

图5-15

5.2 找出目标数据

想在表格中快速查看指定的数据时可以使用筛选功能。筛选，可以过滤不需要的数据，只显示想看的数据。

5.2.1 从庞大的数据中筛选指定内容

筛选数据之前先要对数据表启动筛选模式。选中数据表中的任意一个单元格，打开“数据”选项卡，单击“筛选”按钮，即可启动筛选模式。启动筛选后标题行中每个单元格都显示一个下拉按钮，如图5-16所示。

序号	销售人员	销售日期	商品	型号	销售数量	业绩奖金
1	刘丽	2022/10/1	服务器	X346 8840-I02	6	¥200.00
2	张迎春	2022/10/1	服务器	万全 R510	10	¥500.00
3	雷显明	2022/10/2	笔记本电脑	昭阳	12	¥600.00
4	丁丽	2022/10/3	台式电脑	商祺 3200	32	¥1,200.00
5	孙美玲	2022/10/3	笔记本电脑	昭阳 S620	9	¥400.00
6	阿香	2022/10/3	台式电脑	天骄 E5001X	40	¥2,000.00

创建筛选

图5-16

假设需要查看所有型号中包含“昭阳”的信息，可以单击标题“型号”的筛选按钮，在展开的列表中输入关键字“昭阳”，单击“确定”按钮即可筛选出符合条件的信息，如图5-17所示。

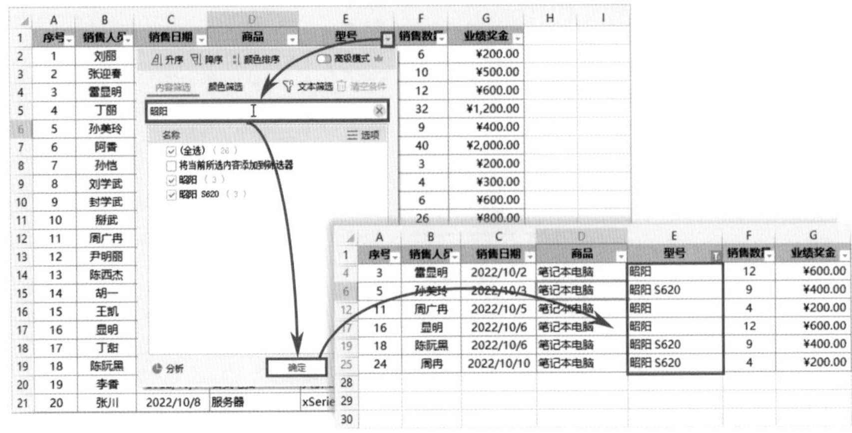

图5-17

5.2.2　数据类型不同，筛选方式也不同

筛选数据时，根据数据类型的不同，筛选列表中提供的选项也有所不同，用户需要根据数据的类型设置筛选条件，以便筛选出更精确的结果。

（1）筛选文本型数据

文本型数据一般通过在筛选器中勾选复选框、输入关键字进行筛选（如图5-18、图5-19所示），或通过文本筛选列表中所提供的选项，打开相应的对话框执行精确筛选（如图5-20所示）。

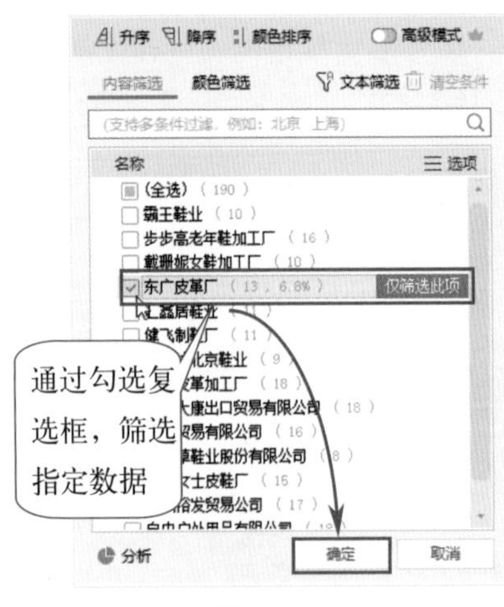

图5-18

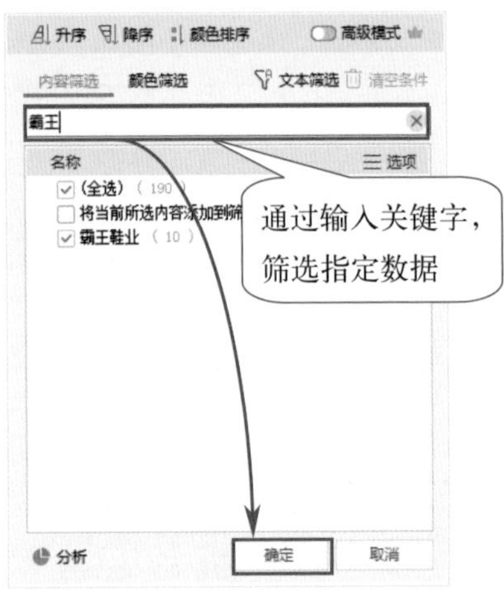

图5-19

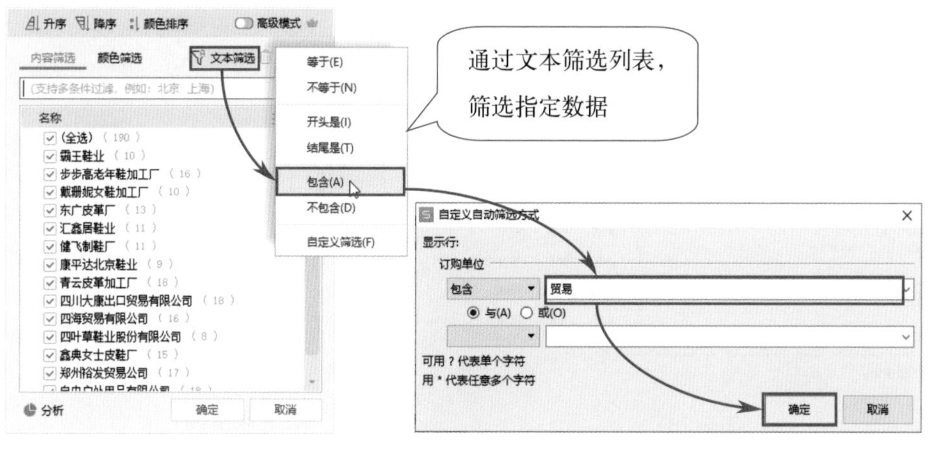

图5-20

（2）筛选数值型数据

数值型数据通常会筛选大于、小于、等于、不等于某值的数据，或前*n*项、后*n*项、高于平均值、低于平均值的数据等，通过筛选列表中的各项按钮可快速实现相应筛选，如图5-21、图5-22所示。

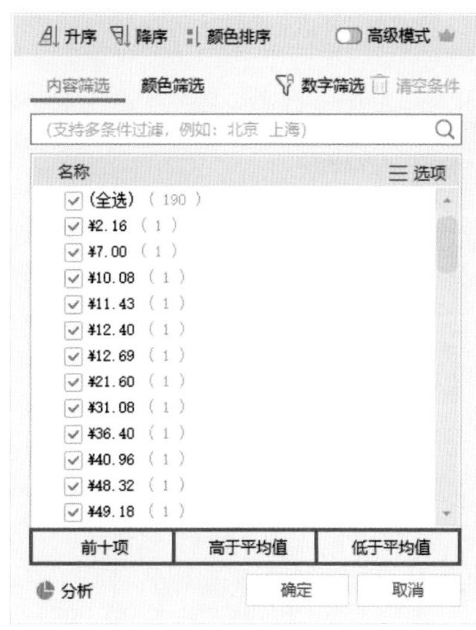

图5-21

图5-22

（3）筛选日期型数据

日期型数据通常要求筛选某个日期之前或之后的数据、筛选介于某两个日期之间的数据等。通过日期字段筛选列表中的按钮可快速执行相应的筛选操作，如图5-23、图5-24所示。

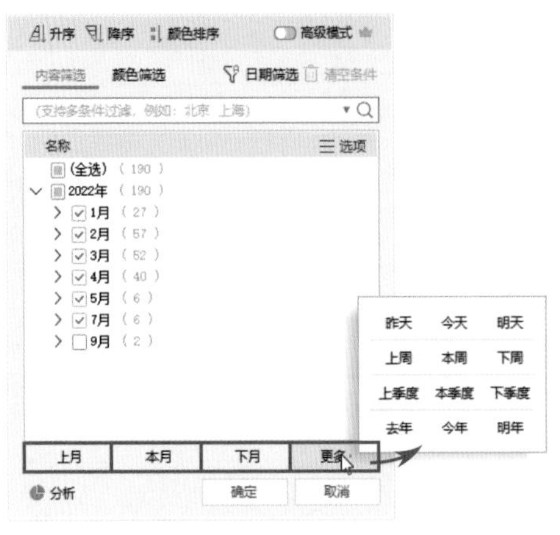

图5-23

图5-24

5.2.3 筛选销售金额前三名的数据

从销售记录表中筛选销售金额排名前三的信息，可以单击“销售金额”标题中的筛选按钮，在筛选列表中单击“前十项”按钮。弹出“自动筛选前10个”对话框，将微调框中的数值设置为“3”，单击“确定”按钮，销售记录表中随即筛选出符合条件的销售记录，如图5-25所示。

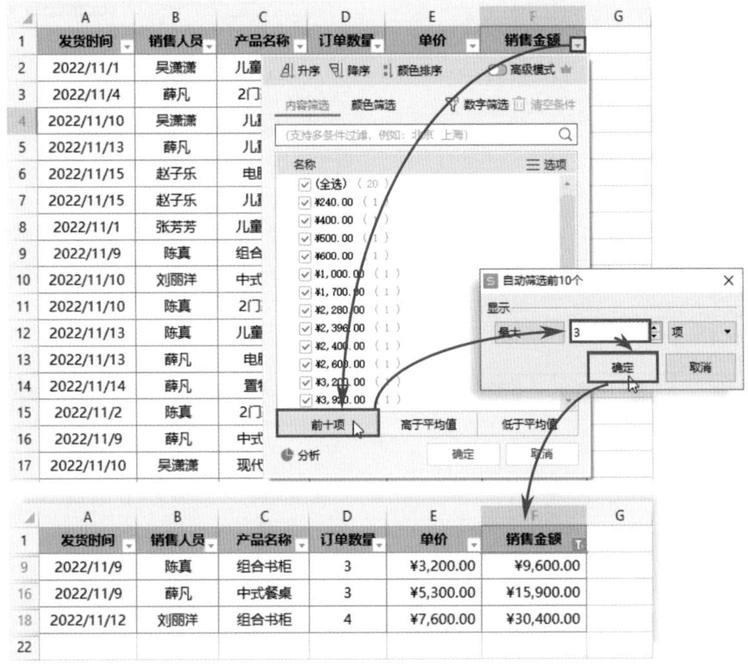

图5-25

5.2.4 筛选介于指定日期之间的数据

筛选介于指定日期之间的数据时，例如筛选订单日期介于“2022/3/10”至“2022/3/20”之间的数据，可使用“日期筛选”功能进行操作，方法如下。

单击“订单日期”标题中的筛选按钮，在筛选列表中单击“日期筛选”按钮，在展开的列表中选择“介于”选项。弹出“自定义自动筛选方式”对话框，分别在文本框中输入“2022/3/10”和“2022/3/20”，单击“确定”按钮，数据表中随即筛选出符合条件的信息，如图5-26所示。

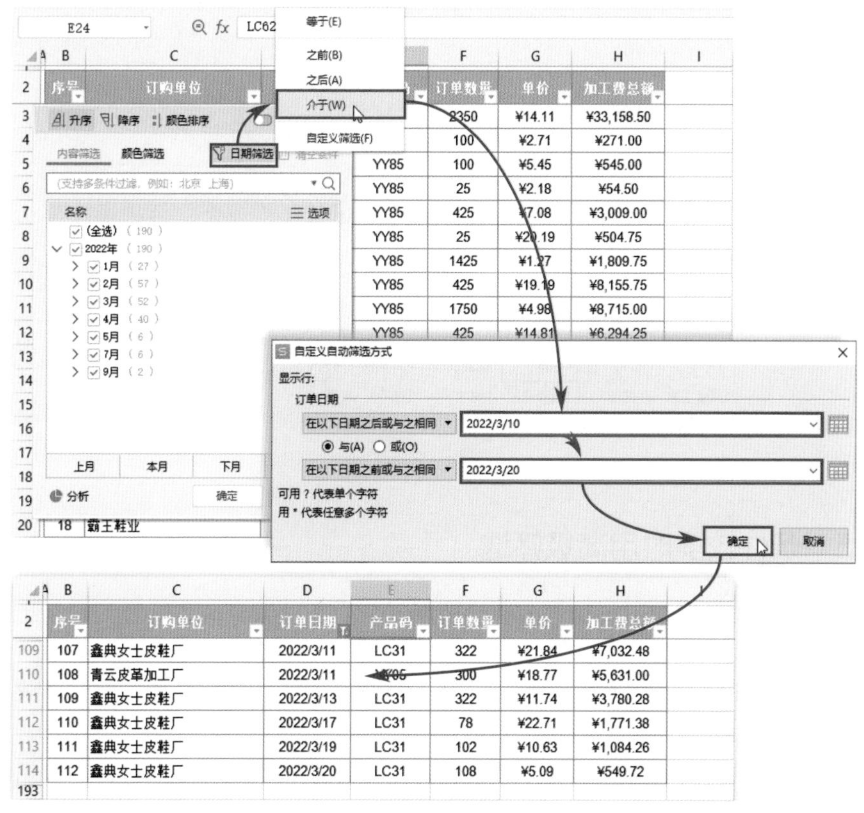

图5-26

操作提示

查看完筛选结果后若要取消数据的筛选，可以再次打开执行过筛选操作的筛选列表，单击“清空条件”按钮，如图5-27所示，即可清空当前列中的筛选。

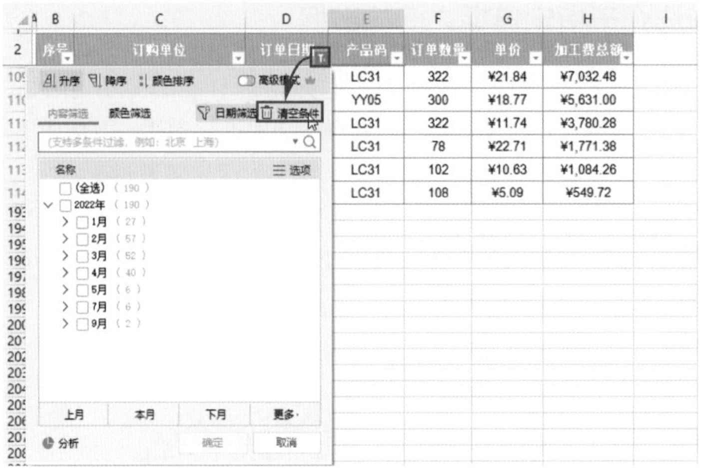

图5-27

另外，若数据表中同时对多列执行了筛选，也可在“数据”选项卡中单击“全部显示”按钮，清除所有筛选，如图5-28所示。

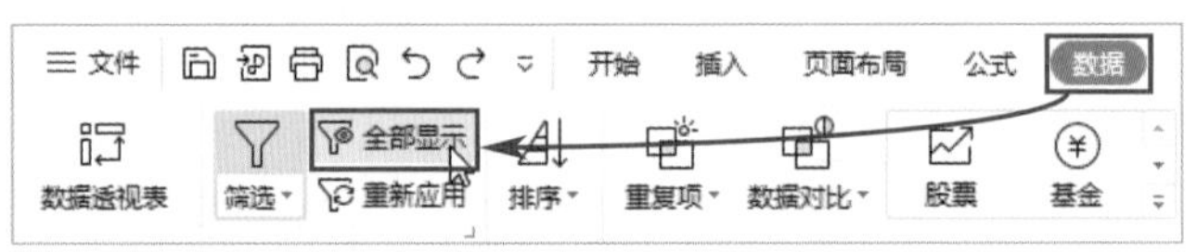

图5-28

5.2.5 条件较多时用高级筛选

高级筛选功能提供了更加灵活的筛选方式，当条件较多时也能轻松筛选出想要的结果。

理解筛选条件的设置规则，是应用高级筛选的前提。设置条件参数需要记住两个关键字，即“与”和“或”。

所有条件在同一行中时形成一组条件，表示筛选同时满足所有条件的数据。如果用A、B、C来指代这些条件，则表示筛选同时满足条件A与条件B与条件C的数据，如图5-29所示。

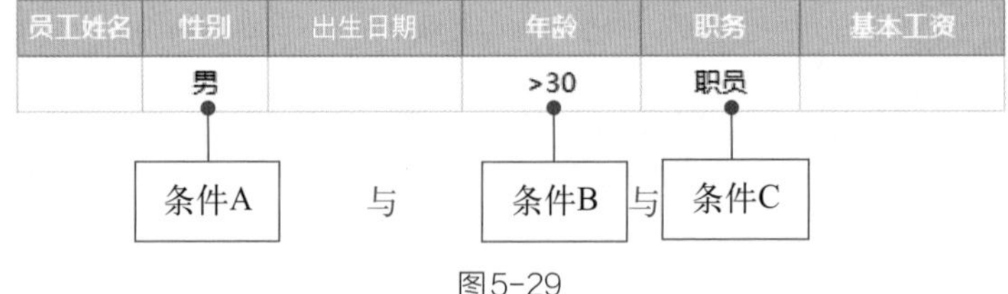

图5-29

当条件在不同的行中时，表示只要符合其中一行的条件，便将该数据筛选出来。有几行就表示有几组条件。如果用A、B、C来指代这些条件，则表示只要符合条件A或条件B或条件C其中之一的数据就都筛选出来，如图5-30所示。

图5-30

下面将使用高级筛选从员工信息表中筛选同时满足性别为“男”、年龄“>30”、职务为“职员”的所有员工信息。

Step01: 复制数据表的标题，在复制的标题下方输入筛选条件。本例中要筛选同时满足所有条件的数据，所以所有条件应该输入在同一行中，条件和标题要对应，不能输错位置，如图5-31所示。

	A	B	C	D	E	F	G
1	员工姓名	性别	出生日期	年龄	职务	基本工资	
2	黄敏	女	1987/3/3	35	职员	¥4,000.00	
3	郑成功	男	1990/7/1	32	职员	¥5,000.00	
4	周梁	男	1998/8/25	24	工程师	¥6,000.00	
5	蒋小伟	男	1996/5/13	26	会计	¥4,200.00	
6	孙莉	男	1979/3/20	43	职员	¥4,000.00	
7	郑芳芳	女	1978/2/1	44	职员	¥2,800.00	
8	李晶	女	1970/7/7	52	技术员	¥5,000.00	
9	孙淼	男	1985/4/10	37	技术员	¥5,000.00	
10	周莹莹	女	2000/2/1	22	职员	¥3,000.00	
11	薛语嫣	女	1995/3/15	27	职员	¥2,000.00	
12	黄欣欣	女	1970/4/28	52	职员	¥2,500.00	
13	张玉柱	男	1994/2/24	28	部门经理	¥7,000.00	
14	林浩然	男	1997/10/6	25	工程师	¥6,000.00	
15	温青霞	女	1981/12/22	40	工程师	¥8,000.00	
16	苗予诺	男	1983/11/18	38	职员	¥5,000.00	
17	李若曦	女	1993/10/2	29	财务总监	¥9,000.00	
18	周扬	男	1982/10/14	40	总经理	¥8,000.00	
19							
20	员工姓名	性别	出生日期	年龄	职务	基本工资	
21		男		>30	职员		
22							

复制标题，并输入条件

图5-31

Step02: 打开“数据”选项卡，单击“筛选”下拉按钮，在下拉列表中选择“高级筛选”选项，如图5-32所示。

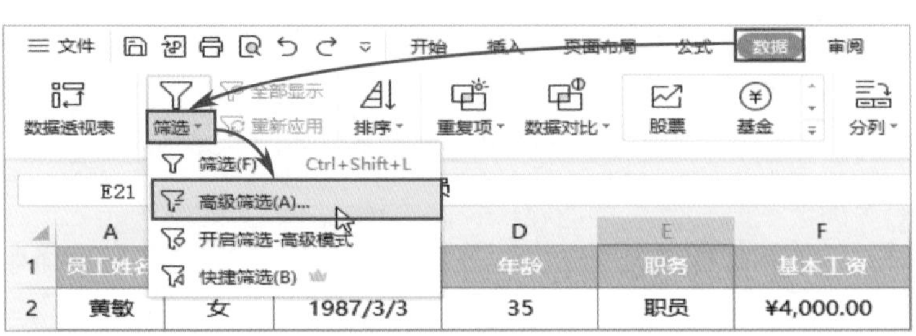

	A	B	C	D	E	F
1	员工姓名			年龄	职务	基本工资
2	黄敏	女	1987/3/3	35	职员	¥4,000.00

图5-32

Step03: 弹出“高级筛选”对话框，在“列表区域”文本框中引用数据表区域，在“条件区域”文本框中引用条件区域，要注意连同标题行一起引用，随后单击“确定”按钮，如图5-33所示。

	A	B	C	D	E	F
1	员工姓名	性别	出生日期	年龄	职务	基本工资
2	黄敏	女	1987/3/3	35	职员	¥4,000.00
3	郑成功	男	1990/7/1	32	职员	¥5,000.00
4	周梁	男	1998/8/25	24	工程师	¥6,000.00
5	蒋小伟	男	1996/5/13	26	会计	¥4,200.00
6	孙莉	男	1979/3/20	43	职员	¥4,000.00
7	郑芳芳	女	1978/2/1	44	职员	¥2,800.00
8	李晶	女	1970/7/7	52	技术员	¥5,000.00
9	孙淼	男	1985/4/10	37	技术员	¥5,000.00
10	周莹莹	女	2000/2/1	22	职员	¥3,000.00
11	薛语嫣	女	1995/3/15	27	职员	¥2,000.00
12	黄欣欣	女	1970/4/28	52	职员	¥2,500.00
13	张玉柱	男	1994/2/24	28	部门经理	¥7,000.00
14	林浩然	男	1997/10/6	25	工程师	¥6,000.00
15	温青薇	女	1981/12/22	40	工程师	¥8,000.00
16	苗予诺	男	1983/11/18	38	职员	¥5,000.00
17	李若曦	女	1993/10/2	29	财务总监	¥9,000.00
18	周扬	男	1982/10/14	40	总经理	¥8,000.00
19						
20	员工姓名	性别	出生日期	年龄	职务	基本工资
21		男		>30	职员	
22						

图5-33

Step04: 数据表中随即筛选出符合所有条件的数据，如图5-34所示。

	A	B	C	D	E	F
1	员工姓名	性别	出生日期	年龄	职务	基本工资
3	郑成功	男	1990/7/1	32	职员	¥5,000.00
6	孙莉	男	1979/3/20	43	职员	¥4,000.00
16	苗予诺	男	1983/11/18	38	职员	¥5,000.00
19						

图5-34

5.3 数据的分类汇总与合并计算

分类汇总是数据分析的方法之一，在日常数据管理中，使用分类汇总功能能够汇总多个相关的数据行，并自动插入小计和合计。合并计算功能为跨工作表的计算提供了便利。

5.3.1 按客户名称分类汇总

对数据进行分类汇总前，要先对分类字段进行简单排序，让同类型的数据集中在一个区域显示，如图5-35所示。

	A	B	C	D	E	F
1	序号	客户名称	产品名称	数量	单价	金额
2	4	川菜馆子	红糖发糕	10	¥90.00	¥900.00
3	8	川菜馆子	雪花香芋酥	15	¥110.00	¥1,650.00
4	15	川菜馆子	果仁甜心	15	¥130.00	¥1,950.00
5	16	川菜馆子	脆皮香蕉	20	¥130.00	¥2,600.00
6	22	川菜馆子				
7	1	海鲜码头				
8	3	海鲜码头				
9	7	海鲜码头				
10	11	海鲜码头	金丝香芒酥	30	¥120.00	¥3,600.00
11	14	海鲜码头	脆皮香蕉	50	¥130.00	¥6,500.00
12	21	海鲜码头	草莓大福	50	¥150.00	¥7,500.00
13	5	好客牛排	红糖发糕	10	¥90.00	¥900.00
14	9	好客牛排	脆皮香蕉	30	¥112.00	¥3,360.00
15	17	好客牛排	果仁甜心	20	¥130.00	¥2,600.00
16	19	好客牛排	雪花香芋酥	10	¥145.00	¥1,450.00
17	2	蓝海饭店	红糖发糕	40	¥90.00	¥3,600.00
18	6	蓝海饭店	雪花香芋酥	30	¥100.00	¥3,000.00
19	10	蓝海饭店	金丝香芒酥	30	¥120.00	¥3,600.00
20	12	蓝海饭店	脆皮香蕉	20	¥130.00	¥2,600.00
21	13	蓝海饭店	果仁甜心	30	¥130.00	¥3,900.00
22	18	蓝海饭店	雪花香芋酥	60	¥145.00	¥8,700.00
23	20	蓝海饭店	草莓大福	50	¥150.00	¥7,500.00

图5-35

随后选中整个数据区域，打开“数据”选项卡，单击“分类汇总”按钮。打开“分类汇总”对话框，设置“分类字段”为“客户名称”，“汇总方式”使用默认的“求和”，在“选定汇总项”列表框中勾选“金额”，单击“确定”按钮，如图5-36所示。

表格中的数据随即按照客户名称进行分类，对金额进行汇总，并显示金额的总计值，如图5-37所示。

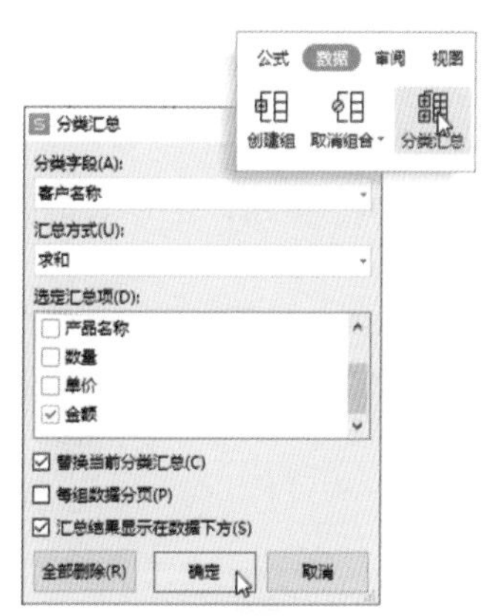

图5-36

	B	C	D	E	F	G
1	客户名称	产品名称	数量	单价	金额	
2	川菜馆子	红糖发糕	10	¥90.00	¥900.00	
3	川菜馆子	雪花香芋酥	15	¥110.00	¥1,650.00	
4	川菜馆子	果仁甜心	15	¥130.00	¥1,950.00	
5	川菜馆子	脆皮香蕉	20	¥130.00	¥2,600.00	
6	川菜馆子	草莓大福	30	¥150.00	¥4,500.00	
7	**川菜馆子 汇总**				¥11,600.00	
8	海鲜码头	果仁甜心	50	¥83.00	¥4,150.00	
9	海鲜码头	红糖发糕	20	¥90.00	¥1,800.00	
10	海鲜码头	雪花香芋酥	15	¥110.00	¥1,650.00	
11	海鲜码头	金丝香芒酥	30	¥120.00	¥3,600.00	
12	海鲜码头	脆皮香蕉	50	¥130.00	¥6,500.00	
13	海鲜码头	草莓大福	50	¥150.00	¥7,500.00	
14	**海鲜码头 汇总**				¥25,200.00	
15	好客牛排	红糖发糕	10	¥90.00	¥900.00	
16	好客牛排	脆皮香蕉	30	¥112.00	¥3,360.00	
17	好客牛排	果仁甜心	20	¥130.00	¥2,600.00	
18	好客牛排	雪花香芋酥	10	¥145.00	¥1,450.00	
19	**好客牛排 汇总**				¥8,310.00	
20	蓝海饭店	红糖发糕	40	¥90.00	¥3,600.00	
21	蓝海饭店	雪花香芋酥	30	¥100.00	¥3,000.00	
22	蓝海饭店	金丝香芒酥	30	¥120.00	¥3,600.00	
23	蓝海饭店	脆皮香蕉	20	¥130.00	¥2,600.00	
24	蓝海饭店	果仁甜心	30	¥130.00	¥3,900.00	
25	蓝海饭店	雪花香芋酥	60	¥145.00	¥8,700.00	
26	蓝海饭店	草莓大福	50	¥150.00	¥7,500.00	
27	**蓝海饭店 汇总**				¥32,900.00	
28	**总计**				¥78,010.00	

图5-37

执行分类汇总后工作表左上角会显示三个数字按钮“1 2 3”，这三个按钮即分级显示按钮。

● 工作表默认显示“3”按钮所对应的结果（默认显示该结果），显示分类明细、汇总结果以及总计，如图5-37所示；

● 单击“2”按钮，工作表折叠分类明细，只显示汇总结果和总计，如图5-38所示；

● 单击“1”按钮，工作表折叠所有分类明细和汇总结果，只显示总计，如图5-39所示。

	B	C	D	E	F	G
1	客户名称	产品名称	数量	单价	金额	
7	川菜馆子 汇总				¥11,600.00	
14	海鲜码头 汇总				¥25,200.00	
19	好客牛排 汇总				¥8,310.00	
27	蓝海饭店 汇总				¥32,900.00	
28	总计				¥78,010.00	
29						

图5-38

	B	C	D	E	F	G
1	客户名称	产品名称	数量	单价	金额	
28	总计				¥78,010.00	
29						

图5-39

操作提示

除了使用“求和”汇总，也可在“汇总方式”下拉列表中选择其他汇总方式，例如计数、平均值、最大值、最小值等，如图5-40所示。另外也可以在“选定汇总项”列表框中勾选多个复选框，同时对多个项目进行汇总，如图5-41所示。

图5-40

图5-41

5.3.2 对门店和销售员同时进行分类汇总

对多个字段进行分类汇总时同样要先对分类字段执行排序，多个字段同时排序可在“排序”对话框中完成，如图5-42所示。排序后的分类汇总操作方法如下。

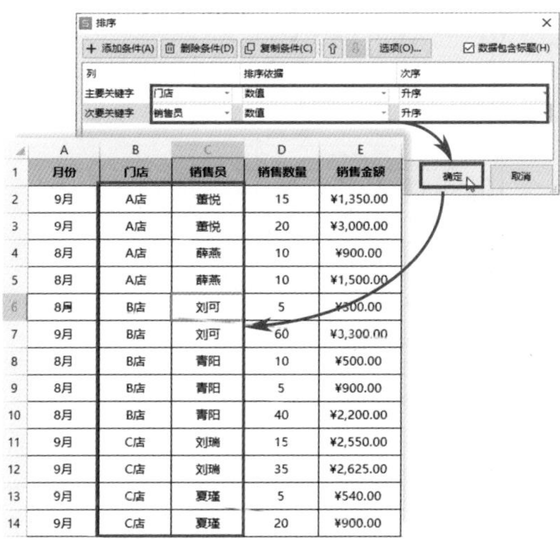

	A	B	C	D	E
1	月份	门店	销售员	销售数量	销售金额
2	9月	A店	董悦	15	¥1,350.00
3	9月	A店	董悦	20	¥3,000.00
4	8月	A店	薛燕	10	¥900.00
5	8月	A店	薛燕	10	¥1,500.00
6	8月	B店	刘可	5	¥300.00
7	9月	B店	刘可	60	¥3,300.00
8	8月	B店	青阳	10	¥500.00
9	8月	B店	青阳	5	¥900.00
10	8月	B店	青阳	40	¥2,200.00
11	9月	C店	刘瑞	15	¥2,550.00
12	9月	C店	刘瑞	35	¥2,625.00
13	9月	C店	夏瑾	5	¥540.00
14	9月	C店	夏瑾	20	¥900.00

图5-42

选中整个数据表区域，在“数据”选项卡中单击“分类汇总”按钮，打开“分类汇总”对话框。设置“分类字段”为“门店”，“汇总方式”使用“求和”，“选定汇总项”为“销售金额”，单击“确定”按钮，如图5-43所示，完成“门店”字段的分类汇总。

随后再次单击“分类汇总”按钮，打开“分类汇总”对话框，设置“分类字段”为“销售员”，取消“替换当前分类汇总”复选框的勾选，其他选项保持默认，单击“确定”按钮，如图5-44所示。

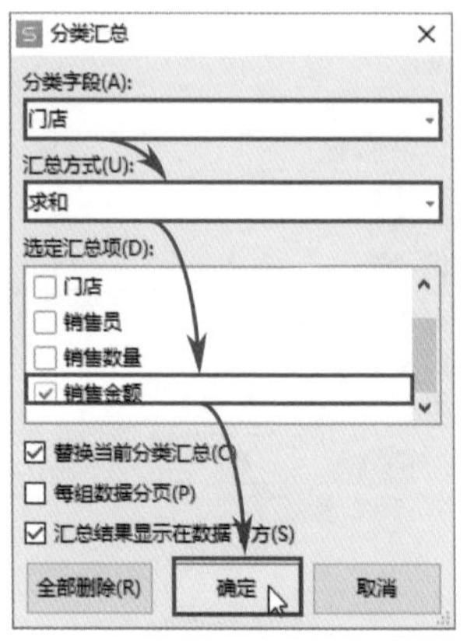

图5-43

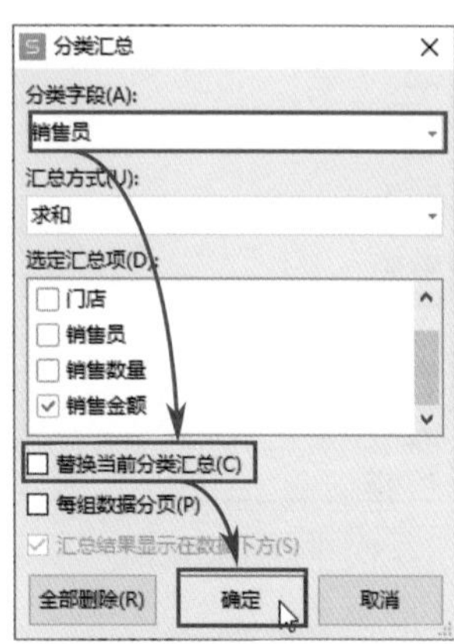

图5-44

此时数据表中便显示出了“门店”和“销售员”两个字段的分类汇总结果，工作表左上角的分级显示按钮也随之增加，效果如图5-45所示。

	A	B	C	D	E
1	月份	门店	销售员	销售数量	销售金额
2	9月	A店	董悦	15	¥1,350.00
3	9月	A店	董悦	20	¥3,000.00
4			董悦 汇总		¥4,350.00
5	8月	A店	薛燕	10	¥900.00
6	8月	A店	薛燕	10	¥1,500.00
7			薛燕 汇总		¥2,400.00
8		A店 汇总			¥6,750.00
9	8月	B店	刘可	5	¥300.00
10	9月	B店	刘可	60	¥3,300.00
11			刘可 汇总		¥3,600.00
12	8月	B店	青阳	10	¥500.00
13	8月	B店	青阳	5	¥900.00
14	8月	B店	青阳	40	¥2,200.00
15			青阳 汇总		¥3,600.00
16		B店 汇总			¥7,200.00
17	9月	C店	刘瑞	15	¥2,550.00
18	9月	C店	刘瑞	35	¥2,625.00
19			刘瑞 汇总		¥5,175.00
20	9月	C店	夏瑾	5	¥540.00
21	9月	C店	夏瑾	20	¥900.00
22			夏瑾 汇总		¥1,440.00
23		C店 汇总			¥6,615.00
24		总计			¥20,565.00

图5-45

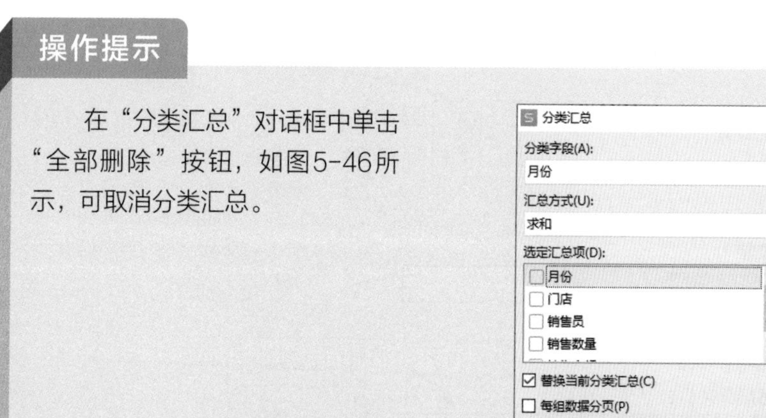

操作提示

在“分类汇总”对话框中单击“全部删除”按钮，如图5-46所示，可取消分类汇总。

图5-46

5.3.3 合并计算多个表格中的数据

三个店铺的销售数据分别保存在不同的工作表中，且商品的类别和数量都有所差别，如图5-47所示。利用合并计算功能可以将多个表格中的数据合并到一个表中，下面将介绍具体操作方法。

A店：

	A	B	C
1	商品名称	销售数量	销售金额
2	毛衣	88	¥9,504.00
3	羽绒服	62	¥16,678.00
4	加绒裤	73	¥8,760.00
5	上衣	150	¥14,850.00
6	衬衫	137	¥8,494.00
7	长裤	263	¥17,095.00
8	棒球帽	19	¥342.00
9	马丁靴	59	¥3,481.00

B店：

	A	B	C
1	商品名称	销售数量	销售金额
2	羽绒服	55	¥14,795.00
3	鲨鱼裤	61	¥7,320.00
4	上衣	112	¥11,088.00
5	短裤	90	¥7,650.00
6	衬衫	110	¥6,820.00
7	长裤	163	¥10,595.00
8	棒球帽	22	¥396.00
9	渔夫帽	19	¥494.00
10	高跟鞋	23	¥1,357.00
11	毛衣	40	¥4,320.00
12	背心	33	¥1,287.00

C店：

	A	B	C
1	商品名称	销售数量	销售金额
2	上衣	88	¥8,712.00
3	短裤	32	¥2,720.00
4	衬衫	90	¥5,580.00
5	长裤	165	¥10,725.00
6	渔夫帽	20	¥520.00
7	高跟鞋	66	¥3,894.00
8	马丁靴	43	¥1,376.00
9	毛衣	21	¥2,268.00
10	背心	83	¥3,237.00

图5-47

打开“合并计算”工作表，选择A1单元格，切换到“数据”选项卡，单击“合并计算”按钮。打开“合并计算”对话框，“函数”使用默认的“求和”，在“引用位置”文本框中引用“A店”工作表中的数据区域，单击“添加”按钮，将引用的区域添加到“所有引用位置”列表框中。随后继续添加其他工作表中的数据区域（与引用“A店”工作表中数据区域的方法相同）。所有区域添加完成后勾选“首行”和“最左列”复选框，单击“确定”按钮，如图5-48所示。

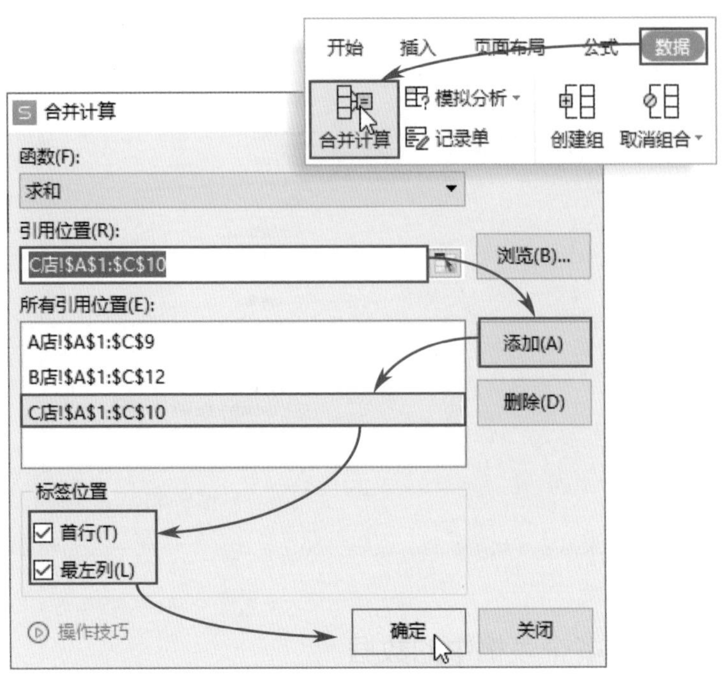

图5-48

三个工作表中的数据随即被合并到一个表中，此时第一列数据没有标题，用户可手动输入标题，并对表格样式进行适当设置，如图5-49所示。

	A	B	C	D
1		销售数量	销售金额	
2	毛衣	149	16092	
3	羽绒服	117	31473	
4	加绒裤	73	8760	
5	上衣	350	34650	
6	衬衫	337	20894	
7	长裤	591	38415	
8	棒球帽	41	738	
9	马丁靴	102	4857	
10	鲨鱼裤	61	7320	
11	短裤	122	10370	
12	渔夫帽	39	1014	
13	高跟鞋	89	5251	
14	背心	116	4524	
15				
16				
17				
18				

A店　B店　C店　合并计算

	A	B	C	D
1	商品名称	销售数量	销售金额	
2	毛衣	149	¥16,092.00	
3	羽绒服	117	¥31,473.00	
4	加绒裤	73	¥8,760.00	
5	上衣	350	¥34,650.00	
6	衬衫	337	¥20,894.00	
7	长裤	591	¥38,415.00	
8	棒球帽	41	¥738.00	
9	马丁靴	102	¥4,857.00	
10	鲨鱼裤	61	¥7,320.00	
11	短裤	122	¥10,370.00	
12	渔夫帽	39	¥1,014.00	
13	高跟鞋	89	¥5,251.00	
14	背心	116	¥4,524.00	

A店　B店　C店　合并计算

图5-49

5.4 用条件格式让符合条件的数据突出显示

分析数据时使用条形、颜色和图标能够更直观地体现数据之间的差异和趋势。这便是“条件格式”的主要作用。

5.4.1 五种条件格式类型

条件格式包含五种规则，即突出显示单元格规则、项目选取规则、数据条、色阶和图标集。其中“突出显示单元格规则”和“项目选取规则”属于格式化规则，“数据条”“色阶”和“图标集”属于图形化规则，如图5-50所示。

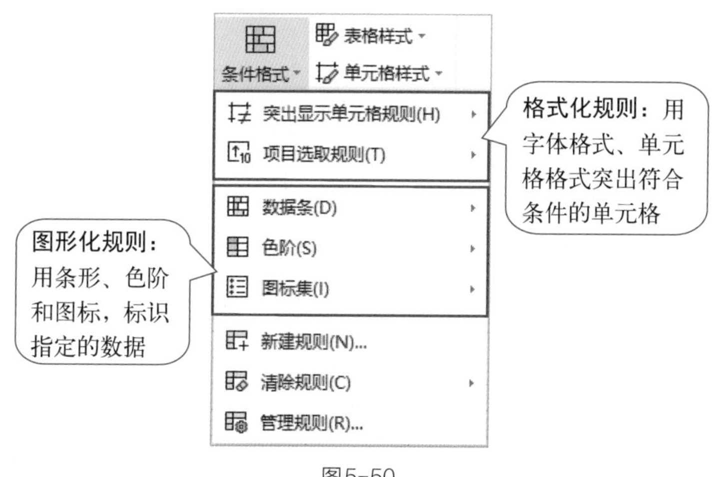

图5-50

格式化规则提供了大量内置选项，直接选择便可弹出对应的对话框，根据需要设置参数即可突显数据，如图5-51、图5-52所示。

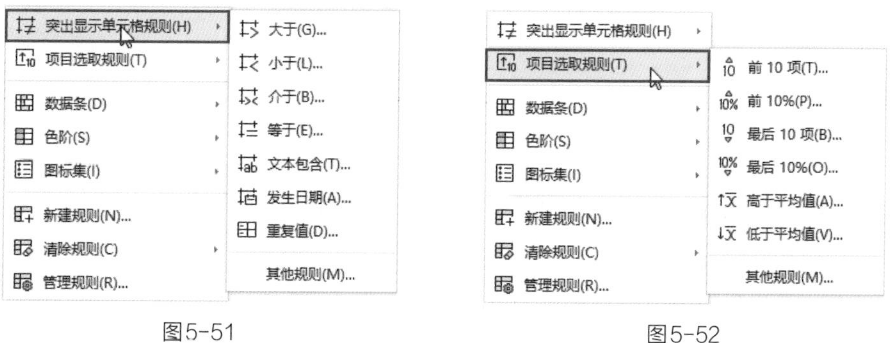

图5-51　　图5-52

图形化规则提供了预设的形状、配色等视觉元素，直接选择即可应用到所选的数据区域中，如图5-53～图5-55所示。

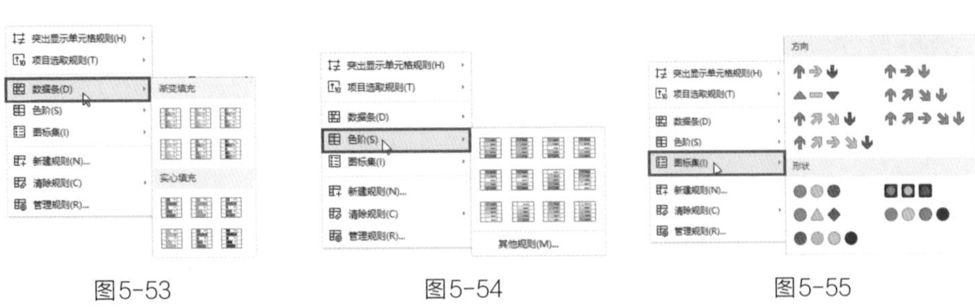

图5-53　　图5-54　　图5-55

5.4.2　图标让数据一目了然

图标集以各类图标展示单元格中的值，图标集的类型包括方向、形状、标记以及等级四种。图标的添加方法如下。

选择要添加图标的单元格区域，打开“开始”选项卡，单击“条件格式”按钮，在下拉列表中选择“图标集”选项，在其下级列表中选择“三向箭头（彩色）”选项，所选区域中的值随即自动添加相应图标，如图5-56所示。

序号	销售日期	销售产品	销售数量	销售收入	销售成本	毛利	毛利率
1	2022/1/1	DSS-011	51	511.00	503.00	8.00	1.6%
2	2022/1/1	DSS-013	30	700.00	303.00	397.00	56.7%
3	2022/2/1	DSS-014	30	653.00	292.00	361.00	55.3%
4	2022/2/1	DSS-016	10	691.00	265.00	426.00	61.6%
5	2022/3/1	DSS-017	42	697.00	538.00	159.00	22.8%
6	2022/3/1	DSS-018	46	974.00	560.00	414.00	42.5%
7	2022/4/1	DSS-020	69	513.00	229.00	284.00	55.4%
8	2022/4/1	DSS-021	85	597.00	257.00	340.00	57.0%
9	2022/5/1	DSS-022	79	675.00	405.00	270.00	40.0%
10	2022/5/1	DSS-023	26	590.00	586.00	4.00	0.7%
11	2022/5/1	DSS-024	27	666.00	279.00	387.00	58.1%
12	2022/6/1	DSS-025	36	955.00	372.00	583.00	61.0%

图5-56

管理条件格式规则还可重新调整图标的取值范围，让图标更好地体现数值大小，操作方法如下。

选中应用了图标的单元格区域，再次单击“条件格式”按钮，在下拉列表中选择“管理规则”选项，如图5-57所示。打开“条件格式规则管理器”对话框，单击“编辑规则”按钮，如图5-58所示。

图5-57

图5-58

系统随即弹出“编辑规则”对话框，在对话框底部修改“类型”为“数字”，并为各图标重新设置值的范围，设置完成后单击“确定”按钮，如图5-59所示。

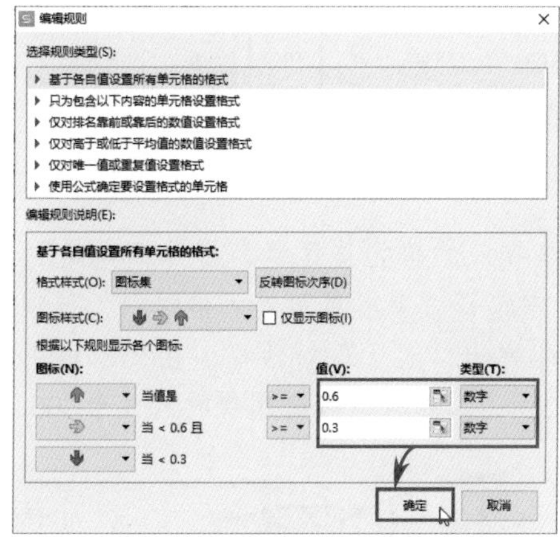

图5-59

图标随即根据重新定义的取值范围自动发生变化，如图5-60所示。

	A	B	C	D	E	F	G	H
1	序号	销售日期	销售产品	销售数量	销售收入	销售成本	毛利	毛利率
2	1	2022/1/1	DSS-011	51	511.00	503.00	8.00	1.6%
							397.00	56.7%
							361.00	55.3%
							426.00	61.6%
							159.00	22.8%
							414.00	42.5%
							284.00	55.4%
							340.00	57.0%
							270.00	40.0%
							4.00	0.7%
							387.00	58.1%
							583.00	61.0%

	A	B	C	D	E	F	G	H
1	序号	销售日期	销售产品	销售数量	销售收入	销售成本	毛利	毛利率
2	1	2022/1/1	DSS-011	51	511.00	503.00	8.00	1.6%
3	2	2022/1/1	DSS-013	30	700.00	303.00	397.00	56.7%
4	3	2022/2/1	DSS-014	30	653.00	292.00	361.00	55.3%
5	4	2022/2/1	DSS-016	10	691.00	265.00	426.00	61.6%
6	5	2022/3/1	DSS-017	42	697.00	538.00	159.00	22.8%
7	6	2022/3/1	DSS-018	46	974.00	560.00	414.00	42.5%
8	7	2022/4/1	DSS-020	69	513.00	229.00	284.00	55.4%
9	8	2022/4/1	DSS-021	85	597.00	257.00	340.00	57.0%
10	9	2022/5/1	DSS-022	79	675.00	405.00	270.00	40.0%
11	10	2022/5/1	DSS-023	26	590.00	586.00	4.00	0.7%
12	11	2022/5/1	DSS-024	27	666.00	279.00	387.00	58.1%
13	12	2022/6/1	DSS-025	36	955.00	372.00	583.00	61.0%

更改图标的取值范围

图5-60

5.4.3 将大于700的收入突出显示

用“突出显示单元格规则”的“大于”规则可以将大于某值的单元格以指定格式突出显示，如图5-61所示。操作方法如下。

	A	B	C	D	E	F	G
1	序号	销售日期	销售产品	销售数量	销售收入	销售成本	毛利
2	1	2022/1/1	DSS-011	51	511.00	503.00	8.00
3	2	2022/1/1	DSS-013	30	700.00	303.00	397.00
4	3	2022/2/1	DSS-014	30	653.00	292.0	
5	4	2022/2/1	DSS-016	10	691.00	265.0	
6	5	2022/3/1	DSS-017	42	697.00	538.0	
7	6	2022/3/1	DSS-018	46	974.00		
8	7	2022/4/1	DSS-020	69	513.00	229.00	284.00
9	8	2022/4/1	DSS-021	85	597.00	257.00	340.00
10	9	2022/5/1	DSS-022	79	675.00	405.00	270.00
11	10	2022/5/1	DSS-023	26	590.00	586.00	4.00
12	11	2022/5/1	DSS-024	27	666.00	279.00	387.00
13	12	2022/6/1	DSS-025	36	955.00	372.00	583.00

突出显示销售收入大于700的单元格

图5-61

选中包含销售收入的单元格区域，打开“开始”选项卡，单击“条件格式”按钮，在下拉列表中选择“突出显示单元格规则”选项，在其下级列表中选择“大于”选项，系统随即弹出“大于”对话框。在文本框中输入数字“700”，单击“确定”按钮，如图5-62所示。这样即可将销售收入大于700的单元格突出显示。

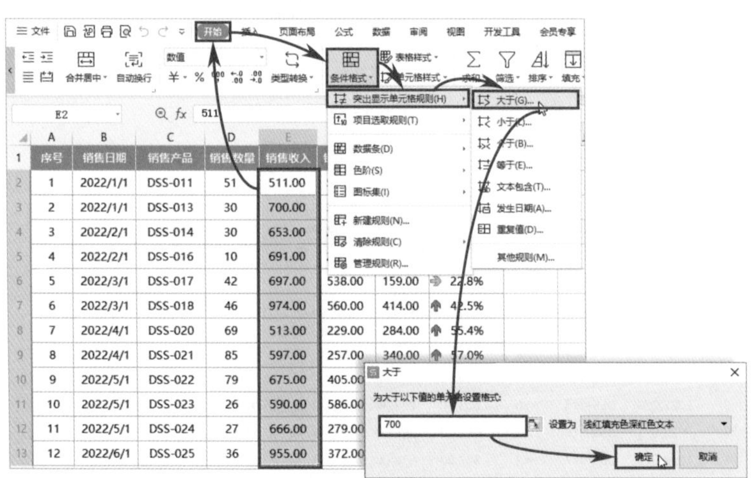

图5-62

操作提示

突出显示数据的格式可以使用系统内置的格式，也可自定义格式，如图5-63所示。

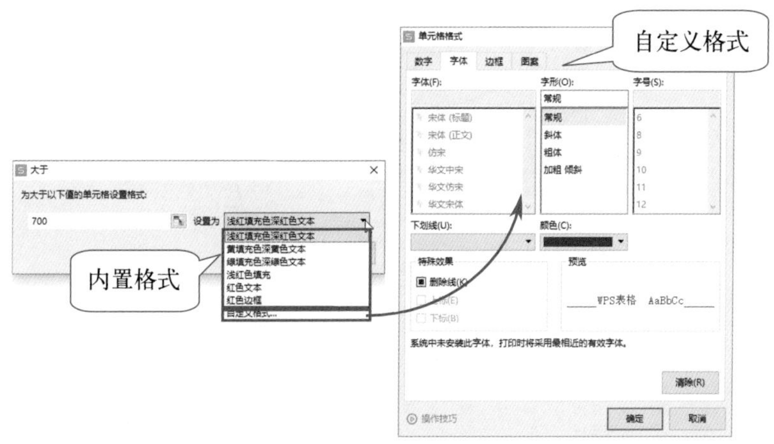

图5-63

5.4.4 突出前三名的成绩

使用“项目选取规则”提供的各种选项可以将数据的前n项或后n项突出显示，例如在分析考生成绩时，突出总分前三名的单元格，如图5-64所示。操作方法如下。

	A	B	C	D	E	F	G	H
1	序号	学号	姓名	语文	数学	英语	总分	
2	1	2201	学生1	84	88	58	230	
3	2	2202	学生2	85	78	52	215	
4	3	2203	学生3	81	77	68	226	
5	4	2204	学生4	84	88	58	230	
6	5	2205	学生5	85	78	52	215	
7	6	2206	学生6	88	82	72	242	
8	7	2207	学生7	95	82	88	265	
9	8	2208	学生8	68	90	92	250	
10	9	2209	学生9	77	78	76	231	
11	10	2210	学生10	100	71	80	251	
12	11	2211	学生11	76	85	82	243	
13	12	2212	学生12	78	91	72	241	
14	13	2213	学生13	64	82	60	206	
15	14	2214	学生14	80	82	72	234	
16	15	2215	学生15	81	70	68	219	
17	16	2216	学生16	94	91	78	263	
18	17	2217	学生17	88	82	72	242	
19	18	2218	学生18	75	89	72	236	
20	19	2219	学生19	95	82	88	265	
21	20	2220	学生20	42	54	62	158	

图5-64

选中包含总分的单元格区域，打开“开始”选项卡，单击“条件格式”按钮，在下拉列表中选择“项目选取规则”选项，在其下级列表中选择“前10项”选项。弹出“前10项”对话框，在微调框中输入“3”，单击“确定”按钮，如图5-65所示。这样即可将所选区域中前三大的数值突出显示。

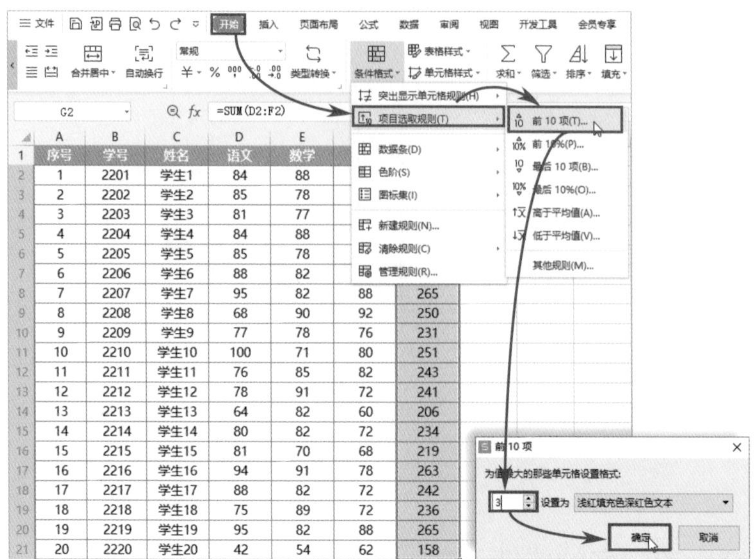

图5-65

5.4.5 用数据条直观对比库存量

想要直观对比数值大小时可使用数据条，例如用数据条对比库存量，如图5-66所示。操作方法如下。

	A	B	C	D	E	F	G
1	序号	产品编码	产品名称	规格型号	存放位置	库存数量	
2	1	D5110	产品1	规格1	1-1#	200	
3	2	D5111	产品2	规格2	1-2#	95	
4	3	D5112	产品3	规格3	1-3#	170	
5	4	D5113	产品4	规格4	1-4#	50	
6	5	D5114	产品5	规格5	1-5#	200	
7	6	D5115	产品6	规格6	1-6#	220	
8	7	D5116	产品7	规格7	1-7#	320	
9	8	D5117	产品8	规格8	1-8#	170	
10	9	D5118	产品9	规格9	1-9#	220	
11	10	D5119	产品10	规格10	1-10#	50	
12	11	D5120	产品11	规格11	1-11#	100	
13							

图5-66

选中包含库存数量的单元格区域，打开“开始”选项卡，单击“条件格式”下拉按钮，在下拉列表中选择“数据条”选项，在其下级列表中选择一款合适的数据条样式即可，如图5-67所示。

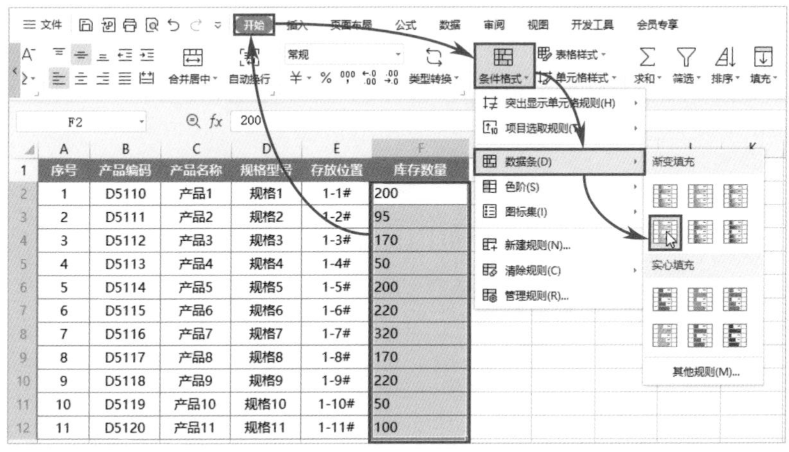

图5-67

操作提示

在“编辑规则”对话框中勾选“仅显示数据条”复选框，可隐藏单元格中的数值，只显示数据条。另外，将“条形图方向”设置为“从右到左”，则可改变数据条的方向，如图5-68所示。（“编辑规则”对话框的打开方法，请翻阅5.4.2节“图标让数据一目了然”的相关内容。）

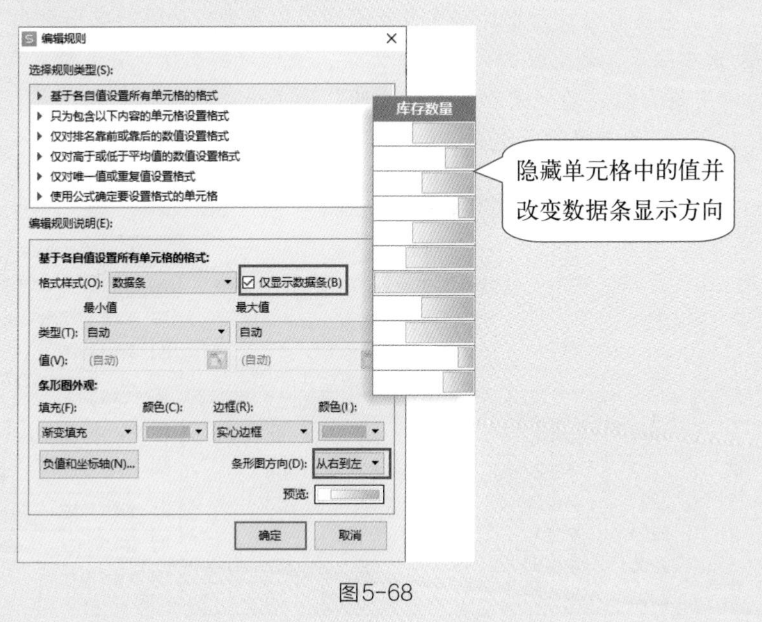

图5-68

5.4.6 将低于平均分的考试记录整行突出

如果想要将符合条件的记录整行突出显示应该如何操作呢？例如将总分低于平均值的考试记录整行突出显示，如图5-69所示。

序号	学号	姓名	语文	数学	英语	总分
1	2201	学生1	84	88	58	230
2	2202	学生2	95	82	88	265
3	2203	学生3	85	78	52	215
4	2204	学生4	88	82	72	242
5	2205	学生5	75	89	72	236
6	2206	学生6	81	77	68	226
7	2207	学生7	84	88	58	230
8	2208	学生8	85	78	52	215
9	2209	学生9	88	82	72	242
10	2210	学生10	68	90	92	250
11	2211	学生11	77	78	76	231
12	2212	学生12	100	71	80	251
13	2213	学生13	76	85	82	243
14	2214	学生14	78	91	72	241
15	2215	学生15	64	82	60	206
16	2216	学生16	80	82	72	234
17	2217	学生17	81	70	68	219
18	2218	学生18	94	91	78	263
19	2219	学生19	95	82	88	265
20	2220	学生20	42	54	62	158

图5-69

下面将使用公式为条件格式设置规则，实现数据的整行突出显示。

Step01：选中除了标题之外的所有考试记录，该区域的选择十分关键，直接决定条件格式的使用是否能成功。随后打开“开始”选项卡，单击“条件格式”按钮，在下拉列表中选择“新建规则”选项，如图5-70所示。

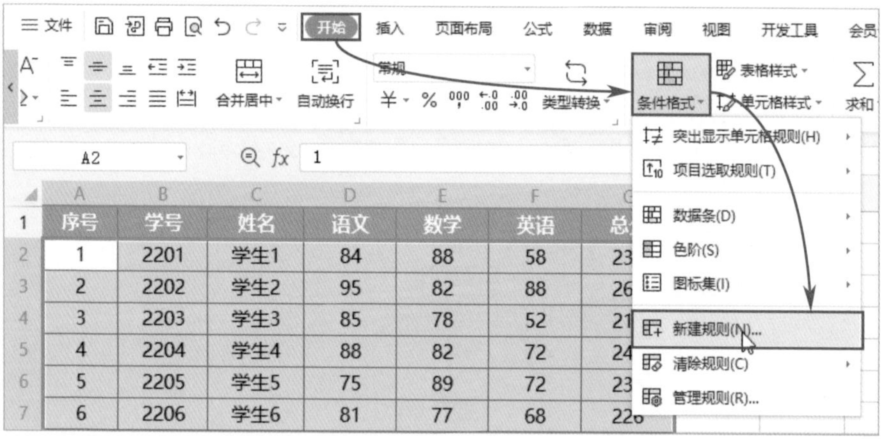

图5-70

Step02: 弹出“新建格式规则”对话框，选择“使用格式确定要设置格式的单元格”，输入公式为“=$G2<AVERAGE($G$2:$G$21)”，单击“格式”按钮，如图5-71所示。

Step03: 打开“单元格格式”对话框，设置好用于突显符合条件的数据的格式，单击“确定”按钮，如图5-72所示。返回上一级对话框，单击“确定”按钮完成操作。

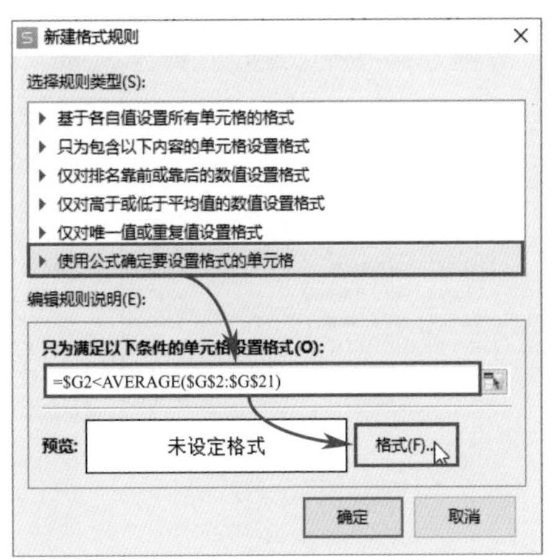

图5-71

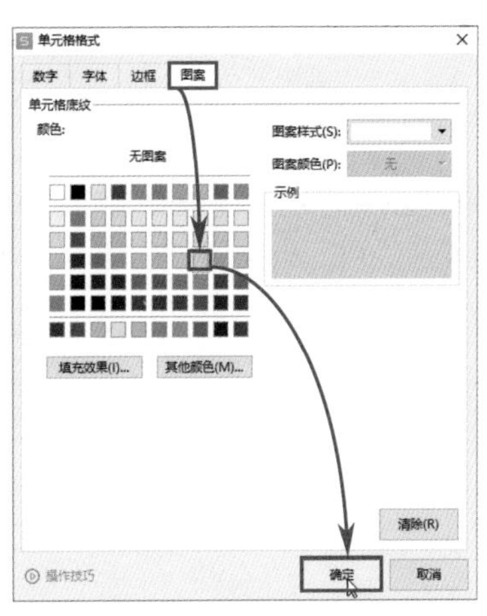

图5-72

【实战演练】分析产品销售表

本章主要介绍了如何应用排序、筛选、条件格式、分类汇总以及合并计算等功能对数据进行分析，为了巩固所学知识，提高动手操作能力，下面将对产品销售表中的数据进行分析，产品销售表如图5-73所示。

序号	日期	产品名称	数量	单价	金额	客户	地区	业务员
1	2022/8/1	名片扫描仪	4	¥600.00	¥2,400.00	觅云计算机工程有限公司	天津市	刘晓明
2	2022/8/2	SK05装订机	2	¥260.00	¥520.00	觅云计算机工程有限公司	甘肃	刘晓明
3	2022/8/2	保险柜	3	¥3,200.00	¥9,600.00	华远数码科技有限公司	内蒙古	赵恺
4	2022/8/4	静音050碎纸机	2	¥2,300.00	¥4,600.00	华远数码科技有限公司	内蒙古	赵恺
5	2022/8/4	SK05装订机	2	¥260.00	¥520.00	常青藤办公设备有限公司	四川	宋乾成
6	2022/8/6	保险柜	2	¥3,200.00	¥6,400.00	海宝二手办公家具公司	内蒙古	宋乾成
7	2022/8/6	支票打印机	2	¥550.00	¥1,100.00	大中办公设备有限公司	浙江	宋乾成
8	2022/8/8	指纹识别考勤机	1	¥230.00	¥230.00	七色阳光科技有限公司	广东	赵恺
9	2022/8/9	支票打印机	4	¥550.00	¥2,200.00	大中办公设备有限公司	云南	宋乾成
10	2022/8/9	咖啡机	3	¥450.00	¥1,350.00	常青藤办公设备有限公司	黑龙江	宋乾成
11	2022/8/10	多功能一体机	4	¥2,000.00	¥8,000.00	大中办公设备有限公司	天津市	宋乾成
12	2022/8/15	008K点钞机	4	¥750.00	¥3,000.00	七色阳光科技有限公司	山东	赵恺
13	2022/8/15	档案柜	1	¥1,300.00	¥1,300.00	觅云计算机工程有限公司	内蒙古	刘晓明

图5-73

（1）按“金额”从低到高排序

Step01：选中“金额”列中的任意一个包含数据的单元格，打开“数据”选项卡，单击“排序”下拉按钮，选择“升序”选项，如图5-74所示。

Step02：所有金额随即按照从低到高的顺序进行重新排序，如图5-75所示。

	C	D	E	F	G
1	产品名称	数量	单价	金额	客户
2	名片扫描仪	4	¥600.00	¥2,400.00	迅云计算机工程有限公司
3	SK05装订机	2	¥260.00	¥520.00	迅云计算机工程有限公司
4	保险柜	3	¥3,200.00	¥9,600.00	华远数码科技有限公司
5	静音050碎纸机	2	¥2,300.00	¥4,600.00	华远数码科技有限公司
6	SK05装订机	2	¥260.00	¥520.00	常青藤办公设备有限公司
7	保险柜	2	¥3,200.00	¥6,400.00	海宝二手办公家具公司
8	支票打印机	2	¥550.00	¥1,100.00	大中办公设备有限公司
9	指纹识别考勤机	1	¥230.00	¥230.00	七色阳光科技有限公司
10	支票打印机	4	¥550.00	¥2,200.00	大中办公设备有限公司

图5-74

	B	C	D	E	F
1	日期	产品名称	数量	单价	金额
2	2022/9/25	电话机-座机型	1	¥210.00	¥210.00
3	2022/8/8	指纹识别考勤机	1	¥230.00	¥230.00
4	2022/8/2	SK05装订机	2	¥260.00	¥520.00
5	2022/8/4	SK05装订机	2	¥260.00	¥520.00
6	2022/8/15	SK05装订机	2	¥260.00	¥520.00
7	2022/9/3	SK05装订机	2	¥260.00	¥520.00
8	2022/9/26	008K点钞机	1	¥750.00	¥750.00
9	2022/9/5	SK05装订机	3	¥260.00	¥780.00
10	2022/8/28	指纹识别考勤机	4	¥230.00	¥920.00
11	2022/9/4	指纹识别考勤机	4	¥230.00	¥920.00
12	2022/8/25	SK05装订机	4	¥260.00	¥1,040.00
13	2022/8/6	支票打印机	2	¥550.00	¥1,100.00
14	2022/9/2	支票打印机	2	¥550.00	¥1,100.00

图5-75

（2）查看“内蒙古”地区的销售数据

Step01：选中销售表中的任意一个单元格，打开“数据”选项卡，单击“筛选”按钮，进入到筛选状态，如图5-76所示。

Step02：单击“地区”标题中的筛选按钮，在筛选列表中先取消“全选”复选框的勾选，随后勾选“内蒙古”复选框，单击“确定”按钮，如图5-77所示。

	B	C	D	E	F
1	日期	产品名称	数量	单价	金额
2	2022/9/25	电话机-座机型	1	¥210.00	¥210.00
3	2022/8/8	指纹识别考勤机	1	¥230.00	¥230.00
4	2022/8/2	SK05装订机	2	¥260.00	¥520.00
5	2022/8/4	SK05装订机	2	¥260.00	¥520.00
6	2022/8/15	SK05装订机	2	¥260.00	¥520.00
7	2022/9/3	SK05装订机	2	¥260.00	¥520.00
8	2022/9/26	008K点钞机	1	¥750.00	¥750.00
9	2022/9/5	SK05装订机	3	¥260.00	¥780.00
10	2022/8/28	指纹识别考勤机	4	¥230.00	¥920.00

图5-76

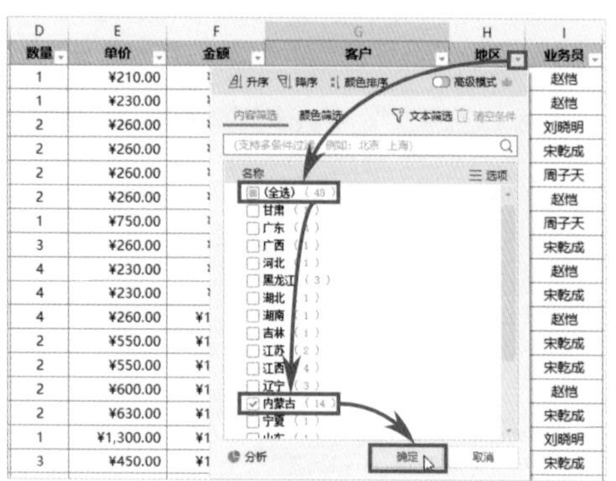

图5-77

Step03：数据表中随即筛选出“内蒙古”地区的所有销售记录，如图5-78所示。

	日期	产品名称	数量	单价	金额	客户	地区	业务员
10	2022/8/28	指纹识别考勤机	4	¥230.00	¥920.00	华远数码科技有限公司	内蒙古	赵恺
12	2022/8/25	SK05装订机	4	¥260.00	¥1,040.00	华远数码科技有限公司	内蒙古	赵恺
17	2022/8/15	档案柜	1	¥1,300.00	¥1,300.00	觅云计算机工程有限公司	内蒙古	刘晓明
20	2022/9/27	高密度板办公桌	3	¥630.00	¥1,890.00	浩博商贸有限公司	内蒙古	周子天
26	2022/8/18	咖啡机	5	¥450.00	¥2,250.00	七色阳光科技有限公司	内蒙古	赵恺
27	2022/9/22	静音050碎纸机	1	¥2,300.00	¥2,300.00	大中办公设备有限公司	内蒙古	宋乾成
33	2022/8/29	4-20型碎纸机	3	¥1,200.00	¥3,600.00	华远数码科技有限公司	内蒙古	赵恺
35	2022/9/6	4-20型碎纸机	3	¥1,200.00	¥3,600.00	大中办公设备有限公司	内蒙古	宋乾成
37	2022/8/4	静音050碎纸机	2	¥2,300.00	¥4,600.00	华远数码科技有限公司	内蒙古	赵恺
40	2022/9/11	档案柜	4	¥1,300.00	¥5,200.00	丰顺电子有限公司	内蒙古	刘晓明
42	2022/8/6	保险柜	2	¥3,200.00	¥6,400.00	海宝二手办公家具公司	内蒙古	宋乾成
46	2022/9/20	静音050碎纸机	4	¥2,300.00	¥9,200.00	七色阳光科技有限公司	内蒙古	赵恺
47	2022/8/2	保险柜	3	¥3,200.00	¥9,600.00	华远数码科技有限公司	内蒙古	赵恺
49	2022/9/14	保险柜	5	¥3,200.00	¥16,000.00	丰顺电子有限公司	内蒙古	刘晓明
50								

图5-78

（3）汇总每个业务员的销售金额

Step01: 选中数据表中的任意一个单元格，打开“数据”选项卡，单击“全部显示”按钮，如图5-79所示，清除之前执行过的筛选。

Step02: 选中“业务员”列中的任意一个单元格，在“数据”选项卡中单击“排序”按钮，如图5-80所示。

	日期	产品名称	数量	单价	金额
10	2022/8/28	指纹识别考勤机	4	¥230.00	¥920.00
12	2022/8/25	SK05装订机	4	¥260.00	¥1,040.00
17	2022/8/15	档案柜	1	¥1,300.00	¥1,300.00
20	2022/9/27	高密度板办公桌	3	¥630.00	¥1,890.00
26	2022/8/18	咖啡机	5	¥450.00	¥2,250.00
27	2022/9/22	静音050碎纸机	1	¥2,300.00	¥2,300.00

图5-79

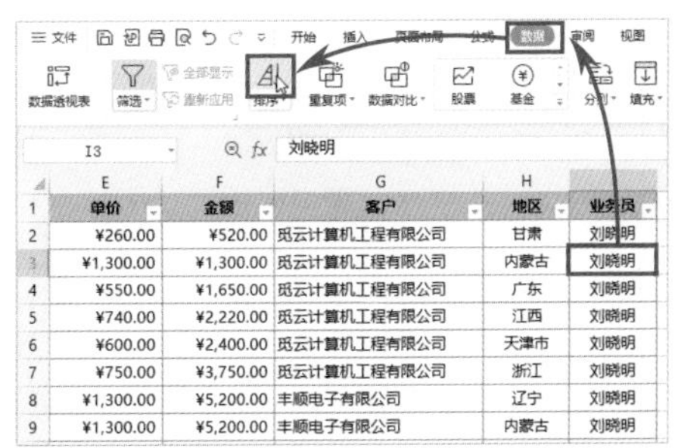

	单价	金额	客户	地区	业务员
2	¥260.00	¥520.00	觅云计算机工程有限公司	甘肃	刘晓明
3	¥1,300.00	¥1,300.00	觅云计算机工程有限公司	内蒙古	刘晓明
4	¥550.00	¥1,650.00	觅云计算机工程有限公司	广东	刘晓明
5	¥740.00	¥2,220.00	觅云计算机工程有限公司	江西	刘晓明
6	¥600.00	¥2,400.00	觅云计算机工程有限公司	天津市	刘晓明
7	¥750.00	¥3,750.00	觅云计算机工程有限公司	浙江	刘晓明
8	¥1,300.00	¥5,200.00	丰顺电子有限公司	辽宁	刘晓明
9	¥1,300.00	¥5,200.00	丰顺电子有限公司	内蒙古	刘晓明

图5-80

Step03: 在“数据”选项卡中单击“分类汇总”按钮，如图5-81所示。

Step04: 弹出“分类汇总”对话框，设置“分类字段”为“业务员”，在“选定汇总项”列表框中取消其他复选框的勾选，只勾选“金额”复选框，单击“确定”按钮，如图5-82所示。

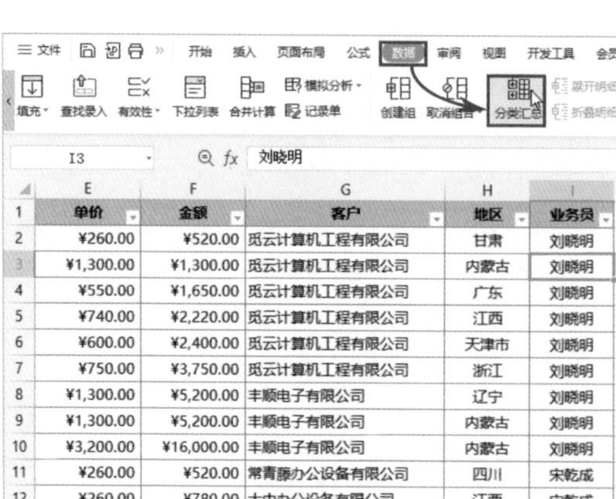

	E	F	G	H	I
1	单价	金额	客户	地区	业务员
2	¥260.00	¥520.00	觅云计算机工程有限公司	甘肃	刘晓明
3	¥1,300.00	¥1,300.00	觅云计算机工程有限公司	内蒙古	刘晓明
4	¥550.00	¥1,650.00	觅云计算机工程有限公司	广东	刘晓明
5	¥740.00	¥2,220.00	觅云计算机工程有限公司	江西	刘晓明
6	¥600.00	¥2,400.00	觅云计算机工程有限公司	天津市	刘晓明
7	¥750.00	¥3,750.00	觅云计算机工程有限公司	浙江	刘晓明
8	¥1,300.00	¥5,200.00	丰顺电子有限公司	辽宁	刘晓明
9	¥1,300.00	¥5,200.00	丰顺电子有限公司	内蒙古	刘晓明
10	¥3,200.00	¥16,000.00	丰顺电子有限公司	内蒙古	刘晓明
11	¥260.00	¥520.00	常青藤办公设备有限公司	四川	宋乾成
12	¥260.00	¥780.00	大中办公设备有限公司	江西	宋乾成
13	¥230.00	¥920.00	大中办公设备有限公司	江西	宋乾成

图5-81

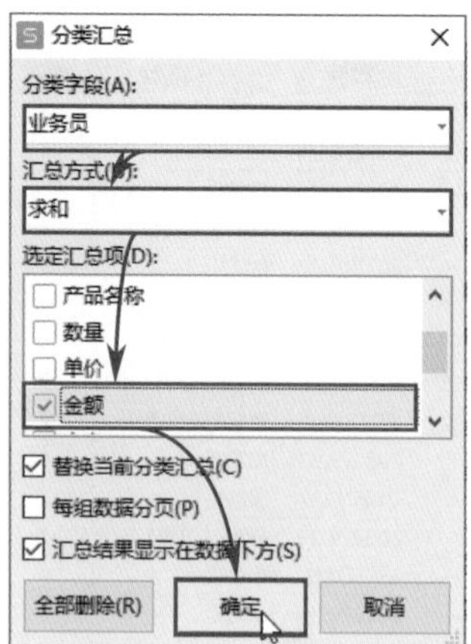

图5-82

Step05: 销售表随即对业务员进行分类，并自动对金额进行汇总，如图5-83所示。

	A	B	C	D	E	F	G	H	I
1	序号	日期	产品名称	数量	单价	金额	客户	地区	业务员
2	2	2022/8/2	SK05装订机	2	¥260.00	¥520.00	觅云计算机工程有限公司	甘肃	刘晓明
3	13	2022/8/15	档案柜	1	¥1,300.00	¥1,300.00	觅云计算机工程有限公司	内蒙古	刘晓明
4	16	2022/8/18	支票打印机	3	¥550.00	¥1,650.00	觅云计算机工程有限公司	广东	刘晓明
5	33	2022/9/11	小型过塑机	3	¥740.00	¥2,220.00	觅云计算机工程有限公司	江西	刘晓明
6	1	2022/8/1	名片扫描仪	4	¥600.00	¥2,400.00	觅云计算机工程有限公司	天津市	刘晓明
7	24	2022/8/31	008K点钞机	5	¥750.00	¥3,750.00	觅云计算机工程有限公司	浙江	刘晓明
8	32	2022/9/8	档案柜	4	¥1,300.00	¥5,200.00	丰顺电子有限公司	辽宁	刘晓明
9	35	2022/9/11	档案柜	4	¥1,300.00	¥5,200.00	丰顺电子有限公司	内蒙古	刘晓明
10	36	2022/9/14	保险柜	5	¥3,200.00	¥16,000.00	丰顺电子有限公司	内蒙古	刘晓明
11						¥38,240.00			刘晓明 汇总
12	5	2022/8/4	SK05装订机	2	¥260.00	¥520.00	常青藤办公设备有限公司	四川	宋乾成
13	[illegible]	2022/9/5	SK05装订机	3	¥260.00	¥780.00	大中办公设备有限公司	江西	宋乾成
[illegible]		2022/9/20	静[illegible]05[illegible]机	4	¥2,3[illegible]	¥9,200.0[illegible]	七色[illegible]科技有限公司	[illegible]	[illegible]
47	3	2022/8/2	保险柜	3	¥3,200.00	¥9,600.00	华远数码科技有限公司	内蒙古	赵恺
48						¥46,890.00			赵恺 汇总
49	14	2022/8/15	SK05装订机	2	¥260.00	¥520.00	浩博商贸有限公司	湖北	周子天
50	47	2022/9/26	008K点钞机	1	¥750.00	¥750.00	浩博商贸有限公司	广西	周子天
51	48	2022/9/27	高密度板办公桌	3	¥630.00	¥1,890.00	浩博商贸有限公司	内蒙古	周子天
52	40	2022/9/20	静音050碎纸机	2	¥2,300.00	¥4,600.00	浩博商贸有限公司	黑龙江	周子天
53						¥7,760.00			周子天 汇总
54						¥160,060.00			总计
55									

图5-83

（4）将销售排名前三的记录整行突出显示

Step01: 选中数据区域内的任意一个单元格，在“数据”选项卡中再次单击“分类汇总”按钮，如图5-84所示。

Step02: 弹出“分类汇总”对话框，单击“全部删除”按钮，清除分类汇总，如图5-85所示。

图5-84

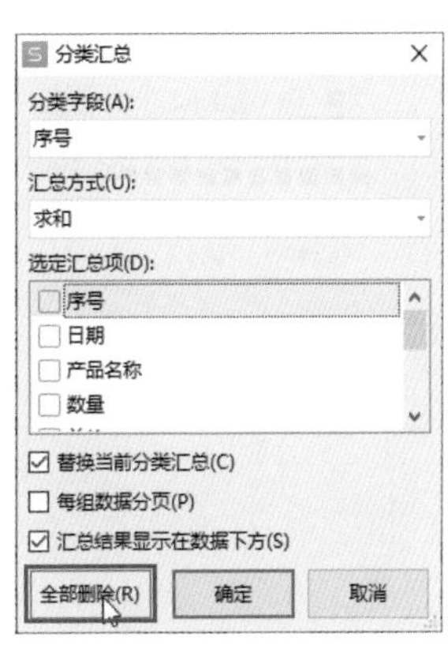

图5-85

Step03: 选中除了标题之外的所有包含数据的单元格区域，打开“开始”选项卡，单击“条件格式”按钮，在下拉列表中选择“新建规则”选项，如图5-86所示。

Step04: 弹出“新建格式规则”对话框，选择“使用公式确定要设置格式的单元格”选项，输入公式“=$F2>=LARGE($F$2:$F$49,3)”，单击“格式”按钮，如图5-87所示。

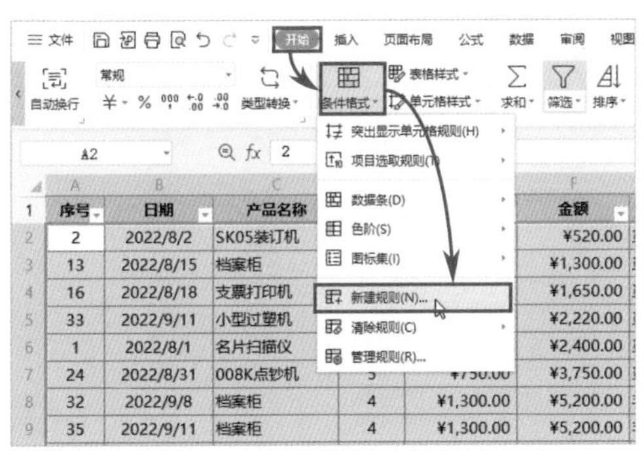

图5-86

图5-87

Step05: 打开“单元格格式”对话框，切换到“图案”选项卡，选择合适的填充色，单击“确定”按钮，如图5-88所示。

Step06: 返回“新建格式规则”对话框，单击“确定”按钮，关闭对话框，如图5-89所示。

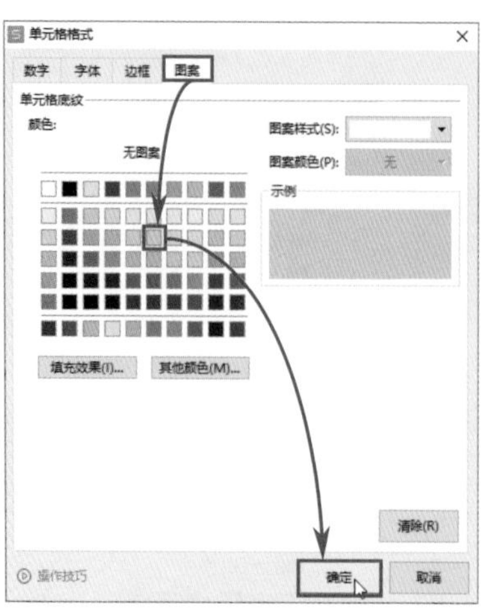

图5-88

图5-89

Step07：销售表中金额排名前三的记录随即被整行突出显示，如图5-90所示。

	A	B	C	D	E	F	G	H	I
1	序号	日期	产品名称	数量	单价	金额	客户	地区	业务员
2	2	2022/8/2	SK05装订机	2	¥260.00	¥520.00	觅云计算机工程有限公司	甘肃	刘晓明
3	13	2022/8/15	档案柜	1	¥1,300.00	¥1,300.00	觅云计算机工程有限公司	内蒙古	刘晓明
4	16	2022/8/18	支票打印机	3	¥550.00	¥1,650.00	觅云计算机工程有限公司	广东	刘晓明
5	33	2022/9/11	小型过塑机	3	¥740.00	¥2,220.00	觅云计算机工程有限公司	江西	刘晓明
6	1	2022/8/1	名片扫描仪	4	¥600.00	¥2,400.00	觅云计算机工程有限公司	天津市	刘晓明
7	24	2022/8/31	008K点钞机	5	¥750.00	¥3,750.00	觅云计算机工程有限公司	浙江	刘晓明
8	32	2022/9/8	档案柜	4	¥1,300.00	¥5,200.00	丰顺电子有限公司	辽宁	刘晓明
9	35	2022/9/11	档案柜	4	¥1,300.00	¥5,200.00	丰顺电子有限公司	内蒙古	刘晓明
10	36	2022/9/14	保险柜	5	¥3,200.00	¥16,000.00	丰顺电子有限公司	内蒙古	刘晓明
11	5	2022/8/4	SK05装订机	2	¥260.00	¥520.00	常青藤办公设备有限公司	四川	宋乾成
12	30	2022/9/5	SK05装订机	3	¥260.00	¥780.00	大中办公设备有限公司	江西	宋乾成
28	19	2022/8/27	静音050碎纸机	3	¥2,300.00	¥6,900.00	常青藤办公设备有限公司	广东	宋乾成
29	11	2022/8/10	多功能一体机	4	¥2,000.00	¥8,000.00	大中办公设备有限公司	天津市	宋乾成
30	21	2022/8/28	M66超清投影仪	4	¥2,800.00	¥11,200.00	海宝二手办公家具公司	黑龙江	宋乾成
31	44	2022/9/25	电话机-座机型	1	¥210.00	¥210.00	七色阳光科技有限公司	江苏	赵惜
32	8	2022/8/8	指纹识别考勤机	1	¥230.00	¥230.00	七色阳光科技有限公司	广东	赵惜
33	26	2022/9/3	SK05装订机	2	¥260.00	¥520.00	华远数码科技有限公司	四川	赵惜
34	20	2022/8/28	指纹识别考勤机	4	¥230.00	¥920.00	华远数码科技有限公司	内蒙古	赵惜
35	17	2022/8/25	SK05装订机	4	¥260.00	¥1,040.00	华远数码科技有限公司	内蒙古	赵惜
36	39	2022/9/20	名片扫描仪	2	¥600.00	¥1,200.00	华远数码科技有限公司	广东	赵惜
37	34	2022/9/11	文件柜-金属材质	3	¥640.00	¥1,920.00	华远数码科技有限公司	四川	赵惜
38	28	2022/9/4	支票打印机	4	¥550.00	¥2,200.00	华远数码科技有限公司	吉林	赵惜
39	15	2022/8/18	咖啡机	5	¥450.00	¥2,250.00	七色阳光科技有限公司	内蒙古	赵惜
40	12	2022/8/15	008K点钞机	4	¥750.00	¥3,000.00	七色阳光科技有限公司	山东	赵惜
41	22	2022/8/29	4-20型碎纸机	3	¥1,200.00	¥3,600.00	华远数码科技有限公司	内蒙古	赵惜
42	4	2022/8/4	静音050碎纸机	2	¥2,300.00	¥4,600.00	华远数码科技有限公司	内蒙古	赵惜
43	46	2022/9/26	保险柜	2	¥3,200.00	¥6,400.00	七色阳光科技有限公司	宁夏	赵惜
44	38	2022/9/20	静音050碎纸机	4	¥2,300.00	¥9,200.00	七色阳光科技有限公司	内蒙古	赵惜
45	3	2022/8/2	保险柜	3	¥3,200.00	¥9,600.00	华远数码科技有限公司	内蒙古	赵惜
46	14	2022/8/15	SK05装订机	2	¥260.00	¥520.00	浩博商贸有限公司	湖北	周子天
47	47	2022/9/26	008K点钞机	1	¥750.00	¥750.00	浩博商贸有限公司	广西	周子天
48	48	2022/9/27	高密度板办公桌	3	¥630.00	¥1,890.00	浩博商贸有限公司	内蒙古	周子天
49	40	2022/9/20	静音050碎纸机	2	¥2,300.00	¥4,600.00	浩博商贸有限公司	黑龙江	周子天

图5-90

第6章

用智能的数据透视表玩转商业数据

数据透视表是一种十分智能的数据分析工具，它是交互式的表，可以动态地改变版面布局，以便从多种角度分析数据。每次改变版面布局，数据透视表都会立即按照新的布局重新计算，让数据分析变得更轻松、更便利。

扫码看视频

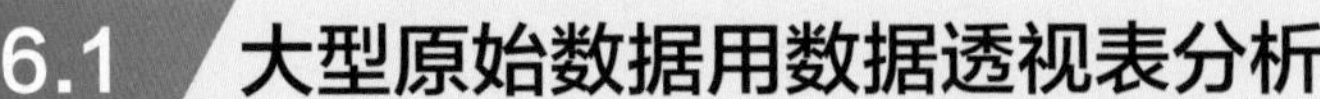

6.1 大型原始数据用数据透视表分析

对于大型数据源，用数据透视表来分析，不仅操作简单，而且效率很高。下面将对数据透视表的基础应用进行详细介绍。

6.1.1 创建数据透视表

创建数据透视表的方法很简单。选中数据源中的任意一个单元格，打开“插入”选项卡，单击“数据透视表”按钮，系统随即弹出“创建数据透视表”对话框。此时“请选择单元格区域”文本框中会自动引用整个数据源区域（若引用的区域不完整，可手动引用数据源），保持对话框中的所有选项为默认，单击“确定”按钮，如图6-1所示。

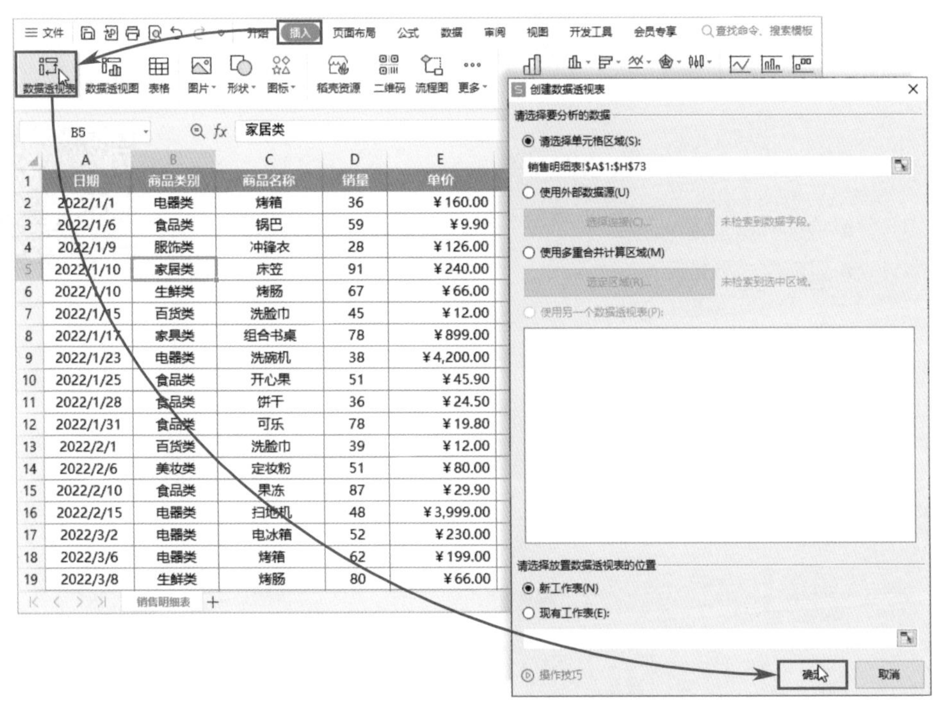

	A	B	C	D	E
1	日期	商品类别	商品名称	销量	单价
2	2022/1/1	电器类	烤箱	36	¥160.00
3	2022/1/6	食品类	锅巴	59	¥9.90
4	2022/1/9	服饰类	冲锋衣	28	¥126.00
5	2022/1/10	家居类	床笠	91	¥240.00
6	2022/1/10	生鲜类	烤肠	67	¥66.00
7	2022/1/15	百货类	洗脸巾	45	¥12.00
8	2022/1/17	家具类	组合书桌	78	¥899.00
9	2022/1/23	电器类	洗碗机	38	¥4,200.00
10	2022/1/25	食品类	开心果	51	¥45.90
11	2022/1/28	食品类	饼干	36	¥24.50
12	2022/1/31	食品类	可乐	78	¥19.80
13	2022/2/1	百货类	洗脸巾	39	¥12.00
14	2022/2/6	美妆类	定妆粉	51	¥80.00
15	2022/2/10	食品类	果冻	87	¥29.90
16	2022/2/15	电器类	扫地机	48	¥3,999.00
17	2022/3/2	电器类	电冰箱	52	¥230.00
18	2022/3/6	电器类	烤箱	62	¥199.00
19	2022/3/8	生鲜类	烤肠	80	¥66.00

图6-1

WPS表格中随即自动新建一张工作表，并创建空白数据透视表，如图6-2所示。

图6-2

操作提示

用于创建数据透视表的数据源必须保持规范，不规范的数据源会给数据分析造成很大的危害。数据透视表对数据源的要求包括以下6点：

- 不包含合并单元格；
- 不包含空行和空列；
- 数据不要有残缺；
- 每列数据都有标题；
- 日期格式要规范；
- 值字段中不使用文本型数字。

6.1.2 向数据透视表中添加字段

数据源表的每一列代表一个字段，每一列的标题即该字段的名称，如图6-3所示。

日期	商品类别	商品名称	销量	单价	销售额	店铺	销售平台
2022/1/1	电器类	烤箱	36	¥160.00	¥5,760.00	2店	天猫
2022/1/6	食品类	锅巴	59	¥9.90	¥584.10	4店	京东
2022/1/9	服饰类	冲锋衣	28	¥126.00	¥3,528.00	3店	淘宝
2022/1/10	家居类	床笠	91	¥240.00	¥21,840.00	1店	拼多多
2022/1/10	生鲜类	烤肠	67	¥66.00	¥4,422.00	4店	拼多多
2022/1/15	百货类	洗脸巾	45	¥12.00	¥540.00	1店	京东
2022/1/17	家具类	组合书桌	78	¥899.00	¥70,122.00	2店	京东
2022/1/23	电器类	洗碗机	38	¥4,200.00	¥159,600.00	2店	拼多多
2022/1/25	食品类	开心果	51	¥45.90	¥2,340.90	4店	京东
2022/1/28	食品类	饼干	36	¥24.50	¥882.00	4店	京东
2022/1/31	食品类	可乐	78	¥19.80	¥1,544.40	4店	京东
2022/2/1	百货类	洗脸巾	39	¥12.00	¥468.00	1店	天猫

一列即一个字段，列标题为字段名称

图6-3

选中数据透视表中的任意单元格，窗口右侧会显示“数据透视表”窗格。该窗格主要由“字段列表”和“数据透视表区域”两大部分组成。用户可在该窗格中控制字段的添加、删除，以及字段在数据透视表中的显示位置等，如图6-4所示。

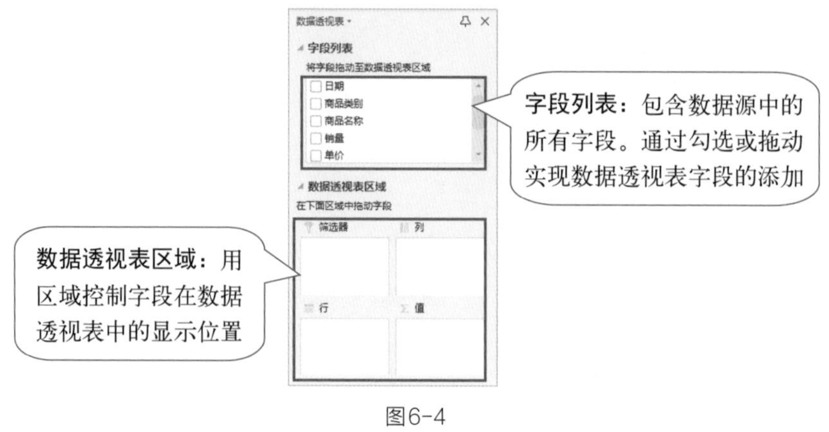

图6-4

（1）勾选复选框添加字段

在“字段列表”中勾选指定字段的复选框，即可将该字段添加至数据透视表中，如图6-5所示。

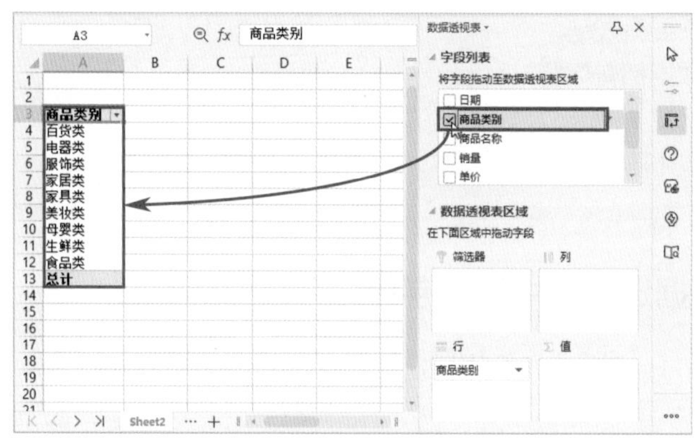

图6-5

数据透视表分为四个区域，分别为“筛选器”区域、“列”区域、“行”区域以及“值”区域。字段添加在哪个区域，直接决定了数据透视表的布局。

使用勾选的方式添加字段时，文本型字段默认添加到“行”区域，数值型字段默认添加到“值”区域，如图6-6所示。

当添加两个或两个以上的数值型字段时，这些字段默认以列的形式在数据透视表中显示，同时在“数据透视表”窗格的“列”区域中会显示“值”字段选项，如图6-7所示。

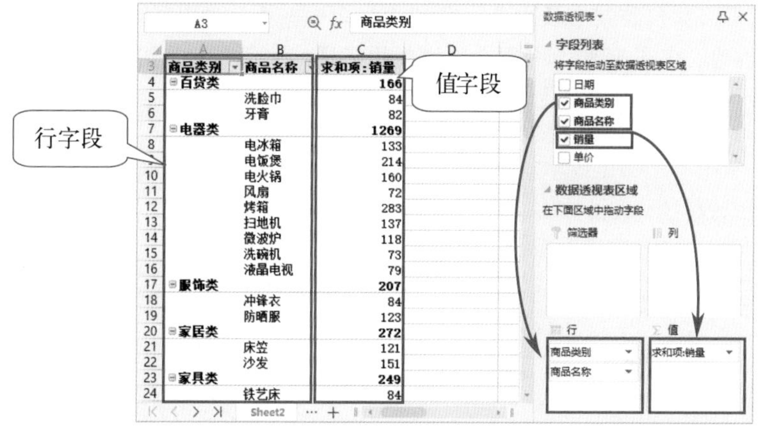

图6-6

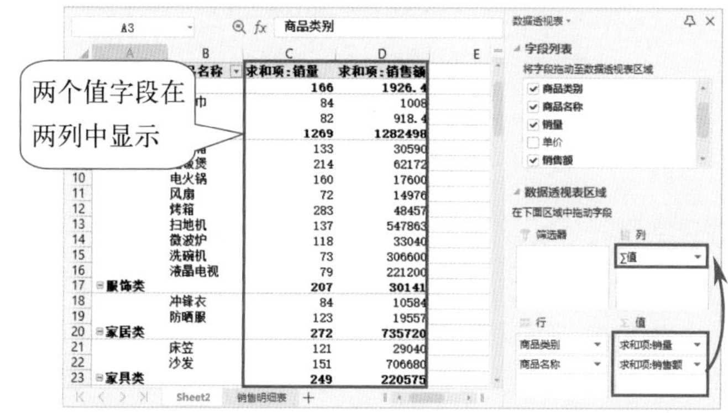

图6-7

（2）将字段拖动到指定区域

同一个字段在不同区域中显示时，数据透视表会呈现出不同布局。例如“店铺”字段在“行”区域中显示和在“列”区域中显示时，数据透视表布局分别如图6-8、图6-9所示。

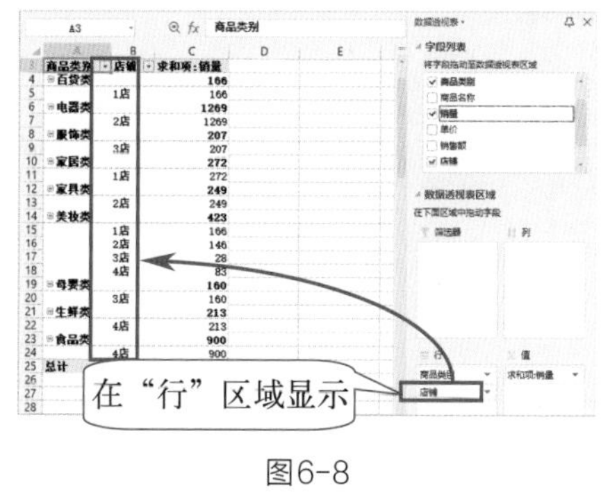

图6-8

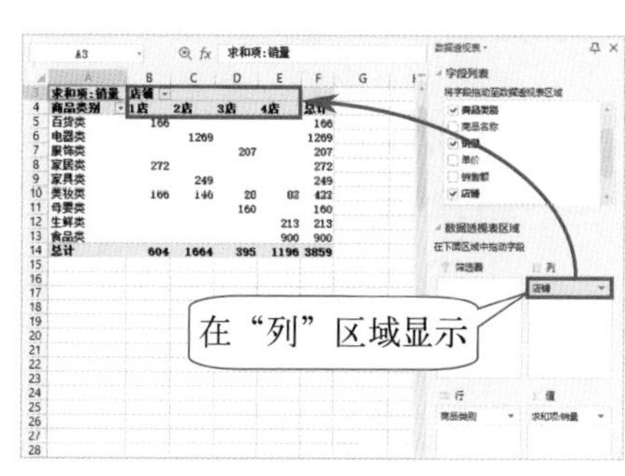

图6-9

那么如何控制字段在某个区域中显示呢？方法便是鼠标拖拽。在“数据透视表”窗格的“字段列表”中选择要添加的字段，按住鼠标左键，向目标区域拖动，松开鼠标，该字段随即被添加到该区域，如图6-10所示。

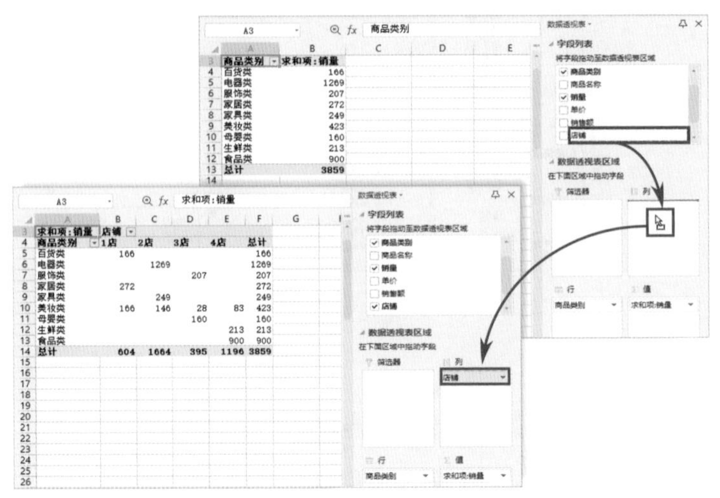

图6-10

（3）添加筛选字段

新建的数据透视表默认从第三行开始，顶端的空行可用于显示筛选字段。在“数据透视表”窗格的“字段列表”中选择指定字段，按住鼠标左键，将其拖动到“筛选器”区域，数据透视表顶端即可显示相应的筛选字段。单击筛选字段的筛选按钮，可打开筛选列表，进而对数据透视表执行筛选操作，如图6-11所示。

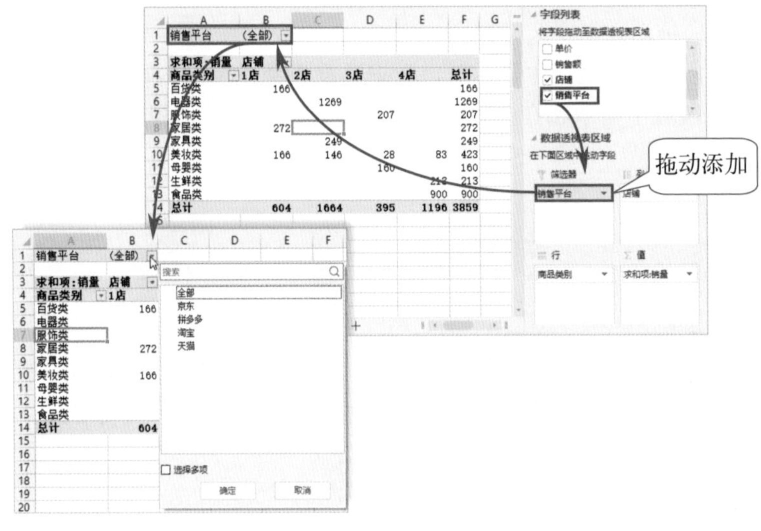

图6-11

6.1.3 移动或删除字段

向数据透视表中添加字段后，还可以根据实际需要移动字段的显示位置或将字段删除等。

（1）移动字段

添加字段后可通过拖拽调整字段在当前区域中的位置。例如将“行”区域中的“店铺”字段拖动至当前区域的最顶端，如图6-12所示。

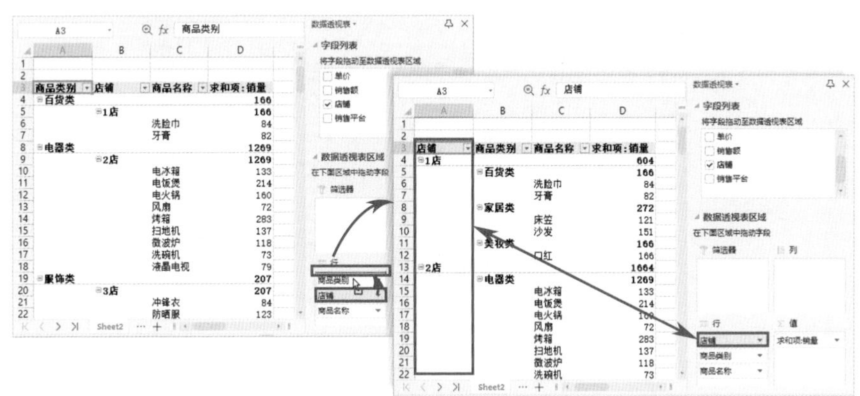

图6-12

除了在同一个区域中移动字段，还可以将字段移动到其他区域。同样是用鼠标拖动来完成操作。例如将“行”区域中的“商品类别”字段拖动至“列”区域，如图6-13所示。

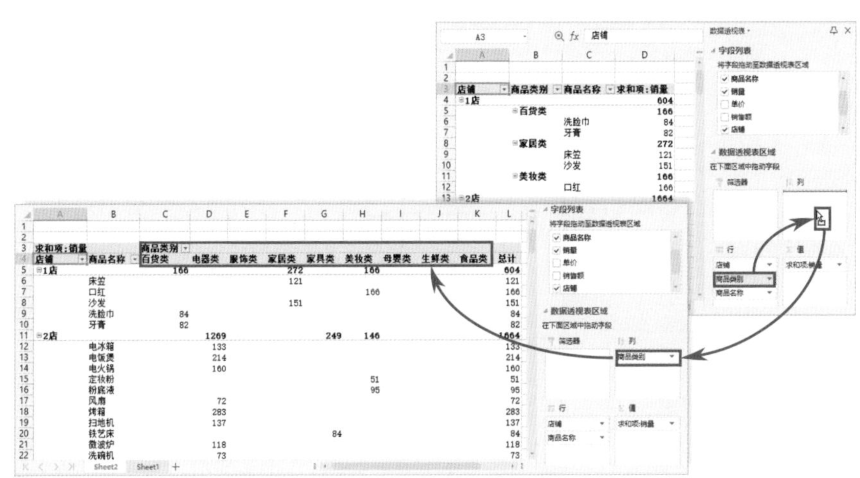

图6-13

（2）删除字段

在“数据透视表”窗格中取消某个字段复选框的勾选，即可将该字段从数据透视表中删除，如图6-14所示。

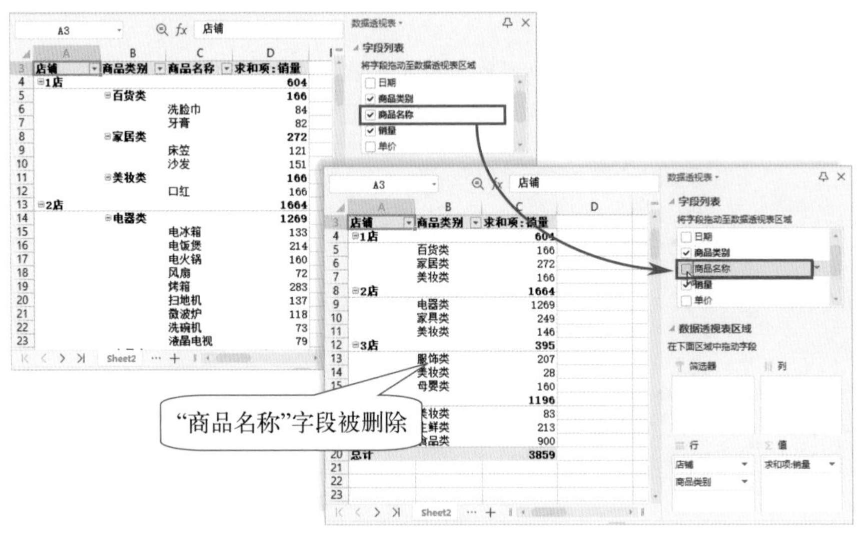

图6-14

操作提示

在“数据透视表”窗格中的“数据透视表区域”内单击需要移动或删除的字段选项按钮，通过列表中的选项也可执行移动或删除字段的操作，如图6-15所示。

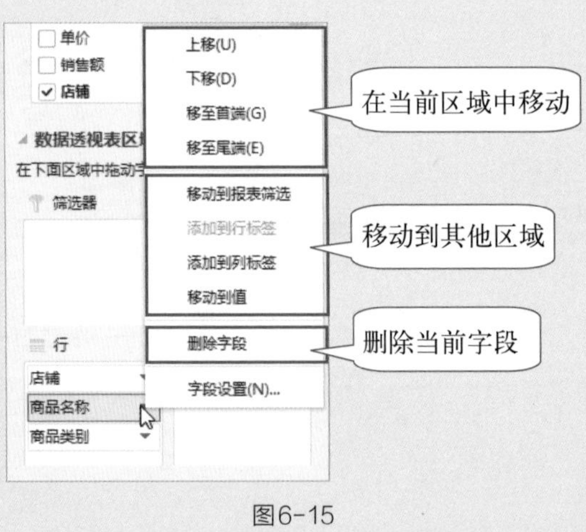

图6-15

6.1.4 修改字段名称

数据透视表中的字段名称和数据源中的列标题一致，值字段的标题会在前面显示计算方式，如图6-16所示。

	A	B	C	D	E
2					
3	店铺	商品类别	计数项:销量	求和项:销售额	
4	⊟1店		10	765533.4	
5		百货类	4	1926.4	
6		家居类	4	735720	
7		美妆类	2	27887	
8	⊟2店		30	1521403	
9		电器类	24	1282498	
10		家具类	4	220575	
11		美妆类	2	18330	
12	⊟3店		10	59611	
13		服饰类	4	30141	
14		美妆类	2	4790	
15		母婴类	4	24680	
16	⊟4店		22	55739.5	
17		美妆类	2	8729	
18		生鲜类	4	20262	
19		食品类	16	26748.5	
20	总计		72	2402286.9	
21					

字段标题

图6-16

若对数据透视表中字段的名称不满意，可以对其进行修改。修改字段名称的方法非常简单。只需要选中名称所在单元格，输入新名称即可，如图6-17所示。

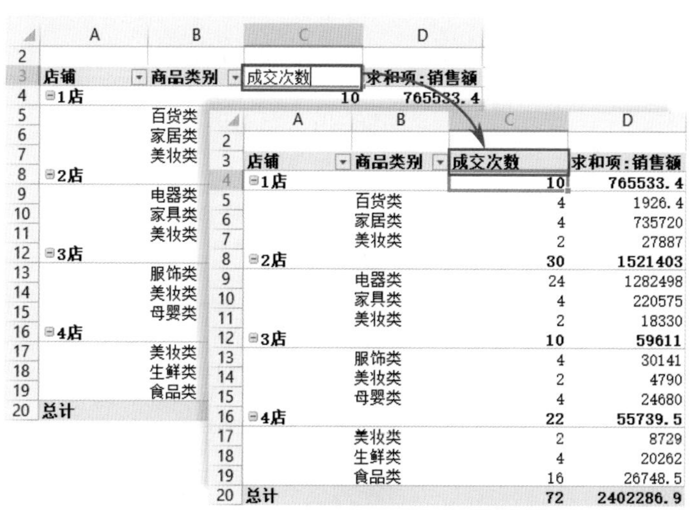

	A	B	C	D
2				
3	店铺	商品类别	成交次数	求和项:销售额
4	⊟1店		10	765533.4
5		百货类	4	1926.4
6		家居类	4	735720
7		美妆类	2	27887
8	⊟2店		30	1521403
9		电器类	24	1282498
10		家具类	4	220575
11		美妆类	2	18330
12	⊟3店		10	59611
13		服饰类	4	30141
14		美妆类	2	4790
15		母婴类	4	24680
16	⊟4店		22	55739.5
17		美妆类	2	8729
18		生鲜类	4	20262
19		食品类	16	26748.5
20	总计		72	2402286.9

图6-17

修改值字段名称时需要注意，新名称不能和数据源中已经存在的标题相同，否则无法完成修改，如图6-18所示。

图6-18

6.1.5 为日期字段分组

日期字段可以按照不同的步长进行组合，例如按月、季度或年分组，如图6-19所示。操作方法如下。

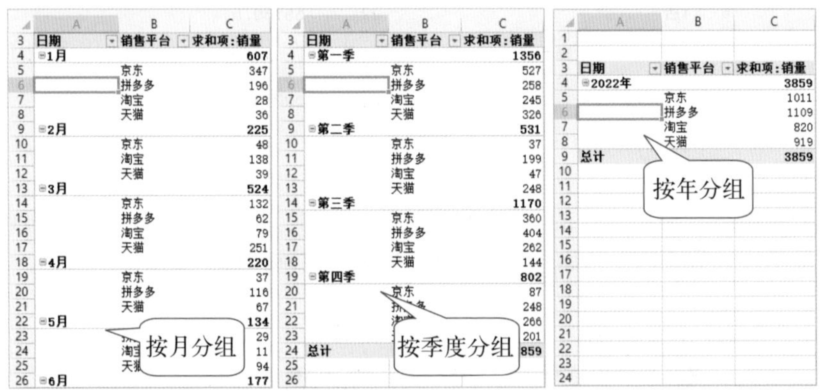

图6-19

在数据透视表中添加日期字段，随后右击该字段中的任意一个单元格，在弹出的菜单中选择“组合”选项，系统随即打开“组合”对话框。在“步长”列表中选择需要的时间步长，单击“确定”按钮，如图6-20所示。日期字段即可按照所选日期步长进行组合。

在设置好一种分组方式后，在“组合”对话框中同时选择多种时间步长，还可以为日期字段设置多种方式的分组，如图6-21所示。

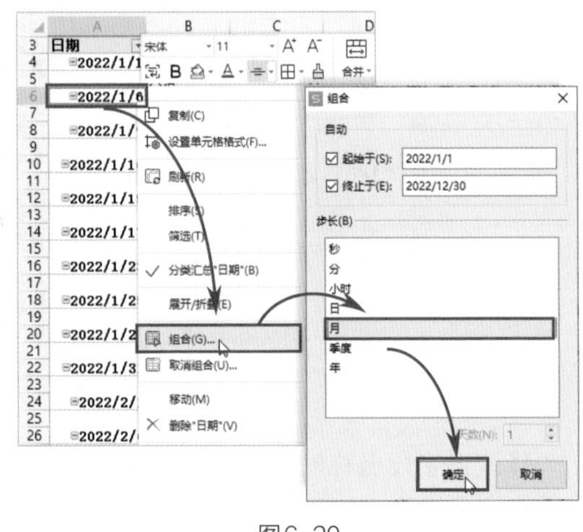

图6-20

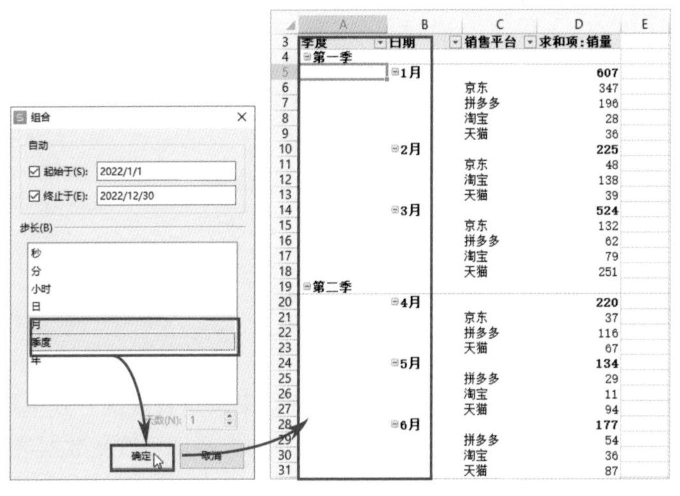

图6-21

右击日期字段，在右键菜单中选择“取消组合”选项，可取消日期字段的组合，如图6-22所示。

图6-22

6.1.6 更改数据源

当数据源中增加了新数据，或数据透视表引用的数据源有误，则需要更改数据源。操作方法如下。

选中数据透视表中的任意单元格，打开“分析”选项卡，单击“更改数据源”按钮，如图6-23所示。在随后弹出的“更改数据透视表数据源”对话框中，重新引用数据源区域即可。

图6-23

6.1.7 刷新数据透视表

当修改了数据源的内容时，数据透视表并不会立即自动更新，为了让数据透视表及时更新，需要对数据透视表执行刷新操作，方法如下。

选中数据透视表中的任意单元格，打开“分析”选项卡，单击“刷新”下拉按钮，下拉列表中包含两个选项，如图6-24所示。选择“刷新数据”选项可刷新当前数据透视表，选择“全部刷新”选项则可刷新工作簿中所有工作表。

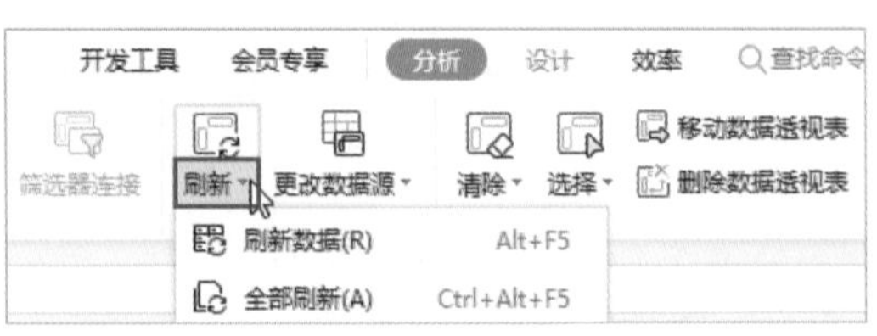

图6-24

6.2 设置数据透视表布局

设置数据透视表的布局，能够让数据分析结果以更直观的方式呈现。WPS表格提供了一些内置的布局方式，用户只需执行相应的选择即可改变数据透视表的布局。

6.2.1 快速更改数据透视表布局

数据透视表包含三种内置的布局，分别为“以压缩形式显示”“以大纲形式显示”及“以表格形式显示”。三种布局的特点如下。

（1）以压缩形式显示

以压缩形式显示的数据透视表，所有行字段全部被压缩在一列中显示，层级关系明显，如图6-25所示。

（2）以大纲形式显示

WPS表格创建的数据透视表，默认布局方式为“以大纲形式显示”。以大纲形式显示的数据透视表，行字段不会被压缩，而是在不同的列中显示，所有行字段均显示标题。这种布局形式可读性更佳，如图6-26所示。

（3）以表格形式显示

以表格形式显示的数据透视表用网格线突出行列关系，行字段分列明显，并且分类汇总的位置与其他两种布局形式不同，该布局在每组的底部显示分类汇总结果，如图6-27所示。

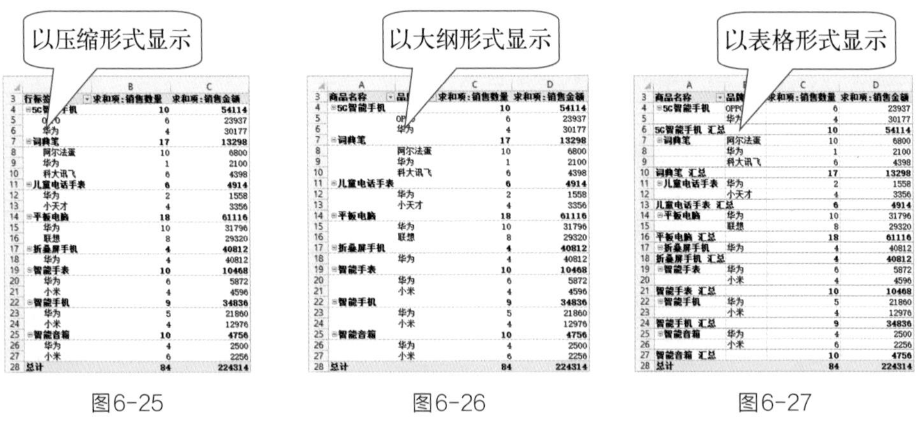

图6-25 图6-26 图6-27

设置数据透视表布局的方法很简单。选中数据透视表中的任意单元格，打开“设计”选项卡，单击“报表布局”按钮，在下拉列表中选择需要的布局方式即可，如图6-28所示。

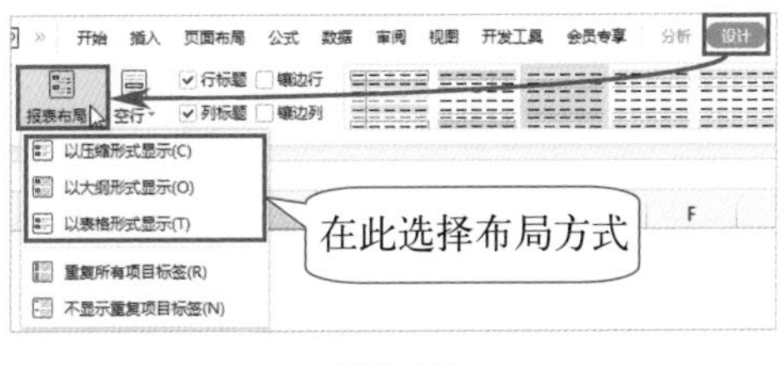

图6-28

6.2.2 更改分类汇总的显示位置

数据透视表应用不同的布局方式时，分类汇总的显示位置也有所不同。例如，以大纲形式显示时默认在每组的顶端显示分类汇总，如图6-29所示。用户可根据需要将分类汇总的位置调整为在每组的底部显示，如图6-30所示；或不显示分类汇总，如图6-31所示。操作方法如下。

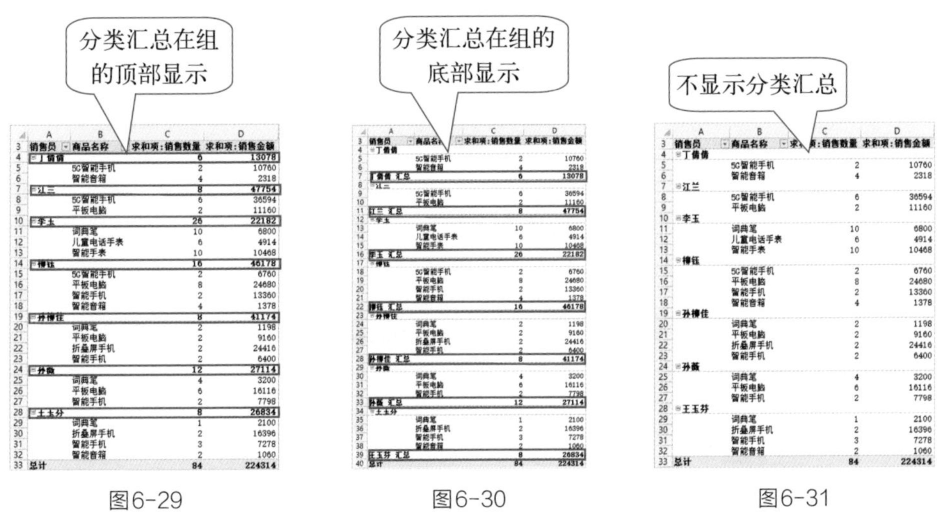

图6-29　　图6-30　　图6-31

选中数据透视表中的任意单元格，打开“设计”选项卡，单击“分类汇总”按钮，通过下拉列表中的选项即可设置分类汇总的位置或隐藏分类汇总，如图6-32所示。

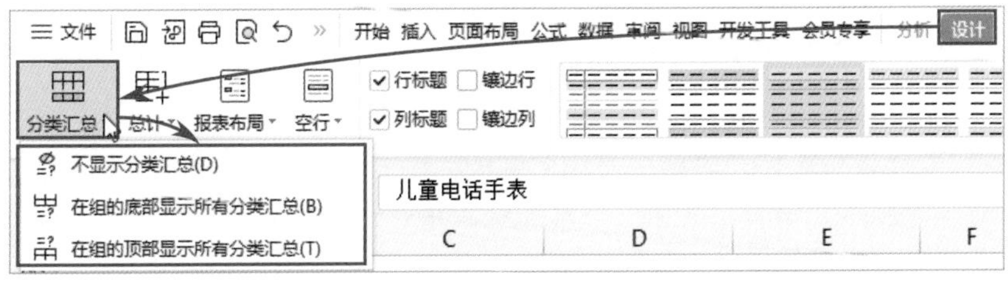

图6-32

6.2.3 总计的显示和隐藏

数据透视表默认显示总计，如图6-33所示。若不需要显示总计也可将其隐藏。用户可单独隐藏行的总计或列的总计，也可将行和列的总计同时隐藏，如图6-34所示。操作方法如下。

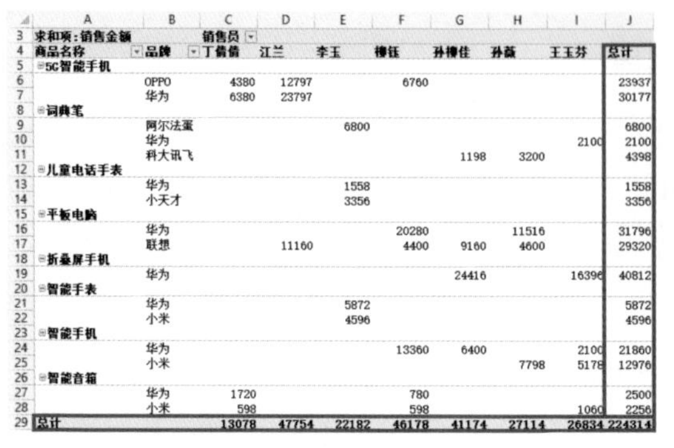

图6-33

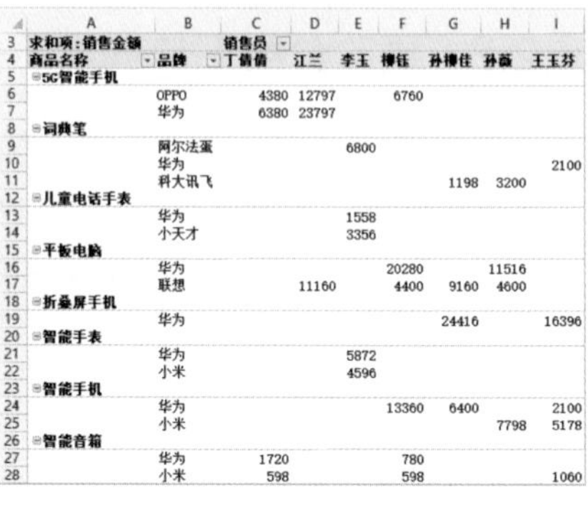

图6-34

控制总计的显示或隐藏的命令按钮在“设计”选项卡中。选中数据透视表中的任意单元格，打开“设计”选项卡，单击“总计”按钮，通过下拉列表中的选项即可设置总计的显示或隐藏，如图6-35所示。

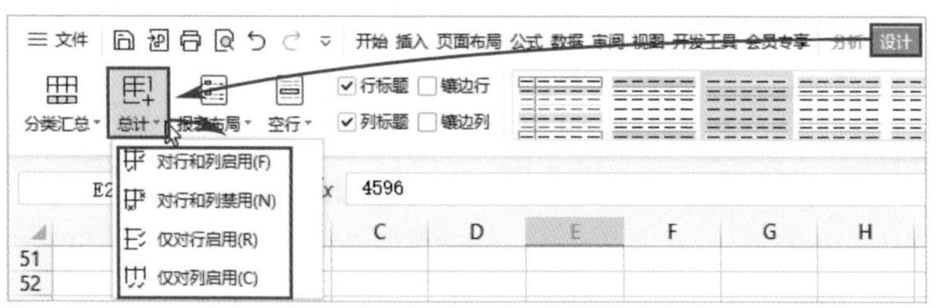

图6-35

6.2.4 快速美化数据透视表

WPS表格包含很多内置的数据透视表样式，使用这些样式能够快速美化数据透视表。

数据透视表样式的应用方法很简单。选中数据透视表中的任意单元格，打开“设计”选项卡，单击“其他”下拉按钮，在展开的列表中选择一款满意的样式，数据透视表即可应用该样式，如图6-36所示。

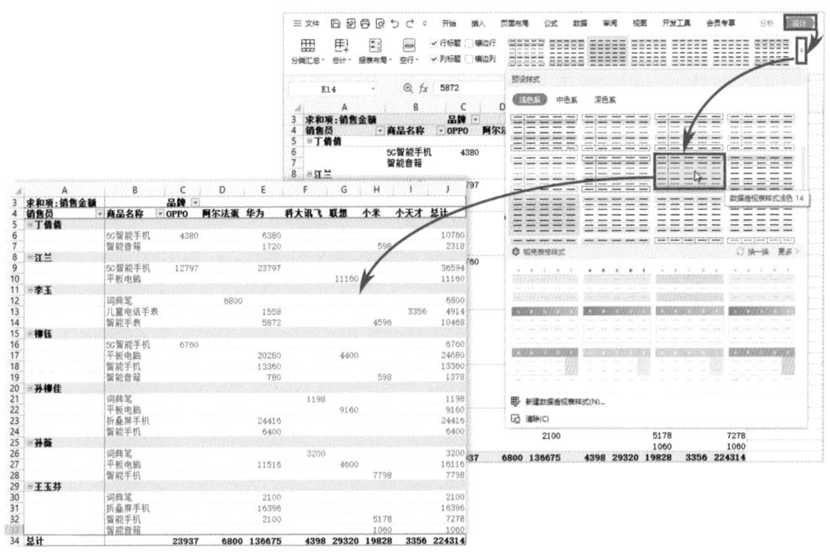

图6-36

在“设计”选项卡中包含“行标题”“列标题”“镶边行”及“镶边列”四个复选框，通过勾选这些复选框可让数据透视表中相应的元素应用不同的格式，从而提高数据透视表的可读性，如图6-37所示。

开始 插入 页面布局 公式 数据 审阅 视图 开发工具 会员专享 分析 设计

行标题 镶边行 列标题 镶边列

	A	B	C	D	E	F	G	H	I	J
3	求和项:销售金额		品牌							
4	销售员	商品名称	OPPO	阿尔法蛋	华为	科大讯飞	联想	小米	小天才	总计
5	⊟丁倩倩									
6		5G智能手机	4380		6380					10760
7		智能音箱			1720			598		2318
8	⊟江兰									
9		5G智能手机	12797		23797					36594
10		平板电脑					11160			11160
11	⊟李玉									
12		词典笔		6800						6800
13		儿童电话手表			1558				3356	4914
14		智能手表			5872			4596		10468
15	⊟柳钰									
16		5G智能手机	6760							6760
17		平板电脑			20280		4400			24680
18		智能手机			13360					13360
19		智能音箱			780			598		1378
20	⊟孙柳佳									
21		词典笔				1198				1198
22		平板电脑					9160			9160
23		折叠屏手机			24416					24416
24		智能手机			6400					6400
25	⊟孙薇									
26		词典笔				3200				3200
27		平板电脑			11516		4600			16116
28		智能手机						7798		7798
29	⊟王玉芬									
30		词典笔			2100					2100
31		折叠屏手机			16396					16396
32		智能手机			2100			5178		7278
33		智能音箱						1060		1060
34	总计		23937	6800	136675	4398	29320	19828	3356	224314

图6-37

6.3 用数据透视表分析数据

在数据透视表中分析数据比用常规数据分析工具更加方便快捷，通过对值字段的设置可以执行各种计算和汇总。另外，还可以通过切片器灵活筛选数据。

6.3.1 更改值的汇总方式

数据透视表值字段的默认汇总方式为求和汇总，若有需要也可将汇总方式更改为求平均值、计数、求最大值、求最小值等，方法如下。

选中要更改计算方式的值字段中的任意单元格并右击，在弹出的菜单中选择“值汇总依据”选项，在其下级菜单中选择“平均值”选项，所选字段的计算方式随即被更改，如图6-38所示。

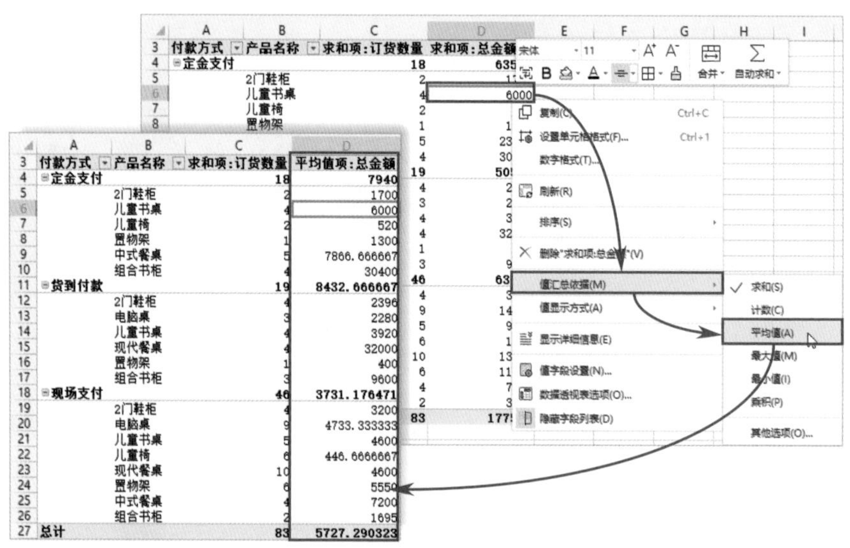

图6-38

6.3.2 更改值的显示方式

值区域中的数字默认以“无计算”的方式显示，用户可以更改其显示方式，以百分比、差异值等形式显示，方法如下。

右击要设置值显示方式的字段中的任意单元格，在弹出的菜单中选择“值显示方式”选项，在其下级菜单中包含了多种显示方式的选项，如图6-39所示。根据需要单击相关的选项即可完成更改。

图6-39

例如，选择“总计的百分比”选项，所选值字段的显示方式随即以“总计”值作为100%计算各项的占比，如图6-40所示。

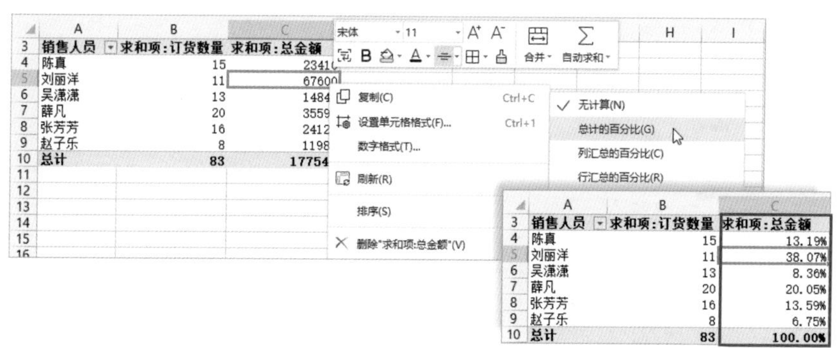

图6-40

6.3.3 在数据透视表中进行计算

数据透视表中也能根据现有字段进行计算，生成数据源中不包含的新字段。例如根据员工的销售总金额计算提成。下面以销售总金额的2%为提成进行计算。

选中数据透视表中的任意单元格，打开“分析”选项卡，单击“字段、项目”下拉按钮，在下拉列表中选择“计算字段”选项。在弹出的“插入计算字段”对话框中设置新字段的名称，接着输入计算公式为“=总金额*2%”，单击“确定”按钮完成操作，如图6-41所示。

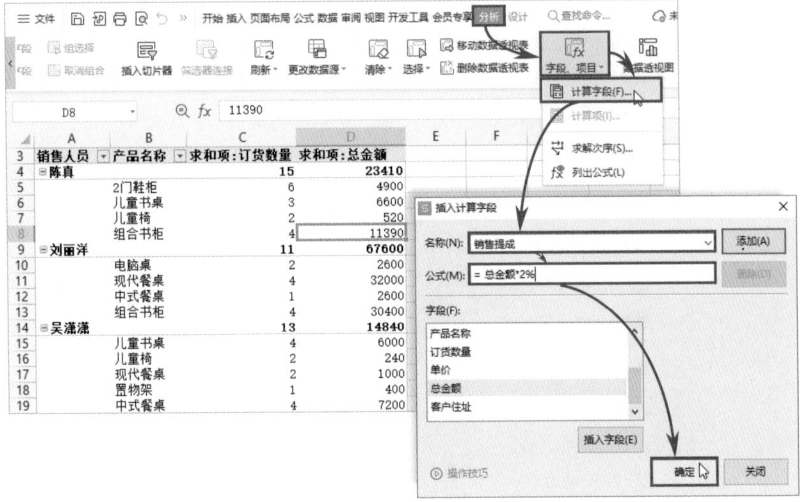

图6-41

数据透视表中随即新增“求和项：销售提成”字段，该字段会在“数据透视表”窗格中显示，但并不会出现在数据源中，如图6-42所示。

图6-42

6.3.4 用切片器筛选数据

切片器是用于筛选数据的工具，使用切片器能够让数据筛选变得更快速，而且操作起来十分便捷。

（1）插入切片器

选中数据透视表中的任意单元格，打开“分析”选项卡，单击“插入切片器”按钮。在弹出的“插入切片器”对话框中勾选需要创建切片器的字段，可同时勾选多个字段，单击“确定”按钮，即可创建相应字段的切片器，如图6-43所示。

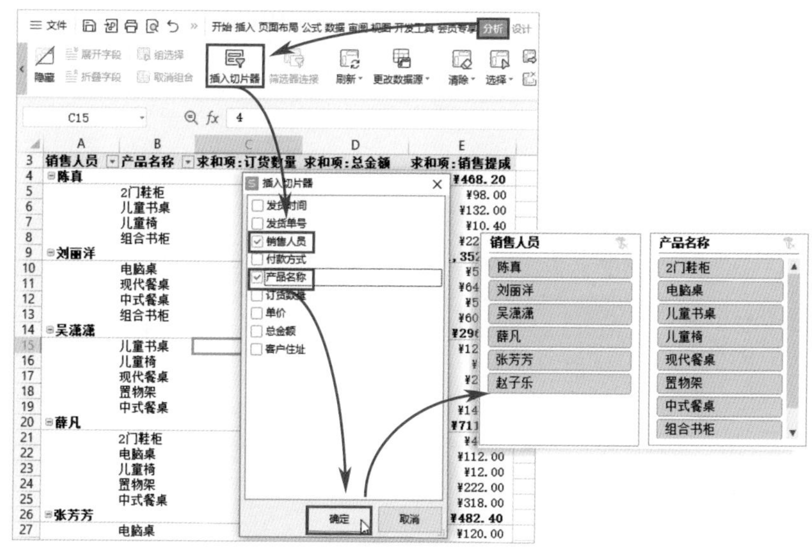

图6-43

（2）设置切片器样式

选中切片器后，功能区中会出现“选项”选项卡，通过该选项卡中的命令按钮可对切片器的样式、大小、位置、按钮列数、按钮尺寸等进行设置，如图6-44所示。

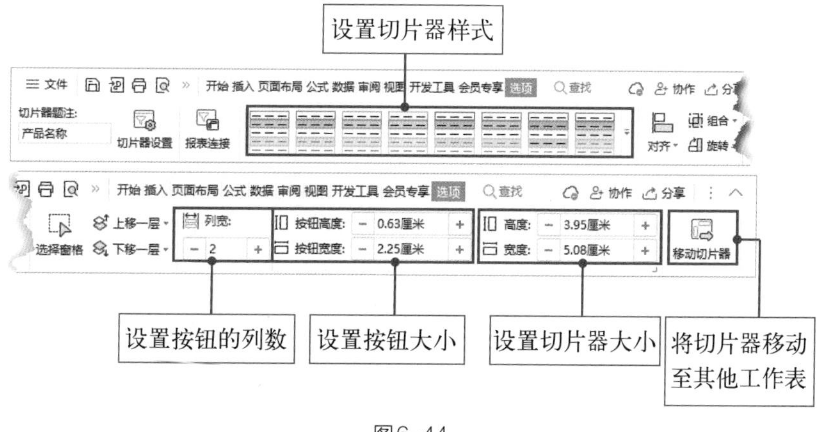

图6-44

为切片器应用内置样式，将切片器中的按钮设置为2列并调整了切片器大小的效果如图6-45所示。

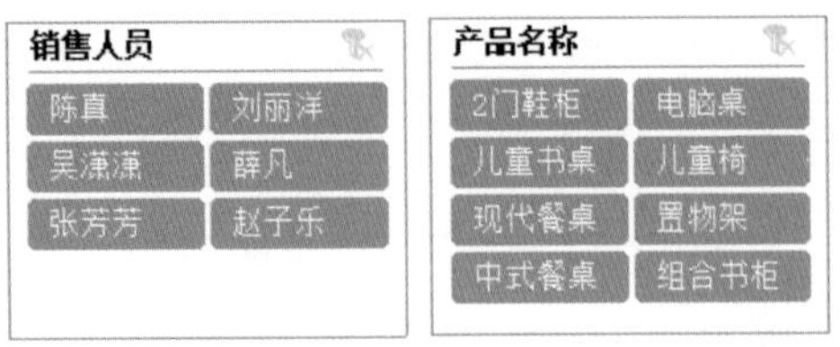

图6-45

（3）用切片器执行筛选

单击切片器中的指定按钮，数据透视表中即可筛选出相应的数据。例如，在“销售人员”切片器中单击“陈真”按钮，在“产品名称”切片器中单击“组合书柜”按钮，即可筛选出销售人员为“陈真”，所销售的产品为“组合书柜”的所有记录，如图6-46所示。

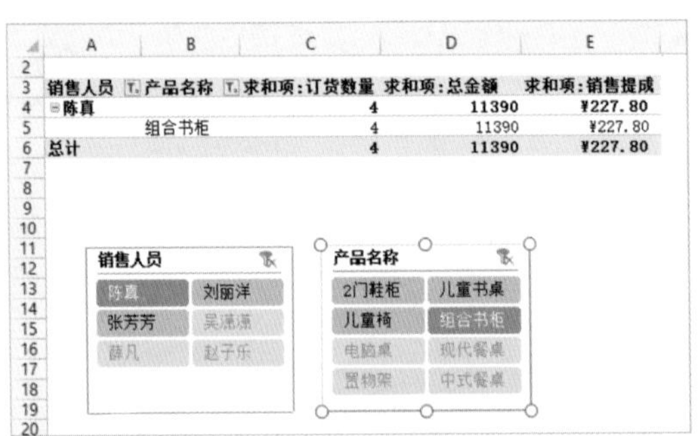

图6-46

按住Ctrl键不放单击要筛选的按钮，可将所单击的按钮全部选中，进而通过一个切片器筛选多个项目的记录，如图6-47所示。

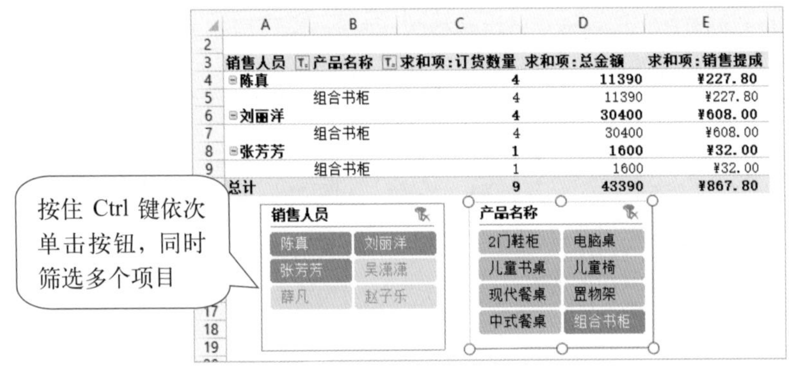

图6-47

操作提示

单击切片器右上角的“”按钮，清除当前切片器中的所有筛选，如图6-48所示。

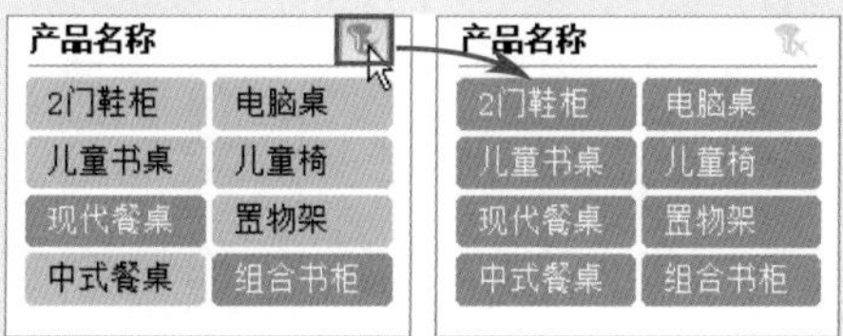

图6-48

【实战演练】用数据透视表分析商品库存

本章主要学习了数据透视表的基本用法，包括数据透视表的创建、字段的添加和设置、数据透视表的布局以及如何使用数据透视表分析数据等。下面将根据商品库存数据创建数据透视表，并对库存数据进行分析。用于创建数据透视表的数据源如图6-49所示。

	A	B	C	D	E	F	G	H	I	J	K	L	M
1	类别	货号	产品名称	颜色	S码	L码	XL码	XXL码	账面数量	成本合计	单件成本	实盘数量	盘盈盘亏
2	上装	A-10002	冲锋衣	黑	7	2	1	8	18	1,062	59	18	0
3	上装	A-10005	工装夹克	军绿	5	8	5	1	19	2,584	136	20	136
4	上装	A-10085	工装夹克	黑	4	7	8	2	21	3,591	171	21	0
5	上装	A-10095	工装夹克	红	6	5	7	8	26	4,992	192	26	0
6	上装	A-10003	面包服	深蓝	3	9	1	8	21	483	23	21	0
7	上装	A-10003	面包服	白	8	2	7	8	25	4,250	170	25	0
8	上装	A-10001	派克服	黑	4	9	7	1	21	2,016	96	21	0
9	上装	A-10081	派克服	白	4	3	4	3	14	1,456	104	13	-104
10	上装	A-10091	派克服	深蓝	3	2	9	6	20	2,920	146	20	0
11	上装	A-10074	轻薄羽绒服	卡其	4	9	1	4	18	1,692	94	18	0

Sheet2　库存　+
进销存　8　100%

图6-49

（1）创建数据透视表

Step01：选中数据源中的任意一个单元格，打开“插入”选项卡，单击“数据透视表”按钮，如图6-50所示。

Step02：弹出“创建数据透视表”对话框，保持所有选项为默认，单击“确定”按钮，如图6-51所示。

图6-50

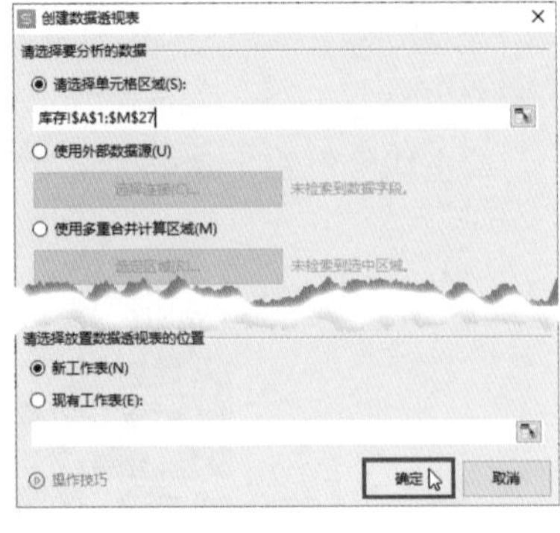
图6-51

Step03: 工作簿中随即自动添加新工作表，并在新工作表中创建空白数据透视表。在“数据透视表”窗格中勾选字段复选框，向数据透视表中添加字段，如图6-52所示。

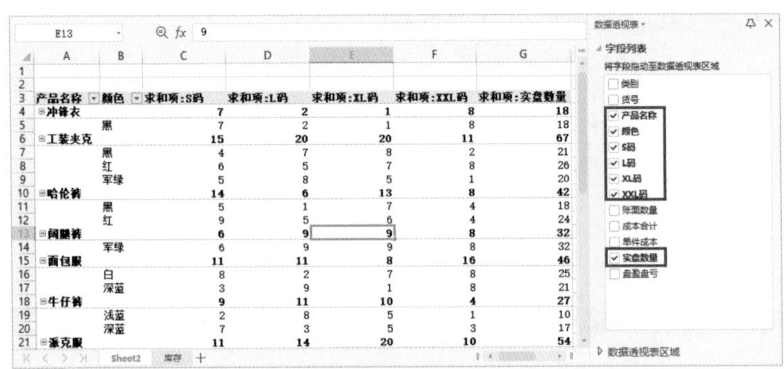
图6-52

Step04: 在“数据透视表”窗格中的“字段列表”中选择“类别”字段，按住鼠标左键，将其拖动至“筛选器”区域，如图6-53所示。

Step05: 随后继续将“字段列表”中的“货号”字段拖动至“筛选器”区域，如图6-54所示。

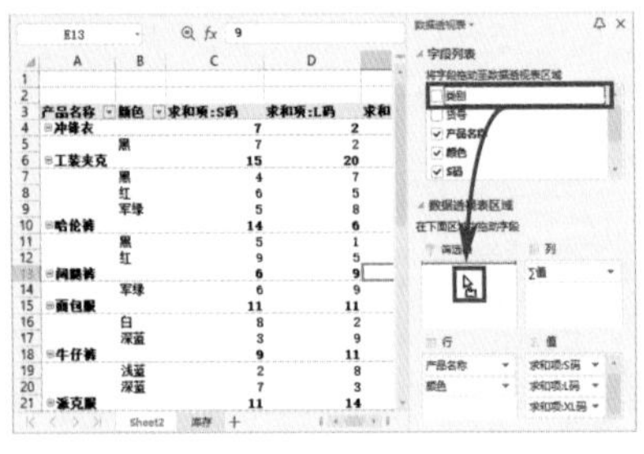
图6-53

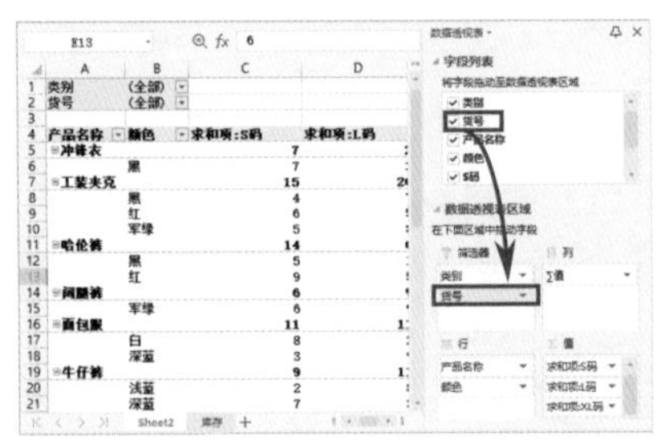
图6-54

（2）设置数据透视表样式

Step01：选中数据透视表中的任意单元格，打开“设计”选项卡，单击“其他”下拉按钮，在展开的列表中选择“数据透视表样式浅色9”选项，如图6-55所示。

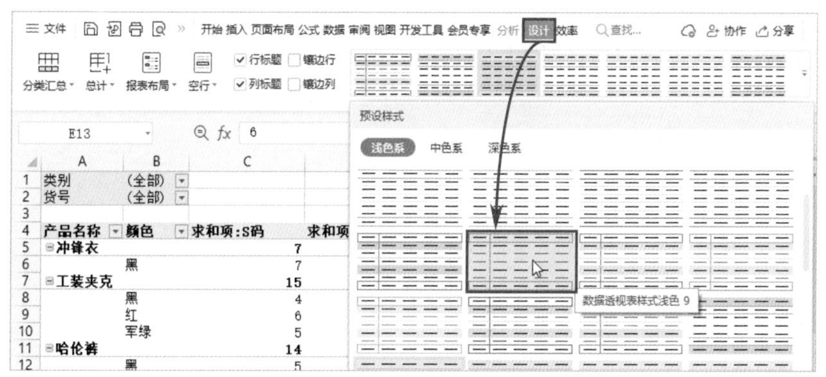

图6-55

Step02：数据透视表随即应用所选样式，效果如图6-56所示。

	A	B	C	D	E	F	G
1	类别	(全部)					
2	货号	(全部)					
3							
4	产品名称	颜色	求和项:S码	求和项:L码	求和项:XL码	求和项:XXL码	求和项:实盘数量
5	⊟冲锋衣		7	2	1	8	18
6		黑	7	2	1	8	18
7	⊟工装夹克		15	20	20	11	67
8		黑	4	7	8	2	21
9		红	6	5	7	8	26
10		军绿	5	8	5	1	20
11	⊟哈伦裤		14	6	13	8	42
12		黑	5	1	7	4	18
13		红	9	5	6	4	24
14	⊟阔腿裤		6	9	9	8	32
15		军绿	6	9	9	8	32
16	⊟面包服		11	11	8	16	46
17		白	8	2	7	8	25
18		深蓝	3	9	1	8	21
19	⊟牛仔裤		9	11	10	4	27
20		浅蓝	2	8	5	1	10
21		深蓝	7	3	5	3	17

Sheet2 库存

图6-56

（3）设置值字段

Step01：选中数据透视表中的任意单元格，打开“分析”选项卡，单击“字段、项目”下拉按钮，在下拉列表中选择“计算字段”选项，如图6-57所示。

Step02：打开“插入计算字段”对话框，设置名称为“库存占比”，在“公式”文本框中输入“=实盘数量”，单击“确定”按钮，如图6-58所示。

Step03：数据透视表中随即添加“求和项：库存占比”字段，右击该字段中的任意单元格，在弹出的菜单中选择“值显示方式”选项，在其下级列表中选择“总计的百分比”选项，如图6-59所示。

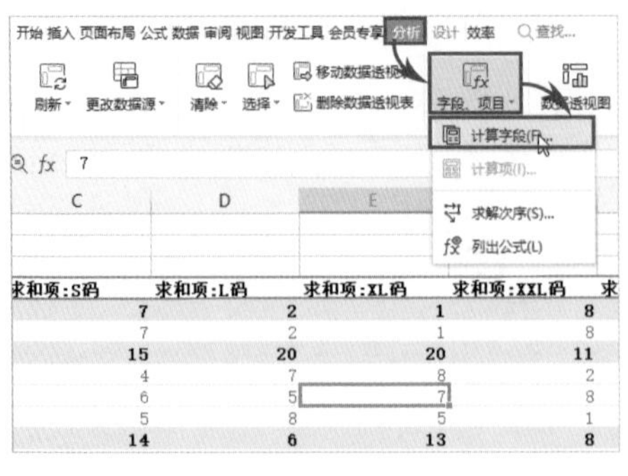

图6-57

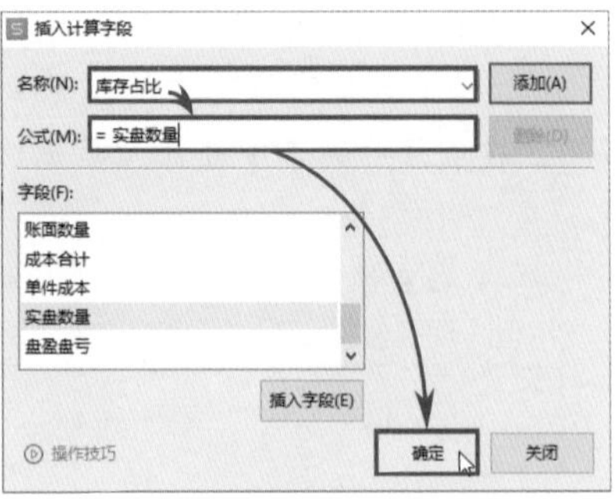

图6-58

Step04: 随后再次右击“求和项：库存占比”字段中的任意一个单元格，在弹出的菜单中选择“排序”选项，在其下级菜单中选择“升序”选项，如图6-60所示。

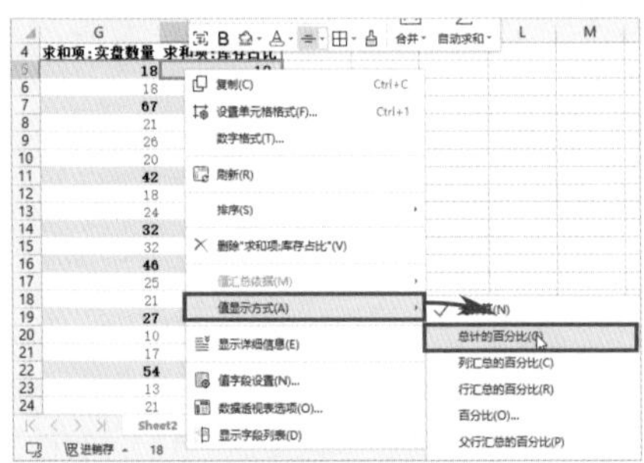

图6-59

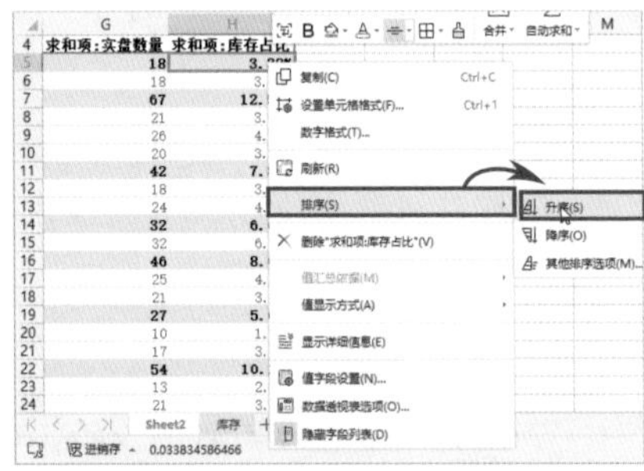

图6-60

Step05: 新添加的“求和项：库存占比”字段，值显示方式随即被设置为总计的百分比形式并按升序进行排序，如图6-61所示。

4	产品名称	颜色	求和项:S码	求和项:L码	求和项:XL码	求和项:XXL码	求和项:实盘数量	求和项:库存占比
5	冲锋衣		7	2	1	8	18	3.38%
6		黑	7	2	1	8	18	3.38%
7	牛仔裤		9	11	10	4	27	5.08%
8		浅蓝	2	8	5	1	10	1.88%
9		深蓝	7	3	5	3	17	3.20%
10	轻薄羽绒服		5	10	6	9	28	5.26%
11		白	1	1	5	5	10	1.88%
12		卡其	4	9	1	4	18	3.38%
13	羊绒大衣		6	8	8	5	30	5.64%
14		红	6	8	8	5	30	5.64%
15	阔腿裤		6	9	9	8	32	6.02%
16		军绿	6	9	9	8	32	6.02%
17	运动裤		9	10	7	9	35	6.58%
18		黑	6	7	6	8	27	5.08%
19		灰	3	3	1	1	8	1.50%
20	羊毛衫		11	10	6	14	41	7.71%
21		黑	9	5	5	9	28	5.26%
22		卡其	2	5	1	5	13	2.44%
23	哈伦裤		14	6	13	8	42	7.89%
24		黑	5	1	7	4	18	3.38%
25		红	9	5	6	4	24	4.51%
26	摇粒绒外套		15	13	5	11	44	8.27%
27		黑	9	5	3	3	20	3.76%
28		灰	6	8	2	8	24	4.51%
29	面包服		11	11	8	16	46	8.65%
30		白	8	2	7	8	25	4.70%
31		深蓝	3	9	1	8	21	3.95%
32	派克服		11	14	20	10	54	10.15%
33		白	4	3	4	3	13	2.44%
34		黑	4	9	7	1	21	3.95%
35		深蓝	3	2	9	6	20	3.76%
36	工装夹克		15	20	20	11	67	12.59%
37		黑	4	7	8	2	21	3.95%
38		红	6	5	7	8	26	4.89%
39		军绿	5	8	5	1	20	3.76%
40	休闲裤		19	17	17	14	68	12.78%
41		灰	7	4	3	3	17	3.20%
42		军绿	3	8	8	7	27	5.08%
43		深蓝	9	5	6	4	24	4.51%
44	总计		138	141	130	127	532	100.00%

图6-61

（4）使用筛选字段筛选数据

Step01: 在数据透视表的筛选区域单击“类别”字段中的筛选按钮，在筛选列表中选择“上装”选项，单击“确定”按钮，如图6-62所示。

Step02: 单击“货号”字段中的筛选按钮，在筛选列表中勾选“选择多项”复选框，先取消“全部”复选框的勾选，随后勾选需要筛选的多个货号选项，单击“确定”按钮，如图6-63所示。

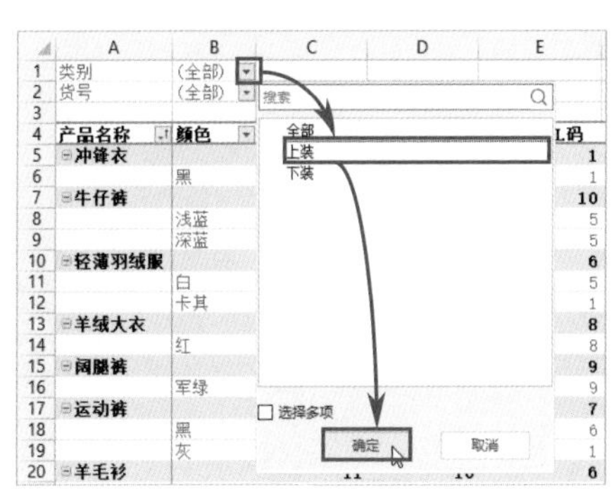

图6-62

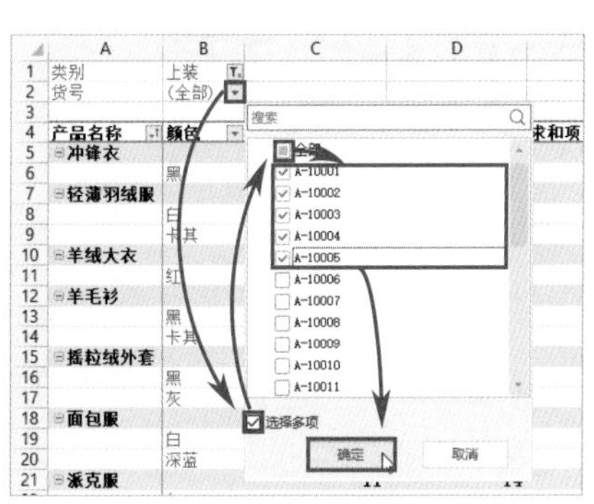

图6-63

Step03: 数据透视表中随即筛选出符合条件的数据，如图6-64所示。

	A	B	C	D	E	F	G	H
1	类别	上装						
2	货号	(多项)						
3								
4	产品名称	颜色	求和项:S码	求和项:L码	求和项:XL码	求和项:XXL码	求和项:实盘数量	求和项:库存占比
5	**轻薄羽绒服**		**1**	**1**	**5**	**5**	**10**	**8.70%**
6		白	1	1	5	5	10	8.70%
7	**冲锋衣**		**7**	**2**	**1**	**8**	**18**	**15.65%**
8		黑	7	2	1	8	18	15.65%
9	**工装夹克**		**5**	**8**	**5**	**1**	**20**	**17.39%**
10		军绿	5	8	5	1	20	17.39%
11	**派克服**		**4**	**9**	**7**	**1**	**21**	**18.26%**
12		黑	4	9	7	1	21	18.26%
13	**面包服**		**11**	**11**	**8**	**16**	**46**	**40.00%**
14		白	8	2	7	8	25	21.74%
15		深蓝	3	9	1	8	21	18.26%
16	**总计**		**28**	**31**	**26**	**31**	**115**	**100.00%**

图6-64

第7章

公式与函数实际应用技巧

WPS表格中包含了大量的函数，使用函数可以简化数据处理与分析的过程。只要编写一个公式便能够快速对目标数据执行统计、查询、提取等操作，从而大幅度提高工作效率。

扫码看视频

7.1 用内置公式快速完成常见计算

WPS表格为工作中使用频率较高的运算内置了公式，例如完成常见的求和、求最大值或最小值、求平均值等计算。

7.1.1 快速求和

求和是日常工作中执行最多的计算之一，在WPS表格中执行求和的方法也不止一种。下面以计算员工各项考核成绩的总分为例。

选中需要计算总分的单元格区域，打开“公式”选项卡，单击“自动求和”按钮，所选区域中的每个单元格内随即自动计算出对应员工的总分，如图7-1所示。

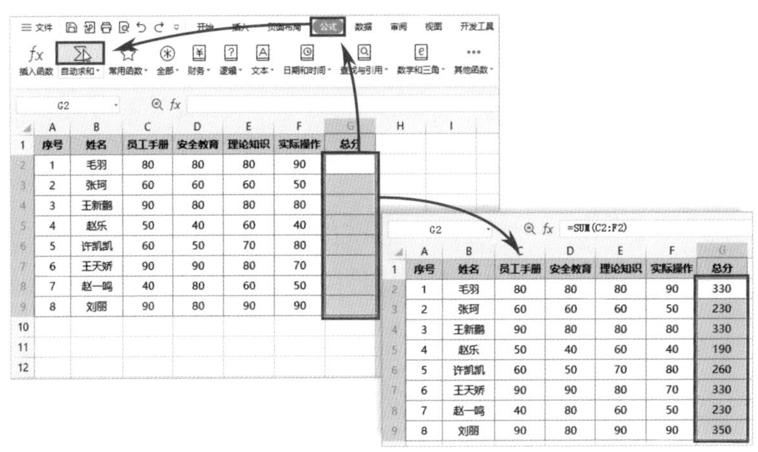

图7-1

操作提示

快速求和也可用快捷键Alt+=来执行。选中需要输入求和结果的区域，按Alt+=组合键，即可返回求和结果。

7.1.2 快速完成其他常见计算

除了求和，WPS表格还可以快速计算平均值、最大值或最小值，统计包含数值的单元格数目等。

在“公式”选项卡中单击“自动求和”下拉按钮，下拉列表中包含求和、平均值、计数、最大值、最小值等选项，通过这些选项可对数据执行相应运算，如图7-2所示。

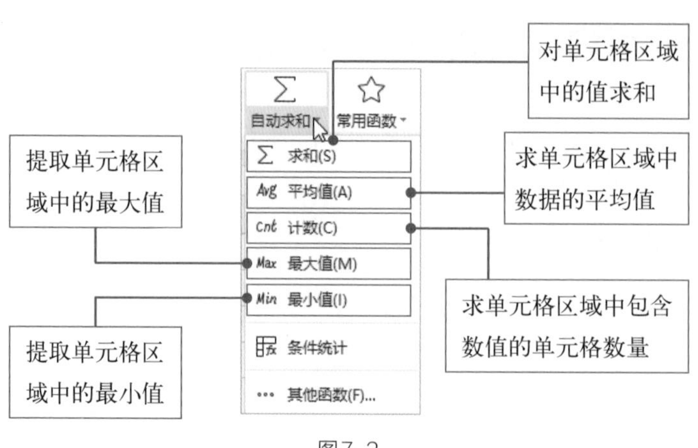

图7-2

在此以计算1车间和2车间的平均产量为例：选中需输入平均值结果的单元格区域，打开“公式”选项卡，单击“自动求和”下拉按钮，在下拉列表中选择“平均值”选项，所选单元格区域中随即返回上方单元格区域中数值的平均值，如图7-3所示。

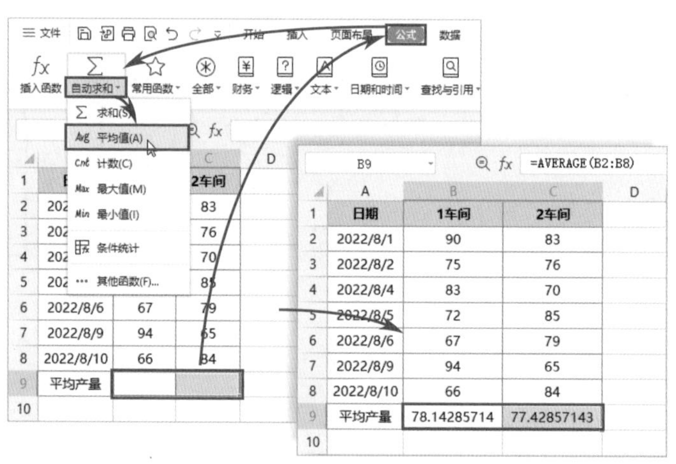

图7-3

7.1.3 快速浏览计算结果

当选中至少两个单元格时，窗口左下角的状态栏中会显示所选区域中数据的平均值、计数以及求和结果。用户可通过这种方法快速浏览所选区域中数值的各项统计结果，如图7-4所示。

右击状态栏空白处，此时会弹出快捷菜单，通过选择菜单中的选项还可继续向状态栏中添加其他计算，如图7-5所示。

	A	B	C	D	E	F
1	序号	商品名称	销售数量	单价	销售金额	
2	1	运动手表	5	2200.00	11000.00	
3	2	智能电视	1	7800.00	7800.00	
4	3	智能音箱	8	550.00	4400.00	
5	4	电话手表	4	600.00	2400.00	
6	5	智能冰箱	2	2050.00	4100.00	
7	6	学习台灯	2	180.00	360.00	
8	7	运动手表	2	1650.00	3300.00	
9	8	学习台灯	6	2450.00	14700.00	
10						

Sheet1

平均值=6007.5 计数=9 求和=4万8060

图7-4

	A	B	C	D	E	F
1	序号	商品名称	销售数量	单价	销售金额	
2	1	运动手表	5	2200.00		
3	2	智能电视	1	7800.00		
4	3	智能音箱	8	550.00		
5	4	电话手表	4	600.00		
6	5	智能冰箱	2	2050.00		
7	6	学习台灯	2	180.00		
8	7	运动手表	2	1650.00		
9	8	学习台灯	6	2450.00		
10						

无(N)
✓ 平均值(A)
✓ 计数(C)
计数值(O)
最小值(I)
最大值(M)
✓ 求和(S)
✓ 带中文单位分隔(H)
使用千位分隔符(T)
按万位分隔(E)

右击

Sheet1

平均值=6007.5 计数=9 求和=4万8060

图7-5

7.1.4 自动根据条件统计出结果

即使在统计数据时有一定的条件，WPS表格也能毫不费力地根据给定的条件完成统计。例如，根据多个直播间的销售数据，统计“1号直播间”的销售数量总和，如图7-6所示。

H2 =SUMIFS(Sheet1!$E$2:$E$18,Sheet1!$B$2:$B$18,("1号直播间"))

	A	B	C	D	E	F	G	H
1	日期	直播间	产品名称	单位	销售数量		直播间	销售总量
2	2022/11/5	1号直播间	原味炒米	袋	307		1号直播间	5130
3	2022/11/5	1号直播间	蟹黄锅粑	袋	283			
4	2022/11/8	1号直播间	蒜香豌豆	袋	269			
5	2022/12/3	1号直播间	原味炒米	袋	584			
6	2022/12/12	2号直播间	五香花生	袋	671			
7	2022/12/5	2号直播间	原味炒米	袋	915			
8	2022/12/23	2号直播间	焦糖瓜子	袋	433			
9	2022/12/5	2号直播间	蒜香豌豆	袋	422			
10	2022/12/12	1号直播间	蟹味蚕豆	袋	722			
11	2022/12/12	1号直播间	焦糖瓜子	袋	898			
12	2022/12/3	2号直播间	五香花生	袋	564			
13	2022/11/18	2号直播间	蟹味蚕豆	袋	917			
14	2022/12/5	1号直播间	蟹味蚕豆	袋	831			
15	2022/11/12	2号直播间	原味炒米	袋	536			
16	2022/11/12	2号直播间	蟹黄锅粑	袋	545			
17	2022/12/22	1号直播间	原味炒米	袋	363			
18	2022/12/14	1号直播间	蟹黄锅粑	袋	873			

条件列
条件
对符合条件的“销售数量”进行求和
求和列

图7-6

Step01: 选择要放置计算结果的单元格，打开“公式”选项卡，单击“自动求和”下拉按钮，从下拉列表中选择“条件统计”选项，如图7-7所示。

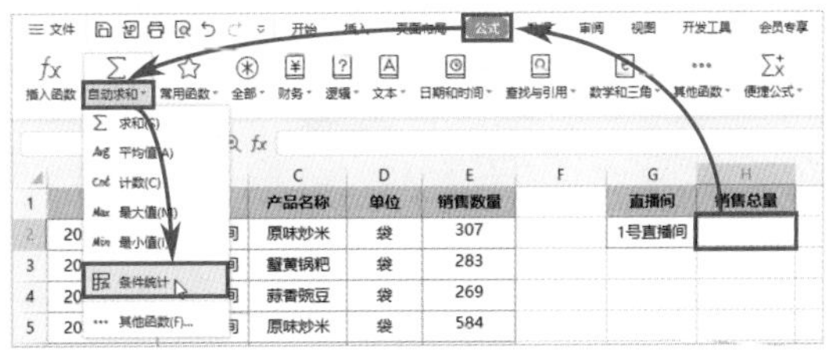

图7-7

Step02：系统随即弹出“条件统计”对话框，在“待统计数据表”文本框中引用整个销售数据表所在的区域，单击“下一步”按钮，如图7-8所示。

Step03：在对话框中设置好条件所在数据列、条件、数据统计方式、需要求和的数据列、结果存放的位置等，单击“确定”按钮，即可返回统计结果，如图7-9所示。

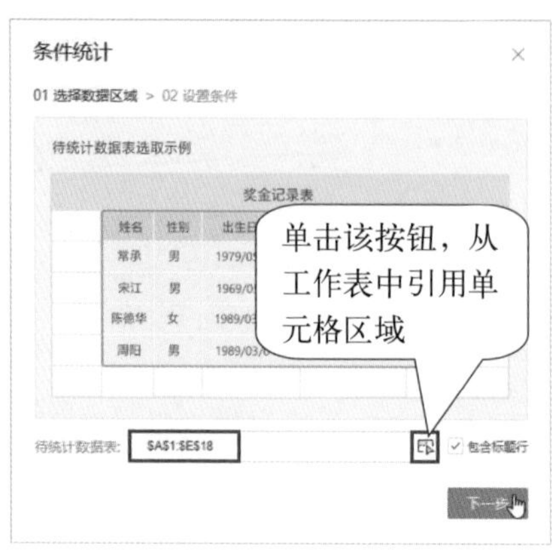

图7-8

图7-9

操作提示

在“条件统计”对话框中单击“添加条件”按钮，可添加选项用于设置多组条件，如图7-10所示。另外，还可将默认的“求和”统计方式修改为计数、平均、最大值或最小值，如图7-11所示。

图7-10

图7-11

7.2 公式不用死记硬背

很多人觉得公式与函数很难，众多函数需要一一牢记。其实并非如此！只要掌握了一定的方法，公式和函数的学习将会是一件很简单的事。

7.2.1 了解函数的类型和作用

WPS表格中的函数类型包括财务函数、逻辑函数、文本函数、日期和时间函数、查找与引用函数、数学和三角函数、统计函数、工程函数、信息函数等。

打开“公式”选项卡，能够看到不同类型的函数按钮，如图7-12所示。

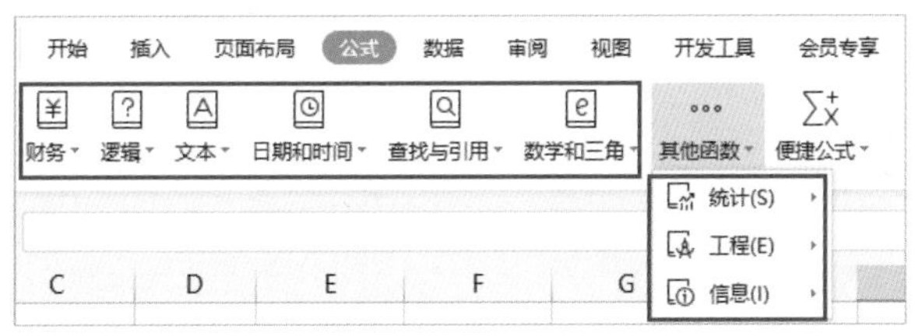

图7-12

单击其中一种类型的函数按钮，在展开的列表中可以查看到该类型的所有函数，如图7-13所示。选择其中一个函数，便可将该函数插入到单元格中。同时弹出“函数参数”对话框，在该对话框中可设置函数的参数，并通过不同位置的说明文字了解函数的作用以及每个参数的含义，如图7-14所示。

图7-13

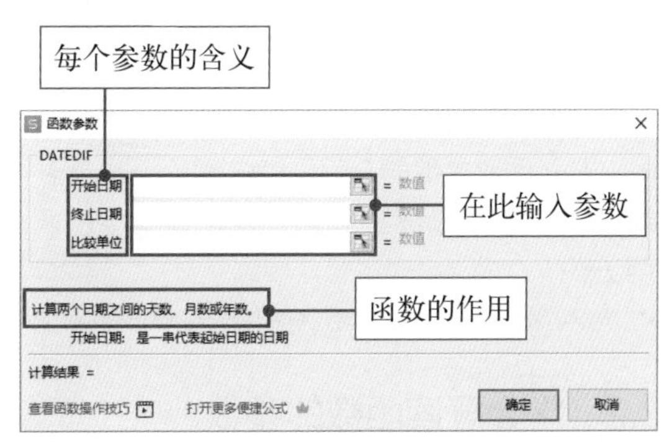

图7-14

另外，用户也可通过“插入函数”对话框了解函数的类型及函数的作用，方法如下。

打开“公式”选项卡，单击“插入函数”按钮，即可打开“插入函数”对话框。单击“或选择类别”下拉按钮，下拉列表中包含了所有函数类型，如图7-15所示。

在下拉列表中选择一种函数类型，下方的列表框中随即出现该类型的所有函数，选中某个函数，列表框下方会显示该函数的语法格式及作用，如图7-16所示。单击“确定”按钮，则会打开用于设置参数的“函数参数”对话框。

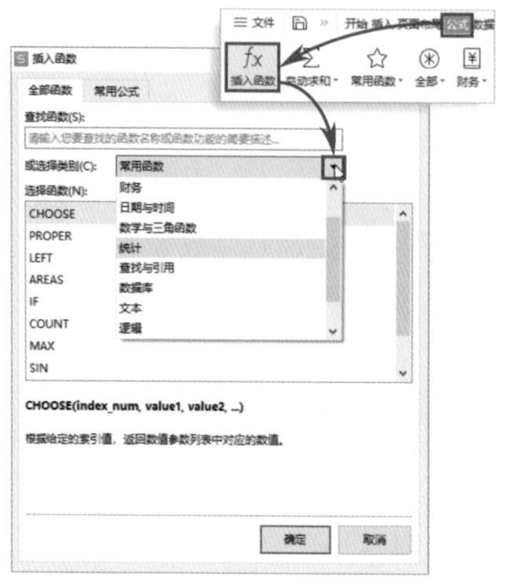

图7-15

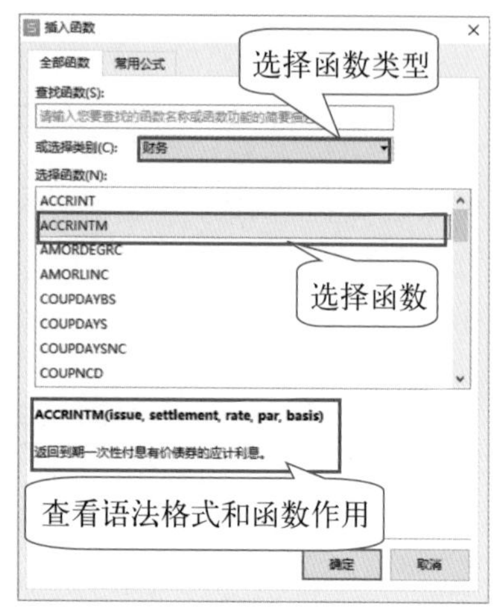

图7-16

操作提示

在“函数参数”对话框的左下角有“查看函数操作技巧”选项，如图7-17所示。单击该选项可链接到“WPS学堂”网页，该网页中包含针对当前函数的视频讲解以及对函数参数的介绍。用户可通过这种方法了解相关函数的基础用法。

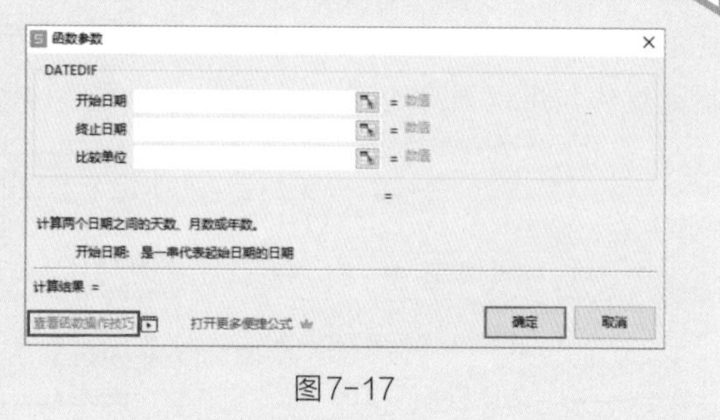

图7-17

7.2.2 学会解读函数的参数

函数由函数名称和参数两部分组成，函数名称表明函数的作用，参数是公式运算所需的数据。不管一个函数有多少参数，都应写在函数名称后面的括号里，各参数之间用逗号分隔。

例如公式“=SUM(2,5,3)”，SUM是函数名称，2、5、3是参数。SUM函数的作用是求和，这个公式就表示对参数2、5、3三个数字求和，如图7-18所示。

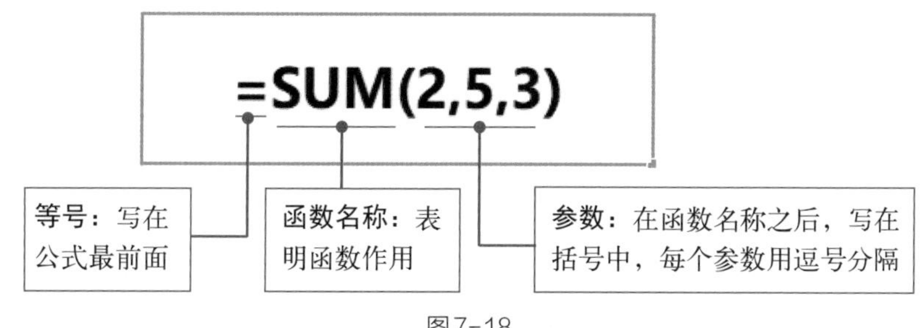

图7-18

表格中的函数可以理解为预定义的公式，它们根据参数的结构进行计算。参数的结构以专业术语表述，即语法格式。每个函数都有其特定的语法格式。了解语法格式，是应用函数的必要前提。

面对一个陌生的函数，如何了解其语法格式呢？常见的方法有两种。

（1）通过屏幕提示了解函数语法格式

下面以SUBSTITUTE函数为例。在单元格中输入“=SUBSTITUTE”，屏幕中会出现提示内容，显示该函数的作用。通过屏幕提示，用户便可了解到SUBSTITUTE函数的作用是“将字符串中的部分字符替换成新字符串”，如图7-19所示。

图7-19

继续在函数名称后面输入左括号“(”，屏幕提示内容则会变为该函数的语法格式，通过语法格式，可以了解到SUBSTITUTE函数一共有四个参数，分别为字符串、原字符串、新字符串、替换序号，如图7-20所示。

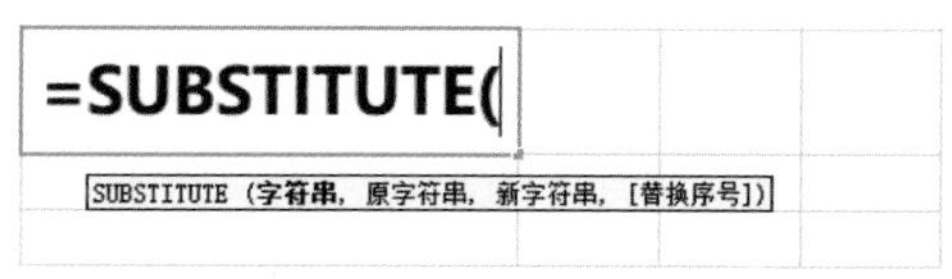

图7-20

语法格式中对每个参数的文字解释为缩略解释，初学者可能很难理解其具体含义，这便需要在学习的过程中日积月累，俗话说：读书百遍，其义自见。见得多了，用得多了，自然就明白了。

若将“=SUBSTITUTE(字符串，原字符串，新字符串，[替换序号])”转换成更容易理解的表述，则是：

=SUBSTITUTE(要替换其中内容的字符串，替换什么内容，替换为什么内容，

[当要替换的内容多次出现时，指定替换第几处])

语法格式中带方括号“[ ]”的参数为可选参数，表示在一定情况下可以忽略，不用设置。

（2）通过“插入函数”对话框了解函数语法格式

在“公式”选项卡中单击“插入函数”按钮，打开“插入函数”对话框，在“查找函数”文本框中输入函数名称，在对话框底部即可查看该函数的语法格式以及函数作用。此处的语法格式为英文，如图7-21所示。在“插入函数”对话框中单击“确定”按钮，打开“函数参数”对话框，在该对话框中则可根据参数文本框左侧的文字说明了解每个参数的含义，如图7-22所示。

图7-21　　　　图7-22

7.2.3　常见的参数类型

函数的常见参数类型包括单元格引用、常量、逻辑值、数组、错误值、函数、名称等。

（1）单元格引用

单元格引用是最常见的参数类型。单元格引用是将单元格或单元格区域作为函数的参数。如图7-23所示，公式中的E2:E9为单元格区域引用，该公式表示对E2:E9单元格区域中的值求和。

图7-23

（2）常量

常量是直接输入到公式中的数字、文本、日期或其他字符。如果常量不是数字则需要输入在英文状态下的双引号中，如图7-24所示。

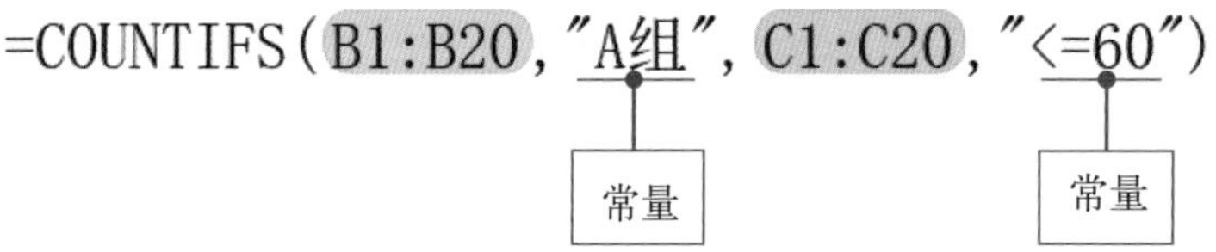

=COUNTIFS(B1:B20,"A组",C1:C20,"<=60")

常量　　常量

图7-24

（3）逻辑值

逻辑值只有两个值，即TRUE和FALSE，分别代表真和假。直接输入在公式中的逻辑值一般用于指定匹配条件，在查找和引用函数中比较常见，如图7-25所示。

=HLOOKUP(C1,$C$1:$F$16,13,FALSE)

逻辑值

图7-25

（4）名称

名称是一种有意义的简略表示法，用户可以为单元格区域、函数或常量等定义名称。在公式中直接输入名称进行计算，能够使公式更容易理解，如图7-26所示。

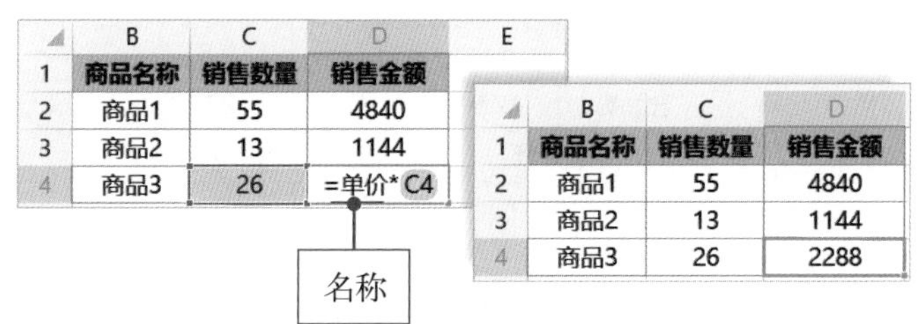

	B	C	D	E
1	商品名称	销售数量	销售金额	
2	商品1	55	4840	
3	商品2	13	1144	
4	商品3	26	=单价*C4	

	B	C	D
1	商品名称	销售数量	销售金额
2	商品1	55	4840
3	商品2	13	1144
4	商品3	26	2288

图7-26

（5）数组

数组是一列或若干列数，在工作表中数组就是一个矩形区域。数组也可以是用{}括起来的常量，如图7-27所示。数组参数常用于数组公式中。

	A	B	C	D	E	F	G	H
1	日期	直播间	产品名称	单位	销售数量		1号直播间与2号直播间产量	
2	2022/11/5	1号直播间	原味炒米	袋		=SUM(IF(B2:B18={"1号直播间","2号直播间"},E2:E18))		
3	2022/11/5	1号直播间	蟹黄锅粑	袋	283			
4	2022/11/8	1号直播间	蒜香豌豆	袋	269			
5	2022/12/3	1号直播间	原味炒米	袋	584			
6	2022/12/12	2号直播间	五香花生	袋	671			
7	2022/12/5	2号直播间	原味炒米	袋	915			
8	2022/12/23	2号直播间	焦糖瓜子	袋	433			
9	2022/12/5	2号直播间	蒜香豌豆	袋	422			
10	2022/12/12	1号直播间	蟹味蚕豆	袋	722			
11	2022/12/12	1号直播间	焦糖瓜子	袋	898			
12	2022/12/3	2号直播间	五香花生	袋	564			
13	2022/11/18	2号直播间	蟹味蚕豆	袋	917			
14	2022/12/5	1号直播间	蟹味蚕豆	袋	831			
15	2022/11/12	2号直播间	原味炒米	袋	536			
16	2022/11/12	2号直播间	蟹黄锅粑	袋	545			
17	2022/12/22	1号直播间	原味炒米	袋	363			
18	2022/12/14	1号直播间	蟹黄锅粑	袋	873			

	A	B	C	D	E	F	G
1	日期	直播间	产品名称	单位	销售数量		1号直播间与2号直播间产量
2	2022/11/5	1号直播间	原味炒米	袋	307		10133
3	2022/11/5	1号直播间	蟹黄锅粑	袋	283		
4	2022/11/8	1号直播间	蒜香豌豆	袋	269		
5	2022/12/3	1号直播间	原味炒米	袋	584		
6	2022/12/12	2号直播间	五香花生	袋	671		
7	2022/12/5	2号直播间	原味炒米	袋	915		
8	2022/12/23	2号直播间	焦糖瓜子	袋	433		
9	2022/12/5	2号直播间	蒜香豌豆	袋	422		
10	2022/12/12	1号直播间	蟹味蚕豆	袋	722		

图7-27

7.2.4 多个函数组合应用的原理

函数的组合应用也可以称为函数嵌套。处理复杂计算时，一个函数往往不能解决问题，这时便需要多个函数组合编写公式。例如，用公式“=INT(SUM(E2:E9))”计算向下舍入到最接近的整数金额，如图7-28所示。

	A	B	C	D	E	F
1	序号	商品名称	单价	数量	金额	
2	01	食用油	109.9	1	109.9	
3	02	曲奇饼干	86	2	172	
4	03	红葡萄酒	138	2	276	
5	04	罐装奶粉	240.5	1	240.5	
6	05	纯牛奶	66.2	1	66.2	
7	06	酸奶	19.8	1	19.8	
8	07	甜甜圈	6.6	3	19.8	
9	08	洗面奶	82.5	1	82.5	
10		实付金额		=INT(SUM(E2:E9))		

图7-28

INT函数的作用是将数字向下舍入到最接近的整数。这个公式将SUM函数作为INT函数的参数使用，对“SUM(E2:E9)”的计算结果向下取整。

7.2.5 输入公式时的注意事项

初学者在使用公式时，经常会出现各种各样的状况，其中由公式编写得不规范所造成的状况就占了很大比例。那么在表格中输入公式有哪些注意事项呢？

第一，函数名称拼写要正确。

第二，公式三要素不能少：等号、函数名和参数（少数不包含参数的函数除外）。

● 等号必须写在公式最前面；

● 括号必须成对出现，有几个左括号就要有几个右括号；

● 参数的数量和类型必须满足要求。

第三，文本参数要输入在英文状态下的双引号中。

第四，公式不能输入在文本格式的单元格中，否则公式无法自动计算。

第五，参数为单元格引用时，注意引用形式（相对引用、绝对引用和混合引用）。

第六，输入公式时不要乱点鼠标，容易引用错误的单元格。

第七，无法退出公式编辑状态时按Esc键退出。

7.2.6 快速输入公式

输入公式也有很多技巧，掌握公式的录入技巧是保证效率和准确率的前提。下面以计算业绩大于50000的人数为例，介绍快速录入公式的两种常用方法。

（1）自动插入函数和参数

在输入公式之前，用户需明确本次计算要用到哪种函数。这里要统计销售业绩大于50000的单元格数量，所以要用到的函数是统计函数，要求中只给出了一个条件（即大于50000），因此可以使用单条件统计函数，即COUNTIF函数。

Step01: 选中要输入公式的单元格，打开“公式”选项卡，单击“其他函数”下拉按钮，在下拉列表中选择“统计”选项，在其下级列表中选择“COUNTIF”函数，如图7-29所示。

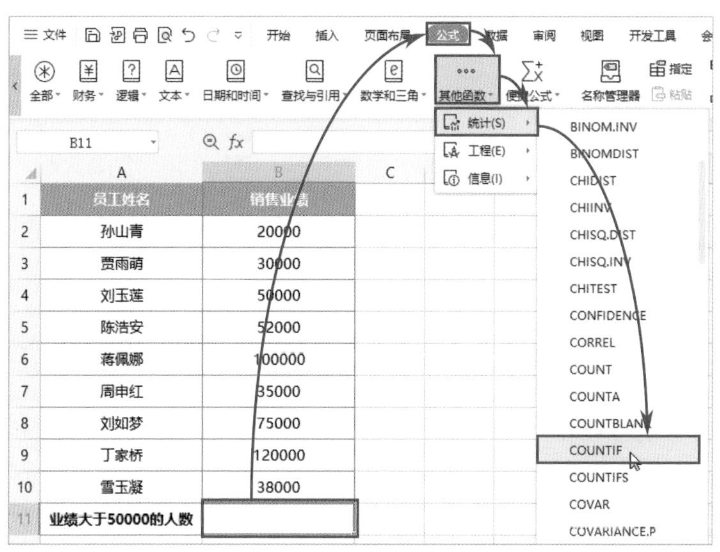

图7-29

Step02：系统随即弹出“函数参数”对话框，用户可在该对话框中设置参数。将光标定位于第一个参数文本框中。第一个参数的文字说明为“区域”，表示要统计的实际单元格区域。将光标移动到工作表中，按住鼠标左键不放，同时拖动鼠标选取要引用的单元格区域，松开鼠标完成单元格区域的引用，如图7-30所示。

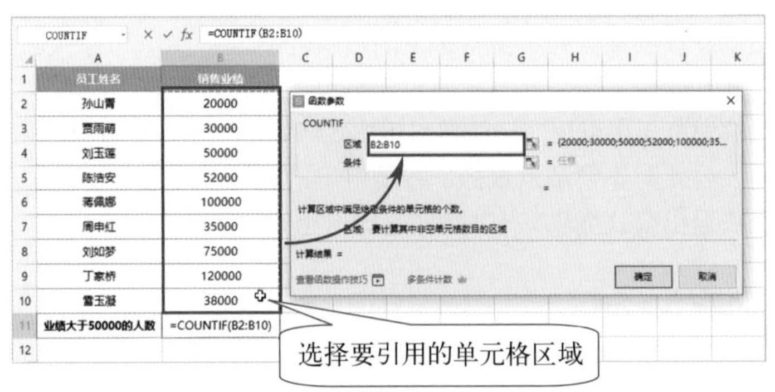

图7-30

Step03：第一个参数设置完成后，将光标定位于第二个参数文本框中。根据文字说明可以了解到，第二个参数是“条件”，在文本框中手动输入“>50000”，参数设置完成后，单击“确定”按钮，如图7-31所示。单元格中随即返回公式结果，在编辑栏中可以查看到完整的公式，如图7-32所示。

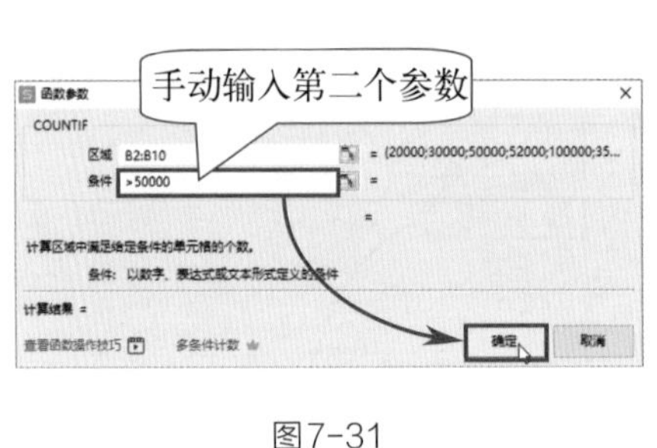

图7-31

B11 =COUNTIF(B2:B10,">50000")

	A	B
1	员工姓名	销售业绩
2	孙山青	20000
3	贾雨萌	30000
4	刘玉莲	50000
5	陈浩安	52000
6	蒋佩娜	100000
7	周申红	35000
8	刘如梦	75000
9	丁家桥	120000
10	雷玉凝	38000
11	业绩大于50000的人数	4

编辑栏中可查看完整公式

公式返回计算结果

图7-32

（2）手动输入公式

除了自动插入函数、在对话框中设置参数，也可手动输入公式。手动输入函数时并不需要完全记住函数的拼写方法，只要知道这个函数的前一两个字母即可。

Step01：在单元格中输入等号，接着输入函数的第一个字母，此时会出现一个下拉列表，显示以该字母开头的所有函数，从列表中找到需要使用的函数，双击即可自动录入该函数，函数后面自动录入了一对括号，如图7-33所示。

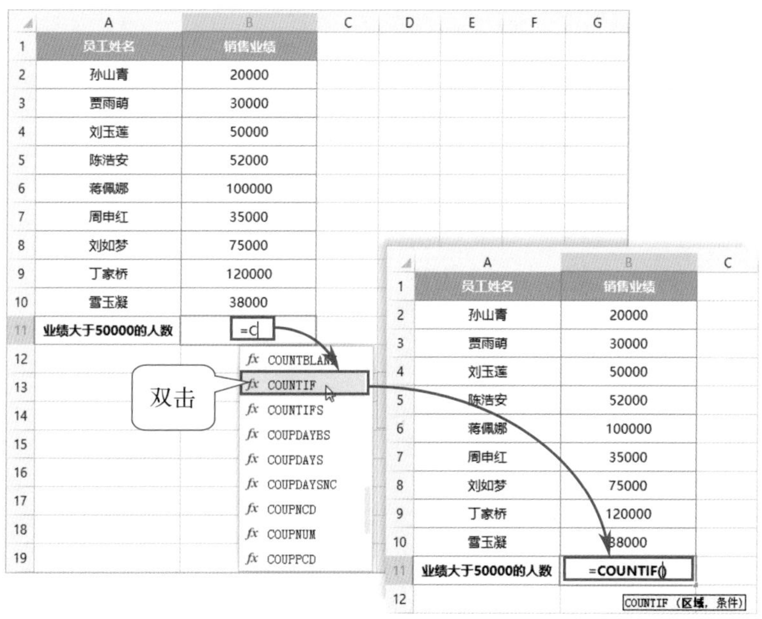

图7-33

Step02: 保证光标定位在函数后面的括号中，按住鼠标左键，拖动鼠标，在公式中引用所选择的单元格区域，将其设置为第一个参数，如图7-34所示。

Step03: 在第一个参数后面输入逗号，接着输入第二个参数。第二个参数是条件，属于文本型参数，需要输入在英文状态下录入的双引号中，如图7-35所示。

	A	B	C
1	员工姓名	销售业绩	
2	孙山青	20000	
3	贾雨萌	30000	
4	刘玉莲	50000	
5	陈浩安	52000	
6	蒋佩娜	100000	
7	周申红	35000	
8	刘如梦	75000	
9	丁家桥	120000	
10	雪玉凝	38000	
11	业绩大于50000的人数	=COUNTIF(B2:B10)	9R x 1C
12		COUNTIF (区域, 条件)	

图7-34

	A	B	C
1	员工姓名	销售业绩	
2	孙山青	20000	
3	贾雨萌	30000	
4	刘玉莲	50000	
5	陈浩安	52000	
6	蒋佩娜	100000	
7	周申红	35000	
8	刘如梦	75000	
9	丁家桥	120000	
10	雪玉凝	38000	
11	业绩大于500	=COUNTIF(B2:B10,">50000")	
12		COUNTIF (区域, 条件)	

图7-35

Step04: 公式输入完成后按Enter键即可返回计算结果，如图7-36所示。

	A	B	C
1	员工姓名	销售业绩	
2	孙山青	20000	
3	贾雨萌	30000	
4	刘玉莲	50000	
5	陈浩安	52000	
6	蒋佩娜	100000	
7	周申红	35000	
8	刘如梦	75000	
9	丁家桥	120000	
10	雪玉凝	38000	
11	业绩大于50000的人数	4	
12			

图7-36

操作提示

若要在公式中引用一个单元格，只需在公式编辑状态下单击要引用的单元格即可，如图7-37所示。

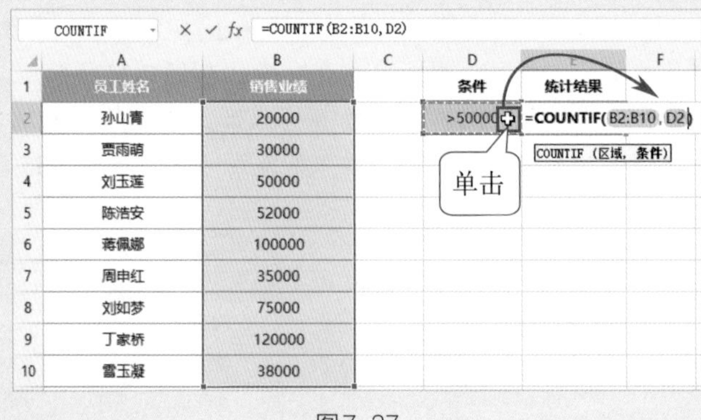

COUNTIF =COUNTIF(B2:B10,D2)

	A	B	C	D	E	F
1	员工姓名	销售业绩		条件	统计结果	
2	孙山青	20000		>50000	=COUNTIF(B2:B10, D2)	
3	贾雨萌	30000				
4	刘玉莲	50000				
5	陈浩安	52000				
6	蒋佩娜	100000				
7	周申红	35000				
8	刘如梦	75000				
9	丁家桥	120000				
10	雪玉凝	38000				

图7-37

7.2.7 填充公式快速完成连续区域的计算

当连续的区域中的数据具有相同计算规律时，通常只需要输入一次公式，然后填充公式即可完成所有计算，操作方法如下。

选中包含公式的单元格，将光标移动至该单元格的右下角，光标变成“+”形状时（该符号称为填充柄），按住鼠标左键不放，向需要填充公式的方向拖动鼠标，松开鼠标后被拖动选择的单元格中随即被填充公式，并自动返回计算结果，如图7-38所示。

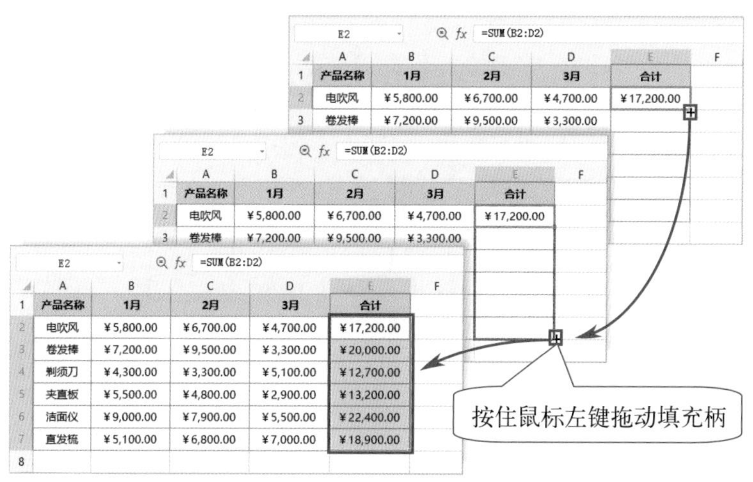

图7-38

操作提示

用户可根据需要向不同方向填充公式，只需向目标方向拖动填充柄即可。

7.2.8 单元格的三种引用形式很重要

公式中的单元格引用形式包括三种，即相对引用、绝对引用以及混合引用。引用方式不同，在复制或填充公式的过程中会对公式的结果造成很大影响。

（1）相对引用

相对引用是最常见的引用形式，输入公式时，默认引用的单元格或单元格区域为相对引用，如图7-39所示。

	A	B	C	D	E	F
1	销售日期	产品名称	销售数量	销售单价	销售金额	
2	1月8日	商品1	14	¥599.00	= C2 * D2	
3	1月12日	商品2	25	¥499.00		
4	1月13日	商品3	12	¥599.00		
5	2月9日	商品4	16	¥650.00		
6	2月12日	商品5	25	¥650.00		
7	2月13日	商品6	12	¥200.00		
8	5月10日	商品7	19	¥380.00		
9	5月14日	商品8	19	¥200.00		

C2、D2为相对引用

图7-39

相对引用的特点是，公式移动位置后，所引用的单元格也会随着公式的位置发生相应改变，如图7-40所示。

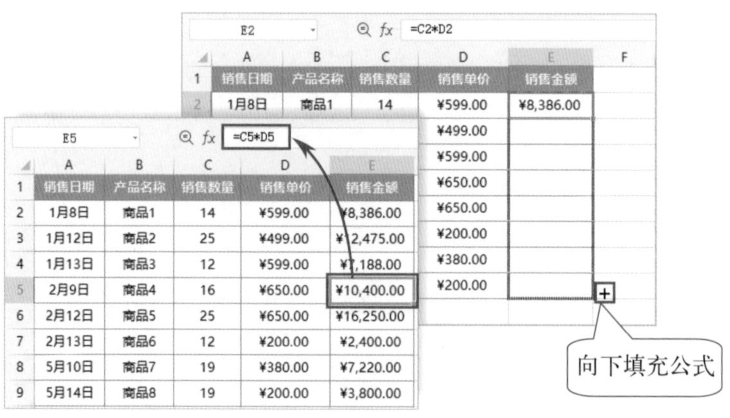

	A	B	C	D	E
1	销售日期	产品名称	销售数量	销售单价	销售金额
2	1月8日	商品1	14	¥599.00	¥8,386.00
3	1月12日	商品2	25	¥499.00	¥12,475.00
4	1月13日	商品3	12	¥599.00	¥7,188.00
5	2月9日	商品4	16	¥650.00	¥10,400.00
6	2月12日	商品5	25	¥650.00	¥16,250.00
7	2月13日	商品6	12	¥200.00	¥2,400.00
8	5月10日	商品7	19	¥380.00	¥7,220.00
9	5月14日	商品8	19	¥200.00	¥3,800.00

图7-40

（2）绝对引用

绝对引用能够锁定公式中的单元格，其特征是行号和列标前有“$”符号，如图7-41所示。绝对引用的单元格，不会随着公式位置的变化发生改变，如图7-42所示。

	A	B	C	D	E	F	G	H
1	销售日期	产品名称	销售数量	销售单价	销售金额	宣传成本		宣传成本
2	1月8日	商品1	14	¥599.00	¥8,386.00	= E2 * $H$2		15%
3	1月12日	商品2	25	¥499.00	¥12,475.00			
4	1月13日	商品3	12	¥599.00	¥7,188.00			
5	2月9日	商品4	16	¥650.00	¥10,400.00			
6	2月12日	商品5	25	¥650.00	¥16,250.00			
7	2月13日	商品6	12	¥200.00	¥2,400.00			
8	5月10日	商品7	19	¥380.00	¥7,220.00			
9	5月14日	商品8	19	¥200.00	¥3,800.00			

$H$2为绝对引用

图7-41

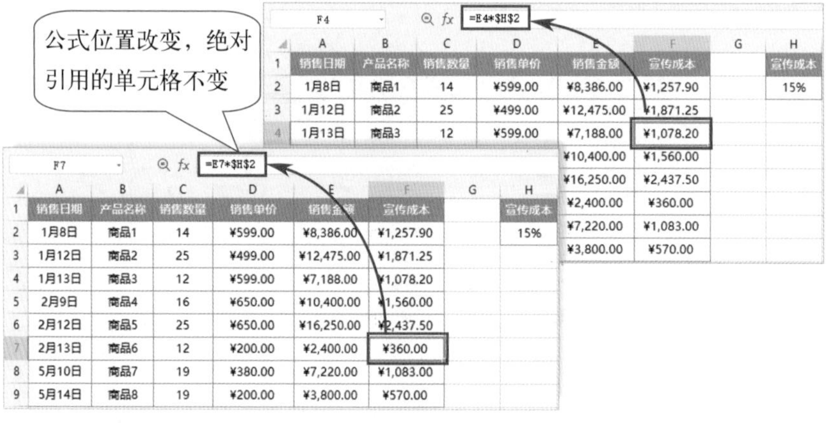

	A	B	C	D	E	F	G	H
1	销售日期	产品名称	销售数量	销售单价	销售金额	宣传成本		宣传成本
2	1月8日	商品1	14	¥599.00	¥8,386.00	¥1,257.90		15%
3	1月12日	商品2	25	¥499.00	¥12,475.00	¥1,871.25		
4	1月13日	商品3	12	¥599.00	¥7,188.00	¥1,078.20		
5	2月9日	商品4	16	¥650.00	¥10,400.00	¥1,560.00		
6	2月12日	商品5	25	¥650.00	¥16,250.00	¥2,437.50		
7	2月13日	商品6	12	¥200.00	¥2,400.00	¥360.00		
8	5月10日	商品7	19	¥380.00	¥7,220.00	¥1,083.00		
9	5月14日	商品8	19	¥200.00	¥3,800.00	¥570.00		

图7-42

（3）混合引用

混合引用可以单独锁定行或单独锁定列。只在被锁定的部分前面使用“$”符号。所以混合引用有两种形式，分别为绝对引用列相对引用行的形式（例如“$A2”），以及相对引用列绝对引用行的形式（例如“A$2”）。

混合引用的单元格在公式被填充到其他位置后，只有绝对引用的部分不发生变化，相对引用的部分发生变化，如图7-43所示。

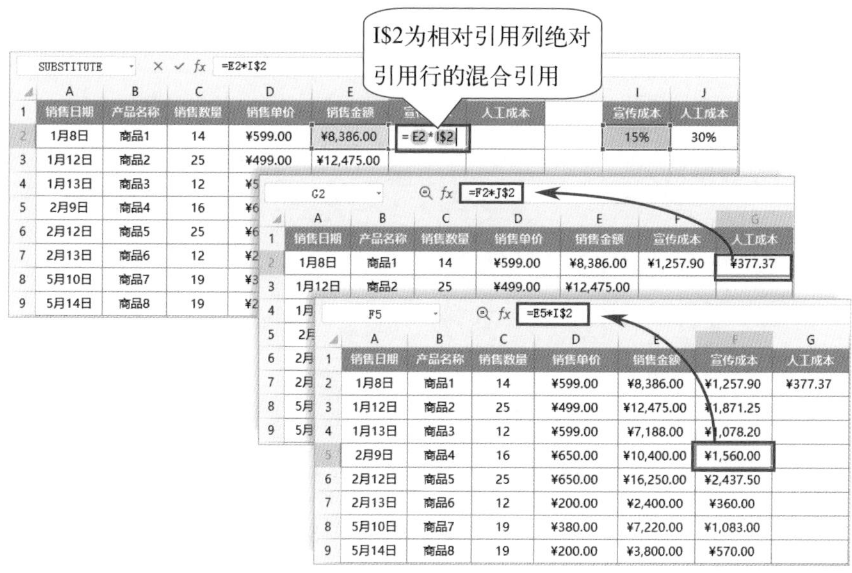

图7-43

操作提示

使用F4键可以快速切换单元格的引用形式，在需要的位置添加“$”符号。在公式中选中单元格名称，按一次F4键切换为绝对引用；按两次F4键切换为相对引用列绝对引用行的混合引用；按三次F4键切换为绝对引用列相对引用行的混合引用；按四次F4键可恢复为相对引用。

7.3 用10%的函数解决80%的常见问题

WPS表格中包含的函数种类有几百种，对大部分用户来说并不是每种函数都用得上，因为每个人的工作性质不同，要处理的数据类型也有很大差别。针对经常要执行的数据处理，掌握相应函数的使用方法，往往能达到事半功倍的效果。

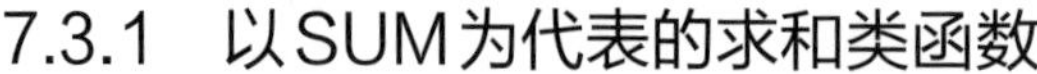

7.3.1 以SUM为代表的求和类函数

常用的求和函数包括SUM、SUMIF、SUMIFS等。其中SUM函数是最基础也是最常用的求和函数，SUMIF和SUMIFS函数则可以根据条件求和。下面将对这些函数的用法进行详细介绍。

（1）SUM函数

SUM函数可以计算指定的单元格区域中所有数字的和。例如，对三个数值区域中的值进行求和，需要将这三个单元格区域设置为SUM函数的参数，如图7-44所示。

AREAS　　=SUM(A2:A10,C2:C10,E2:E10)

	A	B	C	D	E	F	G
1	数值区域1		数值区域2		数值区域3		
2	3		13		49		
3	25		58		27		
4	76		92		72		
5	34		3		94		
6	1		12		41		
7	76		84		27		
8	87		31		64		
9	52		71		80		
10	80		52		13		
11							
12	对三个数值区域内的值求和:			=SUM(A2:A10, C2:C10, E2:E10)			
13							

图7-44

SUM函数最多可设置255个参数，参数的常见类型包括数字、单元格或单元格区域引用等，如图7-45所示。

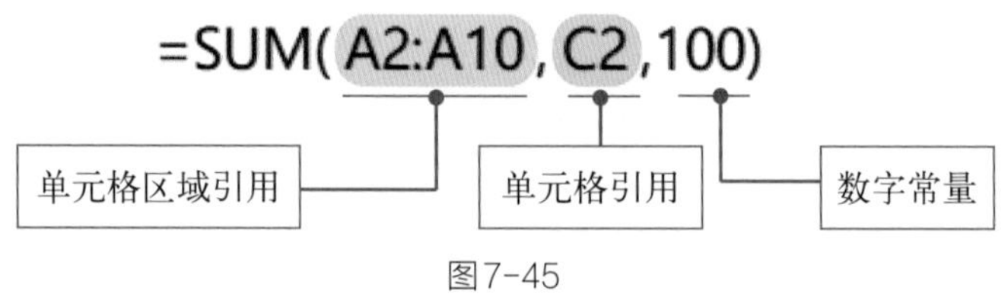

图7-45

（2）SUMIF函数

SUMIF函数可以对满足条件的单元格区域中的值求和。SUMIF函数有三个参数，语法格式如下：

=SUMIF (①包含求和条件的区域，②求和条件，[③求和区域])

下面将根据各分店销售数据，计算指定某个分店的销售利润。选择J2单元格，输入公式“=SUMIF(B2:B13,"建国路店",G2:G13)”，按下Enter键即可返回求和结果，如图7-46所示。

J2　=SUMIF(B2:B13,"建国路店",G2:G13)

	A	B	C	D	E	F	G	H	I	J
1	日期	分店	商品	进价	售价	数量	利润		分店	利润
2	2022/12/1	西城区店	产品A	¥20.00	¥30.00	236	¥2,360.00		建国路店	¥9,540.00
3	2022/12/1	建国路店	产品C	¥40.00	¥50.00	403	¥4,030.00			
4	2022/12/2	山西路店	产品A	¥20.00	¥30.00	150	¥1,500.00			
5	2022/12/2	开发区店	产品B	¥30.00	¥40.00	122	¥1,220.00			
	12/2	西城区店	产品A	¥20.00	¥30.00	208	¥2,080.00			
	12/2	建国路店	产品C	¥40.00	¥50.00	385	¥3,850.00			
	/12/3	山西路店	产品C	¥40.00	¥50.00	301	¥3,010.00			
9	2022/12/4	开发区店	产品C	¥40.00	¥50.00	411	¥4,110.00			
10	2022/12/5	西城区店	产品C	¥40.00	¥50.00	311	¥3,110.00			
11	2022/12/8	建国路店	产品A	¥20.00	¥30.00	166	¥1,660.00			
12	2022/12/8	山西路店	产品B	¥30.00	¥40.00	281	¥2,810.00			
13	2022/12/12	开发区店	产品A	¥20.00	¥30.00	287	¥2,870.00			

图7-46

SUMIF函数也可设置比较条件，例如对数量大于400的利润求和，可以使用公式“=SUMIF(F2:F13,">400",G2:G13)”，如图7-47所示。

I2　=SUMIF(F2:F13,">400",G2:G13)

	A	B	C	D	E	F	G	H	I
1	日期	分店	商品	进价	售价	数量	利润		对数量大于400的利润求和
2	2022/12/1	西城区店	产品A	¥20.00	¥30.00	236	¥2,360.00		¥8,140.00
3	2022/12/1	建国路店	产品C	¥40.00	¥50.00	403	¥4,030.00		
4	2022/12/2	山西路店	产品A	¥20.00	¥30.00	150	¥1,500.00		
5	2022/12/2	开发区店	产品B	¥30.00	¥40.00	122	¥1,220.00		
6	2022/12/2	西城区店	产品A	¥20.00	¥30.00	208	¥2,080.00		
7	2022/12/2	建国路店	产品C	¥40.00	¥50.00	385	¥3,850.00		
8	2022/12/3	山西路店	产品C	¥40.00	¥50.00	301	¥3,010.00		
9	2022/12/4	开发区店	产品C	¥40.00	¥50.00	411	¥4,110.00		
10	2022/12/5	西城区店	产品C	¥40.00	¥50.00	311	¥3,110.00		
11	2022/12/8	建国路店	产品A	¥20.00	¥30.00	166	¥1,660.00		
12	2022/12/8	山西路店	产品B	¥30.00	¥40.00	281	¥2,810.00		
13	2022/12/12	开发区店	产品A	¥20.00	¥30.00	287	¥2,870.00		

图7-47

操作提示

当条件区域和求和区域为同一区域时，可忽略第三个参数。例如，计算利润大于4000的所有利润之和，可以使用公式“=SUMIF(G2:G13,">4000")”。

（3）SUMIFS函数

SUMIFS函数可以根据多个条件对指定区域中的数值求和。语法格式如下：

=SUMIFS(①求和区域，②第1个条件区域，③第1个条件，[④第2个条件区域，⑤第2个条件]，…)

SUMIFS函数的参数中，条件区域和条件必须成对出现，至少需要设置一对条件区域和条件，最多设置127对条件区域和条件。

下面将使用SUMIFS函数计算“西城区店”所销售的“产品A”的利润。

在I2单元格中输入公式“=SUMIFS(G2:G13,B2:B13,"西城区店",C2:C13,"产品A")”，按下Enter键即可计算出结果，如图7-48所示。

I2 fx =SUMIFS(G2:G13,B2:B13,"西城区店",C2:C13,"产品A")

	A	B	C	D	E	F	G	H	I
1	日期	分店	商品	进价	售价	数量	利润		利润
2	2022/12/1	西城区店	产品A	¥20.00	¥30.00	236	¥2,360.00		¥4,440.00
3	2022/12/1	建国路店	产品C	¥40.00	¥50.00	403	¥4,030.00		
4	2022/12/2	山西路店	产品A	¥20.00	¥30.00	150	¥1,500.00		
5	2022/12/2	开发区店	产品B	¥30.00	¥40.00	122	¥1,220.00		
6	2022/12/2	西城区店	产品A	¥20.00	¥30.00	208	¥2,080.00		
7	2022/12/2	建国路店	产品C	¥40.00	¥50.00	385	¥3,850.00		
8	2022/12/3	山西路店	产品C	¥40.00	¥50.00	301	¥3,010.00		
9	2022/12/4	开发区店	产品C	¥40.00	¥50.00	411	¥4,110.00		
10	2022/12/5	西城区店	产品C	¥40.00	¥50.00	311	¥3,110.00		
11	2022/12/8	建国路店	产品A	¥20.00	¥30.00	166	¥1,660.00		
12	2022/12/8	山西路店	产品B	¥30.00	¥40.00	281	¥2,810.00		
13	2022/12/12	开发区店	产品A	¥20.00	¥30.00	287	¥2,870.00		

图7-48

操作提示

当为SUMIFS函数设置多组条件时，所指定的条件区域不能为同一区域，否则公式无法完成计算。

7.3.2 以AVERAGE为代表的求平均值函数

常用的求平均值函数包括AVERAGE、AVERAGEA、AVERAGEIF、AVERAGEIFS等，这些函数的区别在哪里？又该如何使用呢？下面将进行详细介绍。

（1）AVERAGE函数

AVERAGE函数用于计算数据的平均值，参数的类型可以是数字、单元格或单元格区域引用，区域中的文本或空单元格会被忽略。

例如，用AVERAGE函数计算所有产品的平均出库数量，E2单元格中输入公式“=AVERAGE(C2:C18)”，按下Enter键，返回计算结果，如图7-49所示。

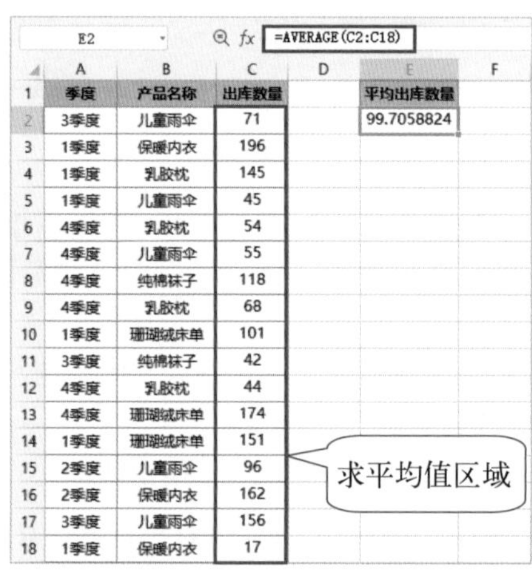

E2 fx =AVERAGE(C2:C18)

	A	B	C	D	E	F
1	季度	产品名称	出库数量		平均出库数量	
2	3季度	儿童雨伞	71		99.7058824	
3	1季度	保暖内衣	196			
4	1季度	乳胶枕	145			
5	1季度	儿童雨伞	45			
6	4季度	乳胶枕	54			
7	4季度	儿童雨伞	55			
8	4季度	纯棉袜子	118			
9	4季度	乳胶枕	68			
10	1季度	珊瑚绒床单	101			
11	3季度	纯棉袜子	42			
12	4季度	乳胶枕	44			
13	4季度	珊瑚绒床单	174			
14	1季度	珊瑚绒床单	151			
15	2季度	儿童雨伞	96			
16	2季度	保暖内衣	162			
17	3季度	儿童雨伞	156			
18	1季度	保暖内衣	17			

图7-49

（2）AVERAGEA函数

AVERAGEA函数和AVERAGE函数的作用基本相同，其区别在于AVERAGE函数忽略非数值型数据，如图7-50所示。而AVERAGEA函数不会忽略区域中的文本、逻辑值等非数值型的数据，如图7-51所示。

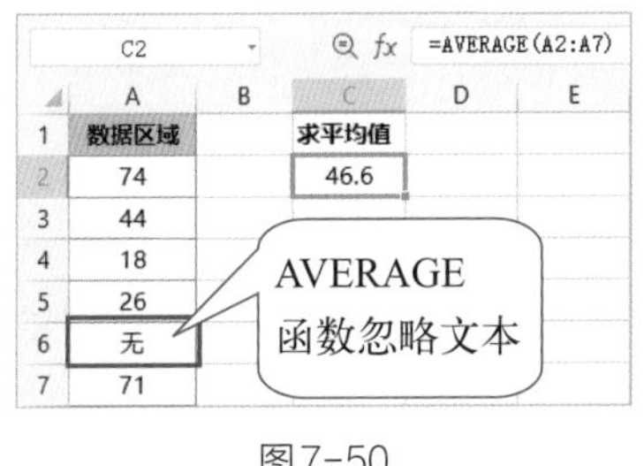

图7-50

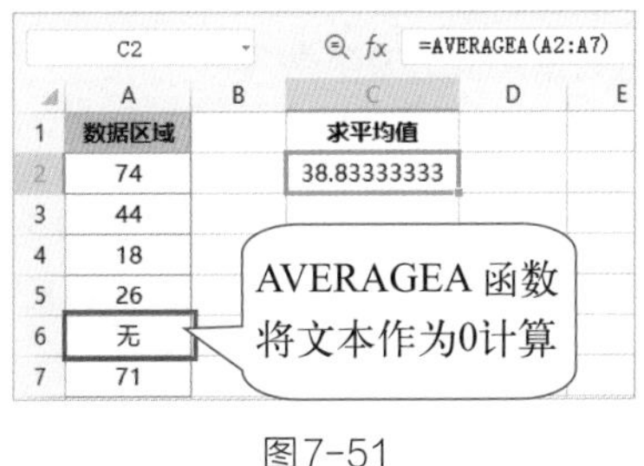

图7-51

操作提示

AVERAGEA函数将逻辑值TRUE作为数字1计算，将逻辑值FALSE作为数字0计算。

（3）AVERAGEIF函数

AVERAGEIF函数可以根据指定条件计算数据的平均值。该函数有三个参数，语法格式如下：

=AVERAGEIF(①条件所在区域，②条件，[③求平均值的实际区域])

下面将使用AVERAGEIF函数计算儿童雨伞的平均出库数量。

在E2单元格中输入公式“=AVERAGEIF(B2:B18,"儿童雨伞",C2:C18)”，按下Enter键即可返回计算结果，如图7-52所示。

E2　fx　=AVERAGEIF(B2:B18,"儿童雨伞",C2:C18)

	A	B	C	D	E	F
1	季度	产品名称	出库数量		儿童雨伞平均出库量	
2	3季度	儿童雨伞	71		84.6	
3	1季度	保暖内衣	196			
4	1季度	乳胶枕	145			
5	1季度	儿童雨伞	45			
6	4季度	乳胶枕	54			
7	4季度	儿童雨伞	55			
	4季度	纯棉袜子	118			
	4季度	乳胶枕	68			
	1季度	珊瑚绒床单	101			
11	3季度	纯棉袜子	42			
12	4季度	乳胶枕	44			
13	4季度	珊瑚绒床单	174			
14	1季度	珊瑚绒床单	151			
15	2季度	儿童雨伞	96			
16	2季度	保暖内衣	162			
17	3季度	儿童雨伞	156			
18	1季度	保暖内衣	17			

条件区域　求平均值区域

图7-52

（4）AVERAGEIFS函数

AVERAGEIFS函数可以根据多重条件求平均值。AVERAGEIFS函数的用法和SUMIFS函数基本相同，语法格式如下：

=AVERAGEIFS(①计算平均值的实际单元格区域，②第1个条件区域，③第1个条件，[④第2个条件区域，⑤第2个条件]，…)

AVERAGEIFS函数至少需要设置一对条件区域和条件，且条件区域和条件必须成对出现，最多可设置127对条件区域和条件。

例如，要计算1季度保暖内衣的平均出库数量，可以在单元格E2中输入公式“=AVERAGEIFS(C2:C18,A2:A18,"1季度",B2:B18,"保暖内衣")”，按下Enter键即可返回计算结果，如图7-53所示。

E2 =AVERAGEIFS(C2:C18,A2:A18,"1季度",B2:B18,"保暖内衣")

	A	B	C	D	E	F	G
1	季度	产品名称	出库数量		1季度保暖内衣的平均出库数量		
2	3季度	儿童雨伞	71		106.5		
3	1季度	保暖内衣	196				
4	1季度	乳胶枕	145				
5	1季度	儿童雨伞	45				
6	4季度	乳胶枕	54				
7	4季度	儿童雨伞	55				
8	4季度	纯棉袜子	118				
9	4季度	乳胶枕	68				
10	1季度	[illegible]	101				
11	3季度	[illegible]	42				
12	4季度	[illegible]	44				
13	4季度	珊瑚绒床单	174				
14	1季度	珊瑚绒床单	151				
15	2季度	儿童雨伞	96				
16	2季度	保暖内衣	162				
17	3季度	儿童雨伞	156				
18	1季度	保暖内衣	17				

求平均值区域

第1个条件区域

第2个条件区域

图7-53

7.3.3 以COUNT为代表的统计函数

统计函数的三个基础函数分别为COUNT函数、COUNTA函数、COUNTBLANK函数。这三个函数的作用如下：

- COUNT函数可以统计指定区域中包含数值的单元格数目；
- COUNTA函数可以统计指定区域中非空单元格的数目；
- COUNTBLANK函数可以统计指定区域中空单元格的数目。

这三个函数的语法格式相同，其参数为要进行统计的单元格区域。COUNT函数、COUNTA函数以及COUNTBLANK函数对同一区域进行统计的结果对比如图7-54所示。

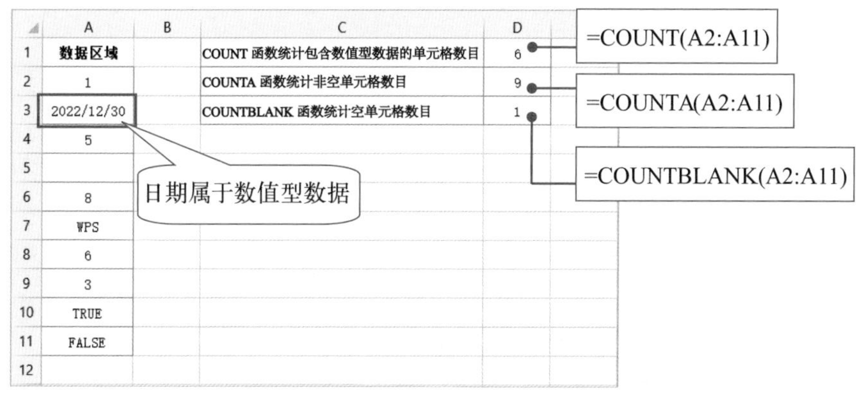

图7-54

若要统计满足指定条件的单元格数目，可以使用COUNTIF函数和COUNTIFS函数。COUNTIF函数是单条件统计函数，COUNTIFS函数是多条件统计函数。

COUNTIF函数有两个参数，语法格式如下：

=COUNTIF(①要统计的单元格区域，②条件)

下面将使用COUNTIF函数统计果汁的销售次数。

在单元格F2中输入公式“=COUNTIF(A2:A15,"果汁")”，按下Enter键，返回的统计结果为3，说明在A2:A15单元格区域中包含“果汁”的单元格数量为3个，如图7-55所示。

F2　=COUNTIF(A2:A15,"果汁")

	A	B	C	D	E	F
1	商品类别	商品名称	商品价格	销售数量		果汁的销售次数
2	碳酸饮料	无糖气泡水	¥5.80	28		3
3	果汁	果粒橙	¥6.60	31		
4	碳酸饮料	柠檬汽水	¥3.20	22		
5	优酸乳	AD钙奶	¥6.90	26		
6	优酸乳	乳酸菌饮料	¥4.50	18		
7	茶饮	蜜桃乌龙茶	¥4.80	11		
8	茶饮	冰红茶	¥2.60	48		
9	果汁	番茄汁饮料	¥3.20	24		
10	运动饮料	维生素功能饮料	¥5.50	16		
11	植物蛋白饮料	杏仁露	¥3.50	36		
12	茶饮	茉莉花茶	¥4.50	20		
13	植物蛋白饮料	椰子汁	¥7.50	41		
14	植物蛋白饮料	核桃乳	¥6.30	32		
15	果汁	混合果蔬汁	¥5.20	29		

统计“果汁”出现的次数

图7-55

COUNTIFS函数可以统计满足多个条件的单元格数量。其语法格式如下：

=COUNTIFS(①第1个条件区域，②第1个条件，[③第2个条件区域，④第2个条件]，…)

COUNTIFS函数的区域和条件必须成对出现，至少需要设置一对区域和条件，最多可设置127对区域和条件。

下面将使用COUNTIFS函数统计最后两个字是“饮料”，且销售数量大于20的单元格数量。

在单元格F2中输入公式“=COUNTIFS(A2:A15,"*饮料",D2:D15,">20")”，按下Enter键即可返回符合条件的单元格数量，如图7-56所示。

F2 =COUNTIFS(A2:A15,"*饮料",D2:D15,">20")

	A	B	C	D	E	F	G
1	商品类别	商品名称	商品价格	销售数量		最后两个字是“饮料”且销售数量大于20	
2	碳酸饮料	无糖气泡水	¥5.80	28		5	
3	果汁	果粒橙	¥6.60	31			
4	碳酸饮料	柠檬汽水	¥3.20	22			
5	优酸乳	AD钙奶	¥6.90	26			
6	优酸乳	乳酸菌饮料	¥4.50	18			
7	茶饮	蜜桃乌龙茶	¥4.80	11			
8	茶饮	冰红茶	¥2.60	48			
9	果汁	番茄汁饮料	¥3.20	24			
10	运动饮料	维生素功能饮料	¥5.50	16			
11	植物蛋白饮料	杏仁露	¥3.50	36			
12	茶饮	茉莉花茶	¥4.50	20			
13	植物蛋白饮料	椰子汁	¥7.50	41			
14	植物蛋白饮料	核桃乳	¥6.30	32			
15	果汁	混合果蔬汁	¥5.20	29			

图7-56

操作提示

“*饮料”表示最后两个字为“饮料”的数据。“*”是通配符，代表任意数量的字符。

7.3.4 处理逻辑判断找IF函数

IF函数属于最常用的函数之一，它是一个逻辑函数，常用来进行各种逻辑判断。

IF函数可以判断给定的条件是否成立，当条件成立时公式返回一个值，当条件不成立时则返回另外一个值。IF函数有三个参数，语法格式如下：

=IF（①条件，②条件成立时的返回值，[③条件不成立时的返回值]）

第一个参数通常是一个表达式，例如“1>2”，其返回值为逻辑值TRUE或FALSE。当表达式成立时其结果为TRUE即逻辑真，表达式不成立时结果为FALSE即逻辑假。

当第一个参数的结果为TRUE时，公式将返回第二个参数所指定的值；若第一个参数的结果为FALSE，公式则会返回第三个参数所指定的值。

在“函数参数”对话框中能够更清楚地了解IF函数各项参数之间的关系，如图7-57所示。

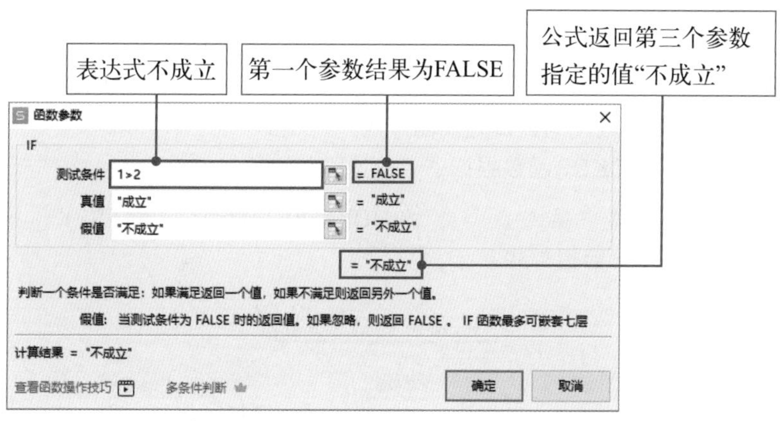

图7-57

下面将使用IF函数判断库存数量是否充足，要求库存数量低于100时，显示文本“库存过低”，库存为100及100以上时不显示任何内容。

在G2单元格中输入公式“=IF(F2<100,"库存过低","")”，按Enter键确认公式的录入，随后将公式向下方填充，此时库存数量低于100的会显示文本“库存过低”，如图7-58所示。

G2 =IF(F2<100,"库存过低","")

序号	产品编码	产品名称	规格型号	存放位置	库存数量	库存是否充足
1	D5110	产品1	规格1	1-1#	200	
2	D5111	产品2	规格2	1-2#	95	库存过低
3	D5112	产品3	规格3	1-3#	170	
4	D5113	产品4	规格4	1-4#	50	库存过低
5	D5114	产品5	规格5	1-5#	200	
6	D5115	产品6	规格6	1-6#	220	
7	D5116	产品7	规格7	1-7#	320	
8	D5117	产品8	规格8	1-8#	170	
9	D5118	产品9	规格9	1-9#	220	
10	D5119	产品10	规格10	1-10#	50	库存过低
11	D5120	产品11	规格11	1-11#	100	

图7-58

操作提示

公式中的第三个参数为一对引号，表示当第一个参数的表达式不成立时返回空值。

7.3.5 查找数据用VLOOKUP函数

VLOOKUP函数可以在表格的首列中查找指定数据，并返回该数据所在行中指定位置处的内容。VLOOKUP函数有四个参数，语法格式如下：

=VLOOKUP(①要查找的值，②查询表，③返回值在查询表的第几列，[④精确查找还是模糊查找])

第四个参数是逻辑值，FALSE表示精确查找，TRUE表示模糊查找（近似匹配查找）。若忽略第四个参数，则默认为模糊查找。

下面将使用VLOOKUP函数根据书名查找所在的货架位置。

在G2单元格中输入公式“=VLOOKUP(F2,B2:D14,3,FALSE)”，按下Enter键即可返回查找结果，如图7-59所示。

G2 =VLOOKUP(F2,B2:D14,3,FALSE)

	A	B	C	D	E	F	G	H
1	序号	书名	价格	货架位置		书名	货架位置	
2	1	呼兰河传	¥16.8	A3		浮生六记	A8	
3	2	傲慢与偏见	¥19.8	A9				
4	3	人间失格	¥22.4	A4				
5	4	悲惨世界	¥23.8	A10				
6	5	瓦尔登湖	¥26.3	A2				
7	6	消失的地平线	¥28.5	A12				
8	7	浮生六记	¥30.3	A8				
9	8	爱你就像爱生命	¥33.2	A11				
10	9	幽默的生活家	¥34.5	A7				
11	10	心安即是归处	¥36.8	A1				
12	11	自在独行	¥38.6	A6				
13	12	西线无战事	¥44.5	A13				
14	13	朱自清散文集	¥98.8	A5				

查询表

返回值在查询表的第3列

图7-59

操作提示

要查找的内容必须在查询表的第一列，否则公式将返回“#N/A”错误。

当查找值为数值型数据，且查询表中不包含要查找的值时，可使用模糊查找（近似匹配查找）匹配与要查找值的最接近的值。例如，根据奖金计算参照表中给出的业绩分段以及奖金标准，计算每位员工12月份业绩的应得奖金。操作方法如下。

选择D2单元格，输入公式“=VLOOKUP(C2,$F$3:$G$9,2,TRUE)”，按下Enter键返回计算结果，随后将D2单元格中的公式向下方填充，即可查询出每位员工的业绩奖金，如图7-60所示。

模糊查找只能向下匹配最接近的值。例如实际业绩为490000，在查询表中没有相同的数值，所以只能向下匹配最接近的值即400000，与400000对应的奖金即6000。

D2 fx =VLOOKUP(C2,$F$3:$G$9,2,TRUE)

	A	B	C	D	E	F	G	H
1	序号	姓名	12月业绩	业绩奖金		奖金计算参照表		
2	1	王斌	150000	1000		业绩分段	奖金标准	
3	2	刘秀英	30000	0		0	0	
4	3	周瑜伯	310000	4000		50000	500	
5	4	李乐	100000	1000		100000	1000	
6	5	宋青云	520000	8000		200000	2000	
7			610000	8000		300000	4000	
8			255000	2000		400000	6000	
9	8	李岩松	490000	6000		500000	8000	
10	9	吕超	340000	4000				
11	10	姜元成	420000	6000				

要查找的值

查询表

图7-60

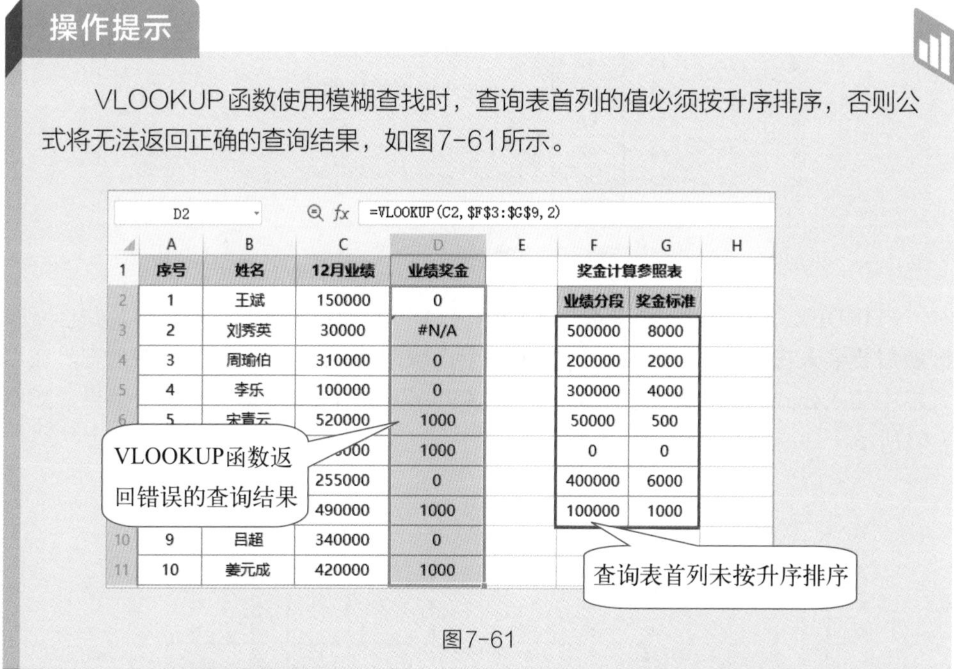

操作提示

VLOOKUP函数使用模糊查找时，查询表首列的值必须按升序排序，否则公式将无法返回正确的查询结果，如图7-61所示。

D2 fx =VLOOKUP(C2,$F$3:$G$9,2)

	A	B	C	D	E	F	G	H
1	序号	姓名	12月业绩	业绩奖金		奖金计算参照表		
2	1	王斌	150000	0		业绩分段	奖金标准	
3	2	刘秀英	30000	#N/A		500000	8000	
4	3	周瑜伯	310000	0		200000	2000	
5	4	李乐	100000	0		300000	4000	
6	5	宋青云	520000	1000		50000	500	
7				1000		0	0	
8			255000	0		400000	6000	
9			490000	1000		100000	1000	
10	9	吕超	340000	0				
11	10	姜元成	420000	1000				

图7-61

7.3.6 INDEX、MATCH函数联手实现逆向查询数据

查找和引用函数中的INDEX和MATCH函数也属于使用率非常高的函数。而且这两个函数经常嵌套应用，解决各种复杂情况的查询。

（1）INDEX函数

INDEX函数可以返回数组中指定行列交叉处的单元格。INDEX函数有四个参数，

语法格式如下：

=INDEX(①数组或单元格区域，②行位置，③列位置，[④第一个参数为多个数组或区域时指定返回第几个数组或区域中的值])

第一个参数可以指定一个区域也可以同时指定多个区域，当第一个参数为一个区域时第四个参数可以忽略。例如，使用INDEX函数返回一个区域中第5行第3列交叉处的值，在单元格中输入公式"=INDEX(B2:F11,5,3)"，按下Enter键即可返回结果，如图7-62所示。由于本例中只有一个区域，所以公式中忽略了第四个参数。

H2　fx　=INDEX(B2:F11,5,3)

	A	B	C	D	E	F	G	H	I
1		1	2	3	4	5		返回数据区域第5行第3列的值	
2	1	22	98	67	78	20		92	
3	2	7	1	12	40	16			
4	3	34	8	82	57	100			
5	4	33	6	34	9	8			
6	5	19	44	92	72	71			
7	6	63	71	41	[illegible]	[illegible]			
8	7	96	12	88	74	[illegible]			
9	8	43	70	62	61	90			
10	9	21	64	27	61	11			
11	10	73	92	19	58	56			
12									

返回该单元格的值

图7-62

当INDEX函数的第一个参数为多个区域时，各区域之间用逗号分隔，并且所有区域需要输入在括号中。例如，返回第二个区域中第4行第2列交叉处的内容，在单元格中输入公式"=INDEX((B2:F11,I2:L9),4,2,2)"，按下Enter键即可返回结果，如图7-63所示。

E13　fx　=INDEX((B2:F11,I2:L9),4,2,2)

	A	B	C	D	E	F	G	H	I	J	K	L	M
1		1	2	3	4	5			1	2	3	4	
2	1	22	98	67	78	20		1	10	62	22	10	
3	2	7	1	12	40	16		2	13	71	87	22	
4	3	34	8	82	57	100		3	71	17	46	44	
5	4	33	6	34	9	8		4	39	25	26	22	
6	5	19	44	92	72	71		5	39	50	68	[illegible]	
7	6	63	71	41	69	24		6	38	79	[illegible]	[illegible]	
8	7	96	12	88	74	39		7	85	41	[illegible]	[illegible]	
9	8	43	70	62	61	90		8	86	28	23	86	
10	9	21	64	27	61	11							
11	10	73	92	19	58	56							
12													
13	返回第2个区域中第4行第2列的值				25								
14													

返回该单元格的值

图7-63

（2）MATCH函数

MATCH函数可以在行或列区域中返回指定数据的位置。MATCH函数有三个参数，语法格式如下：

=MATCH(①要查找的值，②包含查找值的区域，③查找方式)

第三个参数“查找方式”用数字0、1、–1表示。精确查找用数字0，模糊匹配查找用数字1或–1，其中1表示向下匹配查找，–1表示向上匹配查找。精确查找一般用于文本型数据，模糊匹配查找一般用于数值型数据。

下面将使用MATCH函数查找“金骏眉”在区域中的位置。

在单元格中输入公式“=MATCH(C2,A2:A11,0)”，按下Enter键即可返回代表位置的数字，如图7-64所示。

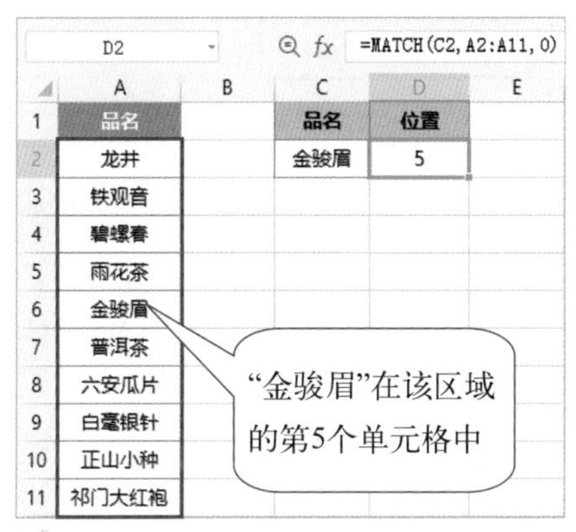

图7-64

操作提示

MATCH函数不受方向的限制，若数据区域在一行中，同样可以查询出指定内容的位置，如图7-65所示。

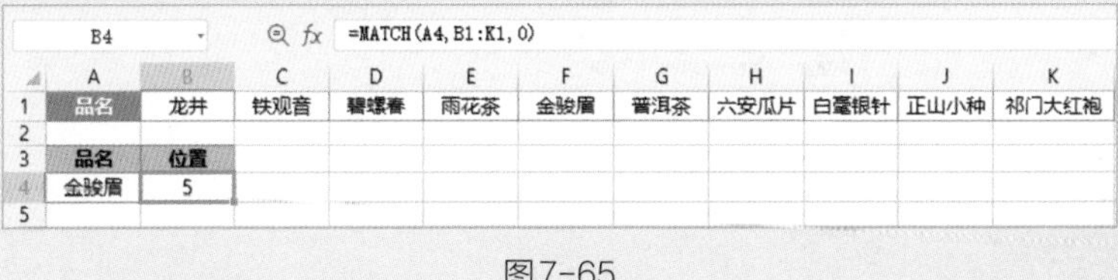

图7-65

（3）INDEX函数与MATCH函数组合

使用VLOOKUP函数在查询数据时要求查询值必须在查询表的首列，否则将返回错误值，如图7-66所示。而INDEX与MATCH函数组合编写公式则可避免这种情况。

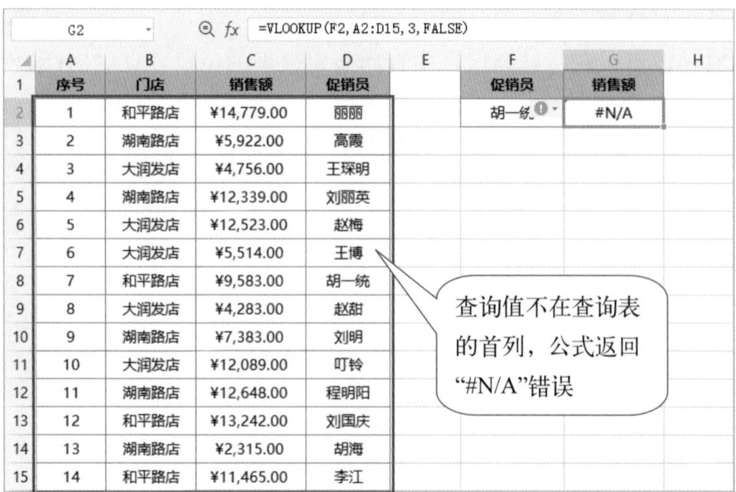

G2 =VLOOKUP(F2,A2:D15,3,FALSE)

	A	B	C	D	E	F	G	H
1	序号	门店	销售额	促销员		促销员	销售额	
2	1	和平路店	¥14,779.00	丽丽		胡一统	#N/A	
3	2	湖南路店	¥5,922.00	高霞				
4	3	大润发店	¥4,756.00	王琛明				
5	4	湖南路店	¥12,339.00	刘丽英				
6	5	大润发店	¥12,523.00	赵梅				
7	6	大润发店	¥5,514.00	王博				
8	7	和平路店	¥9,583.00	胡一统				
9	8	大润发店	¥4,283.00	赵甜				
10	9	湖南路店	¥7,383.00	刘明				
11	10	大润发店	¥12,089.00	叮铃				
12	11	湖南路店	¥12,648.00	程明阳				
13	12	和平路店	¥13,242.00	刘国庆				
14	13	湖南路店	¥2,315.00	胡海				
15	14	和平路店	¥11,465.00	李江				

图7-66

下面将使用INDEX和MATCH组合编写公式，查询促销员“胡一统”的销售金额。

在G2单元格中输入公式“=INDEX(A2:D15,MATCH(F2,D2:D15,0),3)”，按下Enter键即可返回查询结果，如图7-67所示。

G2 =INDEX(A2:D15,MATCH(F2,D2:D15,0),3)

	A	B	C	D	E	F	G	H
1	序号	门店	销售额	促销员		促销员	销售额	
2	1	和平路店	¥14,779.00	丽丽		胡一统	¥9,583.00	
3	2	湖南路店	¥5,922.00	高霞				
4	3	大润发店	¥4,756.00	王琛明				
5	4	湖南路店	¥12,339.00	刘丽英				
6	5	大润发店	¥12,523.00	赵梅				
7	6	大润发店	¥5,514.00	王博				
8	7	和平路店	¥9,583.00	胡一统				
9	8	大润发店	¥4,283.00	赵甜				
10	9	湖南路店	¥7,383.00	刘明				
11	10	大润发店	¥12,089.00	叮铃				
12	11	湖南路店	¥12,648.00	程明阳				
13	12	和平路店	¥13,242.00	刘国庆				
14	13	湖南路店	¥2,315.00	胡海				
15	14	和平路店	¥11,465.00	李江				

图7-67

操作提示

公式“=INDEX(A2:D15,MATCH(F2,D2:D15,0),3)”用INDEX函数返回查询表中给定的行列交叉处的值。查询表的范围是“A2:D15”，行位置用MATCH函数来确定，列位置为“3”。具体的公式分析如图7-68所示。

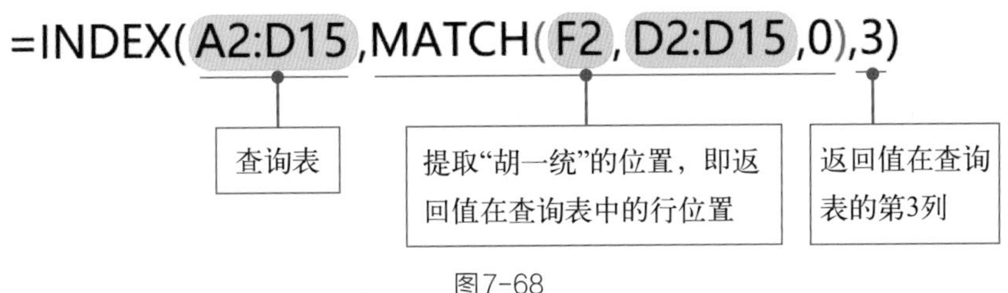

图7-68

7.3.7 从不同位置开始截取数据用LEFT、MID、RIGHT函数

数据提取也是数据处理时的常见操作，使用LEFT、MID以及RIGHT函数可以从一串字符的指定位置开始提取指定数量的字符。

（1）LEFT函数

LEFT函数可以从文本字符串的第一个字符开始返回指定个数的字符。LEFT函数有两个参数，语法格式如下：

=LEFT(①字符串，②提取几个字符)

下面将使用LEFT函数从地址中提取省份信息。

本案例中的所有地址前两个字均为省份，所以可以用LEFT函数提取地址的前两个字。选择D2单元格，输入公式“=LEFT(C2,2)”，按下Enter键确认公式录入，随后将公式向下方填充即可，如图7-69所示。

D2　fx　=LEFT(C2, 2)

	A	B	C	D	E
1	序号	姓名	地址	提取省份	
2	1	王明	江苏省南京市鼓楼区**号	江苏	
3	2	李梅	广东省广州市越秀区***号	广东	
4	3	周楠	海南省海口市龙华区	海南	
5	4	丁云	湖北省武汉市江汉区	湖北	
6	5	孙莉	湖南省长沙市芙蓉区 *** 号	湖南	
7	6	赵恺	河南省郑州市管城回族区	河南	

图7-69

（2）MID函数

MID函数可以从字符串中的指定位置起提取指定数量的字符。MID函数有三个参数，语法格式如下：

=MID(①字符串，②从第几个字符开始提取，③提取几个字符)

MID函数经常被用来提取身份证号码中的出生日期。身份证号码的第7至14位数代表出生日期，使用MID函数从第7位数开始，提取8个数字即出生日期。操作方法如下。

选择D2单元格，输入公式“=MID(C2,7,8)”，按下Enter键返回计算结果，随后将公式向下方填充，从所有身份证号码中提取代表出生日期的数字，如图7-70所示。

D2　fx　=MID(C2,7,8)

	A	B	C	D	E
1	序号	姓名	身份证号码	出生日期	
2	1	张三	37082719740804****	19740804	
3	2	孙绍	21021119800904****	19800904	
4	3	赵凯宁	22018119890525****	19890525	
5	4	孙伟伟	14022319840623****	19840623	
6	5	丁云	35040219930813****	19930813	
7	6	李乐	32020619861103****	19861103	
8	7	赵倩	33010319750509****	19750509	
9	8	王武	37108219921017****	19921017	
10	9	孙玉峰	32060219900629****	19900629	

图7-70

使用MID函数直接从身份证号码中提取出的数字并不是真正的日期，而是一串代表日期的数字，用户可通过TEXT函数和MID函数组合编写公式让提取出的数字转换成标准日期格式。

将公式修改为“=– –TEXT(MID(C2,7,8),”0-00-00”)”，此时返回的是日期序列号，如图7-71所示。

D2　fx　=--TEXT(MID(C2,7,8),"0-00-00")

	A	B	C	D	E
1	序号	姓名	身份证号码	出生日期	
2	1	张三	37082719740804****	27245	
3	2	孙绍	21021119800904****	29468	
4	3	赵凯宁	22018119890525****	32653	
5	4	孙伟伟	14022319840623****	30856	
6	5	丁云	35040219930813****	34194	
7	6	李乐	32020619861103****	31719	
8	7	赵倩	33010319750509****	27523	
9	8	王武	37108219921017****	33894	
10	9	孙玉峰	32060219900629****	33053	

图7-71

将单元格格式设置为日期格式后，日期序列号将被转换成标准的日期格式显示，如图7-72所示。

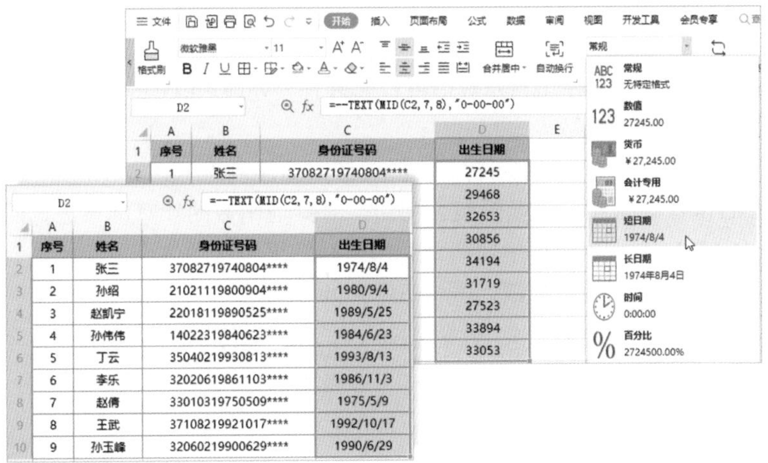

D2 =--TEXT(MID(C2,7,8),"0-00-00")

	A	B	C	D
1	序号	姓名	身份证号码	出生日期
2	1	张三	37082719740804****	1974/8/4
3	2	孙绍	21021119800904****	1980/9/4
4	3	赵凯宁	22018119890525****	1989/5/25
5	4	孙伟伟	14022319840623****	1984/6/23
6	5	丁云	35040219930813****	1993/8/13
7	6	李乐	32020619861103****	1986/11/3
8	7	赵倩	33010319750509****	1975/5/9
9	8	王武	37108219921017****	1992/10/17
10	9	孙玉峰	32060219900629****	1990/6/29

图7-72

操作提示

公式“=--TEXT(MID(C2,7,8),”0-00-00”)”中，等号后的“--”是两个负号。TEXT函数返回的结果值是文本型数据，这两个负号是为了将TEXT函数的结果值转换成数值型数据。

（3）RIGHT函数

RIGHT函数可以从字符串的最后一个字符开始，向前提取指定数量的字符。RIGHT函数的参数设置方法与LEFT函数相同。语法格式如下：

=RIGHT(①字符串，②提取几个字符)

下面将使用RIGHT函数批量提取手机号的后四位数。

选择C2单元格，输入公式“=RIGHT(B2,4)”，按下Enter键，确认公式的录入。随后将公式向下方填充即可，如图7-73所示。

C2 =RIGHT(B2,4)

	A	B	C	D
1	序号	手机号	后四位	
2	1	1258***5632	5632	
3	2	1258***5733	5733	
4	3	1258***5834	5834	
5	4	1258***5935	5935	
6	5	1258***6036	6036	
7	6	1258***6137	6137	
8	7	1258***6238	6238	
9	8	1258***6339	6339	
10	9	1258***6440	6440	
11	10	1258***6541	6541	
12	11	1258***6642	6642	

图7-73

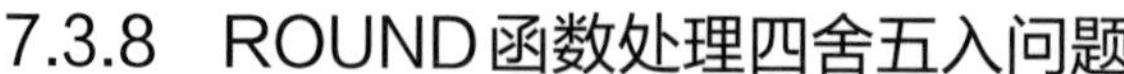

7.3.8 ROUND函数处理四舍五入问题

ROUND函数的主要作用是对数值进行四舍五入处理。ROUND函数有两个参数，语法格式如下：

=ROUND(①要四舍五入的数值，②保留的小数位数)

ROUND函数通常和其他函数组合使用，对其他函数的计算结果进行四舍五入。例如使用AVERAGE函数计算平均产量时，返回结果包含多位小数，如图7-74所示。若想将结果四舍五入到两位小数，可以使用ROUND函数，方法如下。

在B9单元格中输入公式“=ROUND(AVERAGE(B2:B8),2)”，按下Enter键返回计算结果，随后将公式向右填充即可，如图7-75所示。

B9　fx　=AVERAGE(B2:B8)

	A	B	C	D
1	日期	1车间	2车间	
2	2022/8/1	90	83	
3	2022/8/2	75	76	
4	2022/8/4	83	70	
5	2022/8/5	72	85	
6	2022/8/6	67	79	
7	2022/8/9	94	65	
8	2022/8/10	66	84	
9	平均产量	78.142857	77.428571	

图7-74

B9　fx　=ROUND(AVERAGE(B2:B8),2)

	A	B	C	D	E
1	日期	1车间	2车间		
2	2022/8/1	90	83		
3	2022/8/2	75	76		
4	2022/8/4	83	70		
5	2022/8/5	72	85		
6	2022/8/6	67	79		
7	2022/8/9	94	65		
8	2022/8/10	66	84		
9	平均产量	78.14	77.43		

图7-75

操作提示

ROUND函数的第二个参数若设置为0，则结果值自动四舍五入为整数。若第二个参数为负数，则从小数点左侧进行四舍五入。例如公式“=ROUND(1785.42,-2)”，返回结果为“1800”。

7.3.9 数据排名用RANK函数

RANK函数可以返回某个数字在一列数字中相对于其他数值的大小排名。RANK函数有三个参数，语法格式如下：

=RANK(①需要排名的数字，②数字列表，③排名方式)

第三个参数“排名方式”有两种，分别为升序排序（要排名的数字越大，返回的排名结果值越大）和降序排序（要排名的数字越大，返回的排名结果值越小）。0或忽略表示降序，非零值表示升序。

下面将使用RANK函数对考试总分进行排名。

选中F2单元格，输入公式“=RANK(E2,$E$2:$E$13)”，按下Enter键，返

回计算结果，随后将公式向下方填充，得到所有总分的降序排名，如图7-76所示。

F2 =RANK(E2,$E$2:$E$13)

	A	B	C	D	E	F	G
1	序号	姓名	科目1	科目2	总分	排名	
2	1	李贤	54	65	119	9	
3	2	周世聪	84	43	127	7	
4	3	刘美英	97	90	187	1	
5	4	孙薇	44	77	121	8	
6	5	吴子熙	58	88	146	4	
7	6	于洋	35	44	79	12	
8	7	丁超	76	91	167	3	
9	8	赵大庆	91	81	172	2	
10	9	蒋海燕	69	77	146	4	
11	10	宋一鸣	60	86	146	4	
12	11	王岚	78	32	110	10	
13	12	张骞	48	59	107	11	

图7-76

操作提示

当排名的数字相同时，返回的排名结果也是相同的，例如有三个146分，则这三个146分的排名结果都是第4名，第5名和第6名空缺，下一个名次直接为第7名，如图7-77所示。

	A	B	C	D	E	F	G
1	序号	姓名	科目1	科目2	总分	排名	
2	1	李贤	54	65	119	9	
3	2	周世聪	84	43	127	7	
4	3	刘美英	97	90	187	1	
5	4	孙薇	44	77	121	8	
6	5	吴子熙	58	88	146	4	
7	6	于洋	35	44	79	12	
8	7	丁超	76	91	167	3	
9	8	赵大庆	91	81	172	2	
10	9	蒋海燕	69	77	146	4	
11	10	宋一鸣	60	86	146	4	
12	11	王岚	78	32	110	10	
13	12	张骞	48	59	107	11	

跳过 5 和 6 的排名，下一个名次直接为 7

三个146分，排名都是4

图7-77

【实战演练】整理员工基本信息

在员工信息表中录入了一些基础数据以后，使用公式可以根据这些基础数据提取出更多信息。例如，根据工号提取员工部门信息，根据身份证号码提取性别、出生日期、年龄信息，根据籍贯提取省份/市信息等，如图7-78所示。

	A	B	C	D	E	F	G	H	I	J	K
1	序号	姓名	工号	部门	身份证号码	性别	出生日期	年龄	籍贯	省份 / 市	
2	1	丁超	10589		****2719740804913*				山东省济宁市鱼台县		
3	2	黄敏	33040		****0319750509171*				浙江省杭州市下城区		
4	3	黄欣欣	45687		****2419920626340*				河北省秦皇岛市卢龙县		
5	4	蒋小伟	41235		****8319881124605*				吉林省吉林市舒兰市		
6	5	李晶	12365		****3119790313098*				河北省石家庄市平山县		
7	6	李若曦	21000		****2219791126674*				河南省平顶山市叶县		
8	7	李贤	22036		****0619861103029*				江苏省无锡市惠山区		
9	8	林浩然	55987		****2519730904254*				河北省保定市徐水县		
10	9	刘美英	21036		****2319840623857*				山西省大同市广灵县		
11	10	苗予诺	22333		****0219871012716*				浙江省舟山市定海区		
12	11	孙莉	44206		****2219871116899*				福建省福州市连江县		
13	12	孙淼	11478		****2519800625654*				内蒙古自治区巴彦淖尔市乌拉特后旗		
14	13	孙薇	21089		****0219930813467*				福建省三明市梅列区		
15	14	王岚	11513		****8119890525665*				吉林省长春市九台市		
16	15	温菁霞	54125		****0819931230502*				江苏省苏州市姑苏区		
17	16	薛语嫣	33684		****2819940923906*				山东省德州市武城县		
18	17	于洋	10556		****1119800904961*				辽宁省大连市甘井子区		
19	18	张玉柱	56987		****2819820908768*				山东省德州市武城县		
20	19	郑成功	35020		****8219921017071*				山东省威海市荣成市		
21	20	郑芳芳	11898		****0619920204777*				山东省枣庄市山亭区		
22	21	周梁	45658		****0219900629639*				江苏省南通市崇川区		
23	22	周扬	55121		****8519880424704*				浙江省杭州市临安市		
24	23	周莹莹	23696		****8519941103536*				浙江省杭州市临安市		

	A	B	C	D	E	F	G	H	I	J	K
1	序号	姓名	工号	部门	身份证号码	性别	出生日期	年龄	籍贯	省份 / 市	
2	1	丁超	10589	生产部	****2719740804913*	男	1974-08-04	48	山东省济宁市鱼台县	山东省济宁市	
3	2	黄敏	33040	设计部	****0319750509171*	男	1975-05-09	47	浙江省杭州市下城区	浙江省杭州市	
4	3	黄欣欣	45687	人事部	****2419920626340*	女	1992-06-26	30	河北省秦皇岛市卢龙县	河北省秦皇岛市	
5	4	蒋小伟	41235	人事部	****8319881124605*	男	1988-11-24	34	吉林省吉林市舒兰市	吉林省吉林市	
6	5	李晶	12365	生产部	****3119790313098*	女	1979-03-13	43	河北省石家庄市平山县	河北省石家庄市	
7	6	李若曦	21000	业务部	****2219791126674*	女	1979-11-26	43	河南省平顶山市叶县	河南省平顶山市	
8	7	李贤	22036	业务部	****0619861103029*	男	1986-11-03	36	江苏省无锡市惠山区	江苏省无锡市	
9	8	林浩然	55987	财务部	****2519730904254*	女	1973-09-04	49	河北省保定市徐水县	河北省保定市	
10	9	刘美英	21036	业务部	****2319840623857*	男	1984-06-23	38	山西省大同市广灵县	山西省大同市	
11	10	苗予诺	22333	业务部	****0219871012716*	女	1987-10-12	35	浙江省舟山市定海区	浙江省舟山市	
12	11	孙莉	44206	人事部	****2219871116899*	男	1987-11-16	35	福建省福州市连江县	福建省福州市	
13	12	孙淼	11478	生产部	****2519800625654*	女	1980-06-25	42	内蒙古自治区巴彦淖尔市乌拉特后旗	内蒙古自治区巴彦淖尔市	
14	13	孙薇	21089	业务部	****0219930813467*	男	1993-08-13	29	福建省三明市梅列区	福建省三明市	
15	14	王岚	11513	生产部	****8119890525665*	男	1989-05-25	33	吉林省长春市九台市	吉林省长春市	
16	15	温菁霞	54125	财务部	****0819931230502*	女	1993-12-30	28	江苏省苏州市姑苏区	江苏省苏州市	
17	16	薛语嫣	33684	设计部	****2819940923906*	女	1994-09-23	28	山东省德州市武城县	山东省德州市	
18	17	于洋	10556	生产部	****1119800904961*	男	1980-09-04	42	辽宁省大连市甘井子区	辽宁省大连市	
19	18	张玉柱	56987	财务部	****2819820908768*	女	1982-09-08	40	山东省德州市武城县	山东省德州市	
20	19	郑成功	35020	设计部	****8219921017071*	男	1992-10-17	30	山东省威海市荣成市	山东省威海市	
21	20	郑芳芳	11898	生产部	****0619920204777*	男	1992-02-04	30	山东省枣庄市山亭区	山东省枣庄市	
22	21	周梁	45658	人事部	****0219900629639*	男	1990-06-29	32	江苏省南通市崇川区	江苏省南通市	
23	22	周扬	55121	财务部	****8519880424704*	女	1988-04-24	34	浙江省杭州市临安市	浙江省杭州市	
24	23	周莹莹	23696	业务部	****8519941103536*	女	1994-11-03	28	浙江省杭州市临安市	浙江省杭州市	

图7-78

本例中工号的第一位数代表的是部门信息，在员工信息表的右侧L2:M6单元格区域中已经提前设置好了每个数字所对应的部门，如图7-79所示。需要注意的是，此处的数字必须为文本型数字。

	I	J	K	L	M
1	籍贯	省份 / 市		部门代码	部门
2	山东省济宁市鱼台县	山东省济宁市		1	生产部
3	浙江省杭州市下城区	浙江省杭州市		2	业务部
4	河北省秦皇岛市卢龙县	河北省秦皇岛市		3	设计部
5	吉林省吉林市舒兰市			4	人事部
6	河北省石家庄市平山县			5	财务部
7	河南省平顶山市叶县	河南省平顶山市			

文本型数字

图7-79

（1）提取部门信息

Step01: 选中D2单元格，输入公式“=VLOOKUP(LEFT(C2,1),$L$2:$M$6,2,FALSE)”，公式输入完成后，按下Enter键确认，如图7-80所示。

Step02: 将公式向下方填充，即可根据工号的第一个数字提取出对应的部门，如图7-81所示。

D2 =VLOOKUP(LEFT(C2,1),$L$2:$M$6,2,FALSE)

	A	B	C	D	E	F
1	序号	姓名	工号	部门	身份证号码	性别
2	1	丁超	10589	生产部	****2719740804913*	
3	2	黄敏	33040		****0319750509171*	
4	3	黄欣欣	45687		****2419920626340*	
5	4	蒋小伟	41235		****8319881124605*	
6	5	李晶	12365		****3119790313098*	
7	6	李若曦	21000		****2219791126674*	
8	7	李贤	22036		****0619861103029*	
9	8	林浩然	55987		****2519730904254*	
10	9	刘美英	21036		****2319840623857*	
11	10	苗予诺	22333		****0219871012716*	
12	11	孙莉	44206		****2219871116899*	

图7-80

D2 =VLOOKUP(LEFT(C2,1),$L$2:$M$6,2,FALSE)

	A	B	C	D	E	F
1	序号	姓名	工号	部门	身份证号码	性别
2	1	丁超	10589	生产部	****2719740804913*	
3	2	黄敏	33040	设计部	****0319750509171*	
4	3	黄欣欣	45687	人事部	****2419920626340*	
5	4	蒋小伟	41235	人事部	****8319881124605*	
6	5	李晶	12365	生产部	****3119790313098*	
7	6	李若曦	21000	业务部	****2219791126674*	
8	7	李贤	22036	业务部	****0619861103029*	
9	8	林浩然	55987	财务部	****2519730904254*	
10	9	刘美英	21036	业务部	****2319840623857*	
11	10	苗予诺	22333	业务部	****0219871012716*	
12	11	孙莉	44206	人事部	****2219871116899*	

图7-81

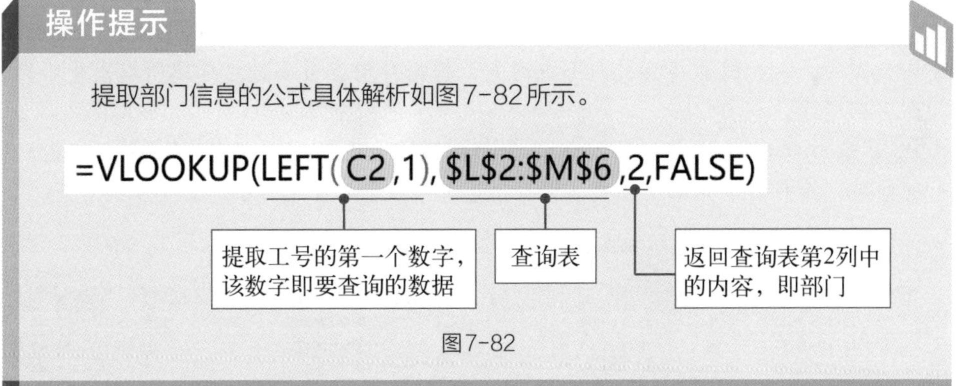

图7-82

（2）从身份证号码中提取性别、年龄、出生日期

Step01: 选中F2单元格，输入公式“=IF(MOD(MID(E2,17,1),2)=0,"女","男")”，公式输入完成后，按下Enter键确认，如图7-83所示。

Step02: 将公式向下方填充，即可根据身份证号码批量提取出性别，如图7-84所示。

F2 　=IF(MOD(MID(E2,17,1),2)=0,"女","男")

	A	B	C	D	E	F
1	序号	姓名	工号	部门	身份证号码	性别
2	1	丁超	10589	生产部	****2719740804913*	男
3	2	黄敏	33040	设计部	****0319750509171*	
4	3	黄欣欣	45687	人事部	****2419920626340*	
5	4	蒋小伟	41235	人事部	****8319881124605*	
6	5	李晶	12365	生产部	****3119790313098*	
7	6	李若曦	21000	业务部	****2219791126674*	
8	7	李贤	22036	业务部	****0619861103029*	
9	8	林浩然	55987	财务部	****2519730904254*	
10	9	刘美英	21036	业务部	****2319840623857*	
11	10	苗予诺	22333	业务部	****0219871012716*	
12	11	孙莉	44206	人事部	****2219871116899*	

图7-83

F2 　=IF(MOD(MID(E2,17,1),2)=0,"女","男")

	A	B	C	D	E	F
1	序号	姓名	工号	部门	身份证号码	性别
2	1	丁超	10589	生产部	****2719740804913*	男
3	2	黄敏	33040	设计部	****0319750509171*	男
4	3	黄欣欣	45687	人事部	****2419920626340*	女
5	4	蒋小伟	41235	人事部	****8319881124605*	男
6	5	李晶	12365	生产部	****3119790313098*	女
7	6	李若曦	21000	业务部	****2219791126674*	女
8	7	李贤	22036	业务部	****0619861103029*	男
9	8	林浩然	55987	财务部	****2519730904254*	女
10	9	刘美英	21036	业务部	****2319840623857*	男
11	10	苗予诺	22333	业务部	****0219871012716*	女
12	11	孙莉	44206	人事部	****2219871116899*	男

图7-84

操作提示

MOD函数可以计算两数相除的余数，该函数有两个参数，第一个参数是被除数，第二个参数是除数。从身份证号码中提取性别的公式，具体解析如图7-85所示。

=IF(MOD(MID(E2,17,1),2)=0,"女","男")

判断身份证号码的第17位数和数字2相除，余数是否等于0。以此来判断第17位数是否为偶数

第一个参数成立，说明第17位数是偶数，公式返回“女”

第一个参数不成立，说明第17位数是奇数，公式返回“男”

图7-85

Step03: 选择G2单元格输入公式“=TEXT(MID(E2,7,8),"0-00-00")”，按下Enter键确认公式的录入，随后将公式向下方填充，根据身份证号码批量提取所有出生日期，如图7-86所示。

Step04: 选择H2单元格，输入公式“=DATEDIF(G2,TODAY(),"Y")”，按下Enter键返回结果，接着向下方填充公式，根据出生日期批量计算出年龄，如图7-87所示。

G2 　=TEXT(MID(E2,7,8),"0-00-00")

	E	F	G	H
1	身份证号码	性别	出生日期	年龄
2	****2719740804913*	男	1974-08-04	
3	****0319750509171*	男	1975-05-09	
4	****2419920626340*	女	1992-06-26	
5	****8319881124605*	男	1988-11-24	
6	****3119790313098*	女	1979-03-13	
7	****2219791126674*	女	1979-11-26	
8	****0619861103029*	男	1986-11-03	
9	****2519730904254*	女	1973-09-04	
10	****2319840623857*	男	1984-06-23	
11	****0219871012716*	女	1987-10-12	

图7-86

H2 　=DATEDIF(G2,TODAY(),"Y")

	E	F	G	H
1	身份证号码	性别	出生日期	年龄
2	****2719740804913*	男	1974-08-04	48
3	****0319750509171*	男	1975-05-09	47
4	****2419920626340*	女	1992-06-26	30
5	****8319881124605*	男	1988-11-24	34
6	****3119790313098*	女	1979-03-13	43
7	****2219791126674*	女	1979-11-26	43
8	****0619861103029*	男	1986-11-03	36
9	****2519730904254*	女	1973-09-04	49
10	****2319840623857*	男	1984-06-23	38
11	****0219871012716*	女	1987-10-12	35

图7-87

操作提示

TEXT函数可以将数值转换成指定的文本格式。DATEDIF函数可以计算两个日期间隔的年数、月数或天数。TODAY函数可以返回当前日期，该函数没有参数。从身份证号码中提取出生日期及根据出生日期计算年龄的公式，具体解析如图7-88、图7-89所示。

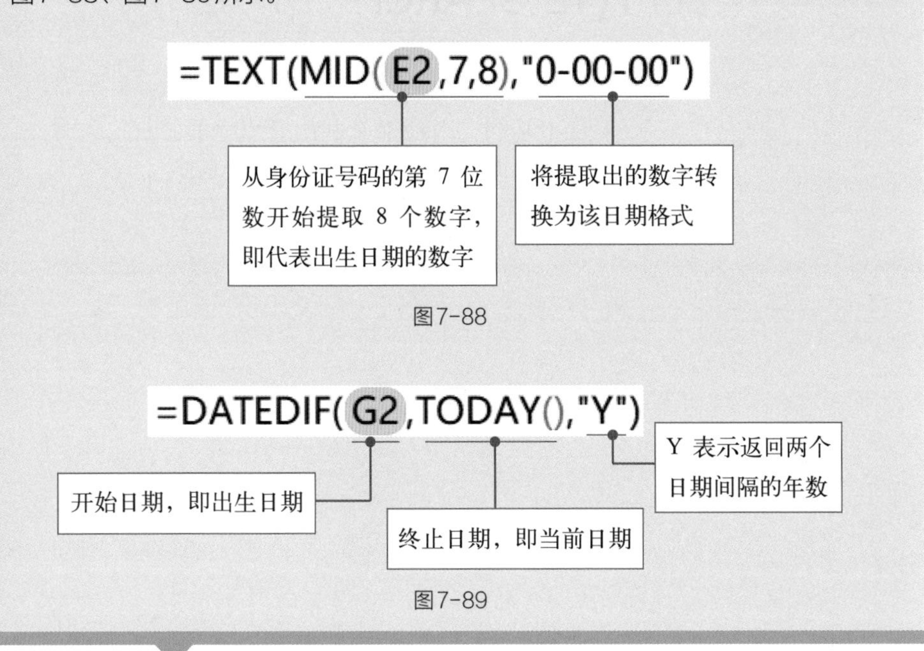

图7-88

图7-89

（3）根据籍贯提取省份/市信息

Step01：选中J2单元格，输入公式“=LEFT(I2,SEARCH("市",I2))”，公式输入完成后按Enter键返回结果，如图7-90所示。

Step02：向下填充公式，即可将所有籍贯中的省份/市信息全部提取出来，如图7-91所示。

J2　=LEFT(I2,SEARCH("市",I2))

	H	I	J
1	年龄	籍贯	省份/市
2	48	山东省济宁市鱼台县	山东省济宁市
3	47	浙江省杭州市下城区	
4	30	河北省秦皇岛市卢龙县	
5	34	吉林省吉林市舒兰市	
6	43	河北省石家庄市平山县	
7	43	河南省平顶山市叶县	
8	36	江苏省无锡市惠山区	
9	49	河北省保定市徐水县	
10	38	山西省大同市广灵县	
11	35	浙江省舟山市定海区	
12	35	福建省福州市连江县	
13	42	内蒙古自治区巴彦淖尔市乌拉特后旗	

图7-90

J2　=LEFT(I2,SEARCH("市",I2))

	H	I	J
1	年龄	籍贯	省份/市
2	48	山东省济宁市鱼台县	山东省济宁市
3	47	浙江省杭州市下城区	浙江省杭州市
4	30	河北省秦皇岛市卢龙县	河北省秦皇岛市
5	34	吉林省吉林市舒兰市	吉林省吉林市
6	43	河北省石家庄市平山县	河北省石家庄市
7	43	河南省平顶山市叶县	河南省平顶山市
8	36	江苏省无锡市惠山区	江苏省无锡市
9	49	河北省保定市徐水县	河北省保定市
10	38	山西省大同市广灵县	山西省大同市
11	35	浙江省舟山市定海区	浙江省舟山市
12	35	福建省福州市连江县	福建省福州市
13	42	内蒙古自治区巴彦淖尔市乌拉特后旗	内蒙古自治区巴彦淖尔市

图7-91

操作提示

SEARCH函数可以返回字符串中某个指定的字符第一次出现的位置。从籍贯中提取省份/市信息的公式，具体解析如图7-92所示。

=LEFT(I2,SEARCH("市",I2))
提取“市”在籍贯信息中第一次出现的位置，即LEFT函数提取字符的截止位置

图7-92

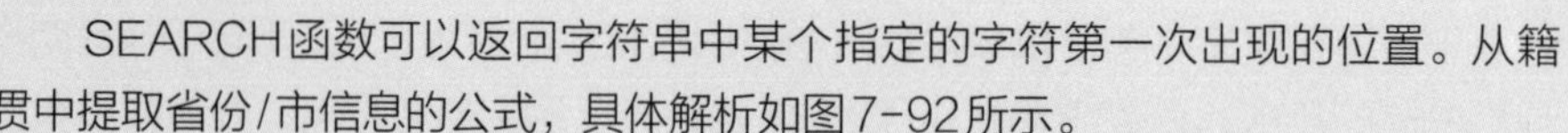

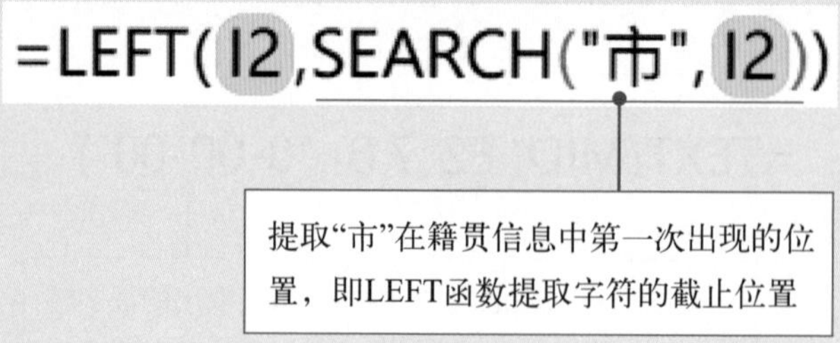

第8章

将数据分析结果转换成可视化图表

图表是数据可视化的一种表达方式。图表的种类有很多，不同的图表类型可以从不同的角度展示数据。本章将对图表的基本设置方法、不同图表所适用的数据类型以及高级数据看板的制作等内容进行详细介绍。

扫码看视频

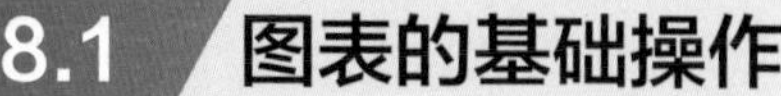

8.1 图表的基础操作

掌握图表的基础操作，才能制作出符合数据分析要求的图表。下面将对图表的创建、图表元素的设置、图表类型的更改等操作进行详细介绍。

8.1.1 图表的创建方法

WPS中的图表类型包括柱形图、条形图、折线图、饼图、雷达图、股价图、气泡图等。创建图表的方法也很简单，打开“插入”选项卡，在功能区中可以看到不同类型的图表按钮，如图8-1所示。

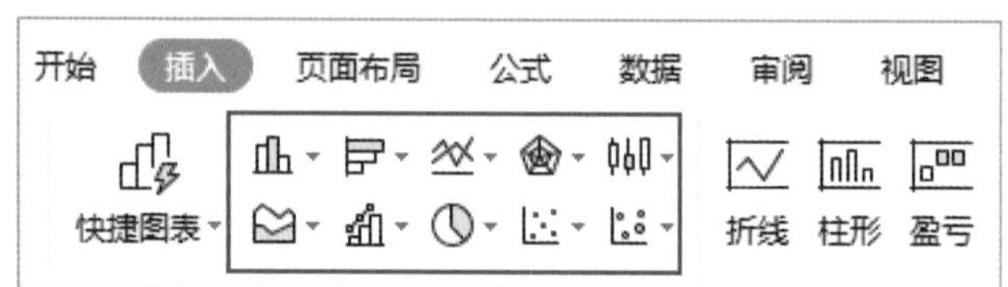

图8-1

单击任意一种图表按钮，在展开的列表中包含了该类型图表的更多分类。例如，柱形图的分类包括簇状柱形图、堆积柱形图以及百分比堆积柱形图，如图8-2所示。

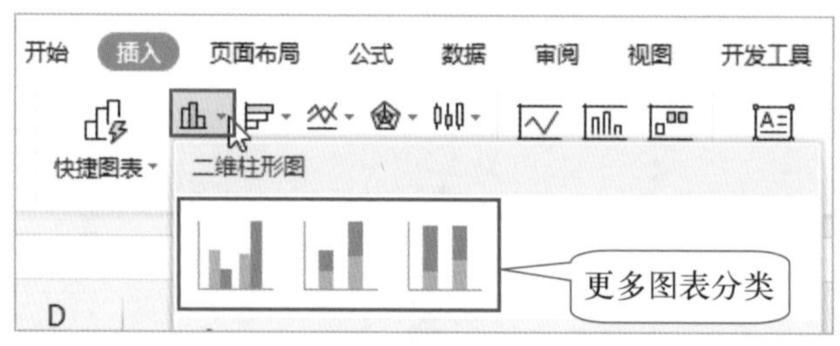

图8-2

下面以创建簇状柱形图为例，详细介绍图表的创建过程。

在工作表中选中用于创建图表的数据源区域，打开“插入”选项卡，单击“插入柱形图”按钮，在下拉列表中选择“簇状柱形图”选项。工作表中随即创建一张簇状柱形图，如图8-3所示。

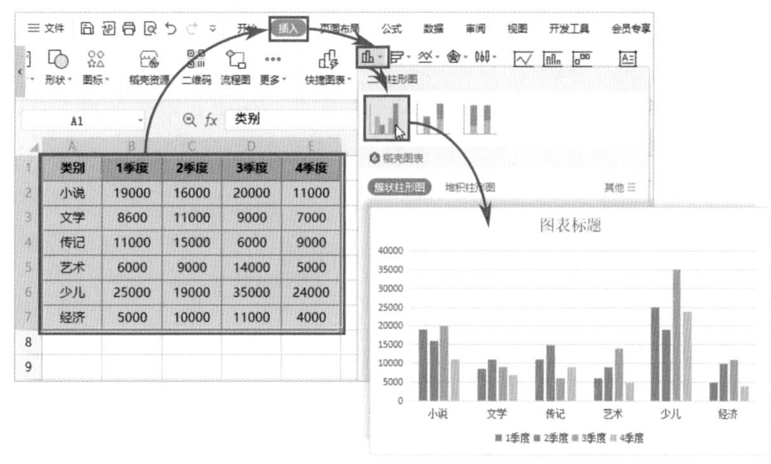

图8-3

8.1.2 创建拥有两种系列形状的组合图表

一般，图表中的系列只有一种形状，例如柱形图的系列为柱状，折线图的系列为折线形状等。若想在图表中显示两种系列形状应该如何操作呢？

选中需要创建图表的单元格区域，打开“插入”选项卡，单击“插入组合图”按钮，在下拉列表中选择合适的组合图表类型，此处选择“簇状柱形图-次坐标轴上的折线图”选项，即可创建一份同时显示柱形和折线两种系列形状的组合图表，如图8-4所示。

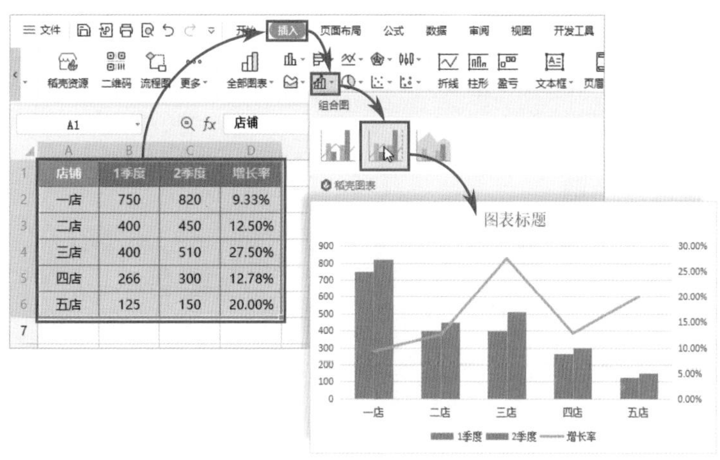

图8-4

用户也可以通过“图表”对话框插入组合图表，并对图表的系列进行更改，方法如下。

选中数据源，打开“插入”选项卡，单击“快捷图表”下拉按钮，在下拉列表中选择“全部图表”选项，系统随即打开“图表”对话框。在该对话框左侧可选择要创建的图表类型，随后选择具体的图表种类，在图表的预览图右侧还可更改系列的形状，例如将“增长率”系列修改为“带数据标记的折线图”，如图8-5所示。

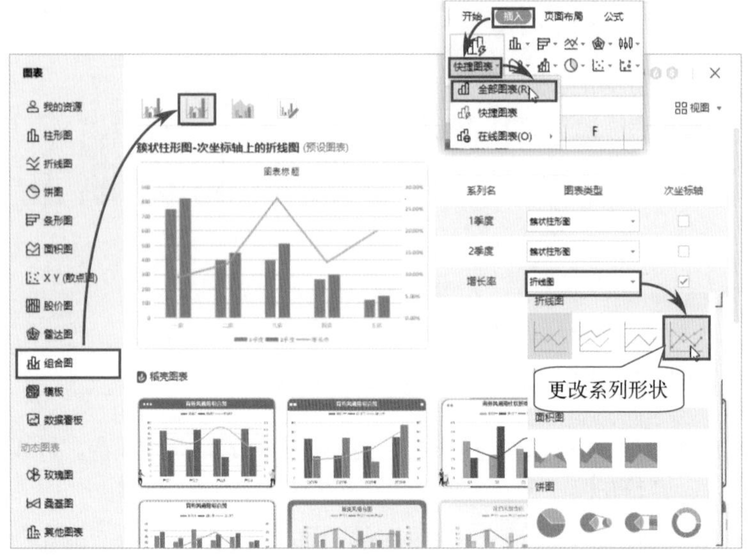

图8-5

设置完成后单击“插入预设图表”按钮，即可插入相应样式的组合图表，如图8-6所示。

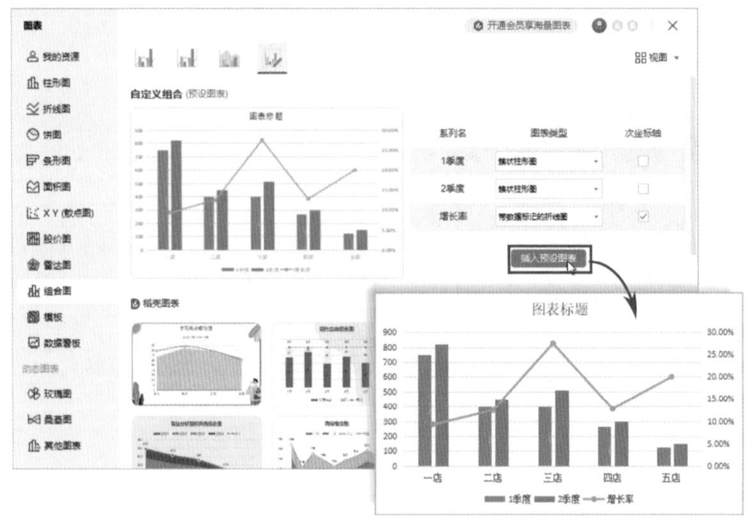

图8-6

操作提示

其他图表类型也可通过“图表”对话框插入。在对话框左侧选择图表类型，随后选择好具体图表种类，对话框中会出现图表的缩略预览效果，单击图表的缩略图即可在工作表中插入该图表，如图8-7所示。

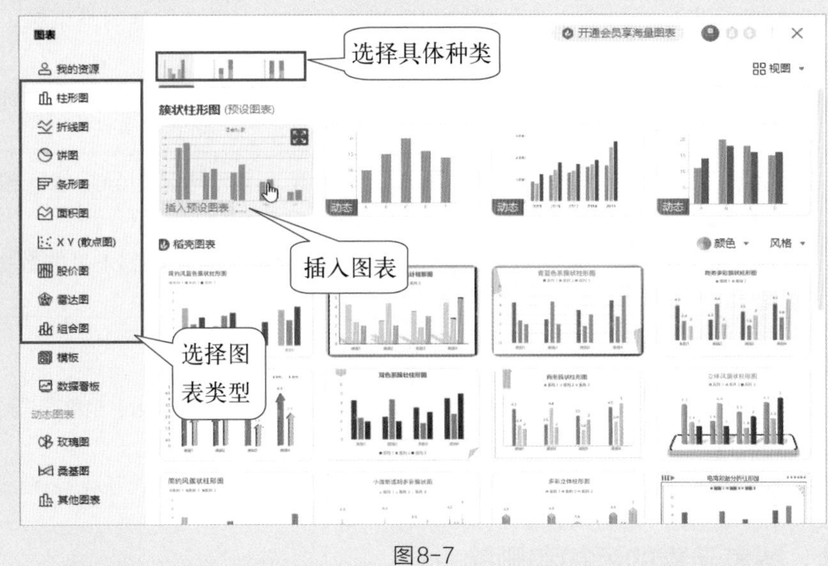

图8-7

8.1.3 图表中包含的图表元素

图表由各种图表元素构成，常见的图表元素包括数据系列、图表标题、坐标轴、数据标签、图例、网格线等，如图8-8所示。

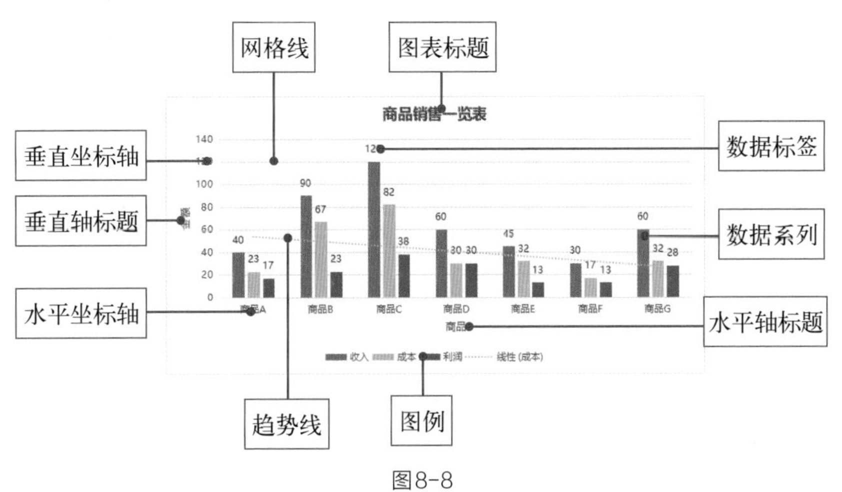

图8-8

常见图表元素的作用如下：

图表标题：图表标题是对图表作用的概括和说明。

● 数据系列：数据系列是图表中最重要的也是必不可少的元素之一。数据系列用图形的方式显示数值的大小。

● 数据标签：数据标签可以显示每个数据系列点的具体数值、名称等。

● 坐标轴：坐标轴包括水平坐标轴和垂直坐标轴，水平坐标轴为类别轴，垂直坐标轴为数值轴。

● 坐标轴标题：坐标轴标题分为水平轴标题和垂直轴标题，用于对坐标轴进行说明。

● 网格线：网格线分为水平网格线和垂直网格线。其作用是引导视线，帮助用户找到数据项目对应的X轴和Y轴坐标，从而更准确地判断数据大小。

● 趋势线：趋势线用于展示数据的变化趋势，并且可以用来预测未来的数据值。

操作提示

不同类型的图表，其组成元素稍有不同。例如柱形图、条形图、折线图等大部分图表都有“坐标轴”元素，而饼图则没有“坐标轴”这一元素。

8.1.4 图表元素的添加和删除

图表中的图表元素并不是固定不变的，用户可根据数据分析需求添加或删除图表元素。操作方法如下。

选中图表，单击图表右上角的“”按钮，展开的列表中包含“图表元素”和“快速布局”两个选项，默认打开的是“图表元素”选项所对应的界面。通过勾选复选框即可向图表中添加相应元素，如图8-9所示。

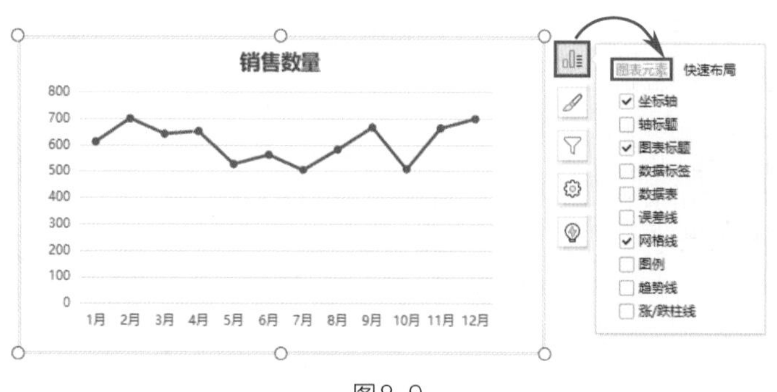

图8-9

例如，勾选“数据标签”复选框，即可为数据系列点添加数据标签，如图8-10所示。

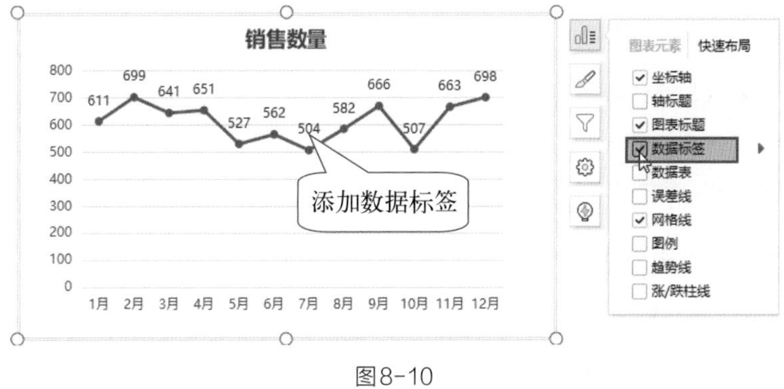

图8-10

默认添加的数据标签在数据系列点的上方显示，单击“数据标签”选项右侧的“▶”按钮，在其下级列表中可以选择数据标签的显示位置，如图8-11所示。

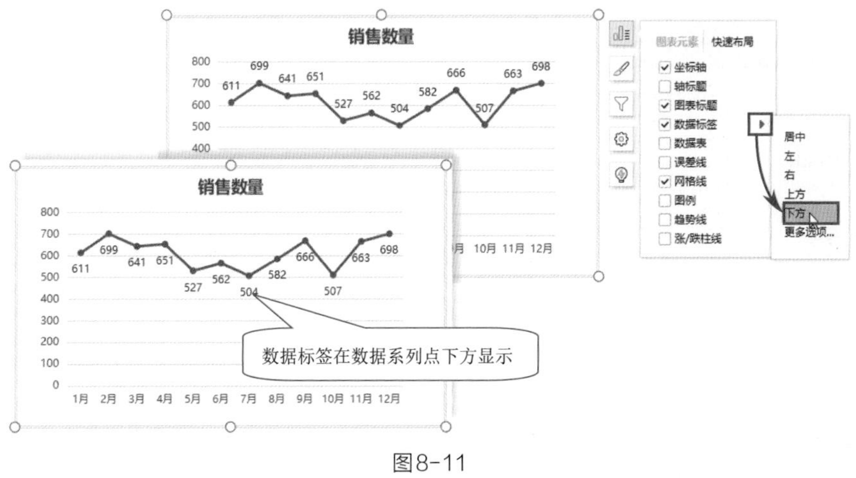

图8-11

不同图表元素选项的下级列表中所包含的选项也不同，例如在“网格线”选项的下级列表中可选择添加何种类型的网格线。此处勾选“主轴主要垂直网格线”复选框，图表中则被添加相应类型的网格线，如图8-12所示。

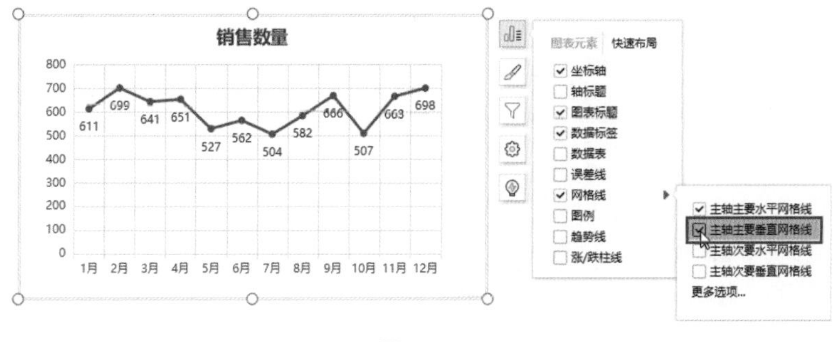

图8-12

操作提示

若要取消某项图表元素的显示只需在“图表元素”列表中取消相应复选框的勾选即可。

8.1.5 更改图表类型

插入图表后，若对图表的样式不满意，或当前图表类型不能有效表达数据，并不需要删除图表重新创建，只需更改图表类型即可。

例如，用散点图对比商品日常价成交量和促销价成交量并不是很直观，此时可将散点图更改为柱形图，如图8-13所示。操作方法如下。

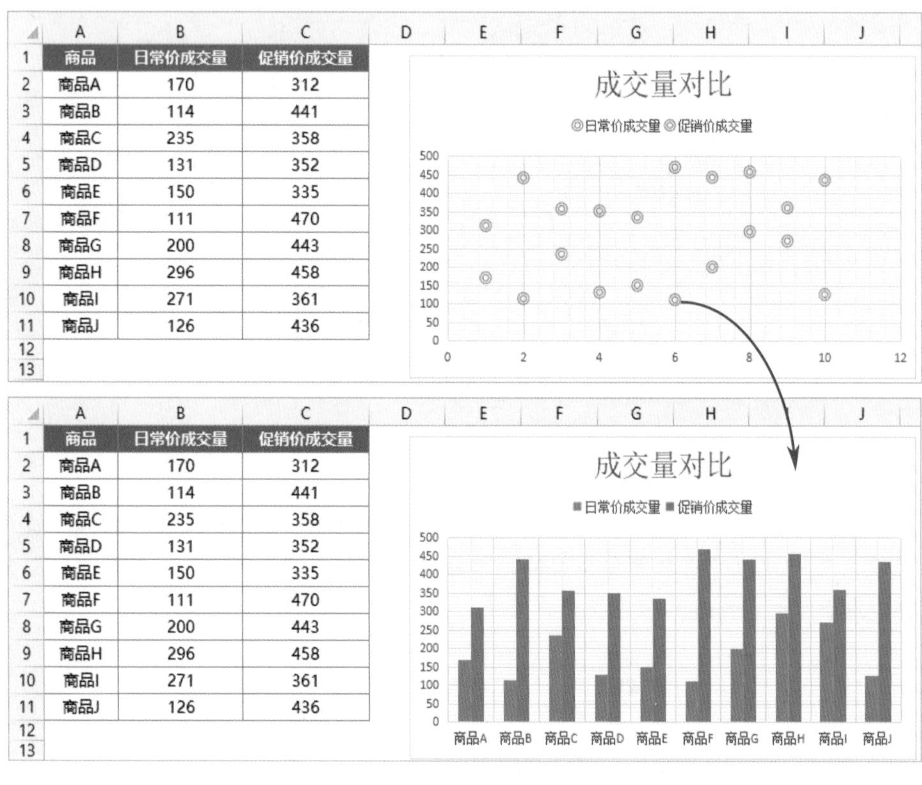

商品	日常价成交量	促销价成交量
商品A	170	312
商品B	114	441
商品C	235	358
商品D	131	352
商品E	150	335
商品F	111	470
商品G	200	443
商品H	296	458
商品I	271	361
商品J	126	436

图8-13

更改图表类型的方法很简单。选中图表，打开“图表工具”选项卡，单击“更改类型”按钮。打开“更改图表类型”对话框，选择“柱形图”选项，接着选择“簇状柱形图”种类下的缩略图即可完成更改，如图8-14所示。

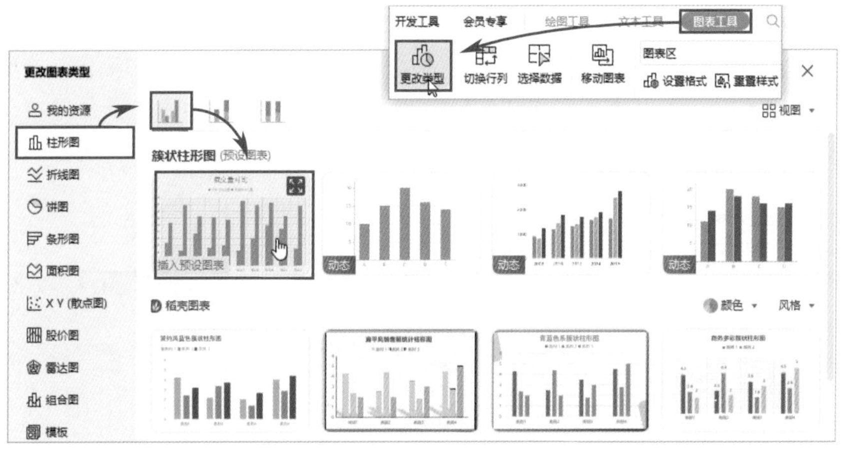

图8-14

8.1.6 更改图表数据源

创建图表后若还要增加或删除数据系列，应该如何操作呢？例如，向成交量分析图表中增加“日常价成交量”系列，并删除“合计成交量”系列，如图8-15所示。

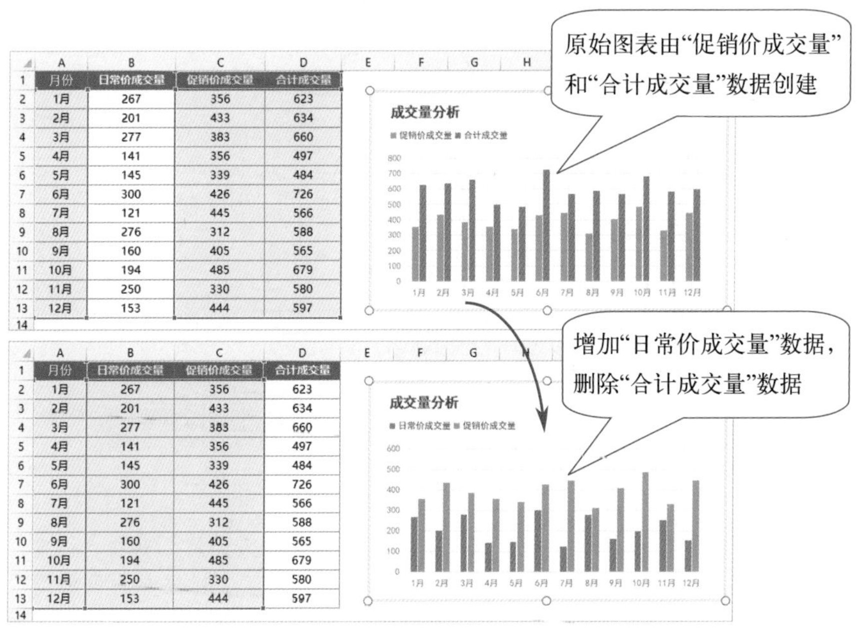

月份	日常价成交量	促销价成交量	合计成交量
1月	267	356	623
2月	201	433	634
3月	277	383	660
4月	141	356	497
5月	145	339	484
6月	300	426	726
7月	121	445	566
8月	276	312	588
9月	160	405	565
10月	194	485	679
11月	250	330	580
12月	153	444	597

图8-15

在不删除图表并且保留图表现有样式的前提下，可使用“选择数据”功能更改数据源。具体操作方法如下。

Step01：选中图表，打开“图表工具”选项卡，单击“选择数据”按钮，系统随即弹出“编辑数据源”对话框。在“系列”列表框中选择“合计成交量”选项，单击“编辑”按钮，如图8-16所示。

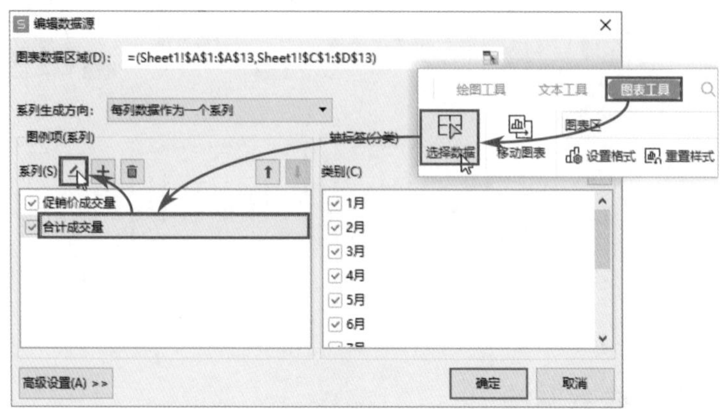

图8-16

Step02：弹出“编辑数据系列”对话框，重新引用“系列名称”和“系列值”，单击“确定”按钮，如图8-17所示。

	A	B	C	D
1	月份	日常价成交量	促销价成交量	合计成交量
2	1月	267	356	623
3	2月	201	433	634
4	3月	277	383	660
5	4月	141	356	497
6	5月	145	339	484
7	6月	300	426	726
8	7月	121	445	
9	8月	276	312	
10	9月	160	405	
11	10月	194	485	
12	11月	250	330	
13	12月	153	444	

编辑数据系列
系列名称(N): =Sheet1!$B$1 = 日常价成交量
系列值(V) =Sheet1!$B$2:$B$13 = 267,201,2...
确定 取消

图8-17

Step03：此时“合计成交量”系列被更改为了“日常价成交量”系列，选中“日常价成交量”选项，单击“上移”按钮，如图8-18所示，可将其位置向前移动。在图表中，该系列便会在“促销价成交量”系列左侧显示。最后单击“确定”按钮，完成设置。

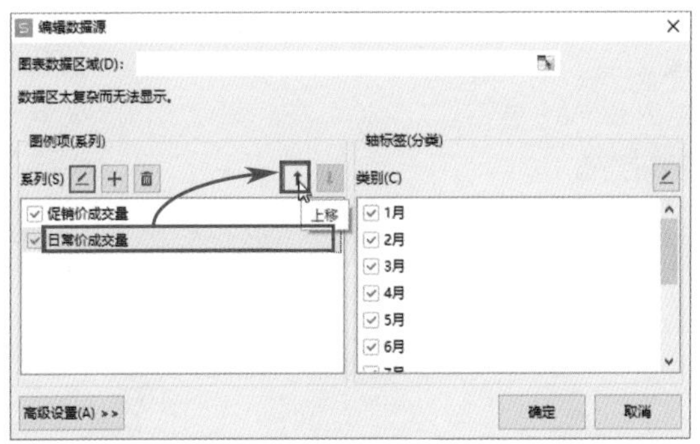

图8-18

8.2 让图表看起来更高端

图表作为图形化展示工具，在保证易读的前提下还要尽量保证其美观性。根据数据源默认插入的图表样式比较简单，通过对各项图表元素的设置和美化，能够使其看起来更高端。

8.2.1 编辑图表标题

图表标题是一个可以选中的文本框，在图表标题位置单击即可将其选中，如图8-19所示。将光标定位在文本框中，删除原来的内容，输入新内容即可完成图表标题内容的设置，如图8-20所示。

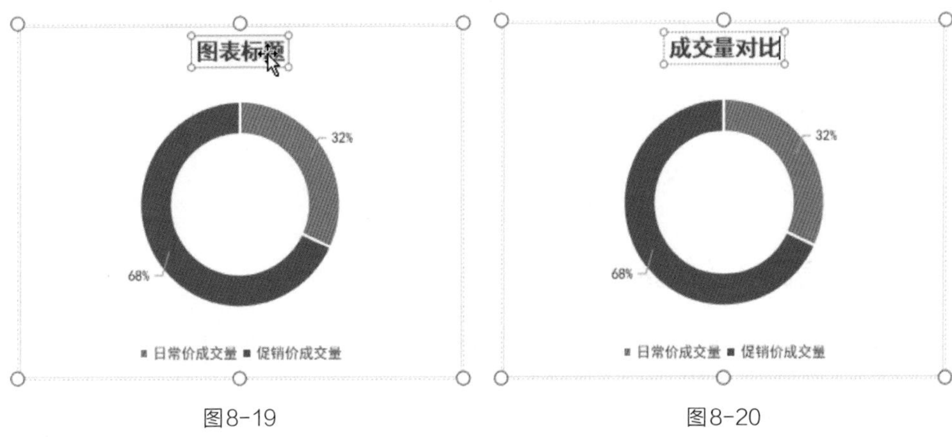

图8-19 图8-20

选中图表标题中的内容，图表标题上方会显示一个快捷菜单，如图8-21所示。通过该菜单中的命令按钮可对字体、字号、字体颜色、字体效果等进行设置，如图8-22所示。

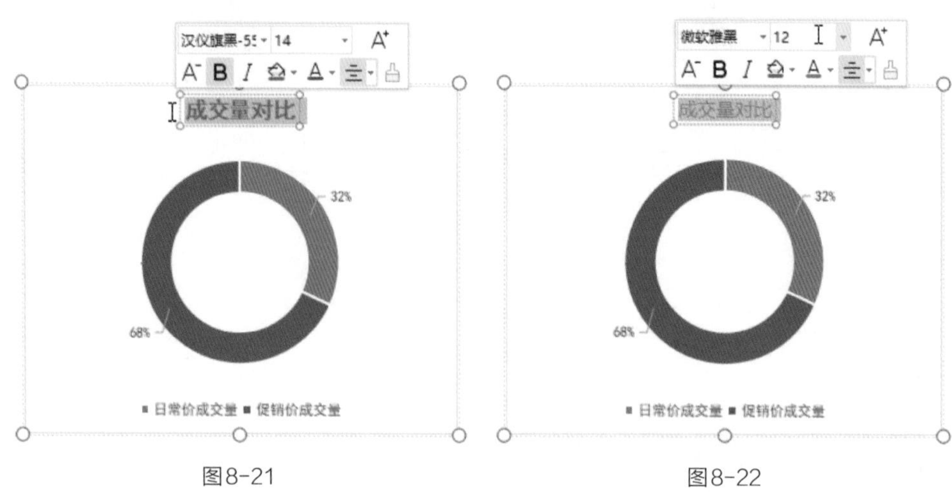

图8-21　　图8-22

选中图表标题，将光标放在图表标题的边框线上，光标变成“✥”形状时按住鼠标左键，向目标位置拖动，如图8-23所示。松开鼠标后即可将图表标题移动到目标位置，如图8-24所示。

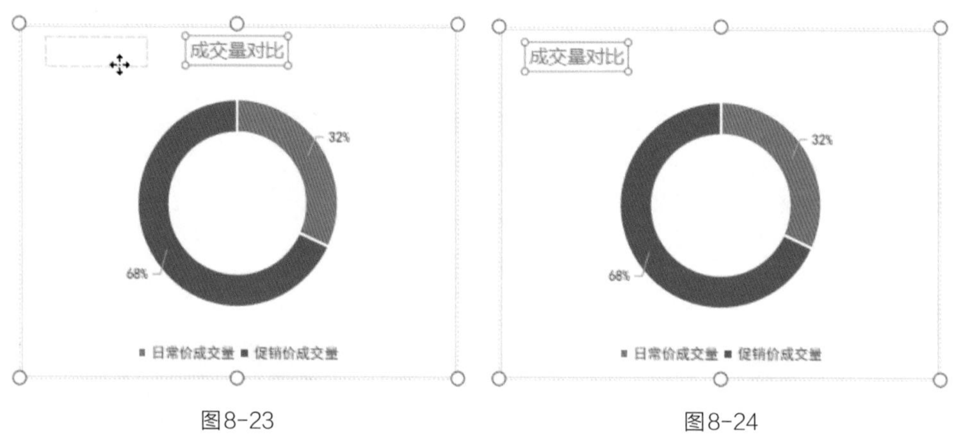

图8-23　　图8-24

8.2.2 图表坐标轴的编辑方法

坐标轴是图表中一项很重要的元素，设置坐标轴可以让图表变得更易读，下面将以垂直轴为例，介绍坐标轴的常见操作。

（1）调整坐标轴边界值

本例数据源中所有商品的销量值范围较为集中（介于600至900之间），所以，用柱形图对比各销量时各柱形系列的落差不够明显。此时可以设置垂直轴的边界值，使数据系列达到更明显的对比效果，如图8-25所示。操作方法如下。

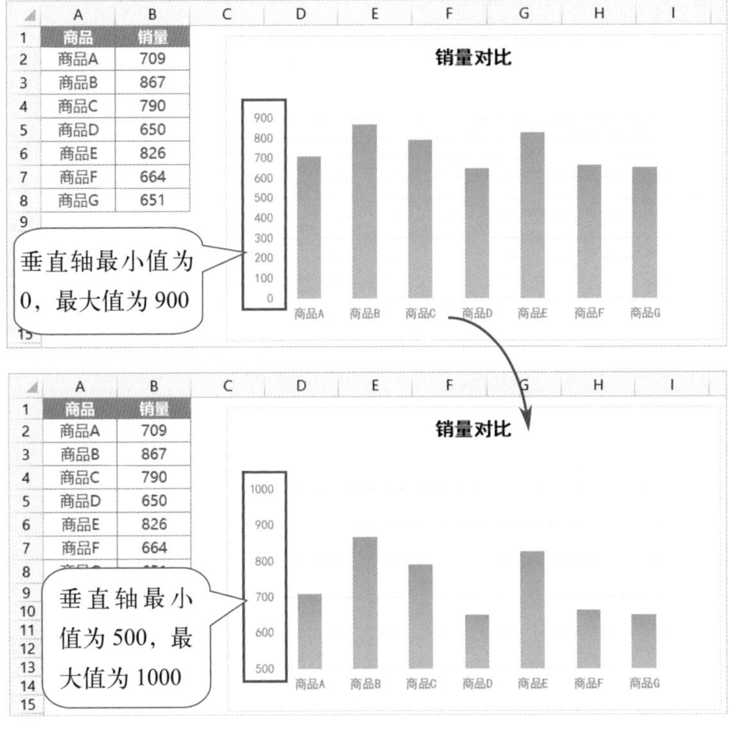

图8-25

右击垂直轴，在弹出的菜单中选择“设置坐标轴格式”选项，如图8-26所示。WPS表格窗口右侧随即打开“属性”窗格，此时默认显示的是“坐标轴选项”选项卡。对“坐标轴选项”组中的“边界”值进行调整，将“最小值”设置为“500”，“最大值”设置为“1000”，随后修改“单位”中“主要”的值为“100”，如图8-27所示。图表坐标轴的边界值及单位随即得到相应调整。

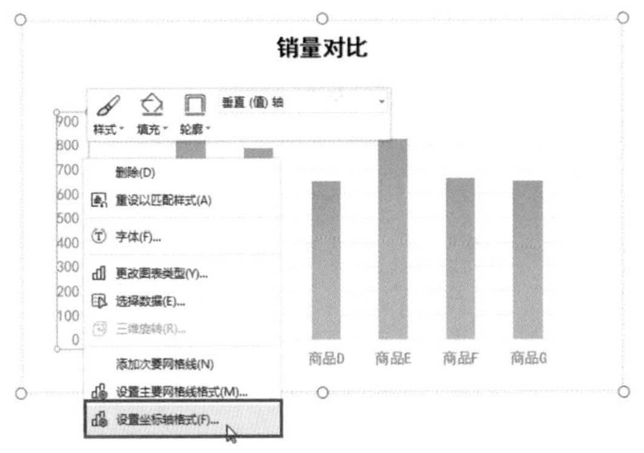

图8-26

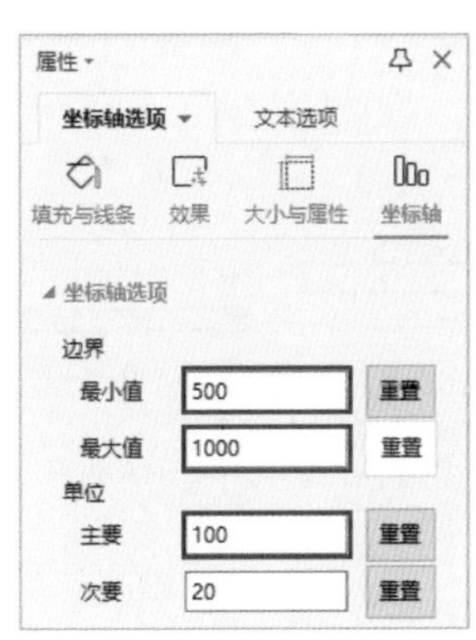

图8-27

（2）设置坐标轴值的显示方式

坐标轴的值可以显示单位，也可以根据需要设置数字格式。在“坐标轴选项”组中单击“显示单位”下拉按钮，下拉列表中包含了百、千、百万、十亿、兆等单位，选择需要的单位，如图8-28所示。垂直轴的值随即被设置为相应单位下的数值，如图8-29所示。

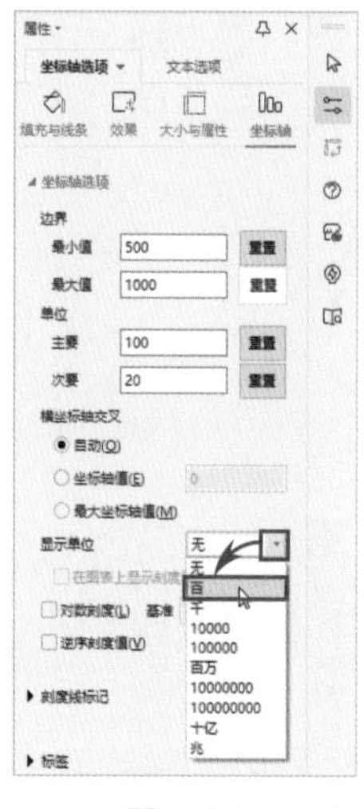

图8-28

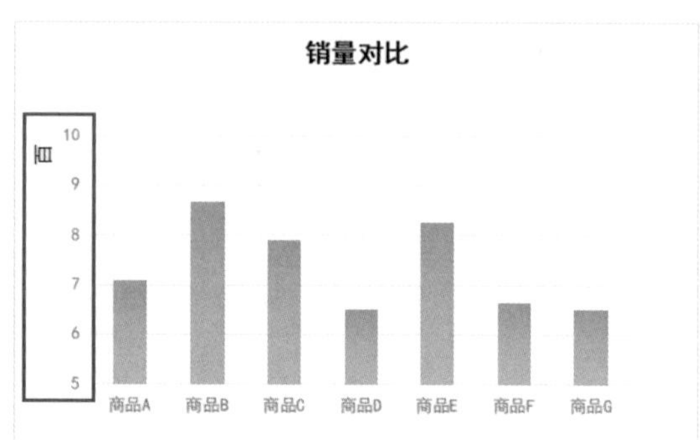

图8-29

在“数字”组中单击“类别”下拉按钮，下拉列表中包含了很多内置的数字格式，此处选择“货币”选项，如图8-30所示。垂直轴的值即可以货币格式显示，如图8-31所示。

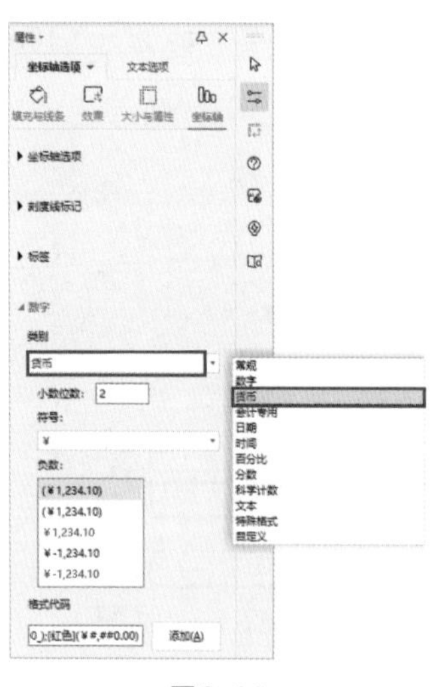

图8-30

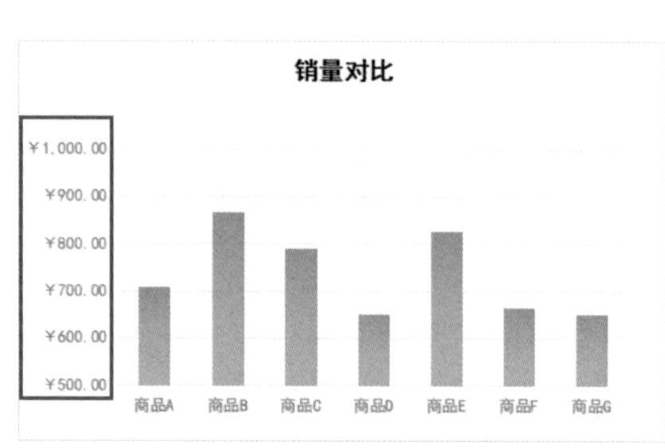

图8-31

（3）更改垂直轴位置

垂直轴默认在图表左侧显示，若想将垂直轴移动到图表右侧显示，可以在“属性”窗格中的“标签”组内单击“标签位置”下拉按钮，在下拉列表中选择“高”选项，如图8-32所示。这样即可完成设置，如图8-33所示。

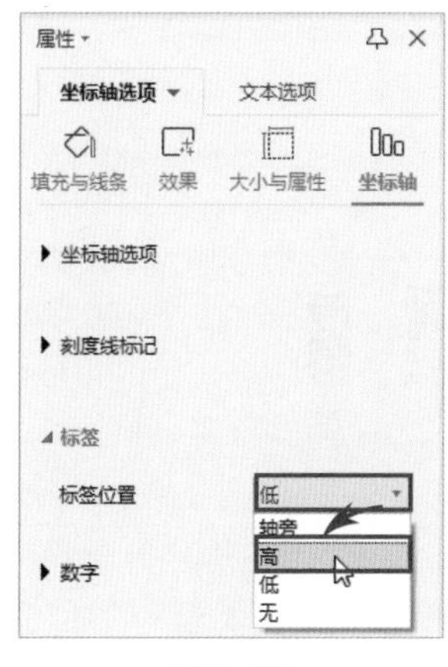

图8-32

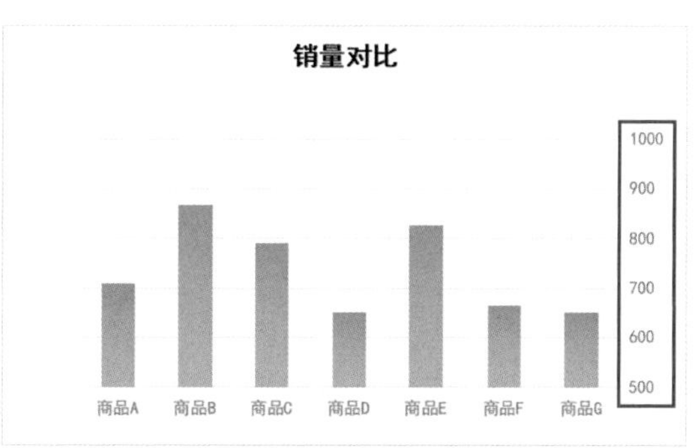

图8-33

（4）设置逆序刻度

柱形图的水平轴系列默认在图表底部显示，柱形系列根据数值的大小由下向上延伸。用户可以根据需要将柱形系列垂直翻转，水平轴在图表上方显示，如图8-34所示。在“属性”选项卡中的“坐标轴选项”组内勾选“逆序刻度值”复选框，如图8-35所示，即可完成设置。

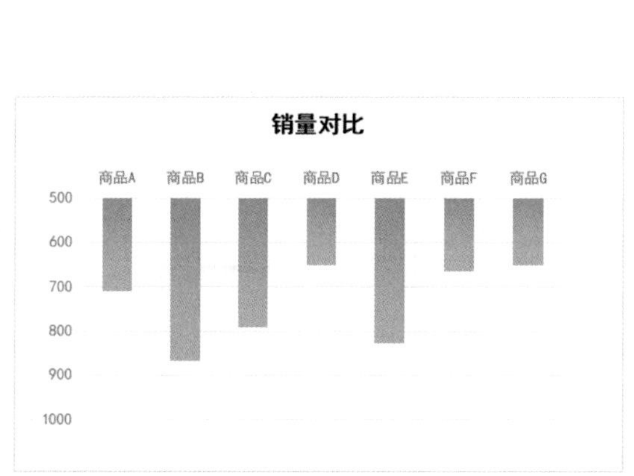

图8-34

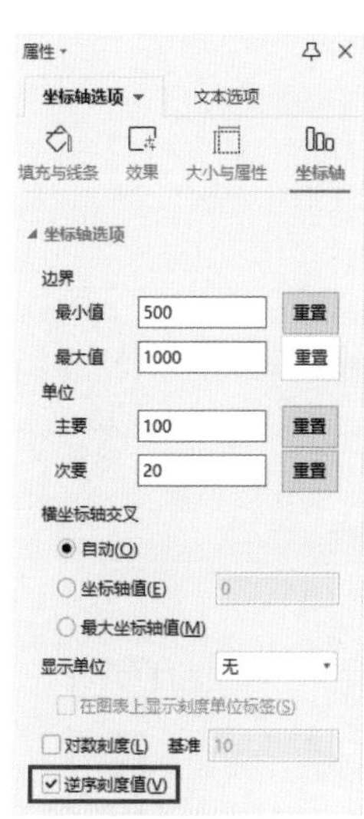

图8-35

（5）设置刻度线样式

默认创建的图表，坐标轴不显示刻度线，只显示数值，通过设置也可将刻度线显示出来，并且可以对刻度线的效果进行设置，如图8-36所示。操作方法如下。

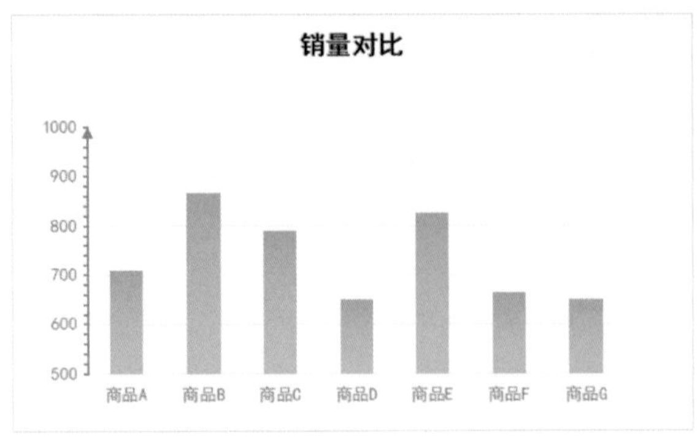

图8-36

在“属性”窗格中的“刻度线标记”组内单击“主要类型”下拉按钮，下拉列表中包含“无”“内部”“外部”以及“交叉”四个选项，如图8-37所示。“无”表示不显示刻度线，其他三个选项表示刻度线的显示位置，例如“外部”表示刻度线在坐标轴外侧显示。“次要类型”的设置方法与“主要类型”相同。

切换到“填充与线条”界面，在“线条”组内可以设置线条的颜色、宽度、线条类型等，如图8-38所示。

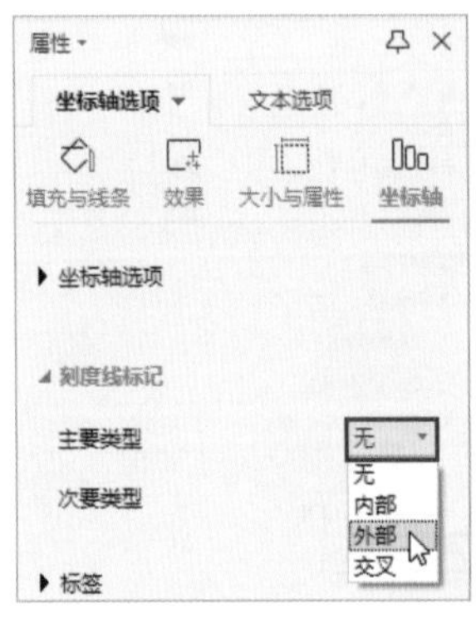

图8-37

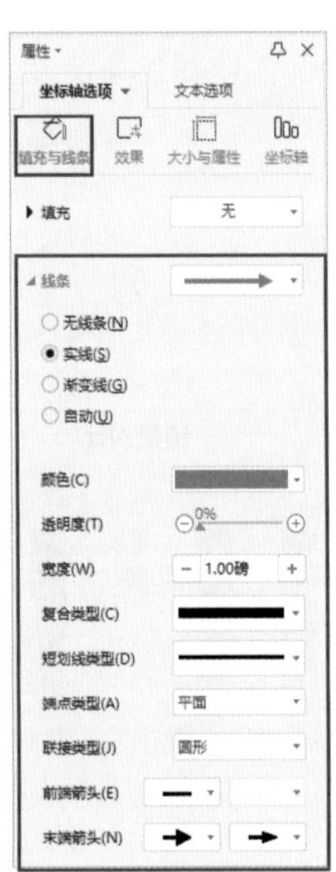

图8-38

8.2.3 图表系列的编辑方法

一张图表看起来是普通还是美观大方，数据系列起到至关重要的作用。图表类型不同，数据系列的编辑方法差别很大，但是也有很多操作是通用的，例如设置系列颜色、效果等。

（1）更改系列颜色

选中图表，右击需要更改颜色的系列，在弹出的菜单中选择“设置数据系列格式”选项，如图8-39所示。

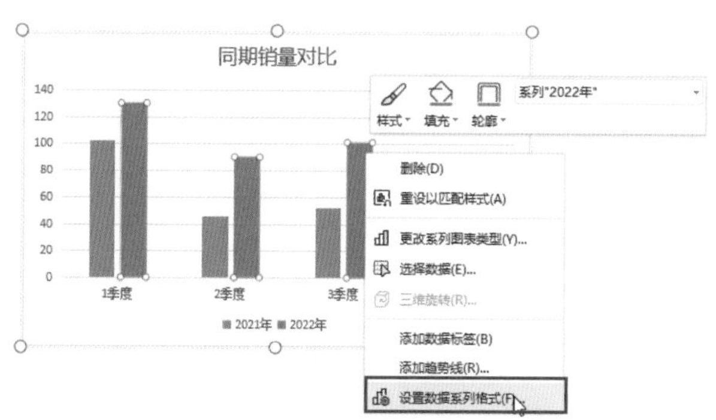

图8-39

系统随即打开“属性”窗格，切换到“填充与线条”界面，在“填充”组中选择“纯色填充”单选按钮，随后单击“颜色”下拉按钮，从颜色列表中选择合适的颜色，如图8-40所示。所选系列的颜色随即被更改，如图8-41所示。

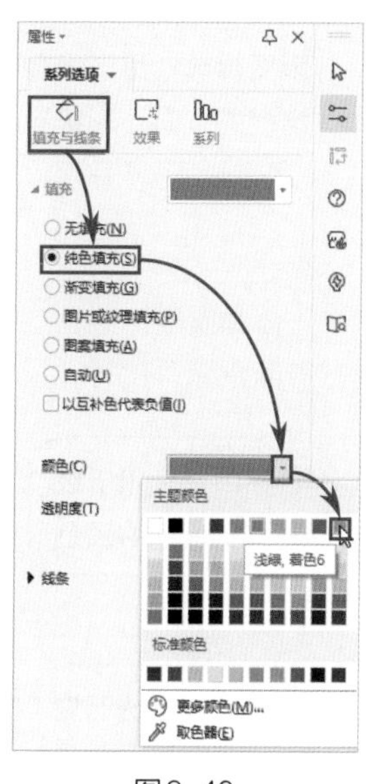

图8-40

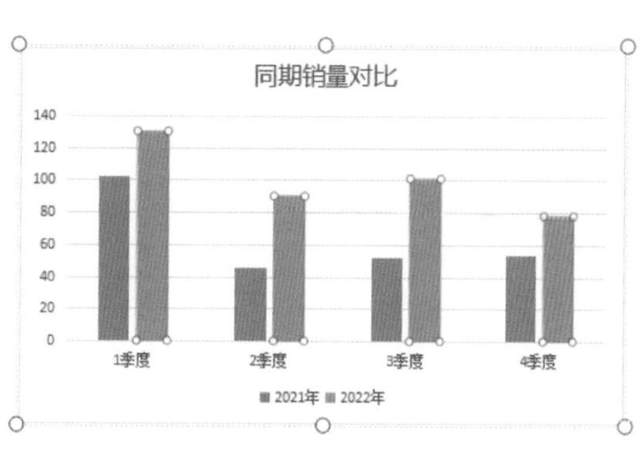

图8-41

（2）设置系列渐变填充效果

纯色填充是最基础的填充效果，用户还可以为数据系列设置渐变填充，如图8-42所示。操作方法如下。

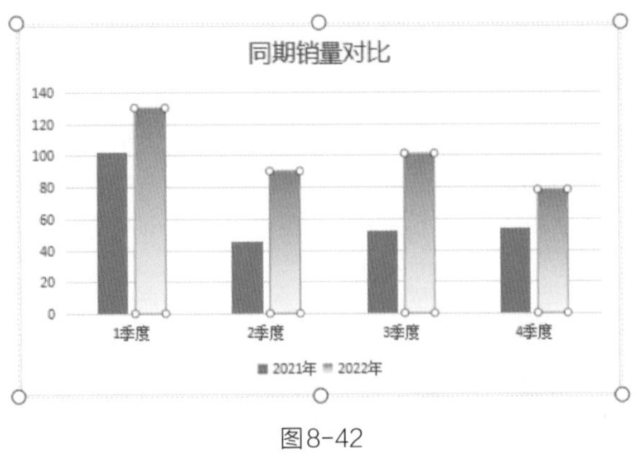

图8-42

在“属性”窗格中打开“填充与线条”界面，在“填充”组内选择“渐变填充”单选按钮，选择一种渐变样式，随后设置色标的数量、颜色及位置，若有需要也可设置每个色标的透明度，如图8-43所示。

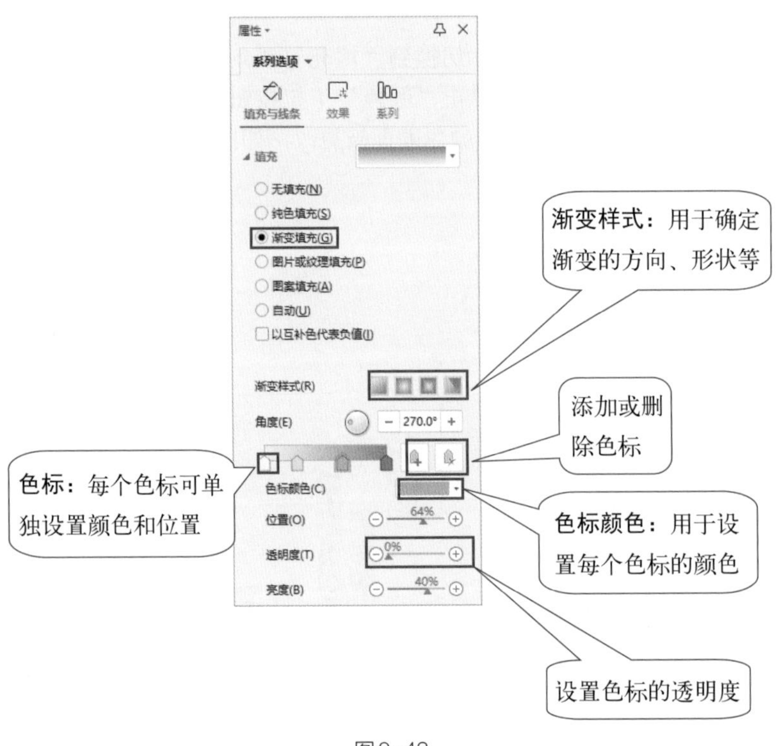

图8-43

（3）用图形代替系列

以实物图形代替数据系列，可以增加图表的趣味性和直观程度，例如用金币图形代替柱形系列展示每个季度的销量，如图8-44所示。

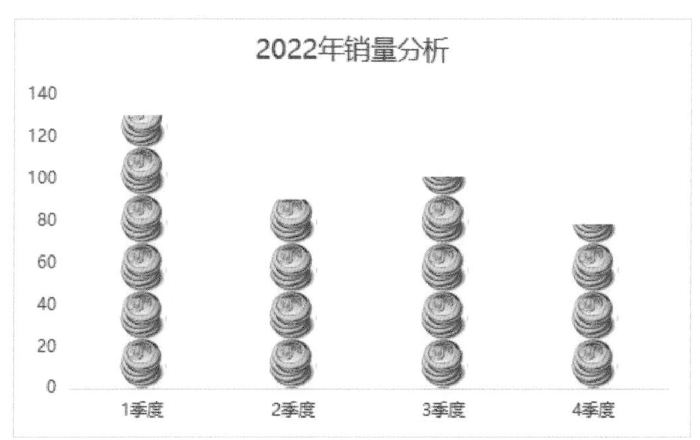

图8-44

Step01：提前准备好金币图片，然后复制该图片。选中图表，双击任意数据系列，如图8-45所示。打开“属性”窗格。

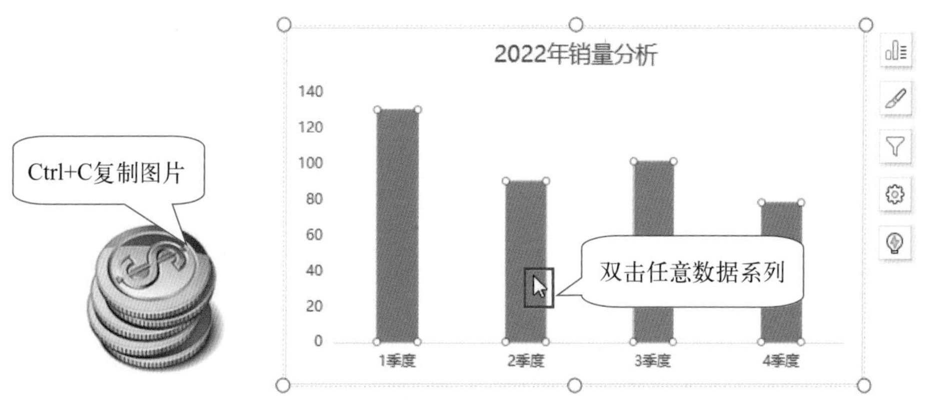

图8-45

Step02：在“填充与线条”界面中的“填充”组内选择“图片或纹理填充”单选按钮，随后单击“图片填充”下拉按钮，在下拉列表中选择“剪贴板”选项，如图8-46所示。

Step03：此时图表中的柱形系列已经被金币图片所填充，但是每个柱形很长，金币图片被拉伸变形看起来并不美观，所以还需要将图片的填充方式设置为“层叠”。在当前界面中，选择“层叠”单选按钮即可完成设置，如图8-47所示。

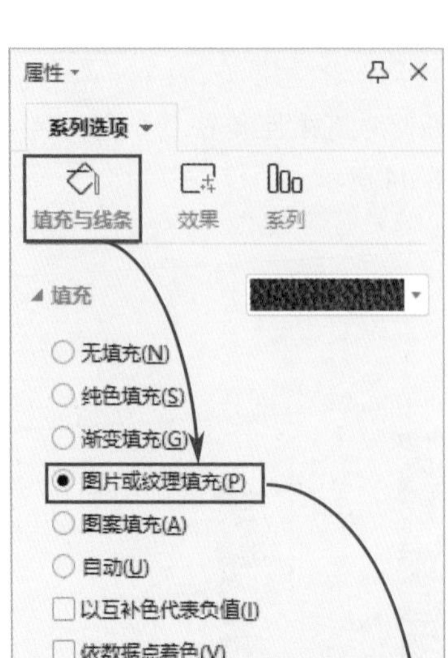

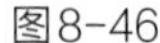

图8-46

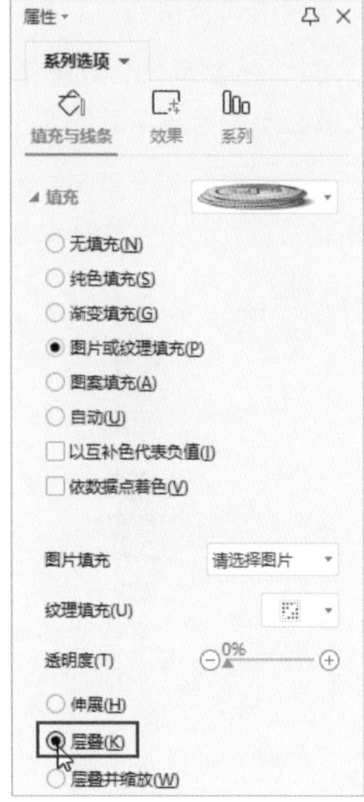

图8-47

（4）设置折线系列效果

折线图中的折线系列以及数据点的颜色、宽度、效果均可以通过设置而改变，如图8-48所示。操作方法如下。

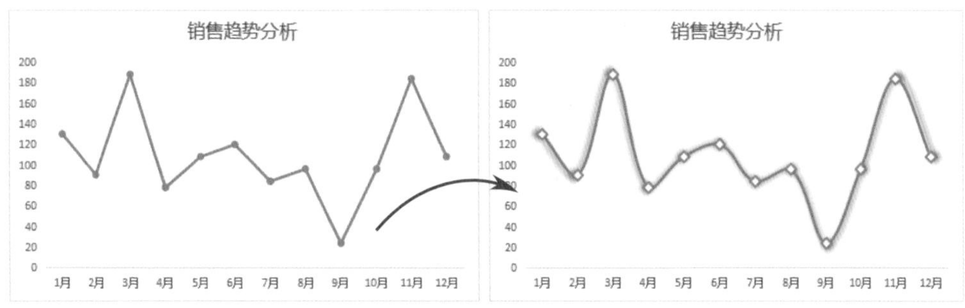

图8-48

选中图表，右击折线系列，在弹出的菜单中选择“设置数据系列格式”选项（或双击折线系列），打开“属性”窗格。

在“填充与线条”界面中包含“线条”和“标记”两个选项卡，在“线条”选项卡中可以对折线的线条颜色、样式等进行设置，如图8-49所示。在“标记”选项卡中可以设置标记点的类型、大小、填充效果、轮廓线效果等，如图8-50所示。

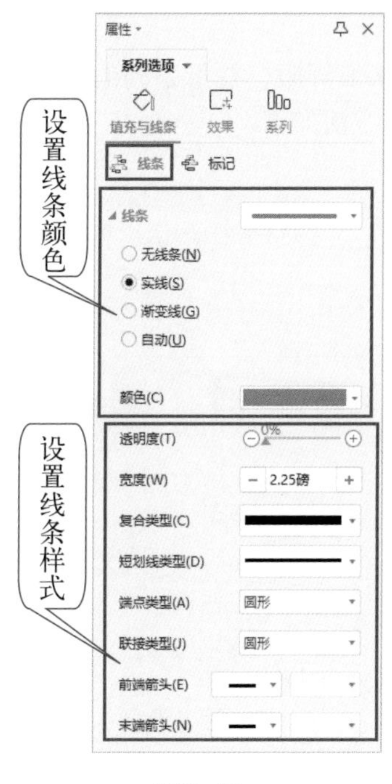

图8-49

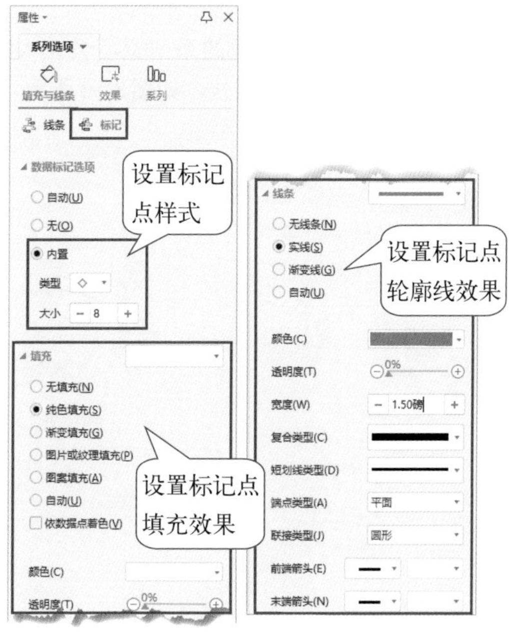

图8-50

切换到“效果”界面，可以为折线设置阴影、发光、柔化边缘等效果，如图8-51所示。

切换到“系列”界面，勾选“平滑线”复选框，可将折线设置为平滑的曲线，如图8-52所示。

图8-51

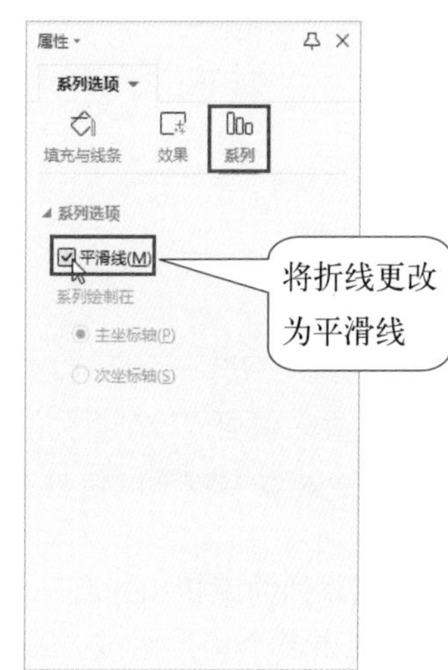

图8-52

（5）调整柱形系列的宽度

对于柱形图来说，合适的系列宽度会让人看起来很舒服，柱形系列的宽度及多个系列之间的距离都可以调整，如图8-53所示。操作方法如下。

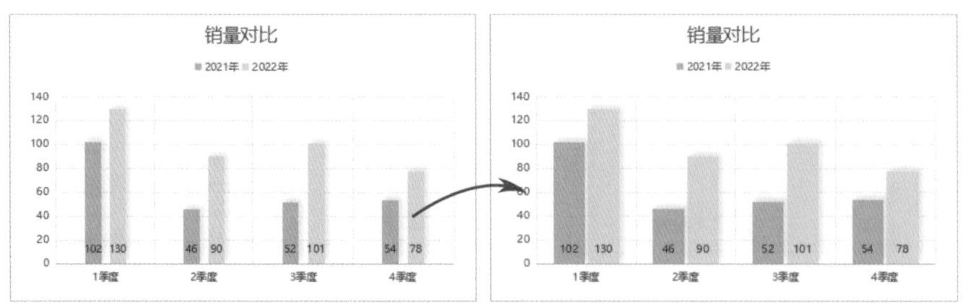

图8-53

选中图表，双击任意数据系列，打开“属性”窗格，打开“系列”界面。设置“系列重叠”值可调整系列之间的距离，“分类间距”值控制不同类别之间的距离，如图8-54所示。随着“系列重叠”值和“分类间距”值的调整，数据系列的宽度会随之自动调整。

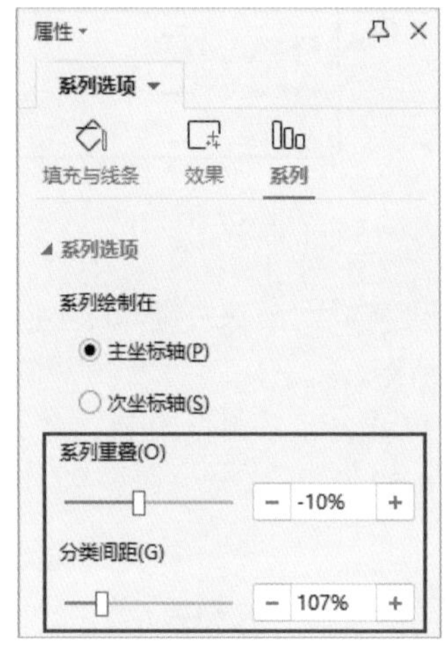

图8-54

操作提示

当柱形图中只有一个系列时，“系列重叠”值对数据系列不会造成任何影响，而“分类间距”值可以控制系列的宽度。

（6）饼图系列的旋转和分离

饼图系列由多个扇形组成。扇形可以在0°至360°之间旋转，如图8-55所示。操作方法如下。

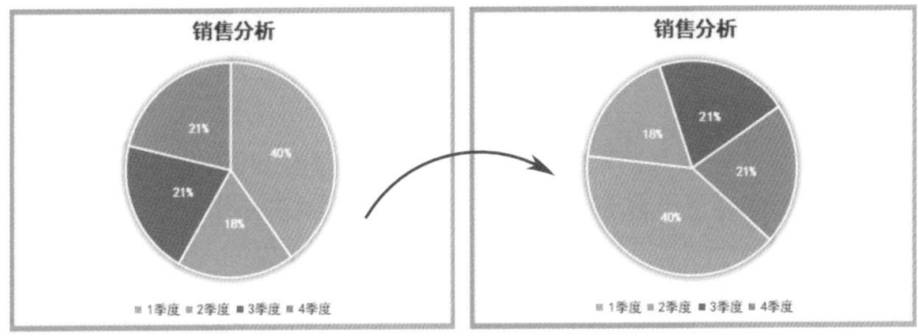

图8-55

选中图表，双击饼图的任意扇形系列，打开“属性”窗格，切换到“系列”界面，调整“第一扇区起始角度”值即可旋转扇形系列，如图8-56所示。

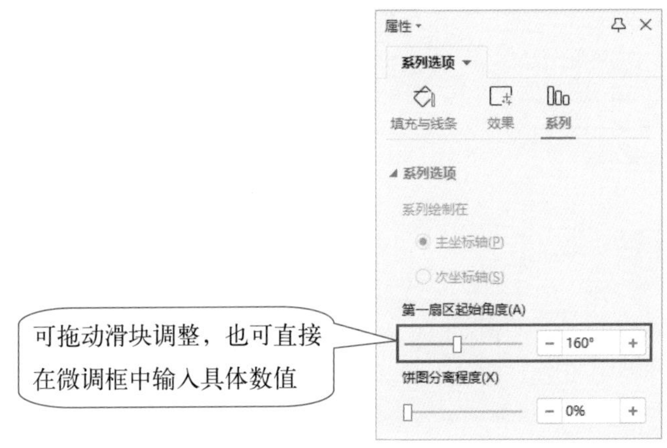

图8-56

饼图的各扇形系列可以全部分离显示，如图8-57所示；也可让其中的某个扇形分离显示，如图8-58所示。操作方法如下。

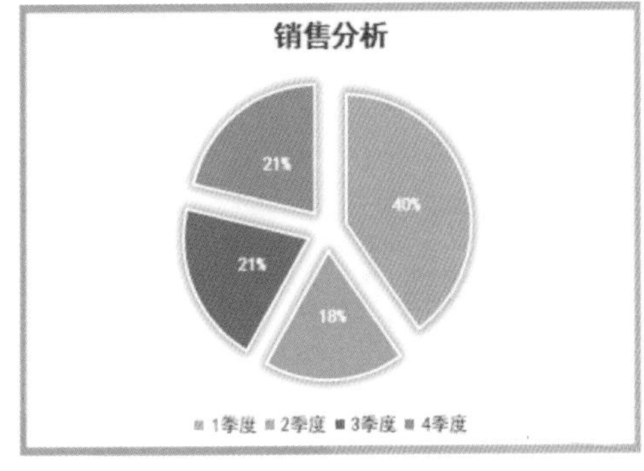

图8-57

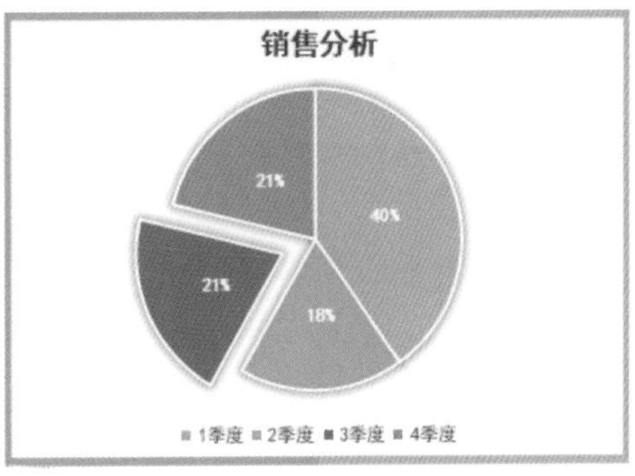

图8-58

选中饼图系列后，在“属性”窗格中的“系列”界面中设置“饼图分离程度”值即可控制饼图分离，如图8-59所示。默认分离程度为0%，即不分离。百分比值越大，分离的程度越大。

设置饼图分离时若选中所有扇形系列则所有扇形全部分离，若只选中其中某一个扇形则只有被选中的扇形被分离。扇形的选中方法如图8-60所示。

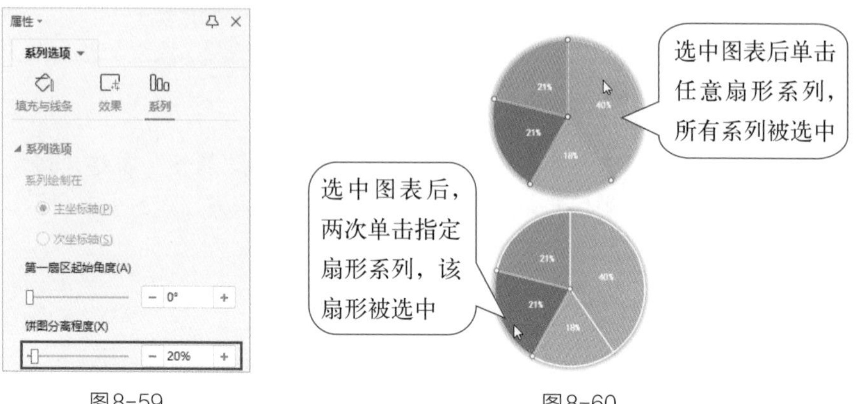

图8-59　　　　图8-60

操作提示

当选中饼图的其中一个扇形时，“属性”窗格中的“饼图分离程度”操作项会变为“点爆炸型”，但操作方法不变。

8.2.4　图表数据标签的设置方法

为数据系列添加数据标签后，默认只显示每个数据系列点的具体数值。其实数据标签的作用远不止于此，经过设置也可以让数据标签显示类别名称、百分比值或显示指定单元格中的内容等。操作方法如下。

添加数据标签后，单击“数据标签”右侧的“▸”按钮，单击“更多选项...”选项，或直接双击任意一个数据标签，如图8-61所示。

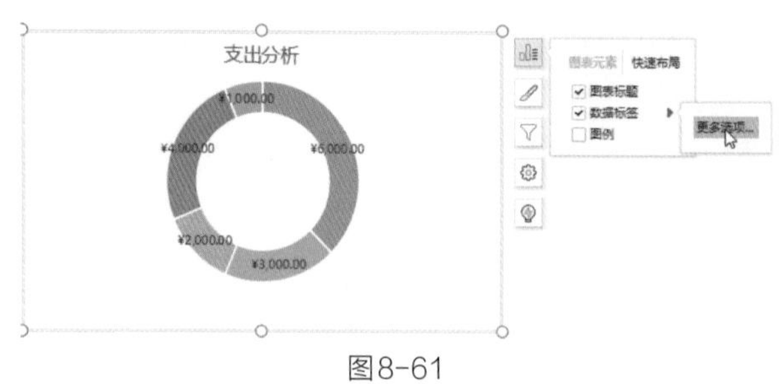

图8-61

打开“属性”对话框，在“标签”界面中的“标签选项”组中取消“值”复选框的勾选，勾选“类别名称”和“百分比”复选框，如图8-62所示。数据标签将取消具体值的显示，并显示数据源中的类别名称以及数值的百分比，如图8-63所示。

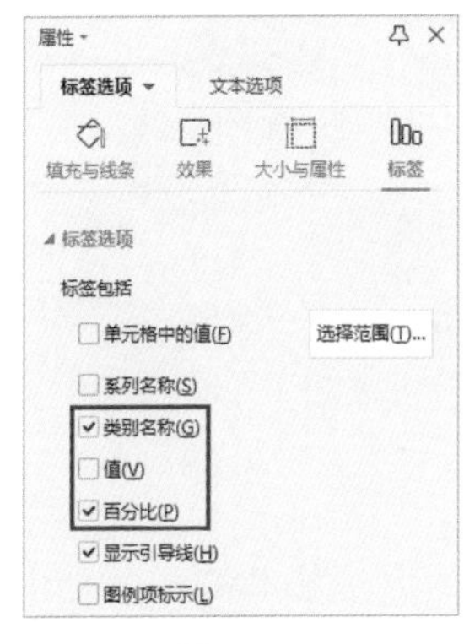

图8-62

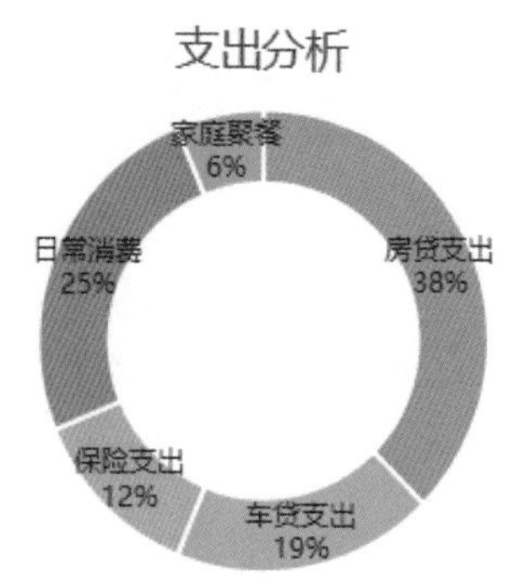

图8-63

有些数据系列偏小，可通过拖拽的方式将其中的数据标签移动到合适的位置，如图8-64、图8-65所示。

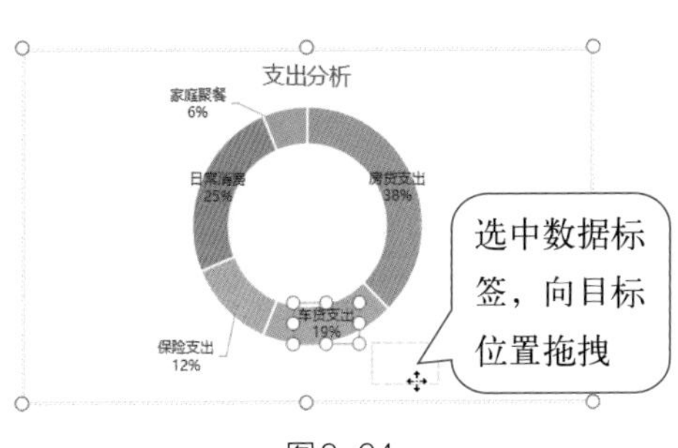

图8-64

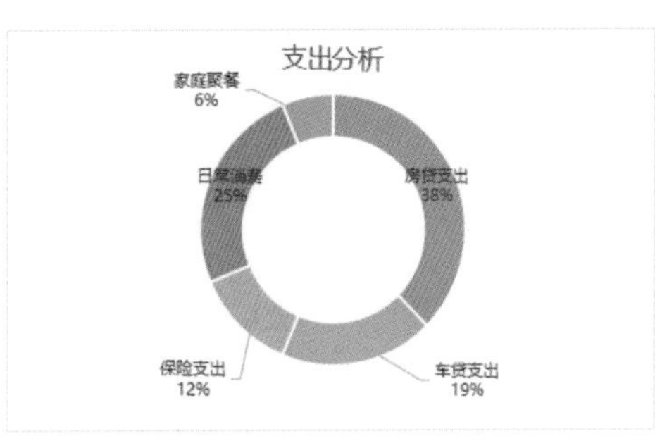

图8-65

8.2.5 图表背景的美化方法

图表背景起到衬托图表系列的作用，所以制作图表时应该注意背景不要太过花哨，以免喧宾夺主。常见的图表背景包括纯色背景、渐变背景以及图片背景，如图8-66～图8-68所示。

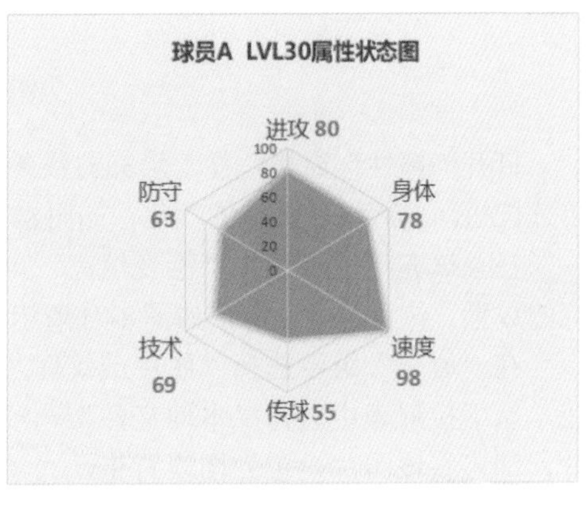

图8-66

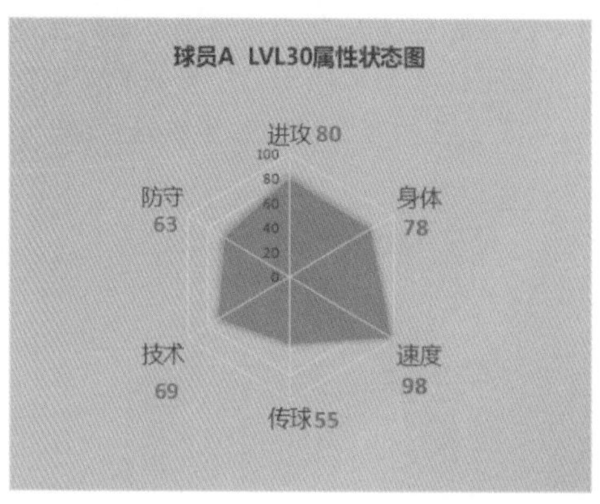

图8-67

图8-68

设置图表背景的方法和设置系列填充效果的方法基本相同。在图表空白背景处（图表区）右击，在弹出的菜单中选择“设置图表区域格式”选项，如图8-69所示。

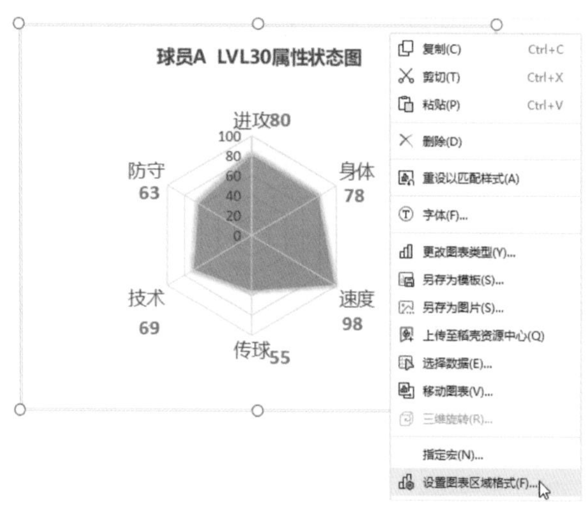

图8-69

打开“属性”窗格，在“填充与线条”界面中的“填充”组内选择“纯色填充”单选按钮，随后设置合适的颜色，如图8-70所示，即可为图表填充相应纯色背景。

在“填充”组中选择“渐变填充”单选按钮，随后选择好渐变样式，并设置色标的数量、位置及颜色等，如图8-71所示，即可为图表背景填充相应渐变效果。

在“填充”组中选择“图片或纹理填充”单选按钮，单击“图片填充”下拉按钮，从下拉列表中选择“本地文件”选项，在随后弹出的对话框中选择要使用的图片，即可将该图片设置为图表背景，为了保证各项图表元素的正常展示，可适当增加图片透明度，如图8-72所示。

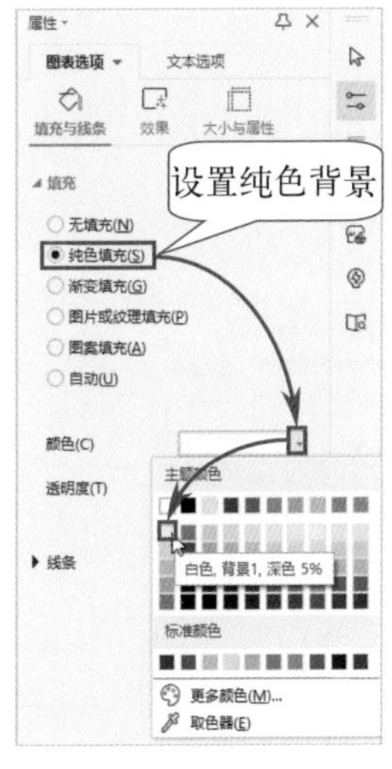

图8-70

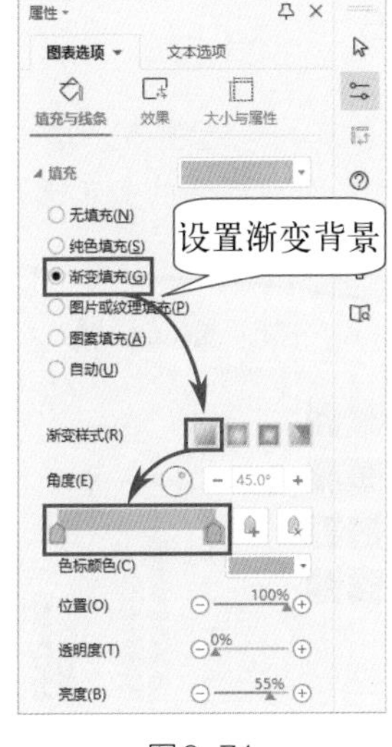

图8-71

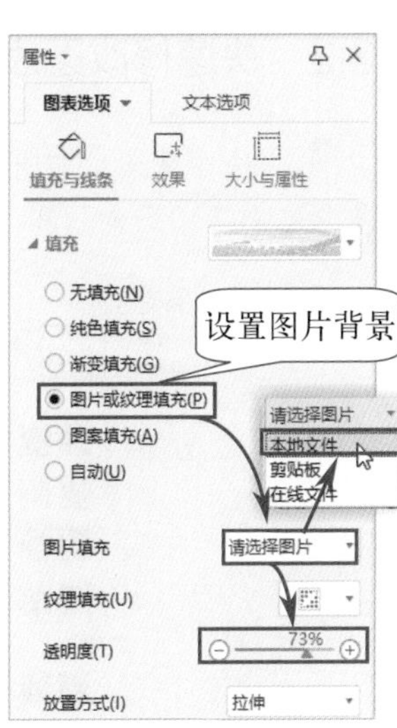

图8-72

8.3 图表的快速布局和美化

若想要快速更改图表的布局、对图表进行简单美化，可以使用内置的布局和图表样式来操作。

8.3.1 自动更改图表布局

选中图表，功能区中会显示“绘图工具”“文本工具”以及“图表工具”三个活动选项。打开“图表工具”选项卡，单击“快速布局”下拉按钮，其下拉列表中包含了11种布局，在需要的布局选项上单击，即可为所选图表应用该布局，如图8-73所示。

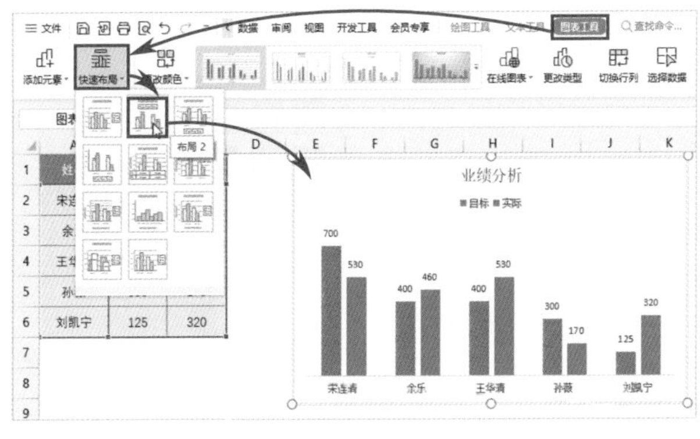

图8-73

8.3.2 快速修改图表颜色

选中图表，打开“图表工具”选项卡，单击“更改颜色”按钮，在其下拉列表中包含了“彩色”和“单色”两种色系的颜色选项，如图8-74所示。

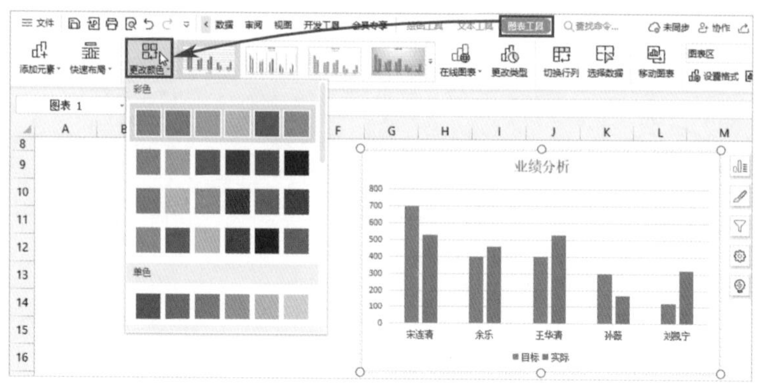

图8-74

在“更改颜色”下拉列表中单击需要的颜色选项，即可为图表应用该颜色，为图表应用彩色和应用单色的效果如图8-75、图8-76所示。

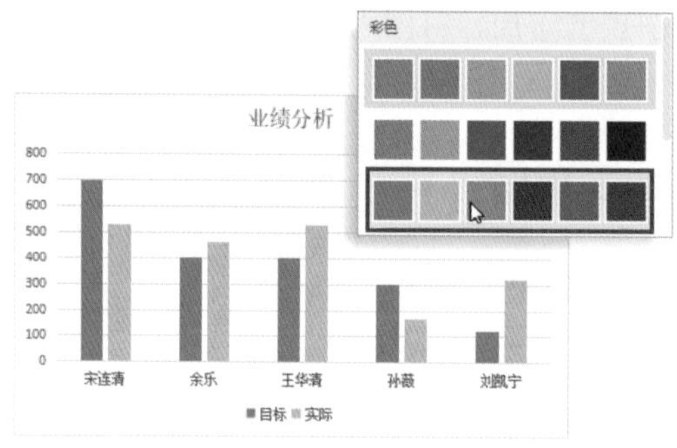

图8-75

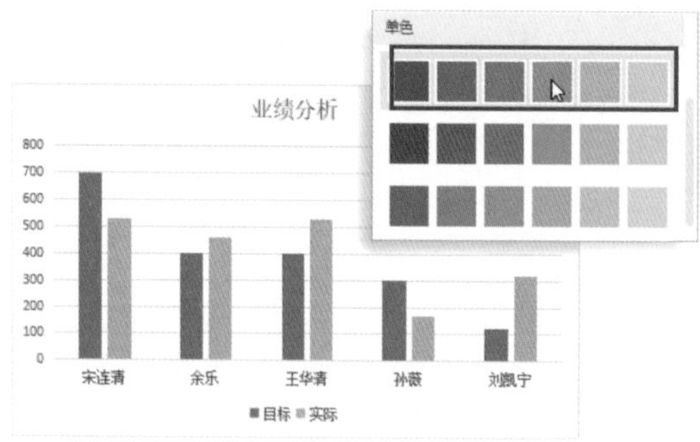

图8-76

8.3.3 使用内置样式美化图表

选中图表，打开“图表工具”选项卡，单击预设图表样式下拉按钮，在下拉列表中即可看到所有预设图表样式，选择一个样式，即可为所选图表应用该样式，如图8-77所示。

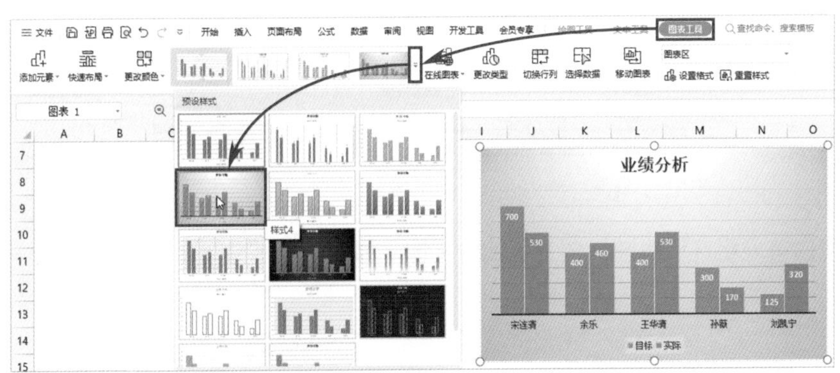

图8-77

8.4 迷你图的应用

迷你图是一种可以在单元格中显示的微型图表。一个迷你图可以展示一行或一列中的数据分布趋势。

8.4.1 创建迷你图

迷你图的类型有三种，分别为折线迷你图、柱形迷你图以及盈亏迷你图。迷你图的创建方法非常简单，操作按钮在“插入”选项卡中，如图8-78所示。操作方法如下。

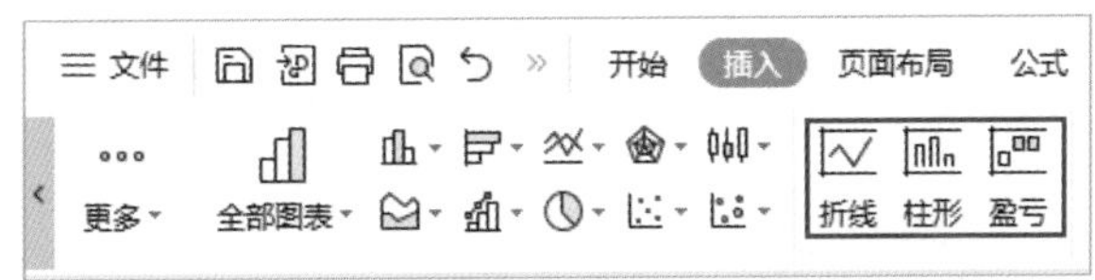

图8-78

选择需要创建迷你图的单元格区域，打开“插入”选项卡，单击“折线”按钮，系统随即弹出“创建迷你图”对话框。在“数据范围”文本框中引用数据源，单击“确定”按钮，如图8-79所示。

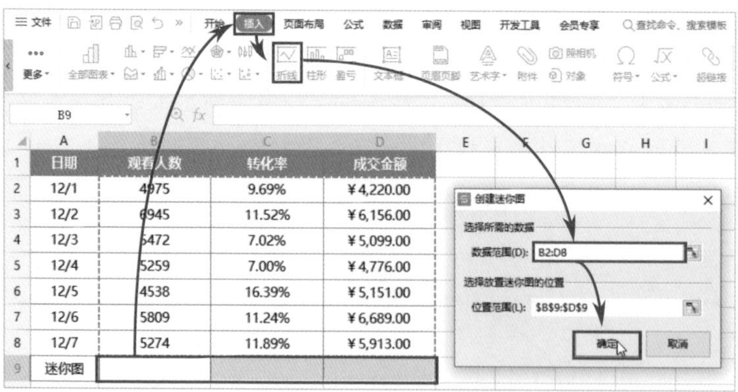

图8-79

所选单元格区域中随即创建折线迷你图，如图8-80所示。

	A	B	C	D
1	日期	观看人数	转化率	成交金额
2	12/1	4975	9.69%	¥4,220.00
3	12/2	6945	11.52%	¥6,156.00
4	12/3	5472	7.02%	¥5,099.00
5	12/4	5259	7.00%	¥4,776.00
6	12/5	4538	16.39%	¥5,151.00
7	12/6	5809	11.24%	¥6,689.00
8	12/7	5274	11.89%	¥5,913.00
9	迷你图			

图8-80

操作提示

创建迷你图后，还可以修改迷你图的类型。例如将折线迷你图修改为柱形迷你图。选中包含迷你图的单元格，打开“迷你图工具”选项卡，单击“柱形”按钮，即可完成更改，如图8-81所示。

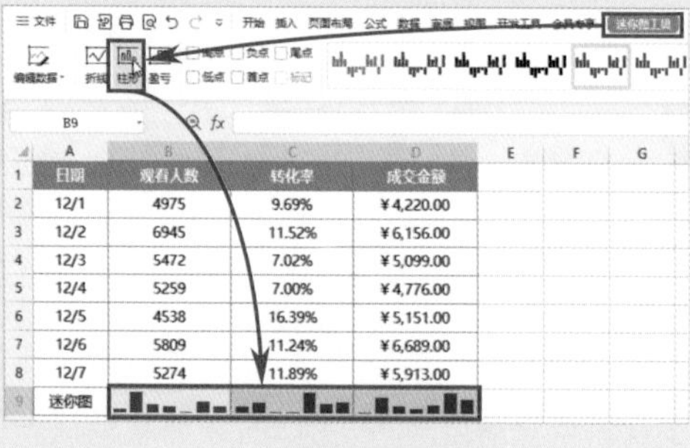

图8-81

在连续区域内同时创建的一组迷你图称为迷你图组，迷你图组中的迷你图不能单独编辑，若要对一组迷你图中的其中一个进行编辑，需要将其从迷你图组中独立出来。选中想要单独编辑的迷你图，在“迷你图工具”选项卡中单击“取消组合”按钮即可，如图8-82所示。

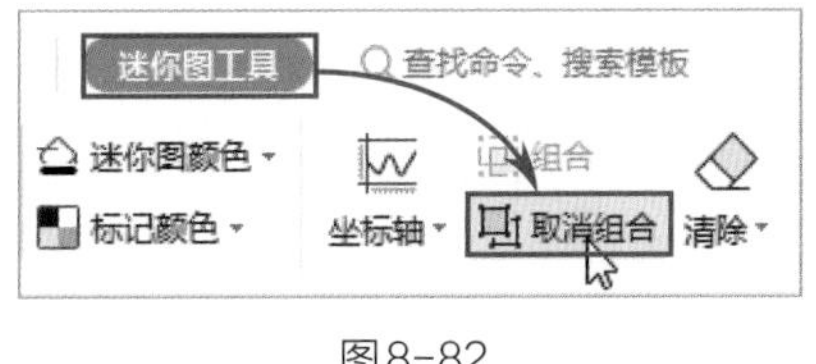

图8-82

8.4.2 设置迷你图样式

系统内置了很多迷你图样式，使用这些样式可以快速美化迷你图，操作方法如下。

选中包含迷你图的单元格区域，打开“迷你图工具”选项卡，单击迷你图样式组右侧的“▿”按钮，在展开的列表中可以查看到所有内置迷你图样式，如图8-83所示。

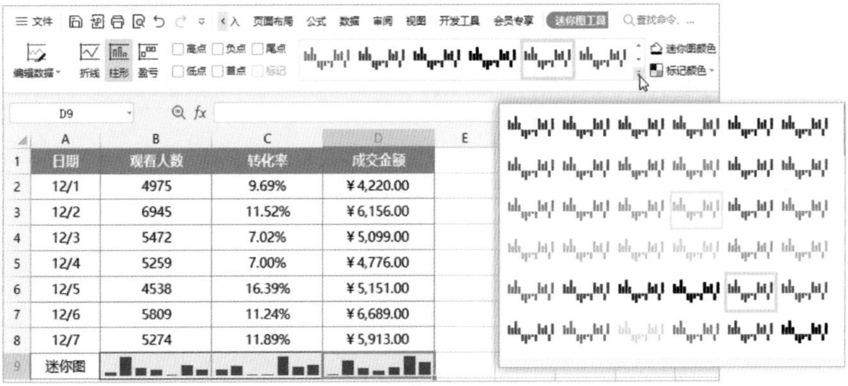

	A	B	C	D
1	日期	观看人数	转化率	成交金额
2	12/1	4975	9.69%	¥4,220.00
3	12/2	6945	11.52%	¥6,156.00
4	12/3	5472	7.02%	¥5,099.00
5	12/4	5259	7.00%	¥4,776.00
6	12/5	4538	16.39%	¥5,151.00
7	12/6	5809	11.24%	¥6,689.00
8	12/7	5274	11.89%	¥5,913.00
9	迷你图			

图8-83

选择一种迷你图样式，即可为所选迷你图应用该样式，如图8-84所示。

	A	B	C	D
1	日期	观看人数	转化率	成交金额
2	12/1	4975	9.69%	¥4,220.00
3	12/2	6945	11.52%	¥6,156.00
4	12/3	5472	7.02%	¥5,099.00
5	12/4	5259	7.00%	¥4,776.00
6	12/5	4538	16.39%	¥5,151.00
7	12/6	5809	11.24%	¥6,689.00
8	12/7	5274	11.89%	¥5,913.00
9	迷你图			

图8-84

操作提示

在“迷你图工具”选项卡中单击“迷你图颜色”下拉按钮，在下拉列表中可以自定义迷你图的颜色。另外，若是折线迷你图还可以通过“粗细”选项设置线条的粗细，如图8-85所示。

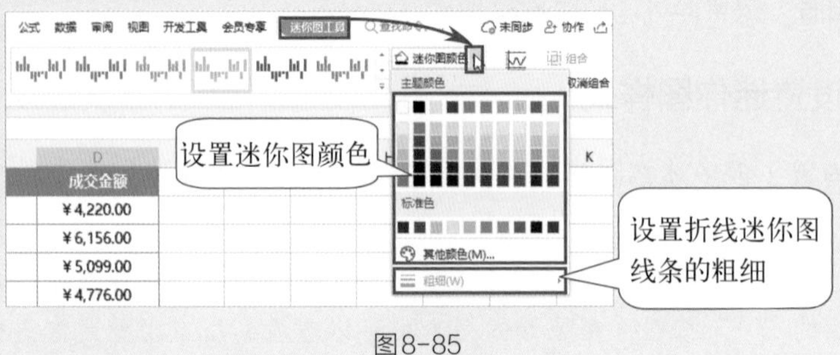

图8-85

8.4.3 为迷你图标记高点和低点

在“迷你图工具”选项卡中包含高点、低点、负点、首点、尾点、标记六个复选框，勾选复选框即可向迷你图中添加相应标记点，如图8-86所示。

在“迷你图工具”选项卡中单击“标记颜色”按钮，在下拉列表中可以设置标记的颜色，例如选择“低点”选项，在其下级列表中选择“绿色”选项，即可将迷你图中的低点设置为相应颜色，如图8-87所示。

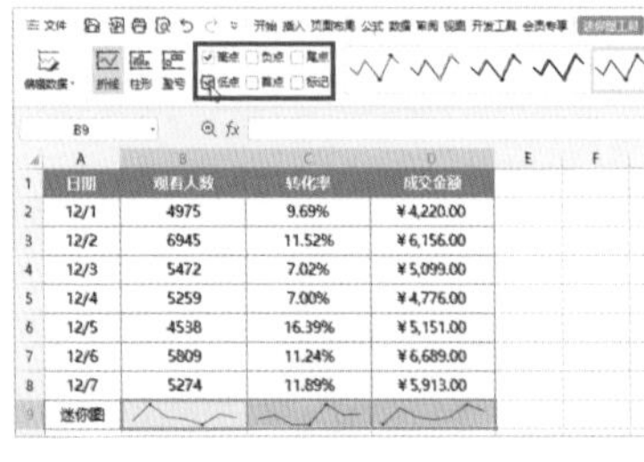

图8-86

图8-87

操作提示

使用“标记颜色”功能可直接为迷你图添加标记，无需事先在“迷你图工具”选项卡中勾选复选框。

8.4.4 清除迷你图

单元格中的迷你图不能像普通文本一样使用Backspace或Delete键删除，而是需要使用“清除”命令清除。操作方法如下。

选中包含迷你图的单元格，打开“迷你图工具”选项卡，单击“清除”下拉按钮，在下拉列表中可以选择清除所选单元格中的迷你图，或清除一组迷你图，如图8-88所示。

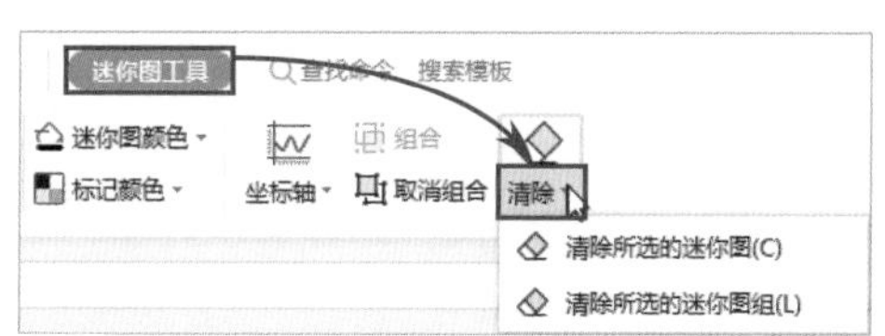

图8-88

【实战演练】制作销售数据分析看板

一张图能够展示的数据是有限的，而数据分析看板则可以通过多种图表类型从不同角度展示数据分析的结果，如图8-89所示。下面将利用产品销售数据制作一份数据看板。

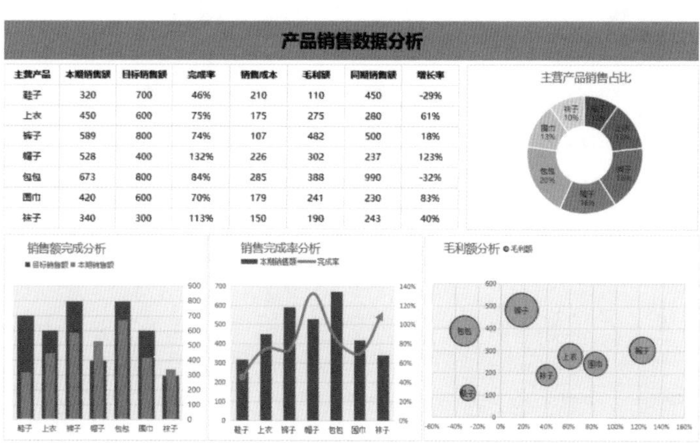

主营产品	本期销售额	目标销售额	完成率	销售成本	毛利额	同期销售额	增长率
鞋子	320	700	46%	210	110	450	-29%
上衣	450	600	75%	175	275	280	61%
裤子	589	800	74%	107	482	500	18%
帽子	528	400	132%	226	302	237	123%
包包	673	800	84%	285	388	990	-32%
围巾	420	600	70%	179	241	230	83%
袜子	340	300	113%	150	190	243	40%

图8-89

（1）制作主营产品销售占比圆环图

Step01: 选中B4:C11单元格区域，打开“插入”选项卡，单击“插入饼图或圆环图”按钮，在下拉列表中选择“圆环图”选项，如图8-90所示。

Step02: 工作表中随即被插入一张圆环图，选中圆环图，打开“图表工具”选项卡，单击“更改颜色”按钮，在下拉列表中选择单色系的橙色选项，如图8-91所示。

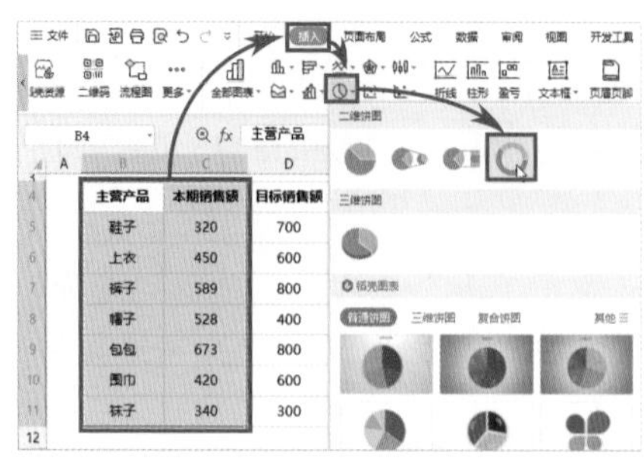

图8-90

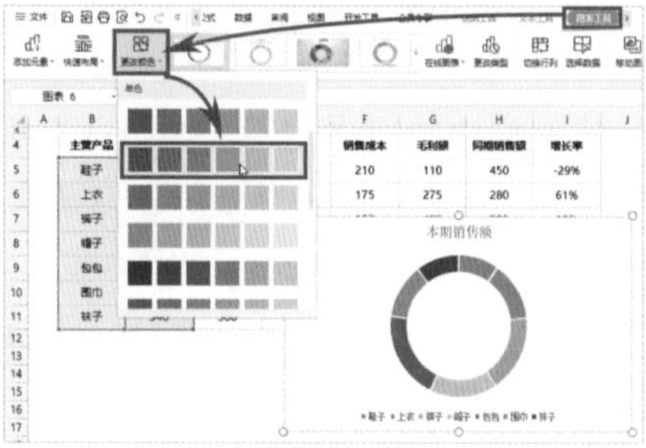

图8-91

Step03: 选中图表标题，输入标题名称为“主营产品销售占比”，随后选中标题文本，在上方菜单栏中设置字体为“微软雅黑”，如图8-92所示。

Step04: 选中图表，单击图表右上角的“ ”按钮，在展开的列表中取消“图例”复选框的勾选，随后单击“数据标签”选项右侧的“ ”按钮，选择“更多选项...”选项，如图8-93所示。

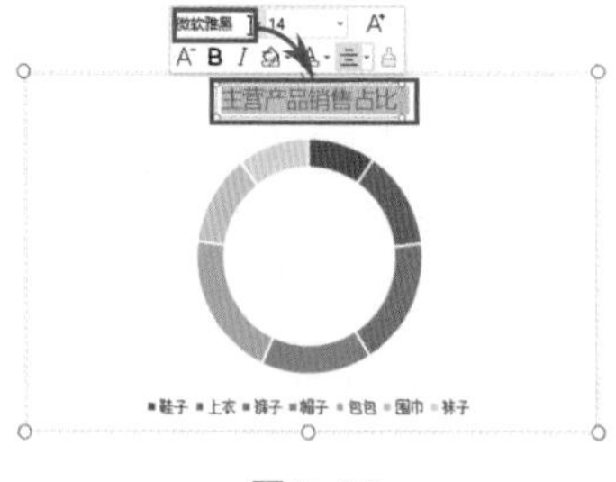

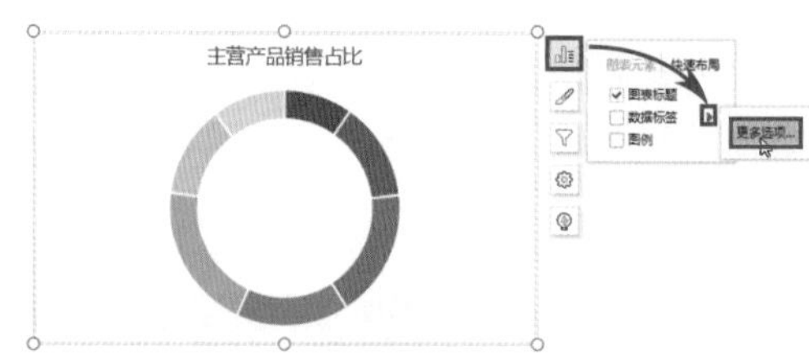

图8-92

图8-93

Step05: 打开“属性”窗格，在“标签”界面中的“标签选项”组内取消“值”复选框的勾选，随后勾选“类别名称”和“百分比”复选框，如图8-94所示。

Step06: 不要关闭“属性”窗格。在图表中单击圆环系列，窗格中的选项随即发生变化，打开“系列”界面，在“系列选项”组中拖动“圆环图内径大小”滑块，将值设置为“48%”，如图8-95所示。

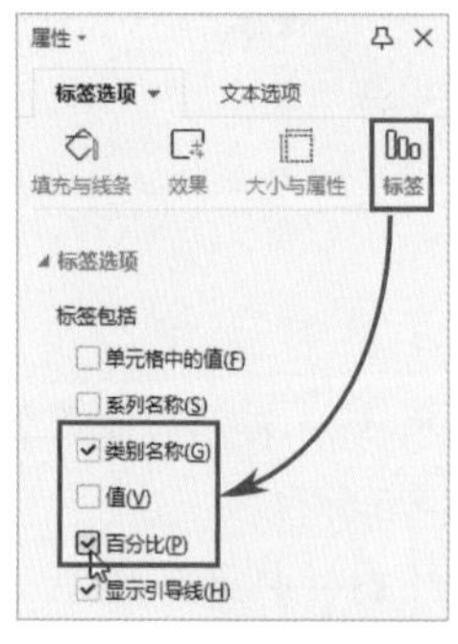

图8-94

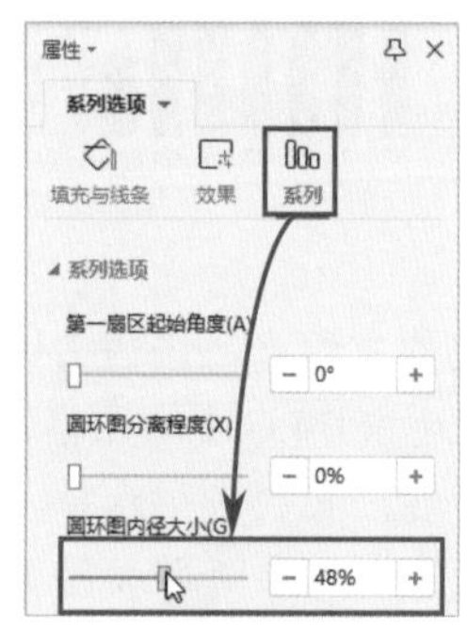

图8-95

Step07: 圆环图的各项图表元素设置完毕，接下来调整图表大小。图表在选中状态下，周围会显示6个圆形的控制点，将光标放在任意控制点上，光标变成双向箭头时按住鼠标左键进行拖动快速调整图表大小，如图8-96所示。

Step08: 至此，主营产品销售占比圆环图制作完成，如图8-97所示。

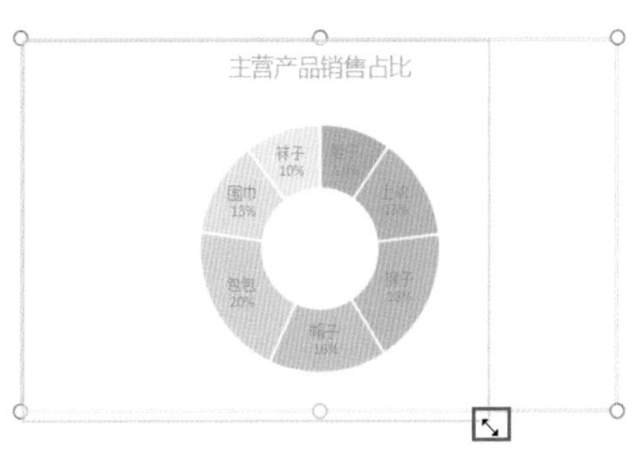

图8-96

主营产品销售占比
袜子 10%
鞋子 10%
上衣 13%
围巾 13%
裤子 18%
包包 20%
帽子 16%

图8-97

（2）制作销售额完成分析柱形图

Step01: 选择B4：D11单元格区域，打开“插入”选项卡，单击“插入柱形图”按钮，在下拉列表中选择“簇状柱形图”选项，如图8-98所示。

Step02: 工作表中随即插入一张簇状柱形图，选中该图表，单击右上角的“ ”按钮，在展开的列表中单击“图例”选项右侧的“▸”按钮，在其下级列表中选择“上部”选项，如图8-99所示。

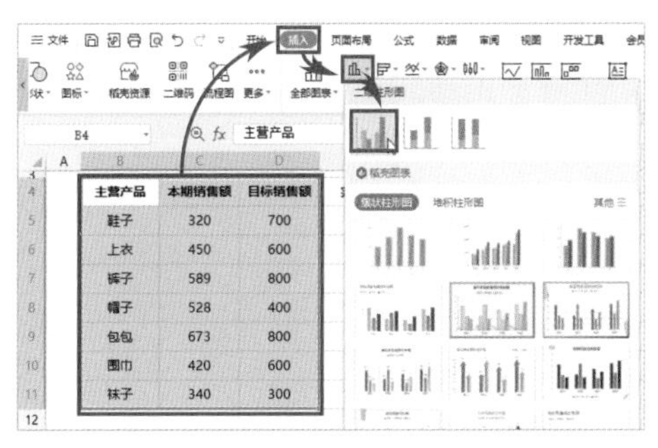

主营产品	本期销售额	目标销售额
鞋子	320	700
上衣	450	600
裤子	589	800
帽子	528	400
包包	673	800
围巾	420	600
袜子	340	300

图8-98

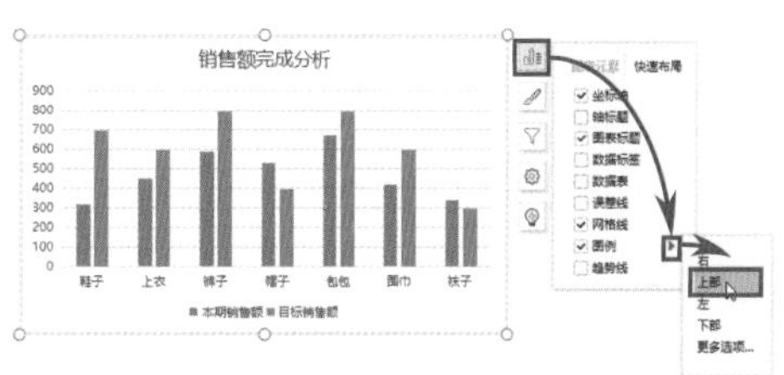

图8-99

Step03: 图例随即被调整到图表上方显示，随后将图表标题和图例拖动到图表左上角，如图8-100所示。

Step04: 在图表中双击蓝色的“本期销售额”系列，如图8-101所示。打开“属性”对话框。

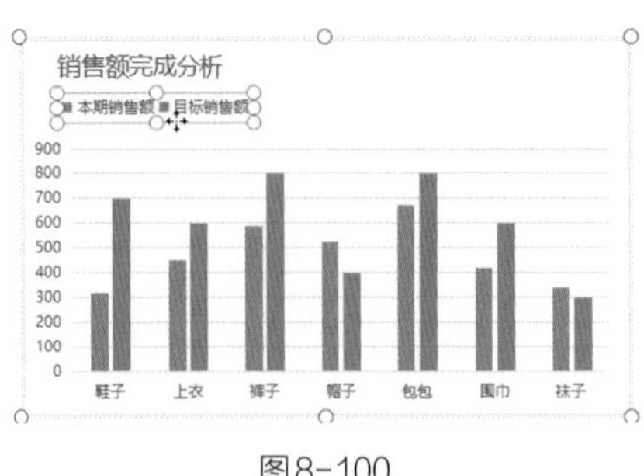

图8-100

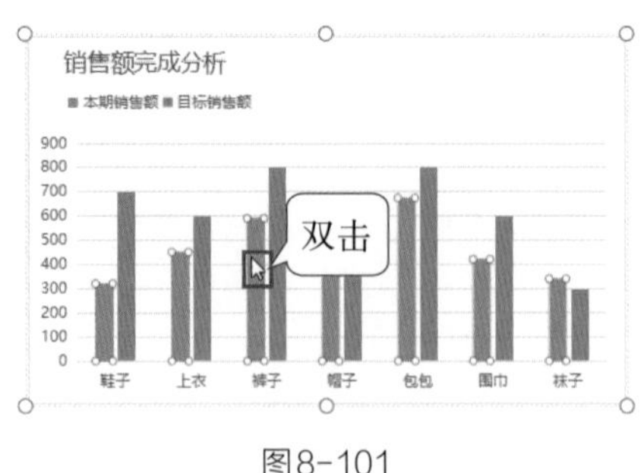

图8-101

Step05: 在“系列”界面中选择“次坐标轴”单选按钮，将该系列调整到次坐标显示，随后拖动“分类间距”滑块，将值设置为“148%”，适当加宽所选系列，如图8-102所示。

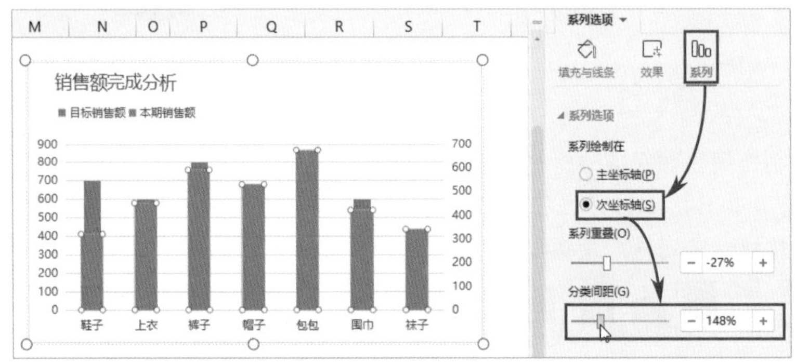

图8-102

Step06: 切换到“填充与线条”界面，在“填充”组内选择“纯色填充”单选按钮，设置填充色为“巧克力黄，着色2”，此时图表中两个系列的颜色相同，如图8-103所示。

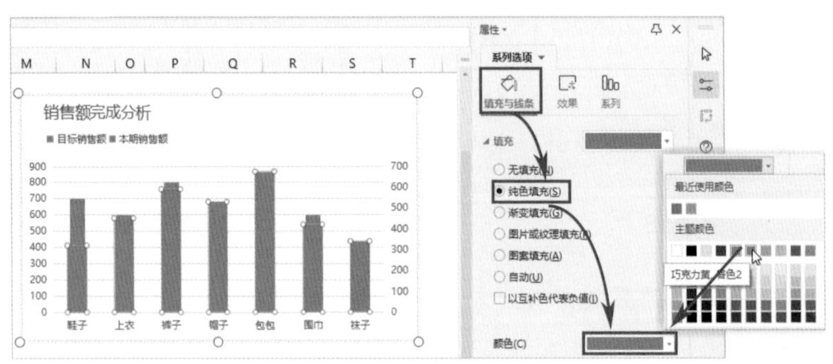

图8-103

Step07: 在图表中单击“目标销售额”系列的任意柱形，切换要进行设置的对象。

在“填充与线条”界面中的“填充”组内选择“纯色填充”单选按钮，设置填充颜色为“黑色，文本1，浅色35%”，如图8-104所示。

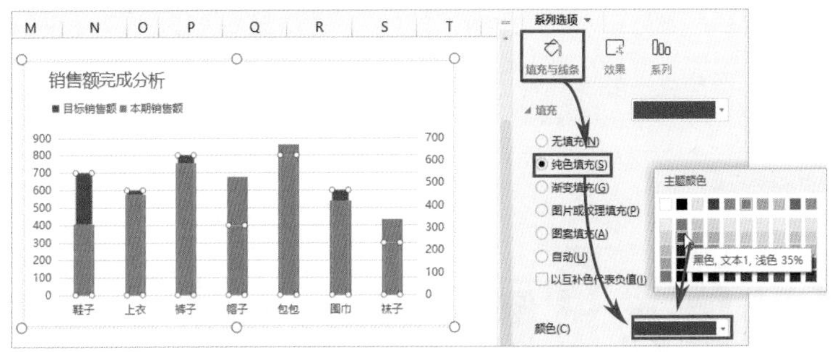

图8-104

Step08: 切换到“系列”界面，设置“分类间距”为“51%”，将“目标销售额”系列加宽，如图8-105所示。

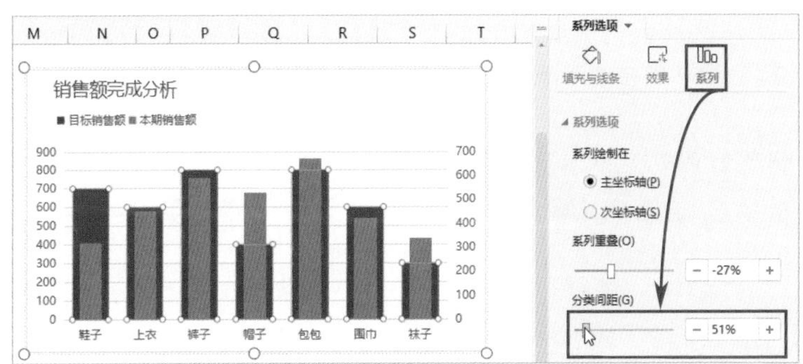

图8-105

Step09: 在图表中单击次坐标轴，将该坐标轴选中。打开“坐标轴”界面，在“坐标轴选项”组中设置“最大值”为“900”。将次坐标轴的最大值设置成和主坐标轴相同，如图8-106所示。

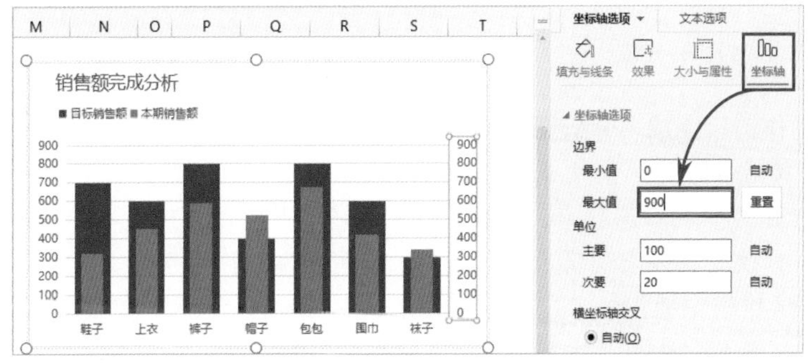

图8-106

Step10: 在图表中单击绘图区任意位置，将绘图区选中，在“属性”窗格中打开“填充与线条”界面，在“填充”组中选择“纯色填充”单选按钮，设置填充色为“白烟，背景1，深色5%”，如图8-107所示。

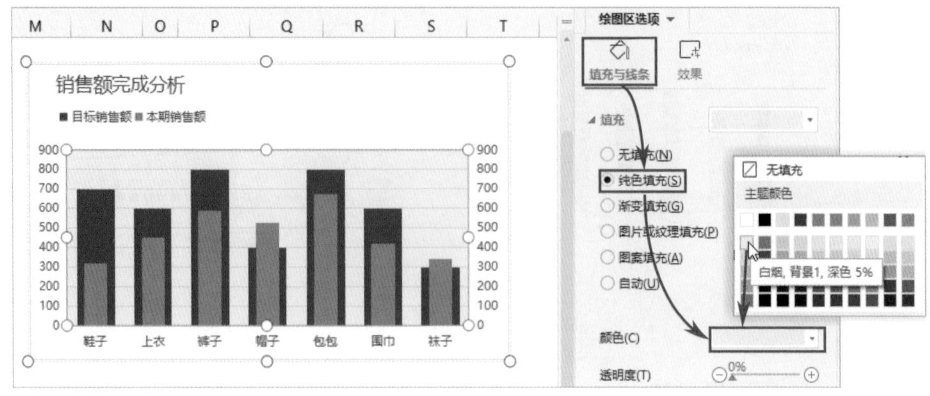

图8-107

Step11: 在图表中单击主坐标轴，将其选中。按Delete键将该坐标轴删除，如图8-108所示。

Step12: 调整好图表大小，至此完成“销售额完成分析”图表的制作，如图8-109所示。

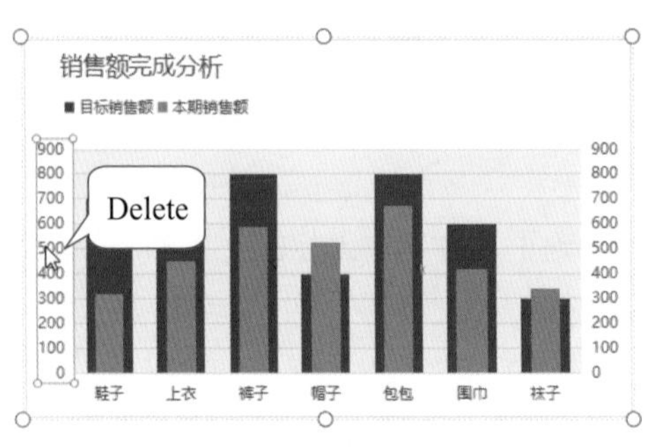

图8-108

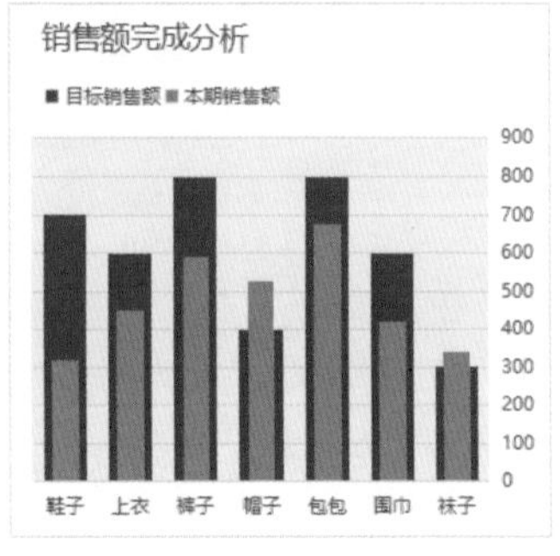

图8-109

（3）制作销售完成率分析图表

Step01: 按住Ctrl键，依次选择B4:C11和E4:E11单元格区域，将这两个区域同时选中。打开“插入”选项卡，单击“插入组合图”下拉按钮，在下拉列表中选择“簇状柱形图-次坐标轴上的折线图”选项，如图8-110所示。

Step02: 工作表中随即插入一张组合图表，如图8-111所示。参照前文所述步骤设置图表标题、图例，并修改系列的颜色，如图8-112所示。

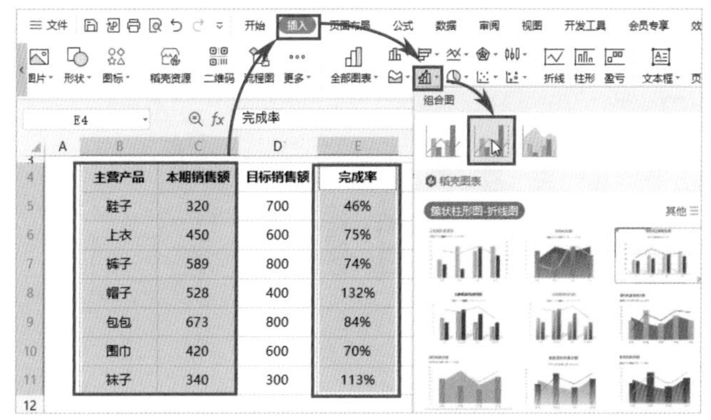

图8-110

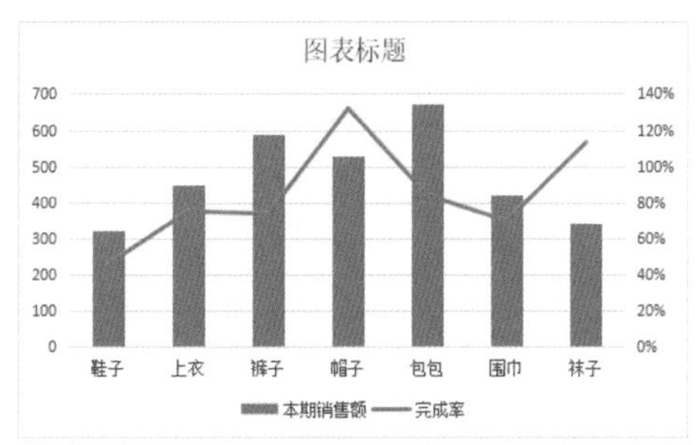

图8-111

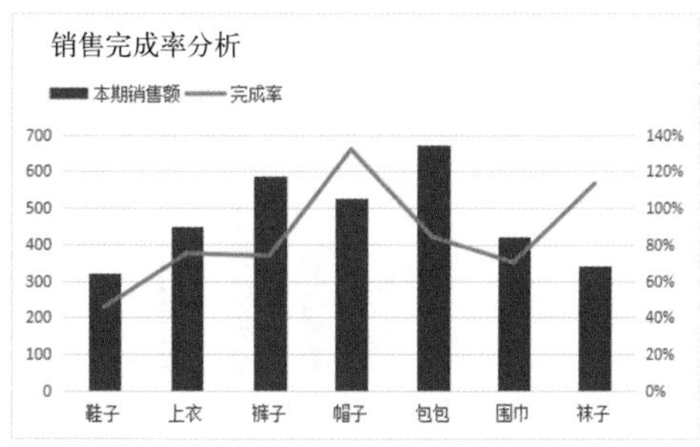

图8-112

Step03：双击图表中的折线系列，打开“属性”窗格，切换到“系列”界面，在“系列选项”组中勾选“平滑线”复选框，将折线设置为平滑线，如图8-113所示。

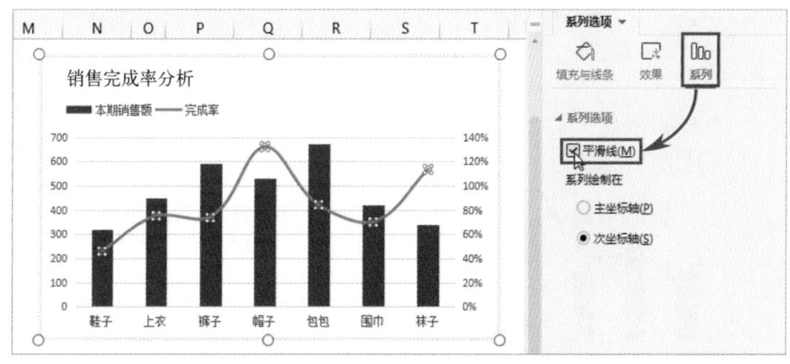

图8-113

Step04：双击折线系列最左侧的系列点，在窗格中打开“填充与线条”界面，随后打开“标记”选项卡，在“数据标记选项”组中选择“内置”单选按钮，设置“类型”为圆形，“大小”为“9”，如图8-114所示。

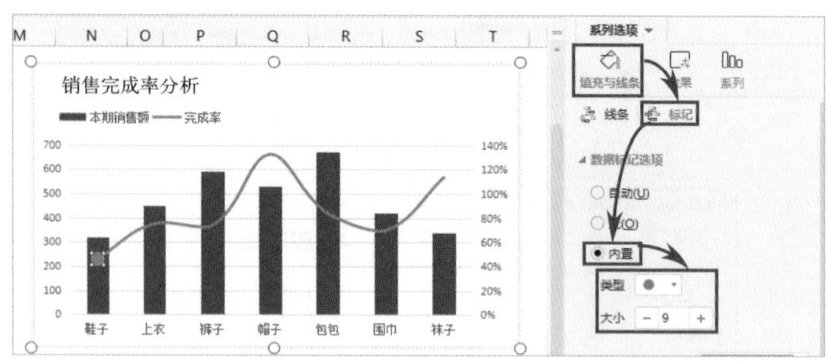

图8-114

Step05: 在图表中双击折线最右侧的系列点，打开“填充与线条”界面，在“线条”选项卡中设置“末端箭头”样式，如图8-115所示。

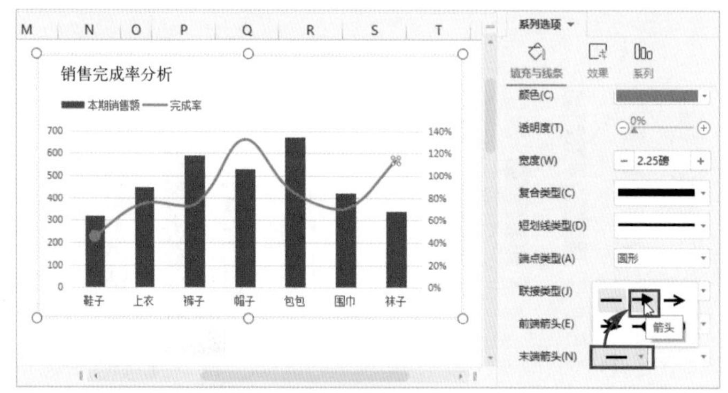

图8-115

Step06: 单击选中折线系列，在“属性”窗格“线条”选项卡中设置“宽度”为“3.50磅”，将线条加粗，如图8-116所示。

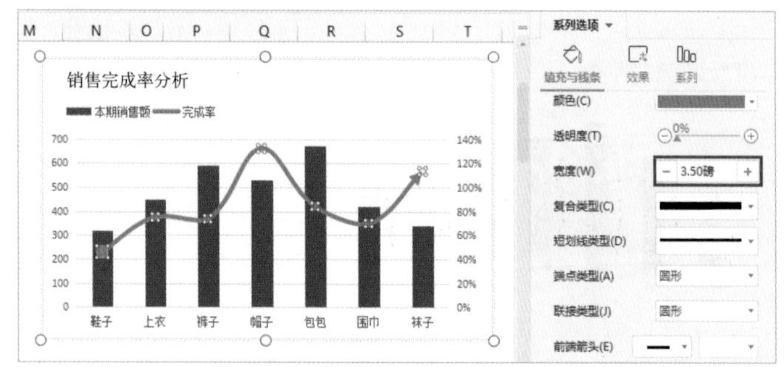

图8-116

Step07: 参照前文所述步骤，为图表区设置填充色，如图8-117所示。

Step08: 调整好图表的大小，至此完成“销售完成率分析”图表的制作，如图8-118所示。

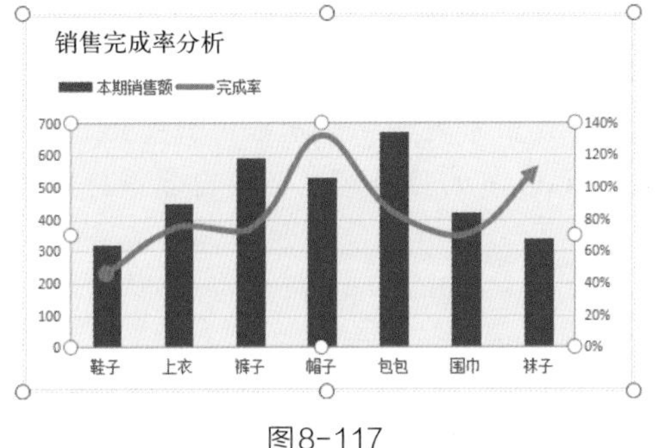

图8-117

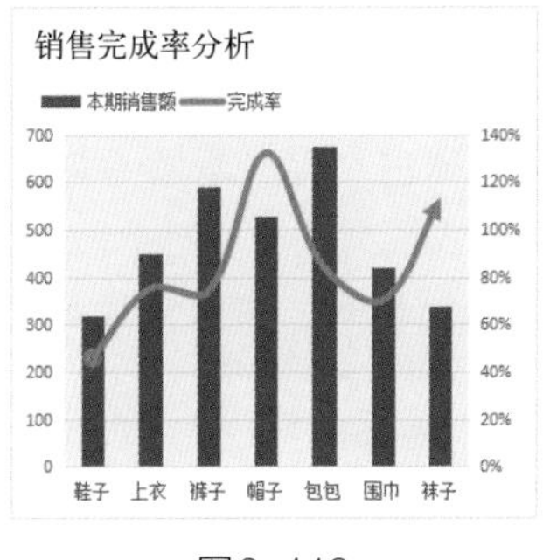

图8-118

（4）创建毛利额分析图表

Step01: 按住Ctrl键，依次选择G4:G11和I4:I11单元格区域，打开“插入”选项卡，单击“插入气泡图”下拉按钮，在下拉列表中选择“气泡图”选项，如图8-119所示。

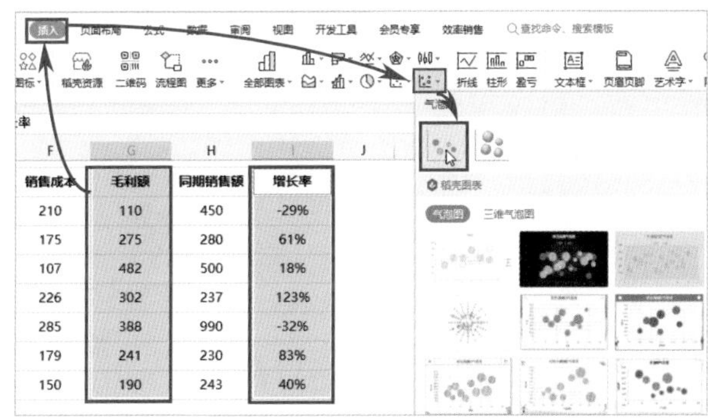

图8-119

Step02: 工作表中随即插入一张气泡图，选中橙色的“增长率”系列，按Delete键将其删除，如图8-120所示。

Step03: 选中图表，打开“图表工具”选项卡，单击“选择数据”按钮，如图8-121所示。

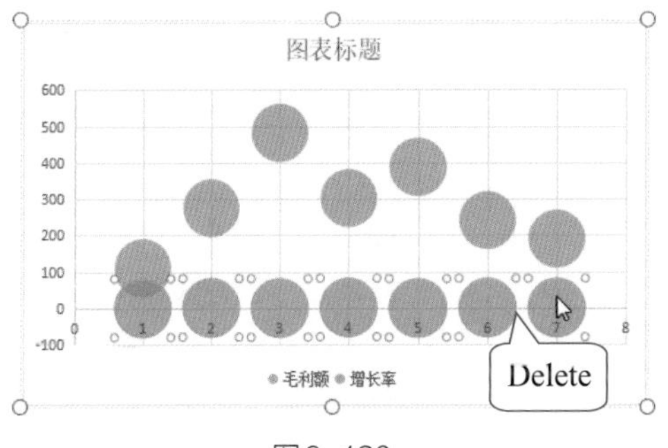

图8-120

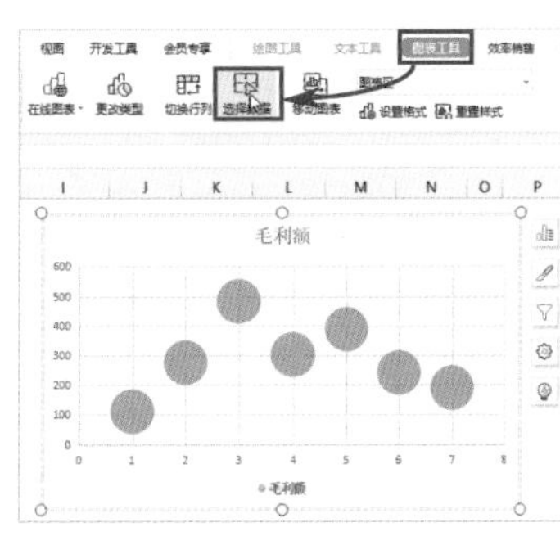

图8-121

Step04: 打开“编辑数据源”对话框，在“系列”列表框中选择“毛利额”选项，单击“编辑”按钮，如图8-122所示。

Step05: 弹出“编辑数据系列”对话框，在“X轴系列值”文本框中引用I5:I11单元格区域，“系列气泡大小”文本框中引用G5:G11单元格区域，其他内容保持默认状态，单击“确定”按钮，如图8-123所示。

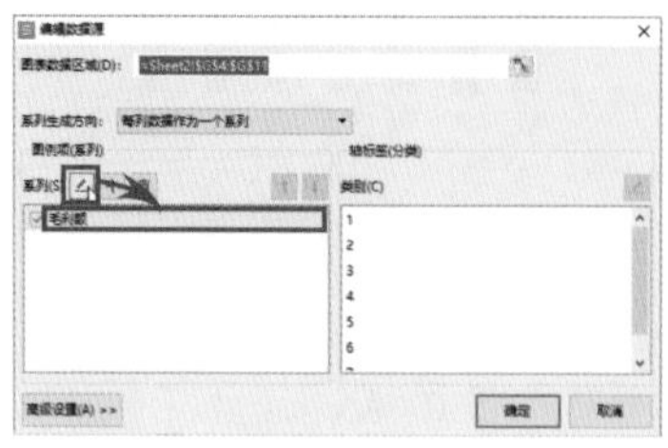

图8-122

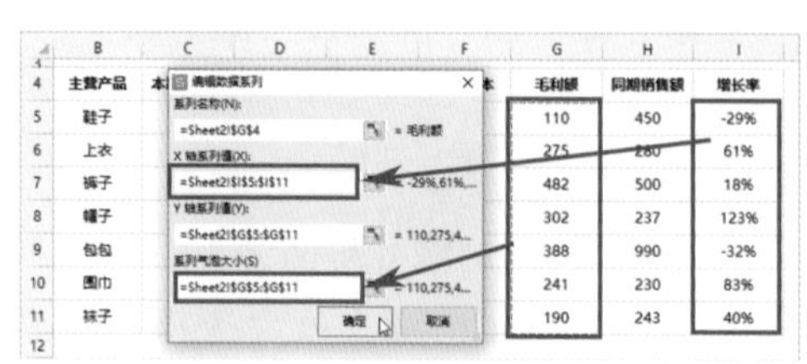

图8-123

Step06: 图表中的气泡系列以及水平轴随即发生变化，如图8-124所示。随后参照前文所述步骤设置图表标题和图例，如图8-125所示。

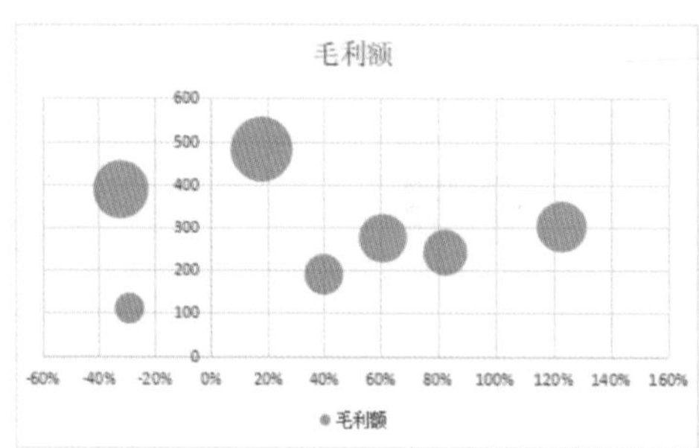

图8-124

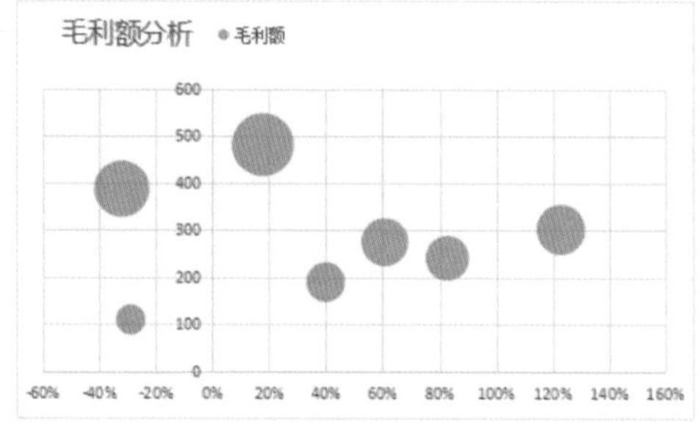

图8-125

Step07: 选中图表，单击图表右上角的“”按钮，单击“数据标签”右侧的“▶”按钮，在其下级列表中选择“更多选项...”选项，如图8-126所示。

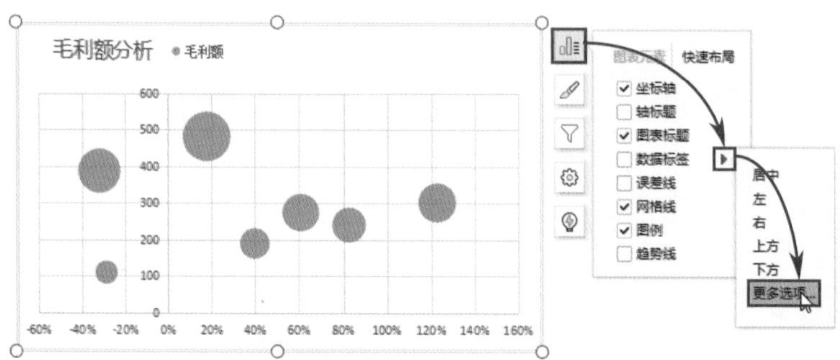

图8-126

Step08: 打开“属性”窗格，在“标签”界面中的“标签选项”组内取消“Y值”复选框的勾选，随后勾选“单元格中的值”复选框，此时系统弹出“数据标签区域”对话框，引用B5:B11单元格区域，单击“确定”按钮，如图8-127所示。此时图表中的气泡系列内会显示主营产品的名称。

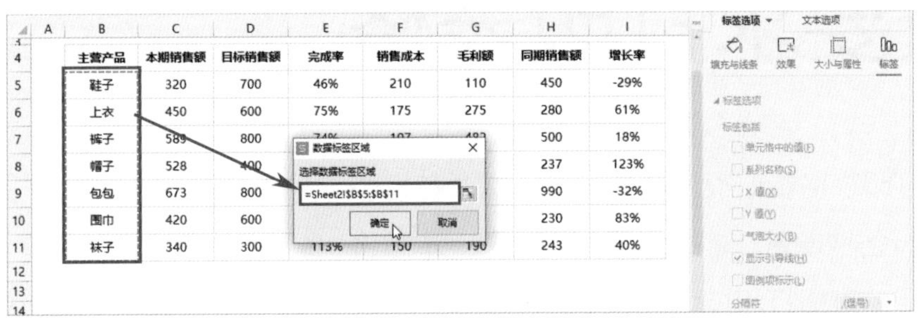

图8-127

Step09: 在图表中选中气泡系列，切换到“填充与线条”界面，在“填充”组中选择“纯色填充”单选按钮，设置好填充颜色，随后在“线条”组中选择“实线”单选按钮，设置颜色为黑色，如图8-128所示。

Step10: 最后为图表区设置填充色，并调整好图表的大小，至此完成“毛利额分析”图表的制作，如图8-129所示。

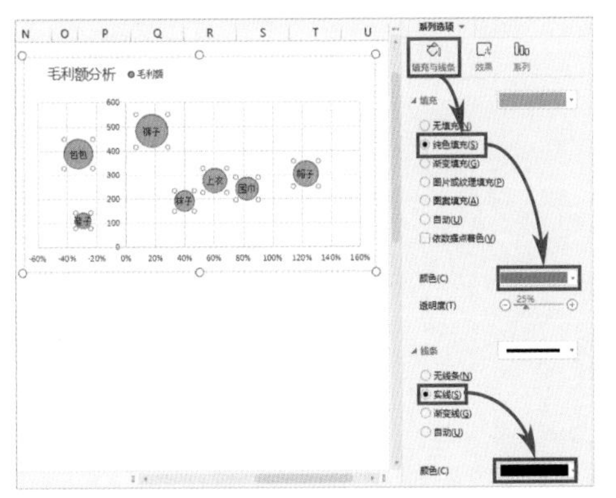

图8-128

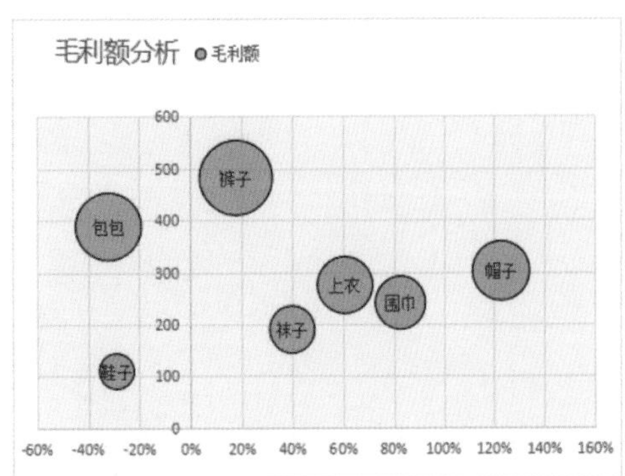

图8-129

按要求打印表格

打印表格看似很简单，其实还需要在打印前进行各种设置，才能保证打印效果。本章将对常见的表格打印技巧进行详细介绍。

扫码看视频

9.1 设置打印页面

页面的设置包括调整纸张方向、设置纸张大小、设置页边距等。这些用于页面设置的命令按钮，大部分能在“页面布局”选项卡中找到。

9.1.1 将纵向打印调整为横向打印

WPS表格默认为纵向打印，若表格列数较多，可设置为横向打印，操作方法如下。

打开“页面布局”选项卡，单击“纸张方向”下拉按钮，在下拉列表中选择“横向”选项即可，如图9-1所示。

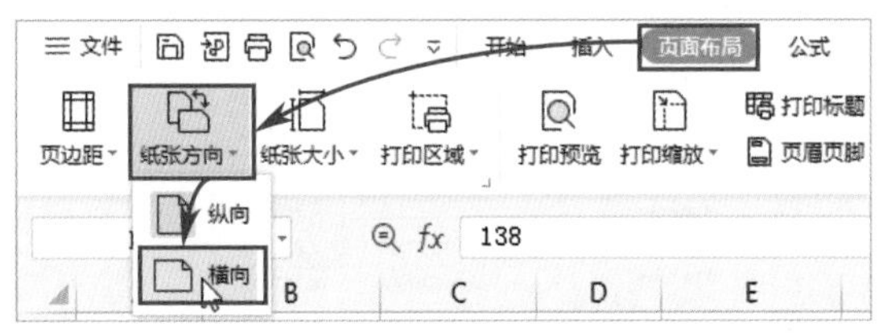

图9-1

操作提示

为了保证打印效果，在打印之前最好进行打印预览。单击“文件”按钮，在展开的菜单中将光标放置在“打印”选项上，此时会展开下级菜单，选择“打印预览”选项，如图9-2所示。这样即可进入到打印预览界面。进入打印预览界面的方法有很多种，上述为其中一种方法。

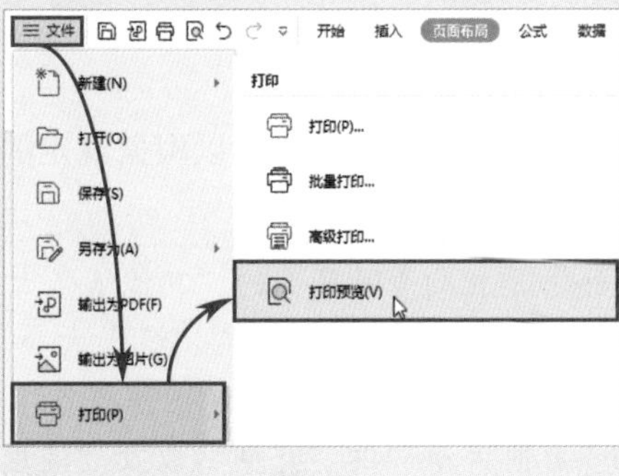

图9-2

9.1.2 设置纸张为A4大小

在打印之前需要设置好纸张大小，WPS表格默认的纸张大小为A4（20.9厘米×29.6厘米），这也是打印时最常用的纸张大小。

若不确定当前所使用的纸张大小，或想要使用其他纸张大小，可以打开“页面布局”选项卡，单击“纸张大小”下拉按钮，在下拉列表中进行确认或调整，如图9-3所示。WPS内置的纸张大小并非当前列表中可见的这些选项，滚动鼠标滚轮，或拖动列表右侧的滑块可以看到更多纸张大小选项，如图9-4所示。

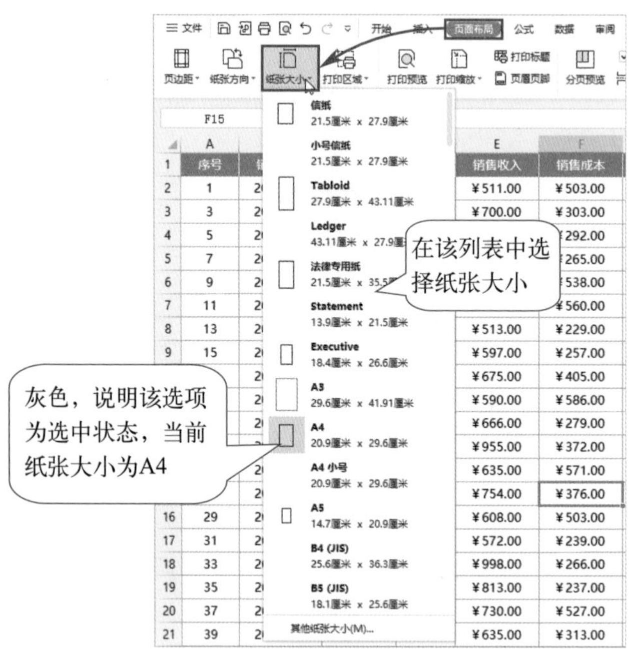

图9-3

信封 B6 17.5厘米 x 12.4厘米
信封 10.9厘米 x 22.9厘米
信封 Monarch 9.8厘米 x 19厘米
6 3/4 信封 9.2厘米 x 16.5厘米
美国标准 Fanfold 37.7厘米 x 27.9厘米
德国标准 Fanfold 21.5厘米 x 30.4厘米
德国法律专用纸 Fanfold 21.5厘米 x 33厘米
B4 (ISO) 24.9厘米 x 35.2厘米
日式明信片 9.9厘米 x 14.7厘米
9x11 22.8厘米 x 27.9厘米
10x11 25.3厘米 x 27.9厘米
15x11 38厘米 x 27.9厘米
信封邀请函 21.9厘米 x 21.9厘米
其他纸张大小(M)...

图9-4

9.1.3 自定义纸张大小

若公司对纸张的大小有特殊规定，用户可以根据规定的尺寸自定义纸张大小，具体操作方法如下。

单击“纸张大小”下拉列表最底部的“其他纸张大小”选项，系统会弹出“页面设置”对话框，在“页面”选项卡中找到“纸张大小”选项，单击其右侧的“自定义”按钮，如图9-5所示。打开“发送到WPS高级打印属性”对话框，在“页面”选项卡中手动输入“页面大小”的“宽度”以及“高度”值，并单击“确定”按钮即可，如图9-6所示。

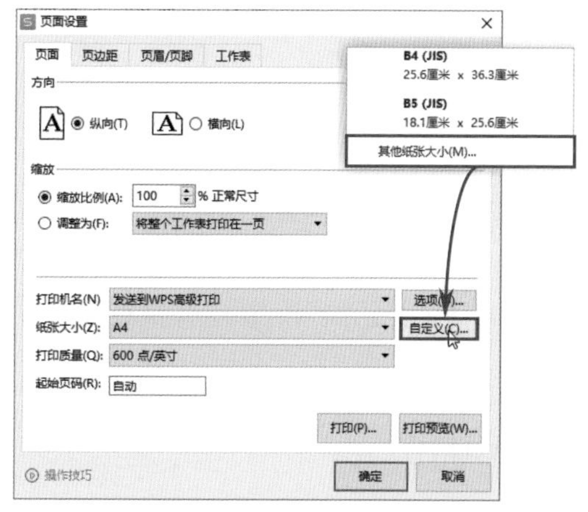

图9-5

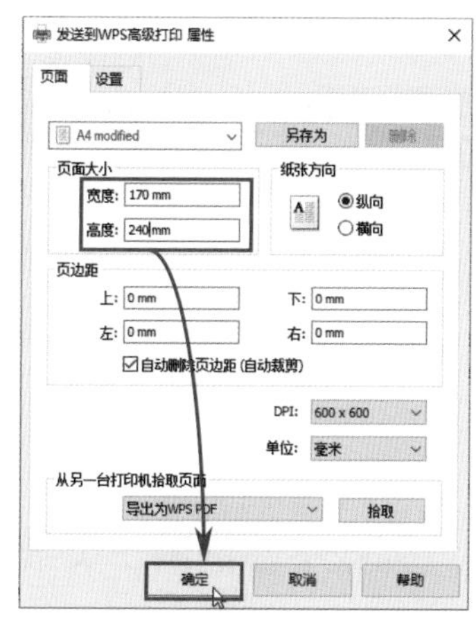

图9-6

9.1.4 设置页边距上下左右均为2.5mm

打印时数据和纸张边缘留有一定空白，不仅是为了看起来美观，也为了方便阅读；另外，在装订时不会因为内容太靠近纸张边缘而被遮挡，从而影响阅读。通过设置页边距可以调整纸张边缘到内容之间的距离，操作方法如下。

打开“页面布局”选项卡，单击“页边距”下拉按钮，在下拉列表中包含常规、窄和宽三种页边距选项，WPS表格默认使用“常规”页边距。若要自定义页边距，可以单击下拉列表最底部的“自定义页边距”选项，如图9-7所示。打开“页面设置”对话框，在“页边距”选项卡中手动输入“上”“下”“左”“右”值，此处均输入“2.5”，单击“确定”按钮，完成自定义页边距操作，如图9-8所示。

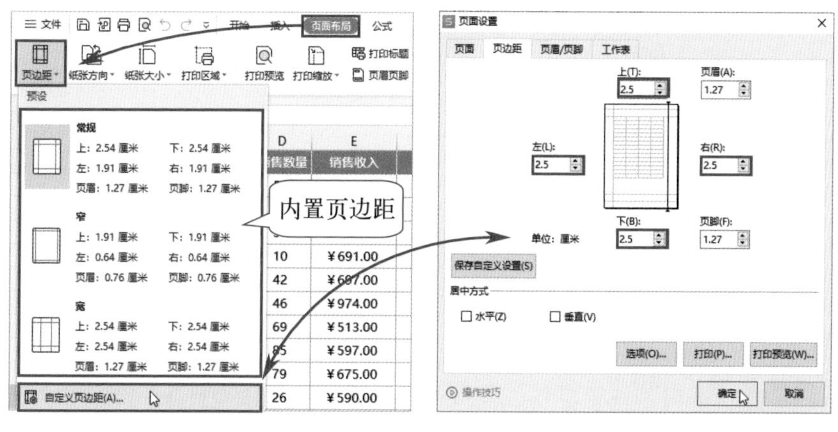

图9-7

图9-8

9.2 让打印效果更完美

打印时需要根据表格的实际情况进行一些参数设置。在打印表格时常会遇到一些问题，例如表格偏向纸张一侧（不能居中）、多出了几行或几列导致一页纸打印不下、只想对指定的区域进行打印等。下面将详细介绍如何解决这些常见的打印问题。

9.2.1 列数不够铺满一页纸时设置居中打印

若表格的列数不够多，在打印时表格默认靠纸张左侧对齐，这样打印出来不太美观，如图9-9所示。此时可以设置表格居中打印，如图9-10所示。操作方法如下。

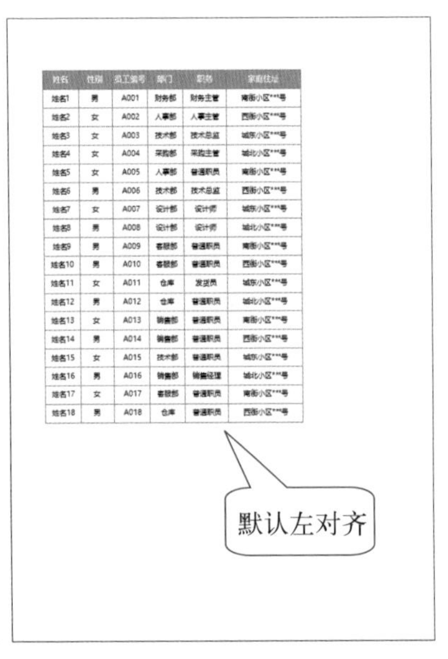

图9-9

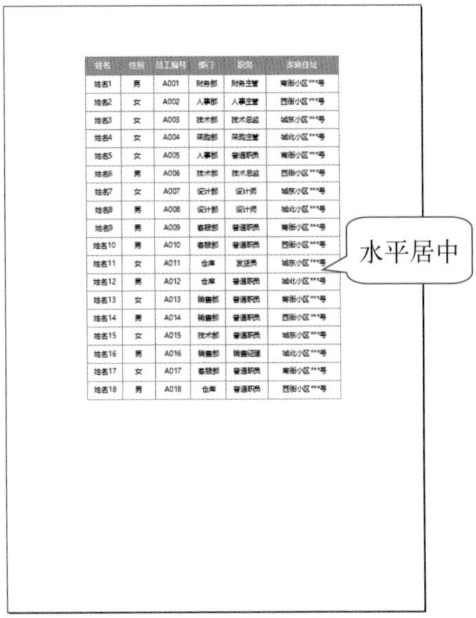

水平居中

图9-10

打开“页面布局”选项卡，单击“页面设置”对话框启动器按钮。打开“页面设置”对话框，切换到“页边距”选项卡，在“居中方式”组中勾选“水平”复选框，单击“确定”按钮即可，如图9-11所示。若想让表格在纸张的垂直方向上也居中显示，可以勾选“垂直”复选框。

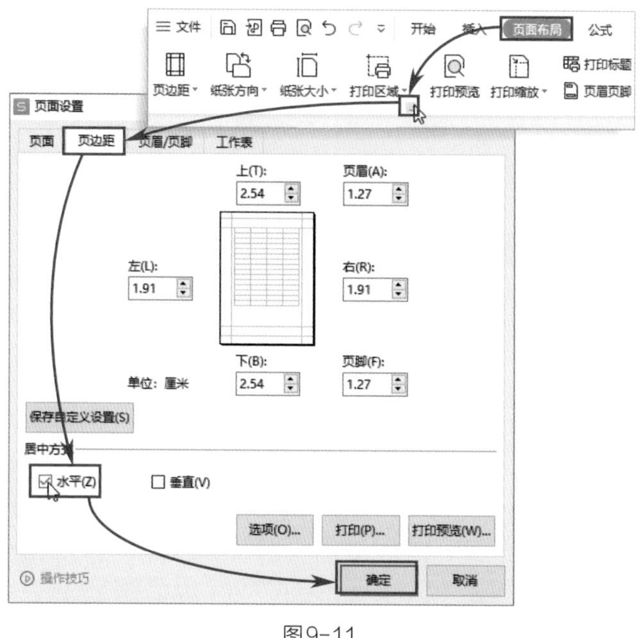

图9-11

9.2.2 多出几行或几列时缩放到一页纸上打印

当表格行数或列数超出纸张打印范围时，多出的行或列会被打印到下一页纸上。例如，本来想在一页纸上打印的表格却多出了两行，如图9-12所示，此时可使用缩放打印将多出的列缩放到上一页纸上。操作方法如下。

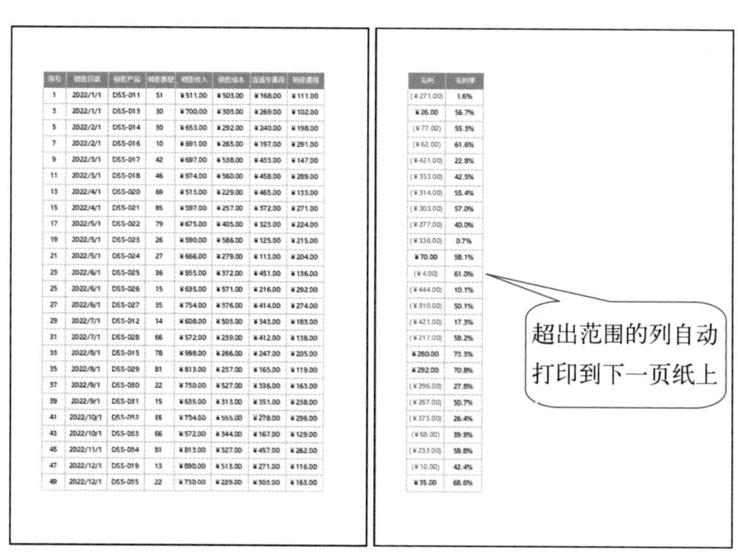

序号	销售日期	销售产品	销售数量	销售收入	销售成本	[illegible]	销售费用
1	2022/1/1	DSS-011	51	¥511.00	¥503.00	¥168.00	¥111.00
3	2022/1/1	DSS-013	30	¥700.00	¥303.00	¥269.00	¥102.00
5	2022/2/1	DSS-014	30	¥653.00	¥292.00	¥240.00	¥198.00
7	2022/2/1	DSS-016	10	¥691.00	¥265.00	¥197.00	¥291.00
9	2022/3/1	DSS-017	42	¥697.00	¥538.00	¥433.00	¥147.00
11	2022/3/1	DSS-018	46	¥974.00	¥560.00	¥458.00	¥289.00
13	2022/4/1	DSS-020	69	¥513.00	¥229.00	¥465.00	¥133.00
15	2022/4/1	DSS-021	85	¥597.00	¥257.00	¥372.00	¥271.00
17	2022/5/1	DSS-022	79	¥675.00	¥405.00	¥323.00	¥224.00
19	2022/5/1	DSS-023	26	¥590.00	¥586.00	¥125.00	¥215.00
21	2022/5/1	DSS-024	27	¥666.00	¥279.00	¥113.00	¥204.00
23	2022/6/1	DSS-025	36	¥955.00	¥372.00	¥451.00	¥136.00
25	2022/6/1	DSS-026	15	¥635.00	¥571.00	¥216.00	¥292.00
27	2022/6/1	DSS-027	35	¥754.00	¥376.00	¥414.00	¥274.00
29	2022/7/1	DSS-012	14	¥608.00	¥503.00	¥343.00	¥183.00
31	2022/7/1	DSS-028	66	¥572.00	¥239.00	¥412.00	¥138.00
33	2022/8/1	DSS-015	78	¥998.00	¥266.00	¥247.00	¥205.00
35	2022/8/1	DSS-029	81	¥813.00	¥237.00	¥165.00	¥119.00
37	2022/9/1	DSS-030	22	¥730.00	¥527.00	¥336.00	¥163.00
39	2022/9/1	DSS-031	15	¥635.00	¥313.00	¥351.00	¥238.00
41	2022/10/1	[illegible]	[illegible]	¥754.00	¥555.00	¥278.00	¥296.00
43	2022/10/1	DSS-033	66	¥572.00	¥344.00	¥167.00	¥129.00
45	2022/11/1	DSS-034	81	¥813.00	¥327.00	¥457.00	¥262.00
47	2022/12/1	DSS-019	13	¥890.00	¥513.00	¥271.00	¥116.00
49	2022/12/1	DSS-035	22	¥730.00	¥229.00	¥303.00	¥163.00

毛利	毛利率
(¥271.00)	1.6%
¥26.00	56.7%
(¥77.00)	55.3%
(¥62.00)	61.6%
(¥421.00)	22.8%
(¥333.00)	42.5%
(¥314.00)	55.4%
(¥303.00)	57.0%
(¥277.00)	40.0%
(¥336.00)	0.7%
¥70.00	58.1%
(¥4.00)	61.0%
(¥444.00)	10.1%
(¥310.00)	50.1%
(¥421.00)	17.3%
(¥217.00)	58.2%
¥280.00	73.3%
¥292.00	70.8%
(¥296.00)	27.8%
(¥267.00)	50.7%
(¥375.00)	26.4%
(¥68.00)	39.9%
(¥233.00)	59.8%
(¥10.00)	42.4%
¥35.00	68.6%

图9-12

打开“页面布局”选项卡，单击“打印缩放”下拉按钮，在下拉列表中选择“将所有列打印在一页”选项，如图9-13所示，即可将所有列缩放到一页。

图9-13

操作提示

通过“打印缩放”下拉列表中的其他选项还可以将所有行和列同时缩放到一页，或将所有行缩放到一页。在缩放打印时若多出的行列较多，则不建议缩放到一页打印，因为过度缩放会导致打印出的数据太小，从而影响阅读。

9.2.3　将指定位置之后的内容打印到下一页纸上

在打印时，数据会根据纸张大小自动控制分页的位置，若用户需要从指定的位置开始分页打印，可以使用“分页符”控制分页的位置。

例如，需要在外加工单位“自由户外用品有限公司”下方开始分页打印，则需要在工作表中选择A20单元格，随后打开“页面布局”选项卡，单击“插入分页符”下拉按钮，在下拉列表中选择“插入分页符”选项，如图9-14所示。

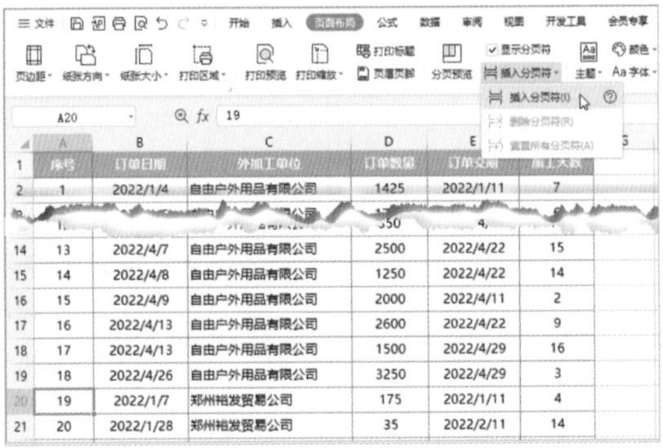

图9-14

选中的单元格上方随即被插入了分页符。进入打印预览界面，可以看到强制分页打印的效果，如图9-15所示。

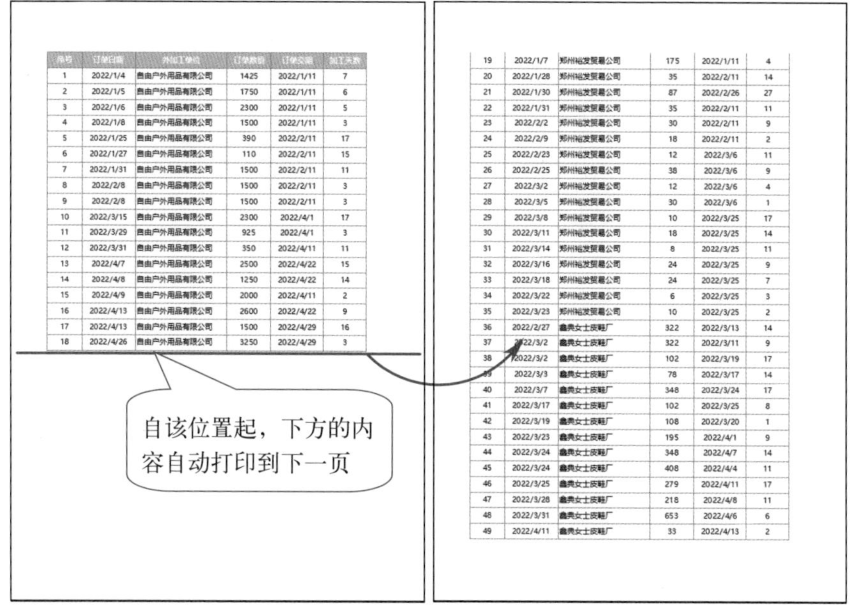

序号	订单日期	外加工单位	订单数量	订单交期	加工天数
1	2022/1/4	自由户外用品有限公司	1425	2022/1/11	7
2	2022/1/5	自由户外用品有限公司	1750	2022/1/11	6
3	2022/1/6	自由户外用品有限公司	2300	2022/1/11	5
4	2022/1/8	自由户外用品有限公司	1500	2022/1/11	3
5	2022/1/25	自由户外用品有限公司	390	2022/2/11	17
6	2022/1/27	自由户外用品有限公司	110	2022/2/11	15
7	2022/1/31	自由户外用品有限公司	1500	2022/2/11	11
8	2022/2/8	自由户外用品有限公司	1500	2022/2/11	3
9	2022/2/8	自由户外用品有限公司	1500	2022/2/11	3
10	2022/3/15	自由户外用品有限公司	2300	2022/4/1	17
11	2022/3/29	自由户外用品有限公司	925	2022/4/1	3
12	2022/3/31	自由户外用品有限公司	350	2022/4/11	11
13	2022/4/7	自由户外用品有限公司	2500	2022/4/22	15
14	2022/4/8	自由户外用品有限公司	1250	2022/4/22	14
15	2022/4/9	自由户外用品有限公司	2000	2022/4/11	2
16	2022/4/13	自由户外用品有限公司	2600	2022/4/22	9
17	2022/4/13	自由户外用品有限公司	1500	2022/4/29	16
18	2022/4/26	自由户外用品有限公司	3250	2022/4/29	3

19	2022/1/7	郑州裕发贸易公司	175	2022/1/11	4
20	2022/1/28	郑州裕发贸易公司	35	2022/2/11	14
21	2022/1/30	郑州裕发贸易公司	87	2022/2/26	27
22	2022/1/31	郑州裕发贸易公司	35	2022/2/11	11
23	2022/2/2	郑州裕发贸易公司	30	2022/2/11	9
24	2022/2/9	郑州裕发贸易公司	18	2022/2/11	2
25	2022/2/23	郑州裕发贸易公司	12	2022/3/6	11
26	2022/2/25	郑州裕发贸易公司	38	2022/3/6	9
27	2022/3/2	郑州裕发贸易公司	12	2022/3/6	4
28	2022/3/5	郑州裕发贸易公司	30	2022/3/6	1
29	2022/3/8	郑州裕发贸易公司	10	2022/3/25	17
30	2022/3/11	郑州裕发贸易公司	18	2022/3/25	14
31	2022/3/14	郑州裕发贸易公司	8	2022/3/25	11
32	2022/3/16	郑州裕发贸易公司	24	2022/3/25	9
33	2022/3/18	郑州裕发贸易公司	24	2022/3/25	7
34	2022/3/22	郑州裕发贸易公司	6	2022/3/25	3
35	2022/3/23	郑州裕发贸易公司	10	2022/3/25	2
36	2022/2/27	鑫典女士皮鞋厂	322	2022/3/13	14
37	2022/3/2	鑫典女士皮鞋厂	322	2022/3/11	9
38	2022/3/2	鑫典女士皮鞋厂	102	2022/3/19	17
39	2022/3/3	鑫典女士皮鞋厂	78	2022/3/17	14
40	2022/3/7	鑫典女士皮鞋厂	348	2022/3/24	17
41	2022/3/17	鑫典女士皮鞋厂	102	2022/3/25	8
42	2022/3/19	鑫典女士皮鞋厂	108	2022/3/20	1
43	2022/3/23	鑫典女士皮鞋厂	195	2022/4/1	9
44	2022/3/24	鑫典女士皮鞋厂	348	2022/4/7	14
45	2022/3/24	鑫典女士皮鞋厂	408	2022/4/4	11
46	2022/3/25	鑫典女士皮鞋厂	279	2022/4/11	17
47	2022/3/28	鑫典女士皮鞋厂	218	2022/4/8	11
48	2022/3/31	鑫典女士皮鞋厂	653	2022/4/6	6
49	2022/4/11	鑫典女士皮鞋厂	33	2022/4/13	2

图9-15

9.2.4 多页内容只有一个标题时为每页都打印标题

表格行数很多，需要多页才能打印完时，只有第一页会显示标题行，如图9-16所示。其他页面没有标题行将会对数据的判断带来不便，此时可为每页都打印标题。操作方法如下。

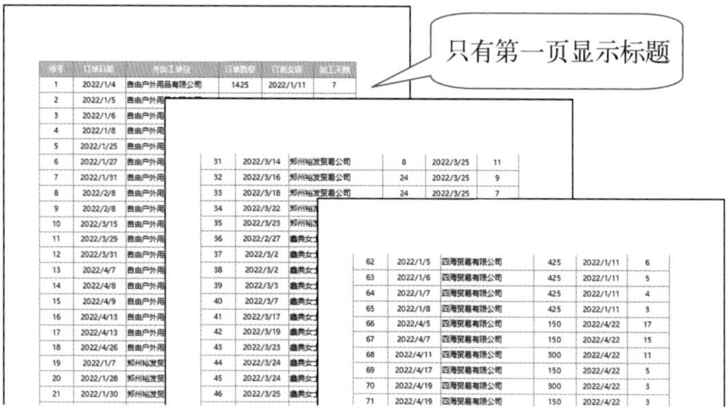

只有第一页显示标题

图9-16

打开“页面布局”选项卡，单击“打印标题”按钮，系统随即弹出“页面设置”对话框，在“工作表”选项卡中的“顶端标题行”文本框中定位光标，随后在工作表中引用标题所在行，单击“确定”按钮，如图9-17所示。

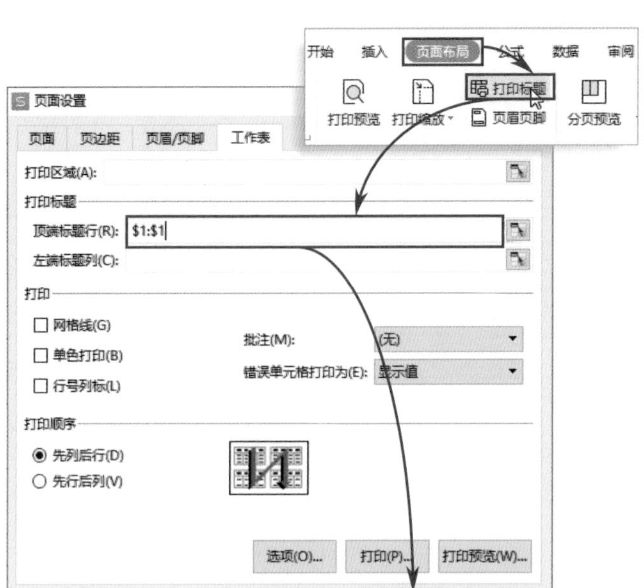

图9-17

打开打印预览界面可以看到，现在每页都显示了标题，如图9-18所示。

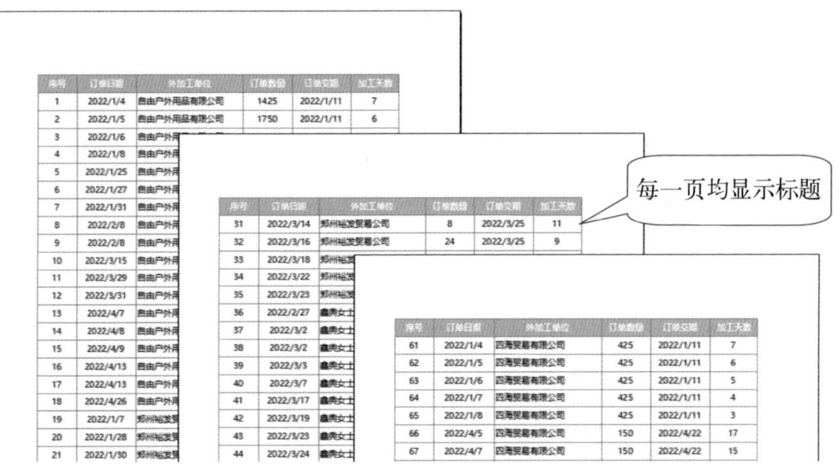

图9-18

9.2.5 只打印选中的内容

若只想打印表格中的某个指定的区域，可以将该区域选中，然后将其设置为“打印区域”。操作方法如下。

选中需要打印的单元格区域，打开“页面布局”选项卡，单击“打印区域”下拉按钮，在下拉列表中选择“设置打印区域”选项即可，如图9-19所示。

	A	B	C	D	E	F	G
1	发货时间	发货单号	销售人员	付款方式	产品名称	订货数量	单价
2	2022/11/2	M02111016	陈真	定金支付	2门鞋柜	2	¥850.00
3	2022/11/9	M02111009	陈真	货到付款	组合书柜	3	¥3,200.00
4	2022/11/10	M02111024	陈真	现场支付	2门鞋柜	4	¥800.00
5	2022/11/13	M02111014	陈真	现场支付	儿童书桌	3	¥2,200.00
6	2022/11/21	M02111021	陈真	定金支付	儿童椅	2	¥260.00
7	2022/11/25	M02111001	陈真	现场支付	组合书柜	1	¥1,790.00
8	2022/11/10	M02111002	刘丽洋	定金支付	中式餐桌	1	¥2,600.00
9	2022/11/12	M02111017	刘丽洋	定金支付	组合书柜	4	¥7,600.00

图9-19

9.2.6 控制是否打印图表

包含图表的工作表在打印时默认连同图表一起打印，若想只打印表格而不打印图表，可以对图表的属性进行设置。操作方法如下。

在图表绘图区双击，打开“属性”窗格，在“大小与属性”界面中的“属性”组内取消“打印对象”复选框的勾选，如图9-20所示，即可在打印时隐藏该图表。

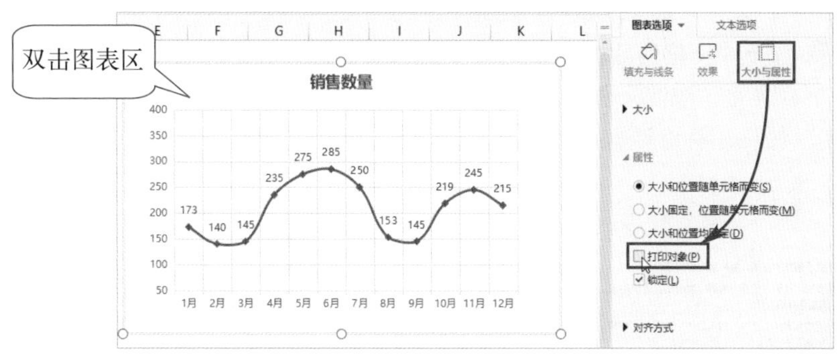

图9-20

9.3 设置页眉和页脚

页眉位于页面顶部，页脚位于页面底部，在页眉或页脚中可以插入文本、日期、页码、图片等信息。

9.3.1 打印公司LOGO

公司的LOGO可以放在页眉中打印。下面将介绍具体操作方法。

Step01: 打开“页面布局”选项卡，单击“页眉页脚”按钮，弹出“页面设置”对话框，在“页眉/页脚”选项卡中单击“自定义页眉”按钮，如图9-21所示。

Step02: 在随后打开的“页眉”对话框中，将光标定位于“左”文本框内，单击“插入图片”按钮，如图9-22所示。系统随后会弹出“打开文件”对话框，选择要使用的LOGO图片，并单击“打开”按钮，将图片插入页眉左侧。

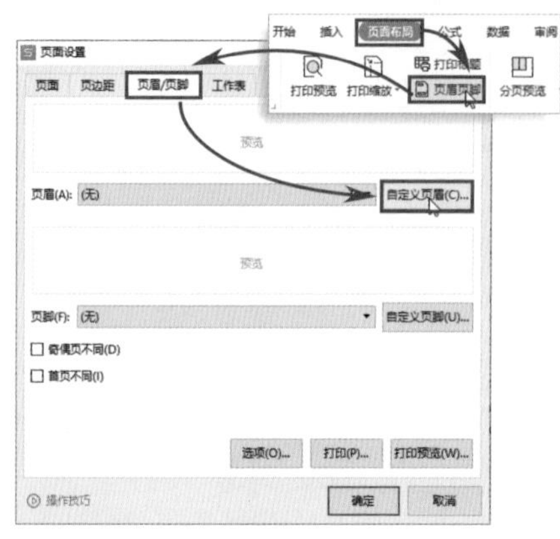

图9-21

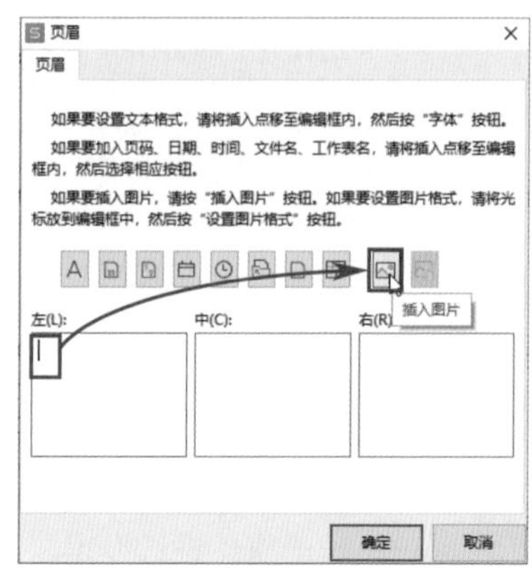

图9-22

Step03: 此时在“页眉”对话框中的“左”对话框中出现了“&[图片]”内容，单击“设置图片格式”按钮，如图9-23所示。

Step04: 打开“设置图片格式”对话框，在“大小与转角”组中设置好“高度”和“宽度”值，单击“确定”按钮，如图9-24所示。随后逐级返回到上一级对话框，单击“确定”按钮，将对话框关闭即可。

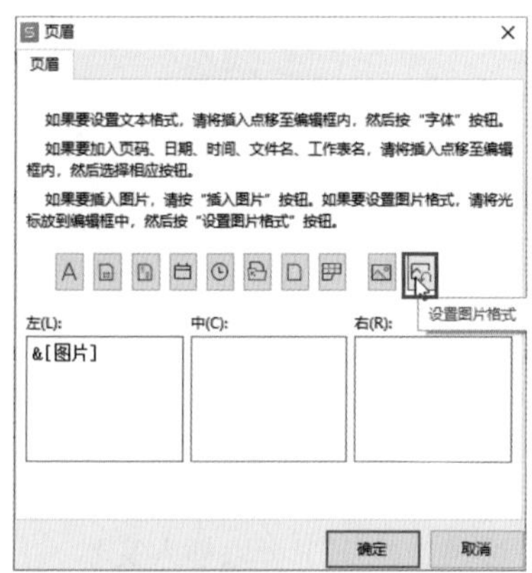

图9-23

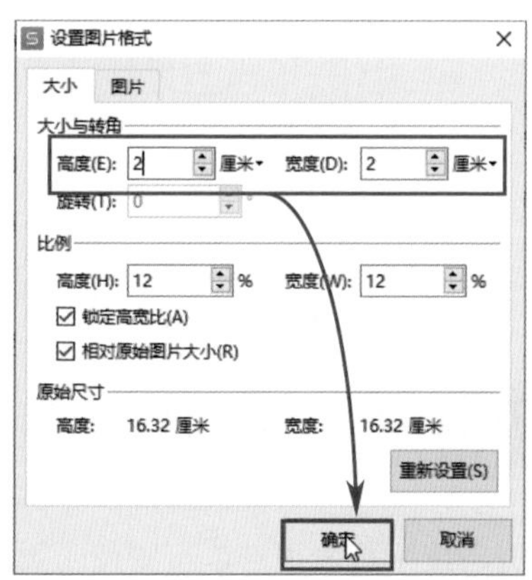

图9-24

Step05：插入到页眉中的LOGO位置不一定恰到好处，此时可通过手动调整页边距和页眉线控制最终效果。在“页面布局”选项卡中单击“打印预览”按钮，进入到打印预览界面，随后单击“页边距”按钮，如图9-25所示。

页边距 打印网格线 页眉页脚 页面设置

序号	销售日期	销售产品	销售数量	销售收入	销售成本	直通车费用	销售费用	毛利	毛利率
1	2022/1/1	DSS-011	51	¥511.00	¥503.00	¥168.00	¥111.00	(¥271.00)	1.6%
3	2022/1/1	DSS-013	30	¥700.00	¥303.00	¥269.00	¥102.00	¥26.00	56.7%
5	2022/2/1	DSS-014	30	¥653.00	¥292.00	¥240.00	¥198.00	(¥77.00)	55.3%
7	2022/2/1	DSS-016	10	¥691.00	¥265.00	¥197.00	¥291.00	(¥62.00)	61.6%
9	2022/3/1	DSS-017	42	¥697.00	¥538.00	¥433.00	¥147.00	(¥421.00)	22.8%
11	2022/3/1	DSS-018	46	¥974.00	¥560.00	¥458.00	¥289.00	(¥333.00)	42.5%
13	2022/4/1	DSS-020	69	¥513.00	¥229.00	¥465.00	¥133.00	(¥314.00)	55.4%
15	2022/4/1	DSS-021	85	¥597.00	¥257.00	¥372.00	¥271.00	(¥303.00)	57.0%
17	2022/5/1	DSS-022	79	¥675.00	¥405.00	¥323.00	¥224.00	(¥277.00)	40.0%
19	2022/5/1	DSS-023	26	¥590.00	¥586.00	¥125.00	¥215.00	(¥336.00)	0.7%
21	2022/5/1	DSS-024	27	¥666.00	¥279.00	¥113.00	¥204.00	¥70.00	58.1%
23	2022/6/1	DSS-025	36	¥955.00	¥372.00	¥451.00	¥136.00	(¥4.00)	61.0%
25	2022/6/1	DSS-026	15	¥635.00	¥571.00	¥216.00	¥292.00	(¥444.00)	10.1%
27	2022/6/1	DSS-027	35	¥754.00	¥376.00	¥414.00	¥274.00	(¥310.00)	50.1%
29	2022/7/1	DSS-012	14	¥608.00	¥503.00	¥343.00	¥183.00	(¥421.00)	17.3%
31	2022/7/1	DSS-028	66	¥572.00	¥239.00	¥412.00	¥138.00	(¥217.00)	58.2%
33	2022/8/1	DSS-015	78	¥998.00	¥266.00	¥247.00	¥205.00	¥280.00	73.3%
35	2022/8/1	DSS-029	81	¥813.00	¥237.00	¥165.00	¥119.00	¥292.00	70.8%
37	2022/9/1	DSS-030	22	¥730.00	¥527.00	¥336.00	¥163.00	(¥296.00)	27.8%
39	2022/9/1	DSS-031	15	¥635.00	¥313.00	¥351.00	¥238.00	(¥267.00)	50.7%
41	2022/10/1	DSS-032	35	¥754.00	¥555.00	¥278.00	¥296.00	(¥375.00)	26.4%
43	2022/10/1	DSS-033	66	¥572.00	¥344.00	¥167.00	¥129.00	(¥68.00)	39.9%
45	2022/11/1	DSS-034	81	¥813.00	¥327.00	¥457.00	¥262.00	(¥233.00)	59.8%
47	2022/12/1	DSS-019	13	¥890.00	¥513.00	¥271.00	¥116.00	(¥10.00)	42.4%
49	2022/12/1	DSS-035	22	¥730.00	¥229.00	¥303.00	¥163.00	¥35.00	68.6%

图9-25

Step06：打印预览界面中随即出现6条虚线，这些虚线分别为页边距线以及页眉/页脚线，用鼠标拖动页眉线和上边距线调整好LOGO和表格之间的距离即可，如图9-26所示。

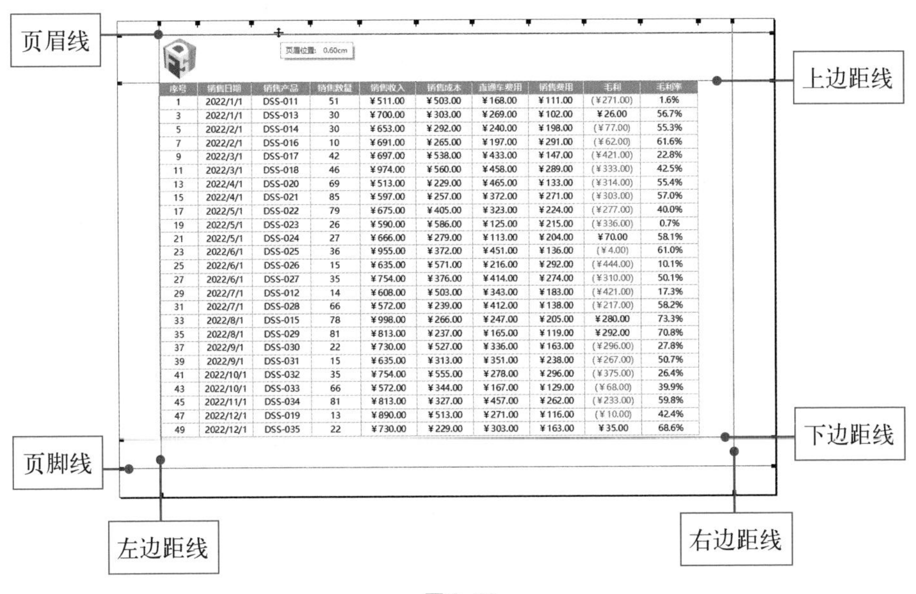

图9-26

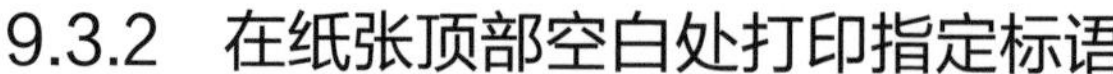

9.3.2 在纸张顶部空白处打印指定标语

有时候公司会规定在纸张顶部或底部空白处打印指定文本，这些文本可以在页眉或页脚中插入。操作方法如下。

打开“页面布局”选项卡，单击“页眉页脚”按钮，打开“页面设置”对话框，在“页眉/页脚”选项卡中单击“自定义页眉”按钮，弹出“页眉”对话框。在“中”文本框中输入文本内容，单击“确定”按钮，如图9-27所示。随后返回上一级对话框再次单击“确定”按钮，即可完成操作。

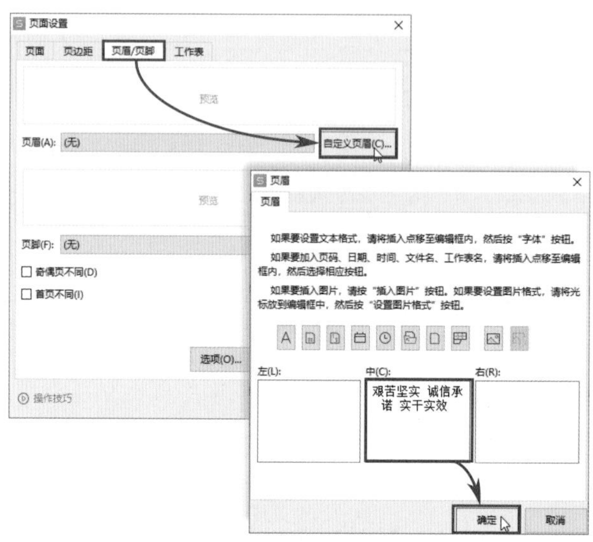

图9-27

打开打印预览界面，可以看到，在页眉的中间位置显示了设置的文本内容，如图9-28所示。

艰苦坚实 诚信承诺 实干实效

序号	销售日期	商品名称	销售数量	销售价	销售金额
01	2022/11/1	智能手表	6	3,380.00	20,280.00
02	2022/11/2	运动手环	3	1,580.00	4,740.00
03	2022/11/3	运动手环	8	1,580.00	12,640.00
04	2022/11/4	智能手机	2	3,200.00	6,400.00
05	2022/11/5	智能手机	4	1,680.00	6,720.00
06	2022/11/6	运动手环	5	1,580.00	7,900.00
07	2022/11/7	运动手环	8	879.00	7,032.00
08	2022/11/8	平板电脑	6	3,580.00	21,480.00
09	2022/11/9	VR眼镜	4	2,208.00	8,832.00
10	2022/11/10	平板电脑	9	2,100.00	18,900.00

图9-28

9.3.3 打印页码

当表格内容很多时可以为每页打印页码，避免翻阅时弄乱顺序，操作方法如下。

在“页面布局”选项卡中单击“页眉页脚”按钮，打开“页面设置”对话框。在“页眉/页脚”选项卡中单击“页脚”下拉按钮，在下拉列表中选择页码样式，随后单击“确定”按钮，如图9-29所示。

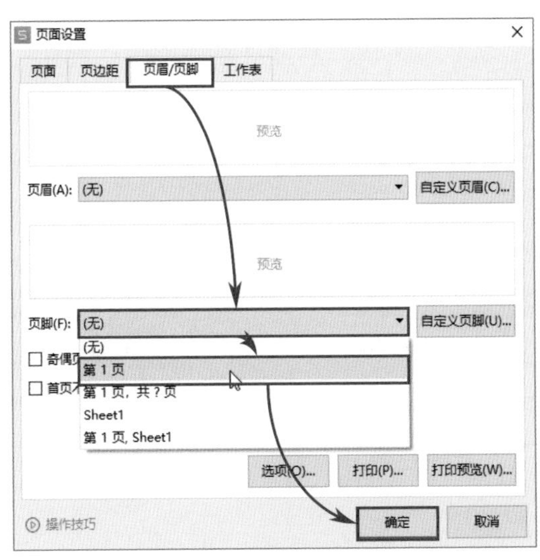

图9-29

设置完成后，进入打印预览界面可以查看到页码的添加效果，如图9-30所示。

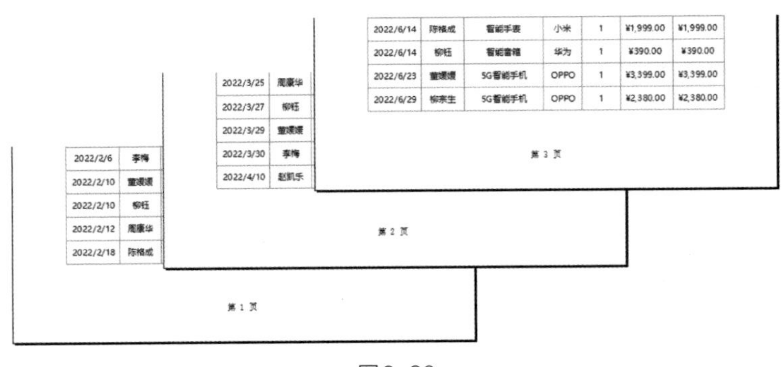

图9-30

9.3.4 在纸张右下角显示打印时间

若一份表格需要进行多次打印，为了明确每份文件的打印时间，可以设置在纸张中显示打印时间。操作方法如下。

打开“页面布局”选项卡，单击“页眉/页脚”按钮，弹出“页面设置”对话框，在“页眉/页脚”选项卡中单击“自定义页脚”按钮，如图9-31所示。

系统随即打开“页脚”对话框，将光标定位于“右”文本框中，单击“日期”按钮（如图9-32所示），随后再单击“时间”按钮，在“右”文本框中插入日期和时间域，单击“确定”按钮，完成操作，如图9-33所示。

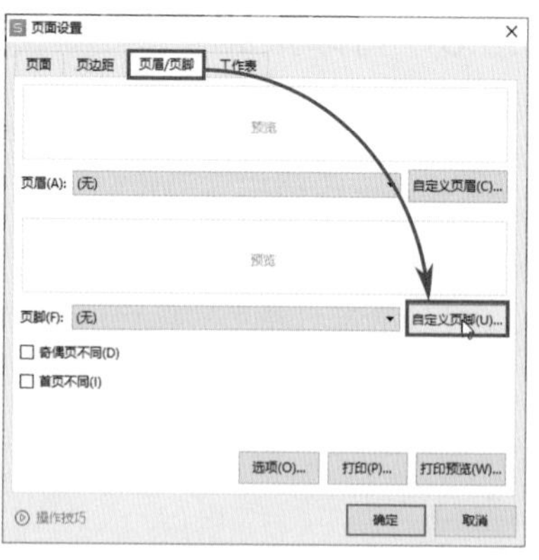

图9-31

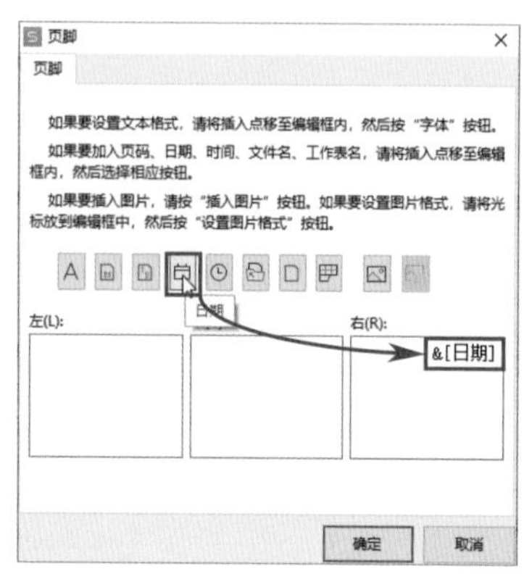

图9-32

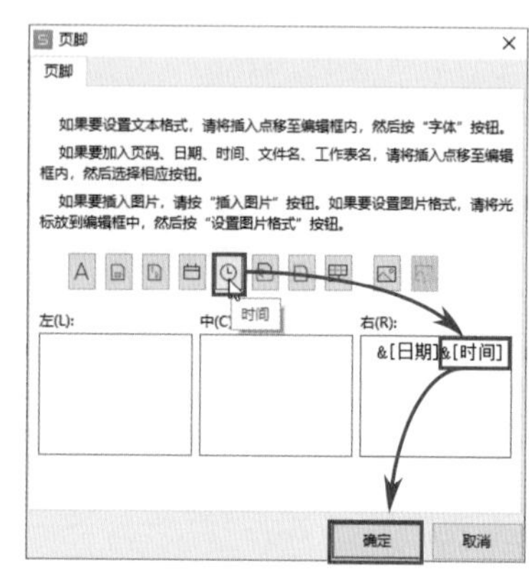

图9-33

设置完成后，打开打印预览界面，可以看到页面右下角已经显示出了当前日期和时间，如图9-34所示。

出入库实时库存盘点表

仓库名称：鼓楼仓库　　统计日期：2022/12/30　　库存不足：2

产品编码	产品名称	规格型号	存放位置	当前库存数量	日出库量	可用天数	安全库存	库存提醒
D5112	产品3	规格3	1-3#	170	12	14	100	库存充足

序号	产品编码	产品名称	规格型号	存放位置	当前库存数量	日出库量	可用天数	安全库存	库存提醒
1	D5110	产品1	规格1	1-1#	200	20	10	100	库存充足
2	D5111	产品2	规格2	1-2#	95	5	19	100	库存紧张
3	D5112	产品3	规格3	1-3#	170	12	14	100	库存充足
4	D5113	产品4	规格4	1-4#	50	100	1	100	库存严重不足
5	D5114	产品5	规格5	1-5#	200	56	4	150	库存充足
6	D5115	产品6	规格6	1-6#	220	20	11	150	库存充足
7	D5116	产品7	规格7	1-7#	320	45	7	150	库存充足
8	D5117	产品8	规格8	1-8#	170	55	3	150	库存充足
9	D5118	产品9	规格9	1-9#	220	45	5	150	库存充足
10	D5119	产品10	规格10	1-10#	50	30	2	300	库存严重不足
11	D5120	产品11	规格11	1-11#	100	20	5	150	库存紧张

2022/12/911:31

图9-34

【实战演练】打印家庭收支记账表

本章主要介绍了报表打印的相关知识，包括页面的设置、打印参数的调整以及页眉页脚的设置等。下面将综合利用所学知识，完成本次实战演练。

打开“页面布局”选项卡，单击“分页预览”按钮，工作表即可进入分页预览模式。在该模式下，蓝色实线框选的区域即会被打印的区域，在打印区域中又可以看到一条横向和一条纵向的蓝色虚线，这两条虚线将打印区域分隔成4个不同大小的区域，在每个被划分出的区域中分别显示“第1页”“第2页”“第3页”“第4页”的灰色字样。这说明当前的报表会被打印成4页，如图9-35所示。下面将进行打印设置，让“家庭收支记账表”在一页中打印，并适当设置其打印效果。

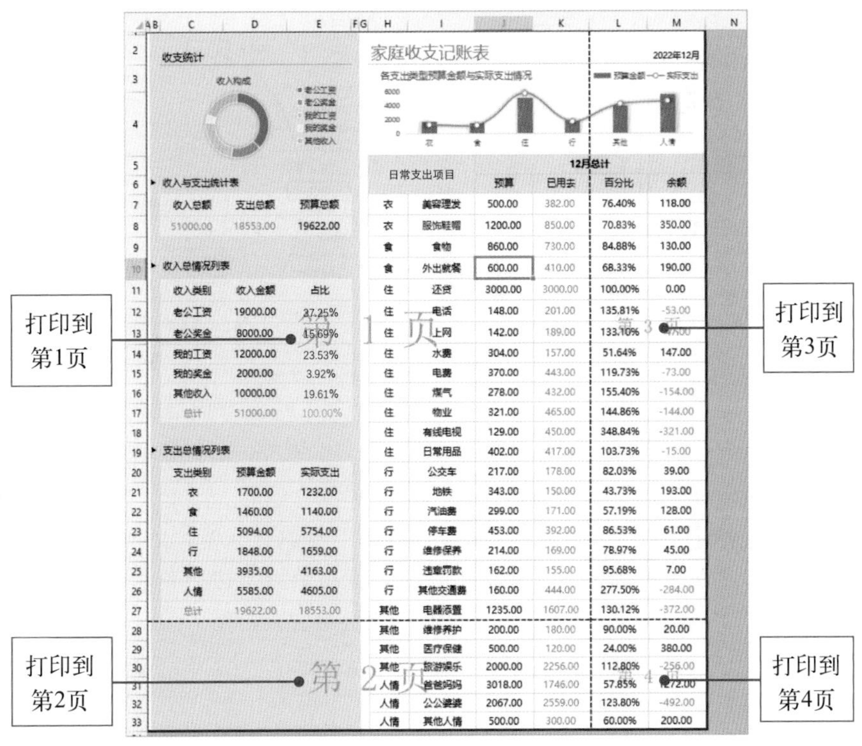

图9-35

（1）设置页面效果

Step01: 打开“页面布局”选项卡，单击“打印预览”按钮，如图9-36所示。进入到打印预览界面。

Step02: 在“打印预览”选项卡中单击“无打印缩放”下拉按钮，在下拉列表中选择“将整个工作表打印在一页”选项，如图9-37所示。此时报表中的所有内容即可被打印到一页纸上。

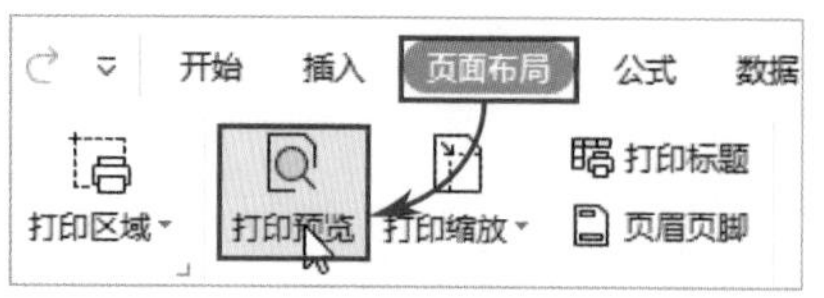

图9-36

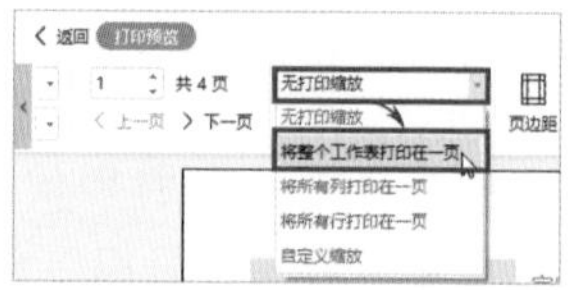

图9-37

Step03：在"打印预览"选项卡中单击"页面设置"按钮，打开"页面设置"对话框，切换到"页边距"选项卡，输入"上""下"边距值为"2"，"左""右"边距值为"1"，随后单击"确定"按钮，如图9-38所示。这样可完成页边距的设置。

Step04：打开"页面设置"对话框，切换到"工作表"选项卡，勾选"单色打印"复选框，单击"确定"按钮，如图9-39所示，将报表打印效果设置为单色。

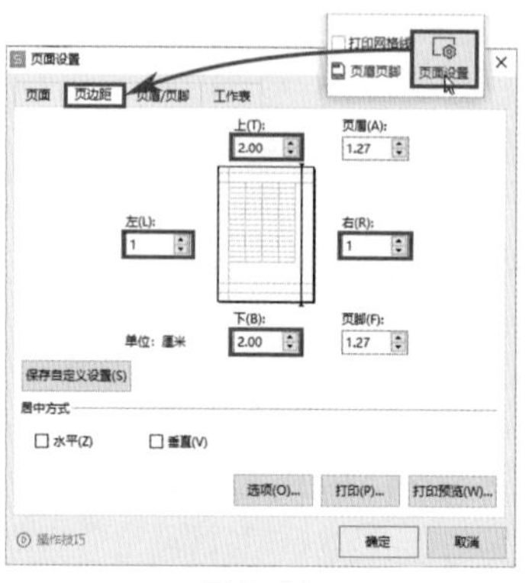

图9-38

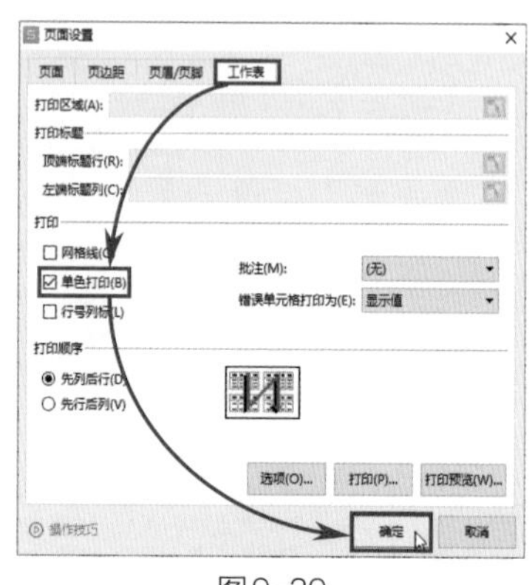

图9-39

（2）设置页脚

Step01：在"打印预览"选项卡中单击"页眉页脚"按钮，打开"页面设置"对话框，在"页眉/页脚"选项卡中单击"自定义页脚"按钮，如图9-40所示。

Step02：打开"页脚"对话框，在"右"文本框中输入"12月份收支明细"，随后将这些文本选中，单击"字体"按钮，如图9-41所示。

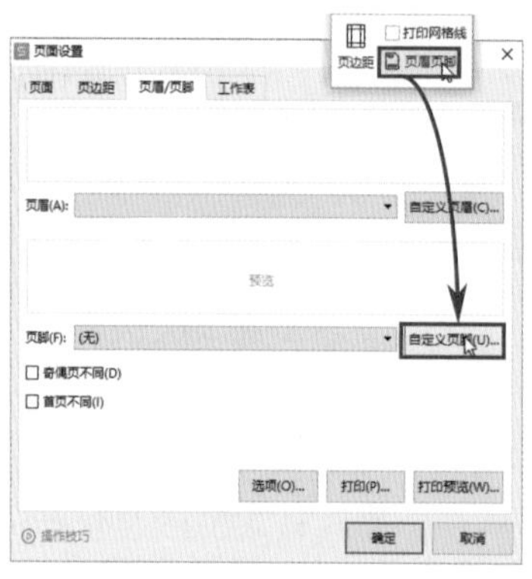

图9-40

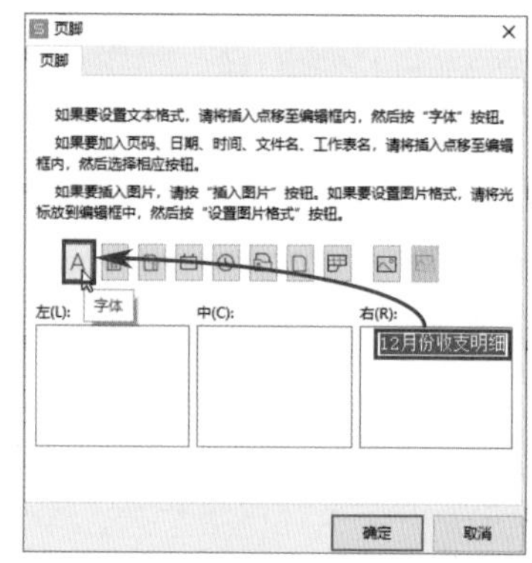

图9-41

Step03: 打开“字体”对话框，设置字体为“微软雅黑”、大小为“16”，颜色为“黑色，文本1，浅色50%”，单击“确定”按钮，如图9-42所示。

Step04: 返回“页脚”对话框，单击“确定”按钮，如图9-43所示。返回上一级对话框，再次单击“确定”按钮，完成设置。

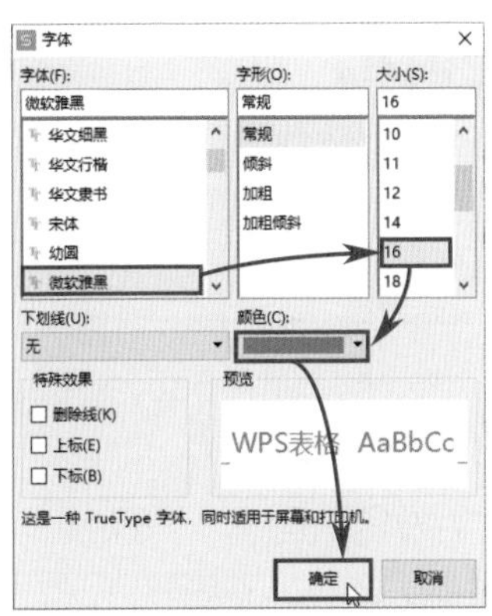

图9-42

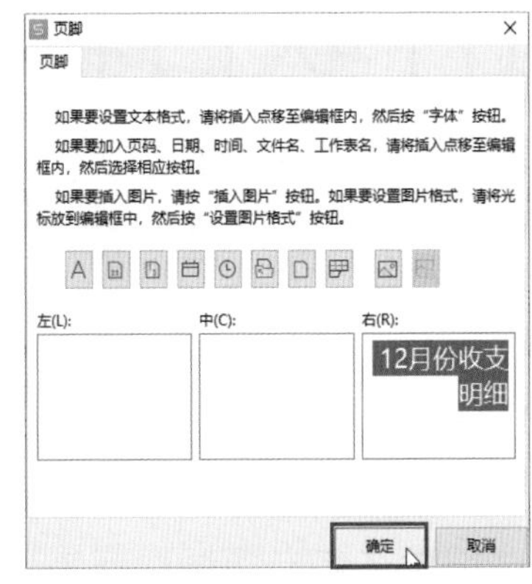

图9-43

Step05: 至此完成家庭收支记账表的打印设置，打印预览效果如图9-44所示。

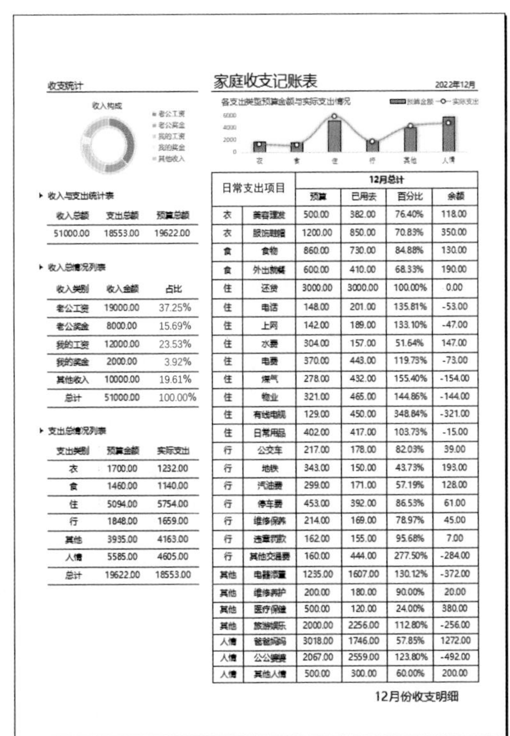

收支统计

▸ 收入与支出统计表

收入总额	支出总额	预算总额
51000.00	18553.00	19622.00

▸ 收入总情况列表

收入类别	收入金额	占比
老公工资	19000.00	37.25%
老公奖金	8000.00	15.69%
我的工资	12000.00	23.53%
我的奖金	2000.00	3.92%
其他收入	10000.00	19.61%
总计	51000.00	100.00%

▸ 支出总情况列表

支出类别	预算金额	实际支出
衣	1700.00	1232.00
食	1460.00	1140.00
住	5094.00	5754.00
行	1848.00	1659.00
其他	3935.00	4163.00
人情	5585.00	4605.00
总计	19622.00	18553.00

家庭收支记账表 2022年12月

日常支出项目		12月总计			
		预算	已用去	百分比	余额
衣	美容理发	500.00	382.00	76.40%	118.00
衣	服饰鞋帽	1200.00	850.00	70.83%	350.00
食	食物	860.00	730.00	84.88%	130.00
食	外出就餐	600.00	410.00	68.33%	190.00
住	还贷	3000.00	3000.00	100.00%	0.00
住	电话	148.00	201.00	135.81%	-53.00
住	上网	142.00	189.00	133.10%	-47.00
住	水费	304.00	157.00	51.64%	147.00
住	电费	370.00	443.00	119.73%	-73.00
住	煤气	278.00	432.00	155.40%	-154.00
住	物业	321.00	465.00	144.86%	-144.00
住	有线电视	129.00	450.00	348.84%	-321.00
住	日常用品	402.00	417.00	103.73%	-15.00
行	公交车	217.00	178.00	82.03%	39.00
行	地铁	343.00	150.00	43.73%	193.00
行	汽油费	299.00	171.00	57.19%	128.00
行	停车费	453.00	392.00	86.53%	61.00
行	维修保养	214.00	169.00	78.97%	45.00
行	违章罚款	162.00	155.00	95.68%	7.00
行	其他交通费	160.00	444.00	277.50%	-284.00
其他	电器添置	1235.00	1607.00	130.12%	-372.00
其他	维修养护	200.00	180.00	90.00%	20.00
其他	医疗保健	500.00	120.00	24.00%	380.00
其他	旅游娱乐	2000.00	2256.00	112.80%	-256.00
人情	爸爸妈妈	3018.00	1746.00	57.85%	1272.00
人情	公公婆婆	2067.00	2559.00	123.80%	-492.00
人情	其他人情	500.00	300.00	60.00%	200.00

12月份收支明细

图9-44

组件联合轻松实现自动化办公

WPS是一款集成了文字、表格、演示、PDF、思维导图、流程图等多种组件的办公套装软件。WPS的这些组件在各自领域中都表现出了优秀的办公能力，多种组件之间还可以实现协同办公，为工作提供了极大的便利。

扫码看视频

10.1 导出WPS表格中的数据

WPS表格中的数据可以导出成其他文件格式，或通过不同途径分享给其他人。例如将WPS表格导出成PDF文件，将制作好的表格分享给同事或领导。

10.1.1 将WPS表格导出成PDF文件

WPS表格中的数据可以导出成PDF文件、图片等，操作方法非常简单。

打开需要导出为PDF文件的工作表，单击“文件”按钮，在展开的菜单中选择“输出为PDF”选项，系统随即弹出“输出为PDF”对话框，设置好输出范围，并选择好文件的保存位置，单击“开始输出”按钮，即可将WPS表格中的数据输出为PDF文件，如图10-1所示。

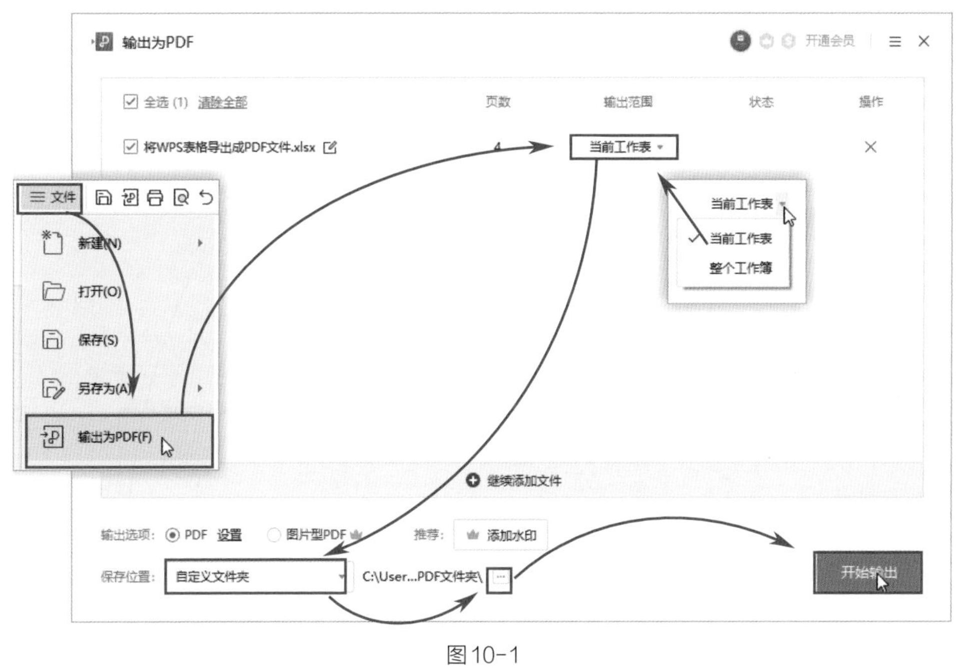

图10-1

10.1.2 将WPS表格另存为其他表格格式

默认创建的WPS表格，后缀名为“.xlsx”，这种文件格式是通用格式，不仅能够在WPS表格中打开和编辑，也可以在Excel等电子表格软件中编辑。用户也可以根据需要将文件另存为其他格式，操作方法如下。

单击“文件”按钮，将光标定位在菜单中的“另存为”选项上，在其下级菜单中可以看到一些常用的表格格式，选择相应选项，即可将文件另存为该格式。若单击“其他格式”选项，会弹出“另存文件”对话框，单击“文件类型”下拉按钮，在展开的列表中包含了更多格式选项，如图10-2所示。

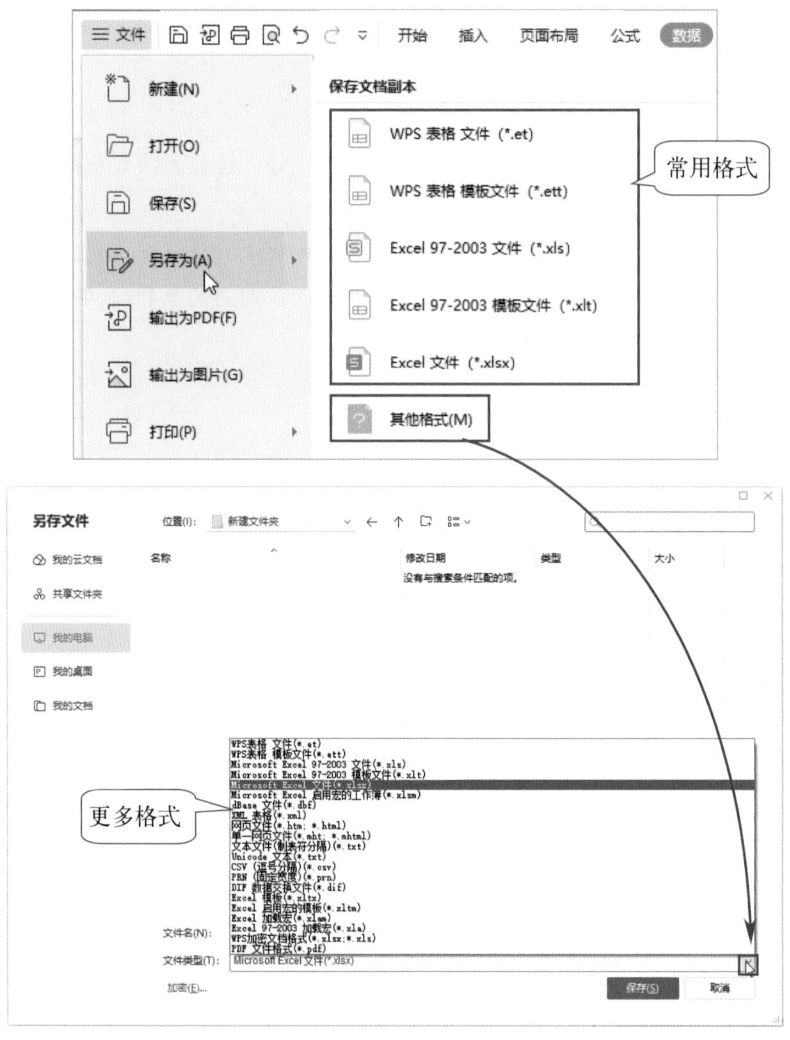

图10-2

10.1.3 多人在线编辑表格

WPS表格可以分享给指定的人员查看和共同编辑，操作方法如下。

Step01: 在WPS窗口左上角点击“首页”标签，进入到“首页”界面。选中需要共同编辑的文件，单击“发送至共享文件夹”选项，如图10-3所示。

图10-3

Step02: 系统随即打开“发送至共享文件夹”对话框，选择需要共享到的文件夹，如图10-4所示。单击“发送”按钮，完成添加，如图10-5所示。

图10-4

图10-5

Step03: 单击“共享”选项，随后单击界面右侧的“邀请成员”按钮，如图10-6所示。弹出“邀请成员”对话框，单击“复制链接”按钮，接着将复制的链接发送给微信或QQ好友即可，如图10-7所示。好友打开链接后即可进入共享文件夹，进而对文件夹中的表格进行编辑。

图10-6

图10-7

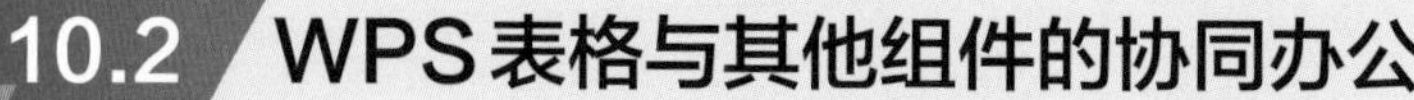

10.2 WPS表格与其他组件的协同办公

表格中的数据可以导入WPS的其他组件中应用，以达到资源共享、协同办公的目的。数据在不同组件之间转换需要应用到一定技巧。

10.2.1 让WPS表格自动适应WPS文字页面

用户在工作的过程中经常遇到将WPS表格中的数据导入WPS文字的情况，但是直接复制表格有可能使表格大小不能完全适应WPS文字的页面，如图10-8所示。

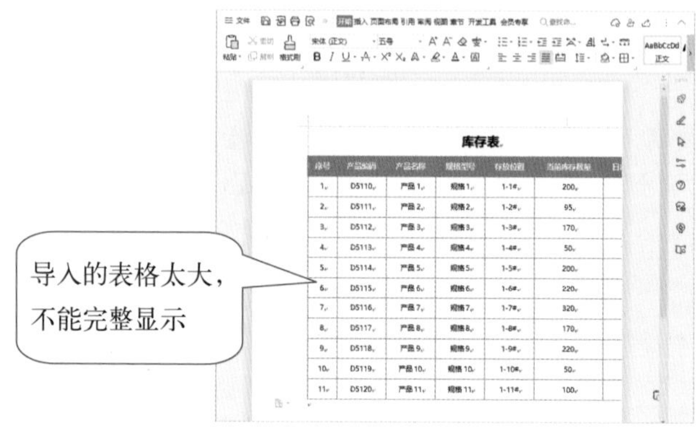

图10-8

那么怎样操作才能让导入的表格自动适应页面大小呢？方法如下。

Step01：在WPS表格中选择单元格区域，按Ctrl+C组合键复制所选区域，如图10-9所示。

Ctrl+C

库存表						
序号	产品编码	产品名称	规格型号	存放位置	当前库存数量	日出库量
1	D5110	产品1	规格1	1-1#	200	20
2	D5111	产品2	规格2	1-2#	95	5
3	D5112	产品3	规格3	1-3#	170	12
4	D5113	产品4	规格4	1-4#	50	100
5	D5114	产品5	规格5	1-5#	200	56
6	D5115	产品6	规格6	1-6#	220	20
7	D5116	产品7	规格7	1-7#	320	45
8	D5117	产品8	规格8	1-8#	170	55
9	D5118	产品9	规格9	1-9#	220	45
10	D5119	产品10	规格10	1-10#	50	30
11	D5120	产品11	规格11	1-11#	100	20

图10-9

Step02：随后打开WPS文字，在需要插入表格的位置定位光标，随后右击鼠标，在弹出的菜单中选择“选择性粘贴”选项，如图10-10所示。

Step03：弹出“选择性粘贴”对话框，选择“WPS表格对象”选项，单击“确定”

按钮，如图10-11所示。

图10-10

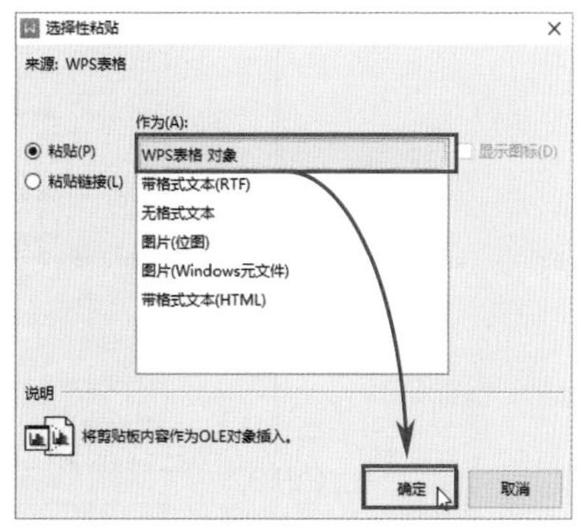

图10-11

Step04：被复制的表格随即以合适的大小被粘贴到WPS文字页面中，如图10-12所示。

图10-12

操作提示

若要编辑表格中的数据，可以在表格上双击，该表格随即切换至WPS表格模式，编辑结束后保存文件并关闭WPS表格窗口退出编辑状态即可。

10.2.2 将WPS文字中的数据导入WPS表格

WPS表格中的数据能够导入WPS文字，反之亦然。

在WPS文字中单击表格左上角“⊕”按钮，将表格选中，随后按Ctrl+C组合键复制表格，如图10-13所示。

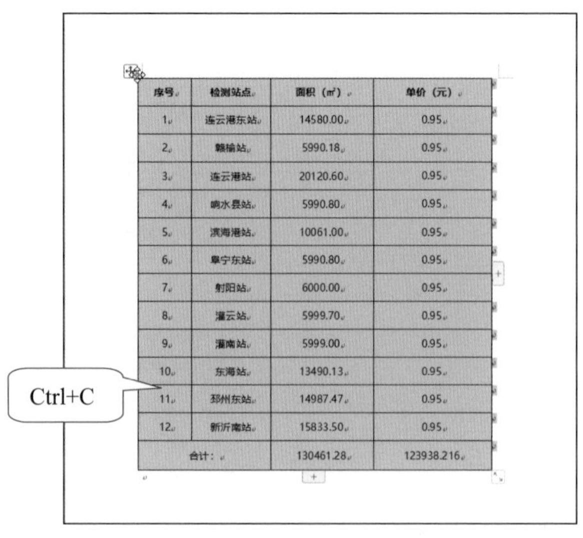

序号	检测站点	面积（m²）	单价（元）
1	连云港东站	14580.00	0.95
2	赣榆站	5990.18	0.95
3	连云港站	20120.60	0.95
4	响水县站	5990.80	0.95
5	滨海港站	10061.00	0.95
6	阜宁东站	5990.80	0.95
7	射阳站	6000.00	0.95
8	灌云站	5999.70	0.95
9	灌南站	5999.00	0.95
10	东海站	13490.13	0.95
11	邳州东站	14987.47	0.95
12	新沂南站	15833.50	0.95
合计：		130461.28	123938.216

图10-13

打开WPS表格，在工作表中选择一个单元格，打开“开始”选项卡，单击“粘贴”下拉按钮。在下拉列表中包含多个选项，若直接选择“粘贴”选项，则数据格式及边框会被保留。若选择“只粘贴文本”选项，则只粘贴表格中的内容，数据格式及边框会被去除。相差操作如图10-14所示。

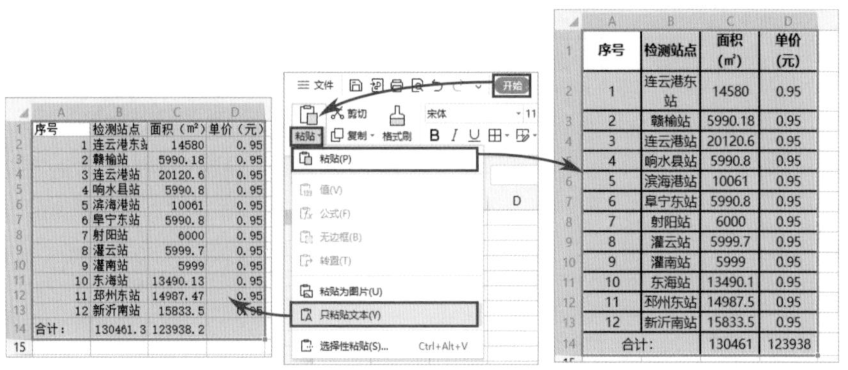

图10-14

使用上述两种粘贴方式，都需要继续对表格进行适当调整，例如调整行高、列宽，设置表格边框等。

若想完全保留WPS文字中表格的格式，可以在“粘贴”下拉列表中选择“选择性粘贴”选项。此时系统会弹出“选择性粘贴”对话框，选择“WPS文字 文件对象”选项，单击“确定”按钮，如图10-15所示。表格即可以WPS文字对象的格式被插入到WPS表格中。

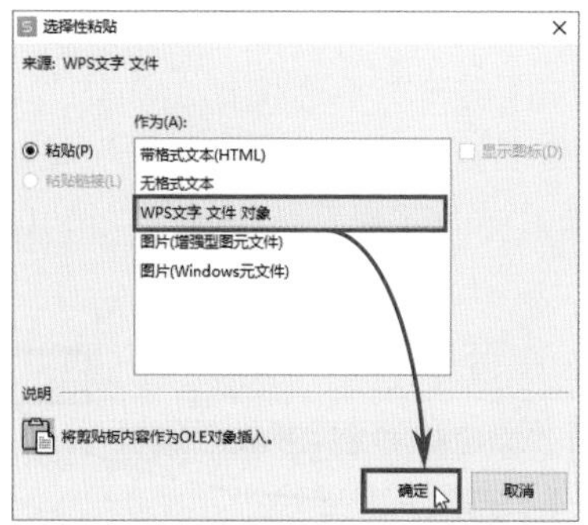

图10-15

10.2.3 在WPS文字中插入表格对象

WPS文字中可以直接插入空白的表格对象或指定的某个WPS表格文件。下面将介绍具体操作方法。

在WPS文字中打开“插入”选项卡，单击“对象”下拉按钮，在下拉列表中选择“对象”选项，如图10-16所示。

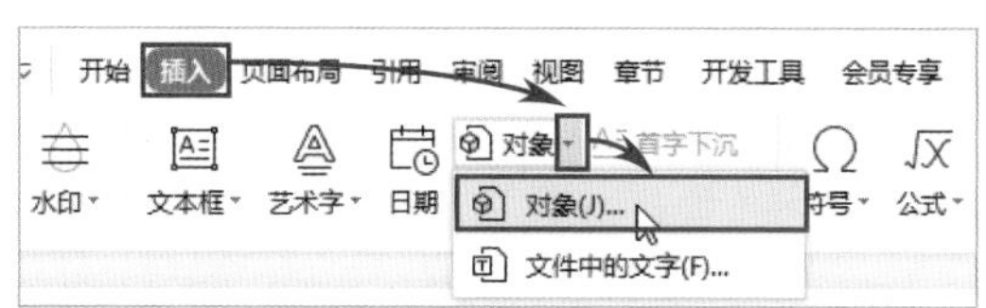

图10-16

系统随即弹出“插入对象”对话框，选择“Microsoft Excel 97-2003 Worksheet”选项（也可根据需要选择其他格式的表格对象），单击“确定”按钮，如图10-17所示，即可在当前文档中插入空白表格对象。双击表格可进入WPS表格模式。

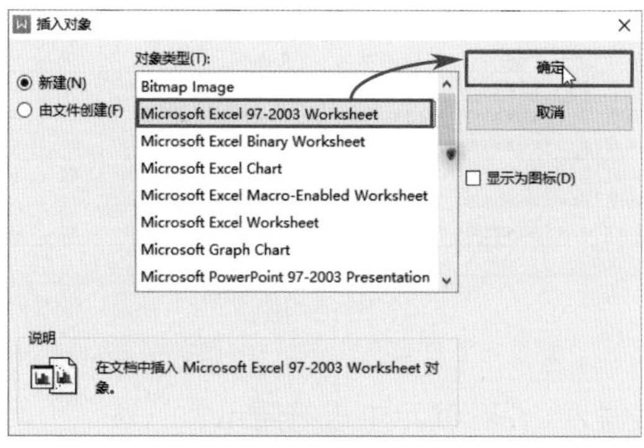

图10-17

除了插入空白表格对象，WPS文字中也可插入现有的WPS表格文件。在“插入对象”对话框中选择“由文件创建”单选按钮，单击“浏览”按钮，在随后弹出的对话框中选择要插入的WPS表格文件，单击“打开”按钮，此时“文件”文本框中会显示所选文件的路径，最后单击“确定”按钮，如图10-18所示。

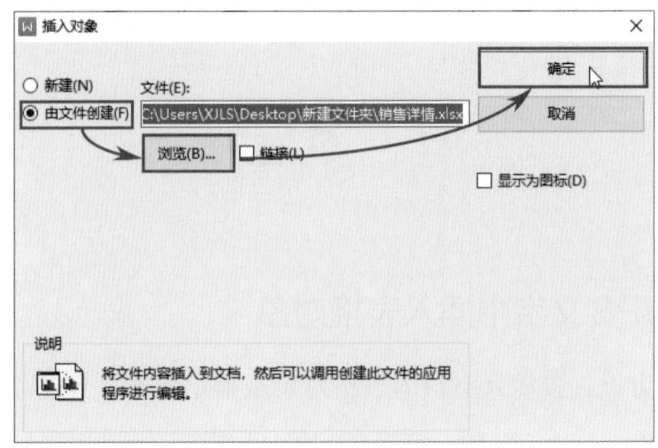

图10-18

在WPS文字中随即插入所选的WPS表格对象，如图10-19所示。双击可进入WPS表格模式，对表格内容进行编辑。

序号	销售日期	业务员	公司名称	商品名称	型号	单位	销售数量	销售单价	销售金额
1	1月1日	彭万里	广州某某公司	地上式消防水泵接合器	SQS150-K6	台	10	200	2,000
2	1月1日	高大山	广州某某公司	消防应急广播设备	HF-1757-SW250G	套	20	300	6,000
3	1月1日	谢大海	浙江某某公司	消防应急广播设备	HF-1757A-SW500G	套	10	500	5,000
4	1月1日	马宏宇	湖北某某公司	消防应急广播设备	HF-1757A-SW120G	套	20	300	6,000
5	1月1日	林莽	广州某某公司	火灾显示盘	JB-YX-252	台	30	200	6,000
6	2月2日	黄强辉	江西某某公司	火灾声光警报器	YA9204	只	12	600	7,200
7	2月5日	章汉夫	江苏某某公司	消防栓按钮	J-XAPD-02A	个	15	300	4,500
8	2月6日	范长江	陕西某某公司	消防电话	HJ-1756Z	套	13	200	2,600
9	3月5日	林莽	广州某某公司	火灾显示盘	JB-YX-252	台	10	100	1,000
10	3月9日	章汉夫	江苏某某公司	消防栓按钮	J-XAPD-02A	个	20	200	4,000
11	3月8日	马宏宇	湖北某某公司	消防应急广播设备	HF-1757A-SW120G	套	25	100	2,500
12	4月5日	高大山	广州某某公司	消防应急广播设备	HF-1757-SW250G	套	30	300	9,000
13	4月6日	彭万里	广州某某公司	地上式消防水泵接合器	SQS150-K6	台	20	200	4,000
14	4月8日	马宏宇	湖北某某公司	消防应急广播设备	HF-1757A-SW120G	套	20	100	2,000
15	4月10日	谢大海	浙江某某公司	消防应急广播设备	HF-1757A-SW500G	套	30	200	6,000

图10-19

【实战演练】将图表导入WPS演示中进行展示

在WPS表格中完成数据分析后，可以将分析结果应用到其他位置。在多组件协同办公时，除了可以互相转换表格中的数据，也可以将WPS表格中制作的图表应用到其他办公组件中。

（1）将图表复制到WPS演示文稿

Step01：打开WPS表格，选中要使用的图表，按Ctrl+C组合键复制图表，如图10-20所示。

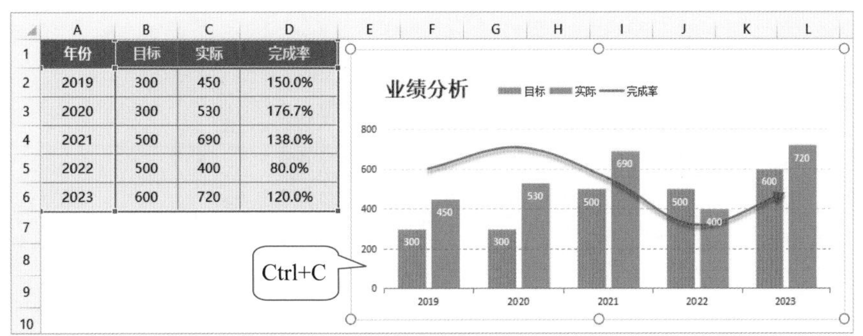

图10-20

Step02：打开WPS演示文稿，选择好要放置图表的幻灯片。打开"开始"选项卡，单击"粘贴"下拉按钮，在下拉列表中选择"带格式粘贴"选项，所选图表随即按原格式被粘贴到幻灯片中，如图10-21所示。

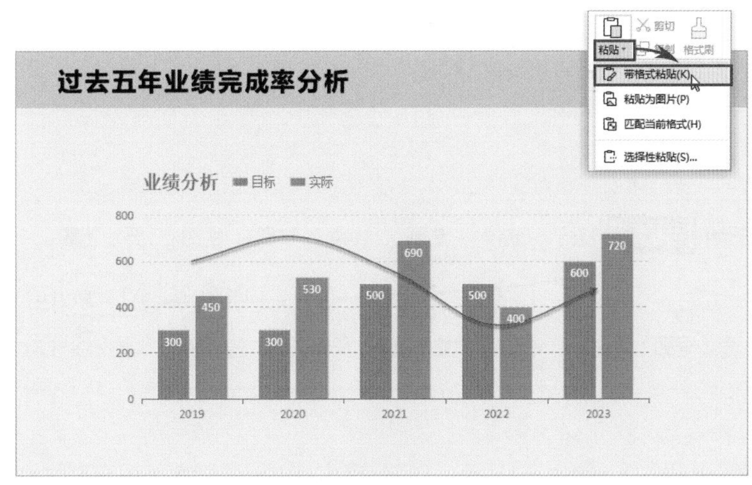

图10-21

Step03：若想让图表自动应用当前演示文稿的字体格式以及配色方案，可以在"粘贴"下拉列表中选择"匹配当前格式"选项，如图10-22所示。

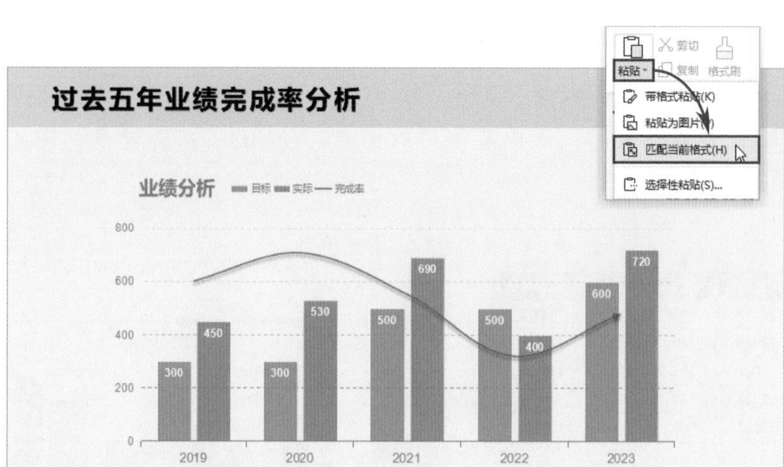

图10-22

操作提示

演示文稿的色彩搭配直接影响阅览者的观感，WPS演示文稿中提供了很多设计好的色彩搭配方案，用户可以使用此功能快速制作出精美的演示文稿。

（2）插入包含图表的WPS表格对象

Step01: 在WPS演示文稿中打开“插入”选项卡，单击“对象”按钮，如图10-23所示。

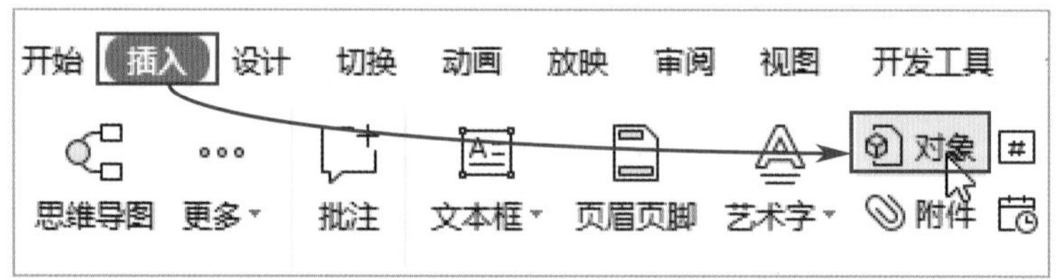

图10-23

Step02: 弹出“插入对象”对话框，选择“由文件创建”单选按钮，随后单击“浏览”按钮，如图10-24所示。

Step03: 在打开的“浏览”对话框中找到要使用的表格文件并将其选中，单击“打开”按钮，如图10-25所示。

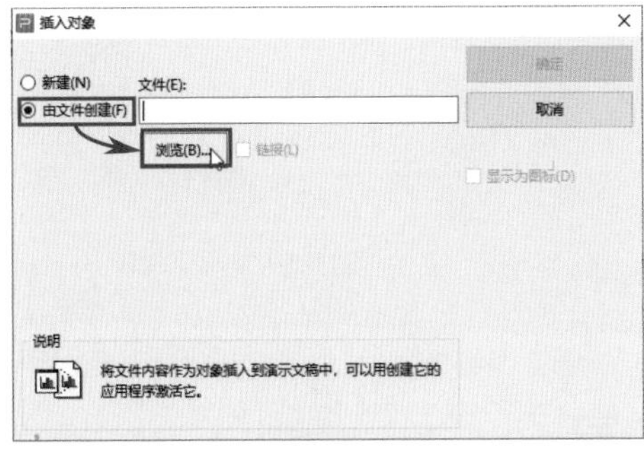

图10-24

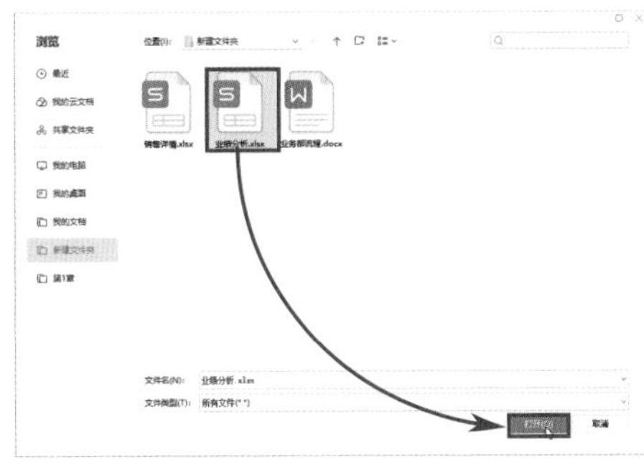

图10-25

Step04：返回“插入对象”对话框，此时“文件”文本框中会显示所选文件的路径，单击“确定”按钮，如图10-26所示。

Step05：所选表格文件随即被插入到幻灯片中，并默认显示表格中的内容，如图10-27所示。在插入的对象上双击可启动WPS表格，在表格中可对数据进行编辑。

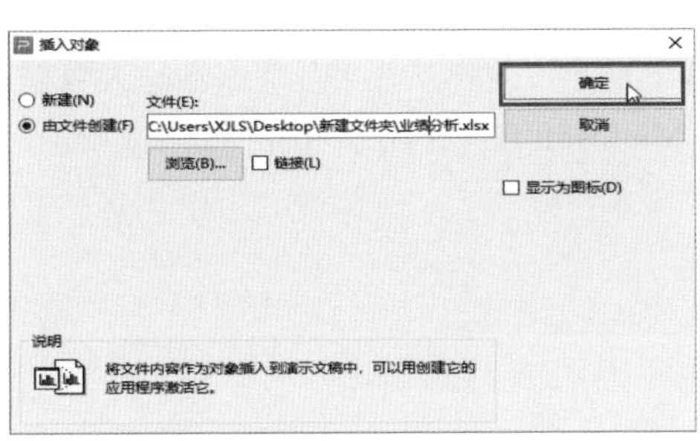

图10-26

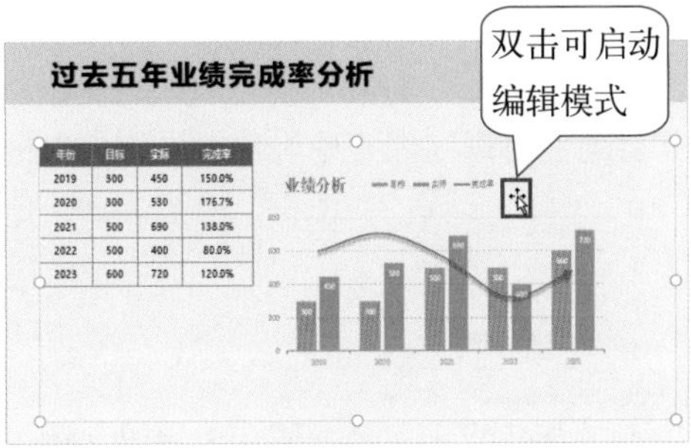

过去五年业绩完成率分析

双击可启动编辑模式

年份	目标	实际	完成率
2019	300	450	150.0%
2020	300	530	176.7%
2021	500	690	138.0%
2022	500	400	80.0%
2023	600	720	120.0%

业绩分析

图10-27

附录A AI数据分析常用工具

随着人工智能的快速发展，也衍生出了很多AI分析工具，国内外常用的几款适用于数据分析的AI工具如下：

A1. Microsoft Power BI

Microsoft Power BI这是一个功能非常强大的商业智能平台，能够对数据进行全方位的分析，并将其可视化以获得见解。该平台允许用户从几乎任何来源导入数据，并且他们可以立即开始构建报告和仪表板，Microsoft Power BI软件界面如图1所示。

图1

Microsoft Power BI利用Microsoft AI的最新进展，能够帮助用户构建机器学习模型，并从结构化和非结构化数据（包括文本和图像）中快速找到见解。它支持多种集成，例如本地Excel集成和与Azure机器学习的集成。如果企业已经使用Microsoft工具，Power BI可以轻松实现数据报告、数据可视化和构建仪表板，如图2所示。

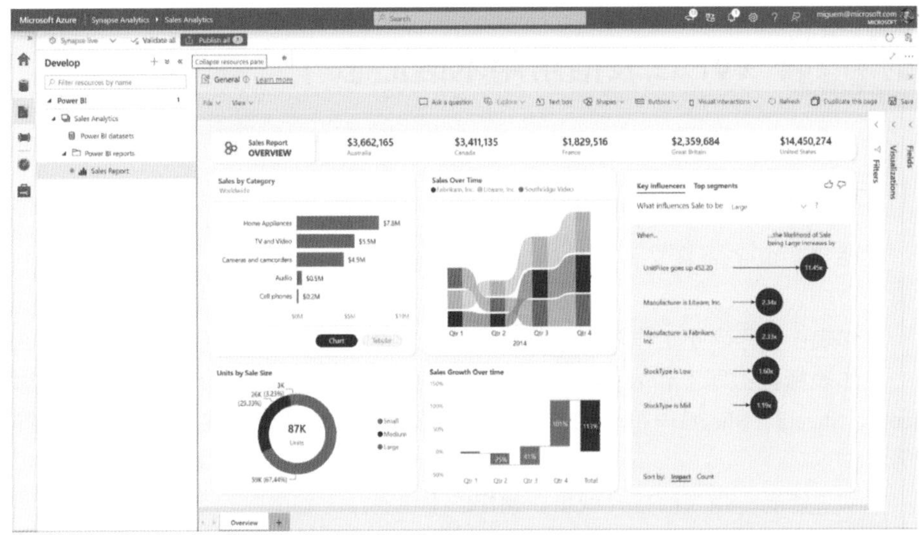

图2

A2. Tableau

Tableau（桌面系统简单的商业智能工具软件）是一款能够查看并理解数据的可视化分析平台，通过数据、人工智能以及CRM驱动的分析，制定更优决策。用户可以借助Tableau创建报表并在桌面和移动平台之间共享它们。它的优势包括：不需要任何编码知识、容易操作、能处理大量数据、支持复杂的计算、通过数据混合和仪表板快速创建交互式可视化，如图3所示。

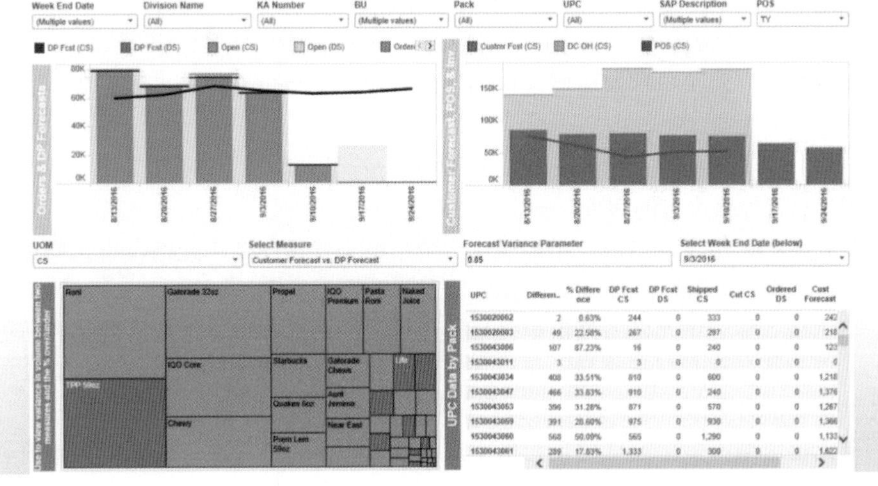

图3

附录B WPS表格常用术语汇总

B1.与基本操作相关的术语

工作簿：电子表格文件被称为工作簿，例如，一个WPS表格文件就是一个工作簿。

工作表：工作表是工作簿中所包含的表。一个工作簿中可以包含很多张工作表。

工作表标签：即工作表的名称，用于区分工作表中所包含的内容。默认名称为Sheet1、Sheet2、Sheet3…每个工作表标签名称都可以单独定义名称、移动、设置颜色等。

活动工作表：指当前打开或正在操作的工作表。

功能区：位于工作簿顶部，用于放置命令按钮、显示工作簿名称等。

快速访问工具栏：在功能区的左上角，包含常用的命令按钮，可自行添加要在快速访问工具栏中显示的命令按钮。

选项卡：包含在功能区中，将命令按钮按照功能分类存放的标签选项，例如“开始”选项卡、“插入”选项卡、“页面布局”选项卡、“公式”选项卡等。每个选项卡中的命令按钮被按照功能进行分组，方便查找和调用。

命令按钮：用于执行某项固定操作的按钮。例如通过单击“图片”按钮可向工作表中插入图片。

对话框启动器：位于选项卡中各分组的右下角，用于打开与该选中所包含的命令按钮相关的对话框。不是每个组中都包含对话框启动器。

编辑栏：在工作表区域的上方，用于显示或编辑单元格中的内容。

名称框：在编辑栏的左侧，用于显示所选对象的名称，或定位指定对象。

右键菜单：右击目标对象时弹出的快捷菜单，其中包含可对当前对象进行操作的各种命令或选项。

行号：工作表左侧的数字，一个数字对应一行。

列标：工作表上方的字母，一个字母对应一列

单元格：工作表中的灰色小格子，一个小格子就是一个单元格，单元格是工作表中的最小单位，由行和列交叉所形成。

单元格名称：单元格名称由单元格所在位置的列标和行号组成，列标在前行号在后。单元格名称类似于坐标，可以表明单元格在工作表中的位置。例如B12单元格在工作表中的坐标即是B列，第12行。

单元格区域：多个连续的单元格组成的区域叫单元格区域。单元格区域的名称由这个区域的起始单元格和末尾单元格的名称在中间用加一个“：”符号组成。例如A1:D20单元格区域。

活动单元格：当前选中的或正在编辑的单元格。

填充：将目标单元格的格式或内容批量复制到其他单元格中。

填充柄：选择单元格或单元格区域后，把光标放在单元格右下角时出现出现的黑色十字图标被称为填充柄。

B2. 与数据分析相关的术语

数据源：用于数据分析的原始数据。

数据分析：用适当的统计分析方法对收集来的大量数据进行分析，将它们加以汇总和理解并消化，提取有用信息并形成结论，对数据加以详细研究和概括总结，以求最大化地开发数据的功能，发挥数据的作用。

排序：是指将杂乱无章的数据元素，通过一定的方法按关键字顺序排列的过程；其目的是将一组“无序”的记录序列调整为“有序”的记录序列。

筛选：数据筛选即对现有数据按照条件进行过滤，常用的数据筛选方法有自定义筛选、高级筛选等。

分类汇总：类汇总是把数据表中的数据分门别类地统计处理，无需建立公式，便能够自动对各类别的数据进行求和、求平均值、统计个数、求最大值（最小值）、总体方差等多种计算，并且分级显示汇总的结果，从而增加数据的可读性，使用户能更快捷地获得需要的数据并做出判断。

条件格式：条件格式是一种可视化功能，利用它可以筛选最大、最小值，突出显示重复值，并可以通过条形、颜色以及图标轻松浏览数据趋势和模式，以便直观突出显示重要值。

有效性：通过设置条件，防止在单元格中输入无效数据。

函数：函数是系统预先编制好的用于数值计算和数据处理的公式，使用函数可以简化或缩短工作表中的公式，使数据处理简单方便。函数由函数名、括号、参数、分隔符组成。

公式：Excel公式是对Excel工作表中的值进行计算的等式。

数组：指一组数据。数组元素可以是数值、文本、日期、逻辑值、错误值等。

常量：表示不会变化的值，常量可以是数字、文本、日期等。

引用：引用的作用在于指明公式中所使用的数据的位置。通过引用，可以在公式中使用工作表不同位置的数据，或者在多个公式中使用同一单元格的数值。还可以引用同一工作簿不同工作表的单元格等。

定义名称：对单元格、单元格区域、公式等可以定义名称。在公式中使用名称可以简化公式，在工作表中使用名称可以快速定位名称所对应的对象。

B3. 与数据透视表相关的术语

数据透视表：是一种交互式的表，可以动态地改变版面布置，以便按照不同方式分析数据，也可以重新安排行号、列标和页字段。每一次改变版面布置时，数据透视表会立即按照新的布置重新计算数据。

字段：数据源中的每一列代表一个字段，每一列的标题即字段名称。

区域：数据透视表共包含4个区域。分别为“筛选”区域、“列”区域、“行”区域以及“值”区域。它们分别控制数据透视表的数据范围、列分布、行分布汇总数据以及汇总方式。这4个区域的设置和布局，直接决定了数据透视表最终的呈现效果。

筛选区域：通过筛选区域可以直接控制其他三个区域中哪些数据被显示，哪些数据被隐藏，从而控制数据透视表的范围。

行、列区域：这两个区域的本质其实是相同的，只是分布方向不同。行区域垂直排列，列区域水平排列。

值区域：通过值区域可以选择统计的数据和统计方式。值区域即统计的数据区域。

切片器：在数据透视表中执行筛选的工具。

日程表：筛选数据透视表时间字段的工具。

刷新：通过刷新工作簿中所有数据源获取最新的数据。

B4.与图表相关的术语

图表：图表是指将工作表中的数据用图形表示出来。图表可以使数据更加有趣、吸引人、易于阅读和评价。图表也可以帮助用户分析和比较数据。

图表元素：即图表上的构成部件，例如图例，坐标轴，数据系列，图表标题，绘图区，图表区等。

图表区：用于存放图表所有元素的区域以及其他添加到图表当中的内容，是图表展示的“容器”。

图表标题：是图表核心观点的载体，用于描述图表的内容或作者的结论。

绘图区：在图表区内部，仅包含数据系列图形，和网格线，可以像图表区一样调整大小。

数据系列：是图表中必不可少的元素，根据数据源中数值的大小生成的各类图形，用来形象化，可视化地反映数据。

数据标签：针对数据系列内容、数值或名称等进行标识。

网格线：用于各坐标轴的刻度标识，作为数据系列查阅的参照对象。

坐标轴：根据坐标轴的方向分为横坐标轴和纵坐标轴，也可称为X轴/Y轴。X轴包含分类，Y轴包含数据。

图例：用于标识图表中各系列格式的图形（颜色、形状、标记点）代表图表中具体的数据系列。